Jahrbuch

der

Hafenbautechnischen Gesellschaft

Dreiundzwanzigster und vierundzwanzigster Band

1955/57

Mit 3 Bildnissen, 207 Abbildungen und 6 Tafeln

Springer-Verlag Berlin Heidelberg GmbH

1959

Additional material to this book can be downloaded from http://extras.springer.com

ISBN 978-3-662-22679-7 ISBN 978-3-662-22678-0 (eBook)
DOI 10.1007/978-3-662-22678-0

Ursprünglich erschienen bei Springer-Verlag OHG., Berlin/Gottingen/Heidelberg 1959
Softcover reprint of the hardcover 1st edition 1959

Inhaltsverzeichnis

Verzeichnisse

Ehrenmitglieder

Am 6. September 1956 wurden anläßlich der 24. ordentlichen Hauptversammlung in Norderney

Herr Professor Dr.-Ing. e. h. Dr.-Ing. Arnold Agatz

in Anerkennung seiner großen Verdienste als langjähriger Vorsitzender der Gesellschaft, in Würdigung seines erfolgreichen Wirkens als Hochschullehrer auf dem Gebiete des Verkehrswasserbaues sowie in Anerkennung seiner hervorragenden Leistungen bei Planung und Durchführung von Hafenbauten im In- und Auslande

sowie der Schatzmeister

Herr Reedereidirektor i. R. Heinrich Etterich,

in Anerkennung seiner Verdienste um die Gesellschaft und um die Entwicklung und den Betrieb der Binnenhäfen

zu Ehrenmitgliedern der Gesellschaft ernannt.

Zum Tode von Ministerialdirektor i. R. Dr.-Ing. E. h. Gährs

Von Ministerialdirektor **Alfred Feyerabend**

Am 18. Mai 1956 verschied nach einem arbeitsreichen und verdienstvollen Leben im Alter von 81 Jahren der langjährige Leiter der Wasserstraßenabteilung im Reichsverkehrsministerium und beim Generalinspektor für Wasser und Energie, Ministerialdirektor i. R. Dr.-Ing. E. h. Johannes Gährs. Sein Leben und Schicksal ist nicht nur eng mit dem Ausbau der deutschen Wasserstraßen zwischen den beiden großen Weltkriegen verknüpft, es ist ebenso mit der Entwicklung der deutschen Binnenschiffahrt und dem Wirken der Hafenbautechnischen Gesellschaft verbunden.

In Ostmoorende, Regierungsbezirk Stade, wurde er am Silvestertag des Jahres 1874 als Sohn des Kapitäns und Schiffsreeders Johann Hinrich Gährs geboren. Die an der Elbe verlebte Jugendzeit und die Atmosphäre des Elternhauses weckten schon frühzeitig sein Interesse für die Schiffahrt, die Wasserstraßen und ihre Häfen. Nach einem Schulbesuch in Buxtehude und Harburg studierte er von 1896 bis 1899 an der Technischen Hochschule Charlottenburg und trat im Jahre 1901 als Regierungsbauführer in die Preußische Wasserbauverwaltung ein. Am 24. Oktober 1904 legte er die Große Staatsprüfung ab. Die darauffolgenden Jahre gaben ihm Gelegenheit, sein technisches Wissen durch praktische Erfahrungen zu ergänzen und zu vervollkommnen, zuerst als Regierungsbaumeister beim Hauptbauamt für die Oderregulierung in Stettin und von 1907 bis 1911 bei der Erweiterung des Kaiser-Wilhelm-Kanals als Bauleiter für den Bau der neuen Schleusen in Kiel-Holtenau. Nachdem er im Jahre 1911 zum Vorstand des Neubauamtes für die Kanalerweiterung in Rendsburg ernannt worden war, konnte er sich nur noch zwei Jahre dieser wichtigen Wasserstraße des Seeverkehrs mit ihren schwierigen Erweiterungsbauten widmen, da er im Jahre 1914 die Leitung des Neubauamtes für die Kanalisierung der Aller in Celle übernahm. Der erste Weltkrieg, in dem er als Hauptmann der Reserve zu der Eisenbahnbautruppe eingezogen war, unterbrach und beendete zugleich seine Neubautätigkeit in der Preußischen Wasserbauverwaltung. Nach Beendigung des Krieges war er drei Jahre Amtsvorstand des Wasserbauamtes Emden.

Im Jahre 1921 wurde Gährs in das Preußische Ministerium für Handel und Gewerbe berufen und als Ministerialrat zum Referenten für die preußischen Häfen bestellt. Zwei Jahre später wurde ihm unter Ernennung zum Ministerialdirektor die Leitung der Wasserstraßenabteilung im Reichsverkehrsministerium übertragen. 20 Jahre, bis zu seiner Zurruhesetzung mit Ablauf des Jahres 1943, stand diese Abteilung des Reichsverkehrsministeriums, später beim Generalinspektor für Wasser und Energie, unter seiner Führung.

Unter Gährs konnte die Reichswasserstraßenverwaltung großzügige wasserwirtschaftliche und verkehrliche Planungen durchführen. Es ist nicht möglich, alle Maßnahmen im einzelnen aufzuführen, doch müssen einige wasserbauliche Großtaten, für deren Verwirklichung sich Dr. Gährs mit aller Energie und Tatkraft eingesetzt hat, gewürdigt werden. Bei den Binnenwasserstraßen handelt es sich vor allem um vier verkehrspolitisch bedeutende Aufgaben: der Bau des Großschiffahrtsweges Berlin—Stettin mit dem Schiffshebewerk Niederfinow; die Vollendung des Mittellandkanals, der Berlin und Ostdeutschland mit dem Ruhrgebiet und dem Rhein verbindet, einschließlich der Errichtung des Schiffshebewerkes Rothensee in der Nähe von Magdeburg; die Niedrigwasserregulierung der Elbe in Verbindung mit dem Bau der beiden Saaletalsperren Bleiloch und Hohenwarthe, die mit einem Fassungsvermögen von zusammen 400 Mill. Kubikmeter Wasser die Wasserführung der Elbe in Niedrigwasserzeiten beträchtlich aufbessern; die Niedrigwasserregulierung der Oder unter Einschluß der vier Staubecken Ottmachau, Stauwerder, Malapane bei Turawa und Berghof im Weistritztal bei Schweidnitz mit zusammen 377 Mill. Kubikmeter Inhalt, welche, wie die Saaletalsperren für die Elbe, eine wesentliche Verbesserung der wasserwirtschaftlichen Verhältnisse der Oder bringen. Daneben wurden andere Ausbauprojekte, die gegenwärtig ihrem Ende entgegengehen, tatkräftig gefördert: die Kanalisierung des Neckars, des Maines und der Mittelweser und die Erweiterung des Dortmund-Ems-Kanals. Bei den Seewasserstraßen galt damals, ebenso wie noch heute, die Hauptsorge der Vertiefung und Erhaltung der Fahrrinnen in den Zufahrten zu den deutschen Nordseehäfen. Die dazu notwendigen langwierigen Ausbaumaßnahmen fanden an der Unterelbe ihre einstweilige Krönung dadurch, daß bereits 1935 der Schnelldampfer „Europa“ Hamburg anlaufen konnte, ohne unterwegs, wie früher, zur Zeit des Tideniedrigwassers vor Anker gehen zu müssen.

Seine hervorragenden technischen Fähigkeiten und seine großen Verdienste um den deutschen Wasserbau fanden ihre besondere Anerkennung und Würdigung. Schon im Jahre 1928 wurde ihm von der Technischen Hochschule Hannover der akademische Grad eines Dr.-Ing. ehrenhalber verliehen. Später folgte die Ernennung zum Präsidenten der Preußischen Akademie für Bauwesen, zu deren hervorragendsten Mitgliedern er zählte. In seiner Eigenschaft als Leiter der Wasserstraßenabteilung im Reichsverkehrsministerium war er zugleich Leiter der deutschen Delegation in der Ständigen Kommission des Internationalen Ständigen Verbandes für Schiffahrtskongresse. Daneben bekleidete er noch mehrere verantwortungsvolle Ehrenämter, so das des stellvertretenden Vorsitzenden des Zentralvereins für die deutsche Binnenschiffahrt und der Hafenbautechnischen Gesellschaft. Wegen seiner Verdienste um die Hafenbautechnische Gesellschaft hat ihm diese im Jahre 1950 die Ehrenmitgliedschaft verliehen.

Gährs war eine Persönlichkeit von besonderer Prägung, vornehm in der Gesinnung, ausgeglichen im Charakter; weise in der Menschenbehandlung und Menschenführung hat er die Geschicke der Reichswasserstraßenverwaltung durch alle Fährnisse dieser bewegten 20 Jahre hindurchgesteuert. Sein ausgeprägter Sinn für die Wirklichkeit ließ ihn mühelos das Wesentliche erkennen und im vorsichtigen Abwägen der Möglichkeiten das einmal richtig erkannte Ziel mit Festigkeit verfolgen.

Unter Gährs ist eine neue Generation in der Verwaltung herangewachsen. Dieser war es vorbehalten, nach dem Zusammenbruch ohnegleichen von 1945 den Wiederaufbau in Angriff zu nehmen. Auf der von Gährs in persönlichem Einsatz und unermüdlicher Arbeit geschaffenen Grundlage war es nach dem Zusammenbruch möglich, diese Verwaltung in verhältnismäßig kurzer Zeit wieder so aufzubauen, daß sie trotz aller zeitbedingten Schwierigkeiten bald wieder arbeitsfähig wurde und ihren alten Ruf wieder erringen konnte. Seine verdienstvolle Tätigkeit wirkt sich daher bis zum heutigen Tage zum Nutzen der Wasser- und Schiffahrtsverwaltung des Bundes aus.

In Anerkennung dieser auch für die Bundesrepublik wertvollen Verdienste hat der Herr Bundespräsident ihm zu seinem 80. Geburtstag das Große Verdienstkreuz verliehen, das ihm der Bundesminister für Verkehr, Dr.-Ing. H. Chr. Seebohm, in Hamburg überreichte.

Hier an diesem Tage kam die Liebe und Dankbarkeit aller Angehörigen der Wasser- und Schiffahrtsverwaltung sichtbar zum Ausdruck. Gährs war nicht nur ein verdienstvoller Vorgesetzter, sondern ein warmherziger, liebenswerter Mensch. Die Verehrung und Liebe, die er sich in langjähriger verantwortungsvoller Tätigkeit bei allen Angehörigen der Verwaltung erworben hat, ist das über sein Grab hinaus Bleibende.

Die Hafenbautechnische Gesellschaft 1955/1957

Zehn Jahre nach Beendigung des Krieges mit seinen tiefgreifenden Veränderungen hatte zwar der Wiederaufbau zerstörter Häfen einen gewissen Abschluß erreicht, aber die Probleme, denen sich See- und Binnenhäfen gegenübersehen, sind dadurch an Zahl und Gewicht nicht geringer geworden, auch wenn man von den unmittelbaren Auswirkungen politischer Ereignisse und Maßnahmen absieht. Unter anderem sind es vor allem Verschiebungen zwischen den am Umschlag beteiligten Verkehrsmitteln sowie Wandlungen in der Zusammensetzung des Umschlagsgutes, insbesondere die ständige Zunahme des Erdöls und seiner Derivate, welche Ausbau und Planung in den Häfen nachhaltig und in mannigfacher Hinsicht beeinflussen. Hinzu kommen in den Seehäfen und für ihre Zufahrten die wachsenden Größen und Tiefgänge der Seeschiffe, zumal in der Tankerfahrt, aber auch im übrigen Massengut- und im Stückgutverkehr.

Der vorliegende Band der Jahrbücher widmet mehrere Beiträge derartigen Problemen, auch die Themen von Ansprachen und Vorträgen anläßlich der Tagungen 1955 und 1956 waren generell oder in Einzelheiten weitgehend hierauf abgestellt. Darüber hinaus wurde jedoch die Behandlung aktueller Probleme anderer Art sowie solcher von grundlegender Bedeutung entsprechend den Aufgaben der Gesellschaft keineswegs vernachlässigt. Davon zeugen sowohl die Tätigkeit der Fachausschüsse als auch die Arbeiten, die im Zusammenwirken mit dem Schriftleitungsausschuß der HTG in dem Zeitschriftenorgan, der „Hansa“, veröffentlicht wurden. Diese wurden für 1953 und 1954 wiederum zusammengefaßt in dem „Handbuch für Hafenbau und Umschlagstechnik“, das 1955 als Band II herausgegeben wurde und sich steigender Beliebtheit erfreut.

Ebenso wurden die vom „Ausschuß zur Vereinfachung und Vereinheitlichung der Berechnung und Gestaltung von Ufereinfassungen“ erarbeiteten und bis Ende 1954 beschlossenen „Empfehlungen“ 1955 gedruckt und den fachlich interessierten Mitgliedern übersandt. Der „Ausschuß für Hafenumschlagstechnik“ befaßte sich in besonderen Arbeitsgruppen mit einer Vielzahl von Einzelfragen, wie Steuerungen und Ablegereife der Seile bei Stückgutkränen, Antriebsart und Hubkraft von Flurfördergeräten, Einsatz von Straßenkränen und anderen, während der „Ausschuß für Hafenverkehrswege“ Fragen des Lastkraftwagenverkehrs in den Häfen untersuchte. Die bisher im Ausschuß für Ufereinfassungen mit behandelten Probleme der Korrosion hatten einen solchen Umfang angenommen, daß sich die Notwendigkeit ergab, 1956 einen besonderen „Ausschuß für Korrosionsfragen“ ins Leben zu rufen. Über die Tätigkeit ihrer Ausschüsse haben die Vorsitzenden im einzelnen jeweils anläßlich der Tagungen[1] und in besonderen Aufsätzen[2] berichtet.

Die in den Vorjahren ausgebauten Verbindungen zu ausländischen Häfen und Hafenfachleuten wurden weiter gepflegt und fanden ihre Fortsetzung mit der Annahme einer Einladung der Stadt Linz an der Donau. So wurde die 23. ordentliche Hauptversammlung erstmalig wieder mit dem Besuch eines ausländischen Hafens verbunden. Sie fand vom 15. bis 17. September 1955 statt und wurde in Passau mit Besichtigungen und Vorträgen eröffnet. Wasserstraßen und Häfen des Südostens standen naturgemäß im Mittelpunkt der Betrachtungen. Einen großartigen Eindruck von den in deutsch-österreichischer Gemeinschaftsarbeit entstehenden Anlagen der Donaustaustufe Jochenstein vermittelte die Besichtigung der Baustelle und des Kraftwerks, dessen erste Maschinensätze kurz zuvor in Betrieb genommen worden waren. In den Vorträgen wurden folgende Themen behandelt:

Ministerialrat a. D. Dr.-Ing. E. h. Dr.-Ing. Fuchs, ord. Vorstandsmitglied der Rhein-Main-Donau A.G., München: **„Vom Bau der Großschiffahrtsstraße Rhein-Main-Donau“.**

Regierungsbaudirektor F. Dobmayer, Wasser- und Schiffahrtsdirektion Regensburg: **„Die Donau zwischen Regensburg und Passau als Schiffahrtsstraße“.**

Hafendirektor Dipl.-Ing. Feuchter, Regensburg: **„Die Donauhäfen Regensburg und Passau gestern und heute“.**

Der Vorgenannte: **„Die Diesellok im Rangierbetrieb der Hafenbahnen“.**

Ein besonderes Erlebnis war die vom Wetter begünstigte Donaufahrt von Passau nach Linz, wo die etwa 450 Tagungsteilnehmer sowohl von dem Bürgermeister, Nationalrat Dr. Koref, als auch von dem Vertreter der österreichischen Bundesregierung und dem Regierungschef des Landes Oberösterreich sehr herzlich begrüßt wurden. Wenige Monate zuvor war der Staatsvertrag Österreichs mit den Besatzungsmächten geschlossen worden, und die letzten fremden Truppen standen im Begriff, das Land zu verlassen. Der Freude über die politische Lösung, aber auch über die Beendigung eines Zustandes, der schwer auf der Wirtschaft und besonders auf der Donauschiffahrt gelastet hatte, gab Landeshauptmann Dr. Gleißner beredten Ausdruck, indem er in seiner Ansprache, wohl allen Anwesenden unvergeßlich, etwa folgendes ausführte:

„Ich freue mich, daß es mir nach anfänglichen Schwierigkeiten doch möglich war, Ihnen persönlich als Landeshauptmann dieses Landes die Grüße der oberösterreichischen Landesregierung und den Willkommensgruß des ganzen Landes Oberösterreich zu entbieten. Wir freuen uns sehr herzlich über Ihr Kommen! Oberösterreich und Linz sind Kongreßländer und

[1] „Handbuch für Hafenbau u. Umschlagstechnik“ Bd. III, 1957.

[2] „Bautechnik“ 1954, Heft 12, Seite 406 und 1955, Heft 12, Seite 416.

Kongreßstadt, und wir sind nicht arm an so erfreulichen Ereignissen. Aber ich darf Ihnen ehrlich sagen, die Freude über Ihre Anwesenheit ist viel mehr als bloße Höflichkeit.

Mit dem Thema, das Sie hier behandeln, sind wir in unserer Existenz aufs engste verbunden. Es ist die Donau, die dem Lande die Richtung gibt, die Lage und Schicksal bestimmt. Irgendwer hat einmal gesagt „Lage ist Schicksal", und wir stellen fest, daß sich das in den zehn Jahren, die hinter uns liegen, bewahrheitet hat. Die Donau war nach 1945 auch noch hier, aber künstliche Hindernisse haben bewirkt, daß wir wohl das Wasser hatten, die Schiffe hatten, die Schiffsleute hatten, aber die Donau nicht benutzen durften. Sie müssen sich vorstellen, daß die Strecke, die Sie heute gefahren sind, die Grenze war zwischen der westlichen und der östlichen Welt und daß es auch physisch gefahrvoll war, die Donau zu benutzen. Wir mußten hier immer wieder alle möglichen Vorkehrungen treffen, um die primitivsten Gefahren zu vermeiden, und nur schrittweise und langsam hat sich die Vernunft gegen künstliche menschliche Hindernisse durchgesetzt. Sie können sich gar nicht vorstellen, welche Freude wir hatten, als die Donau nicht mehr ein toter Strom, eine fast unübersteigbare Grenze zwischen zwei Welten war, als wir mit dem ersten Schiff wieder nach Wien fahren durften. Ich erinnere mich, daß der Bürgermeister und ich diese Expedition angeführt haben: Es war eine spontane Freudenkundgebung bis Wien an allen Ufern! So begrüßen wir jeden Schritt, der zur Belebung des Stromes beiträgt, und es ist eine besondere Freude für uns, daß Ihre Fahrt jetzt zu einem Zeitpunkt erfolgte, da wir auf beiden Seiten der Donau keine fremden Soldaten mehr haben und Sie sozusagen die Freiheitsfahrt durch dieses Land gemacht haben. Vielleicht können Sie uns das nachempfinden!

Wir glauben auch, daß das, was Sie hier sehen, Ihrem kritischen Auge standhalten kann. Es war wie in anderen Ländern, so auch bei uns nicht leicht, in den zehn Jahren so aufzubauen, wie es der Fall gewesen wäre, wenn das Schicksal dieses Landes in unsere Hand gegeben gewesen wäre. Wir hatten mit vier Besatzungsmächten zu rechnen, und trotzdem wurden Energiewerke — Sie haben ja ein Donaukraftwerk gesehen — und Industrien aufgebaut; wir haben getrachtet, die Fenster in die Welt zu öffnen, und gerade unser Oberösterreich ist industriell ein ungemein dynamisches Land geworden. Dieses Oberösterreich ist mit 27% am gesamtösterreichischen Export beteiligt, so daß uns manchmal Ausländer fragten: Wie ist es denn möglich, daß hier Industrien entstehen, sich ausbreiten, Energiewerke entstehen, daß sich die Produktion überall vermehrt; können Sie denn das alles angesichts der Grenzlinie, an der Ihr Land liegt? Und wir mußten sagen: Österreich hat in den tausend Jahren seiner Geschichte eine ungeheure Lebenskraft und, was in diesem Fall noch wichtiger war, eine staunenswerte Elastizität mitbekommen. So war unsere Geduld stärker als das Beharrungsvermögen der fremden Mächte in unserem Land, so daß wir dann tatsächlich den Augenblick erleben durften, da jetzt, gerade in diesen Wochen, die letzten fremden Uniformen aus dem Lande verschwinden.

Jeder, gleichgültig aus welcher Nation er stammt, kann nachempfinden, wie sehr die Wirtschaft leidet, wenn sie ununterbrochen von der Politik, und zwar in diesem Fall von der Weltpolitik, behindert wird. Sie werden sehen, daß wir uns in dieses große Wirtschaftskonzept, das nun einmal europäisch ist, einfügen wollen. Wir wissen, daß wir zwar ein nicht so bedeutender Faktor sind, aber in jeder Kette ist jedes Glied mit verantwortlich für die Stärke dieser Kette, und wenn in den 3000 km, die uns unsere Phantasie jetzt vorzaubert, von Rotterdam bis zum Schwarzen Meer, das österreichische Glied schwach wäre, würde diese ganze große Wirtschaftsverbindung nicht funktionieren. Daher fühlen wir uns mitverantwortlich für den ganzen Raum, für seinen Ausbau, und wir sind uns dessen bewußt, wie sehr wir von solchen Beratungen wie den Ihren auch selber viel Nutzen für unsere Weiterarbeit ziehen können.

Vielleicht darf ich auch sagen, daß es ein kleines Zeichen der Anerkennung ist, wenn sich eine so große und bedeutende Gesellschaft Linz und Oberösterreich für ihre Tagung aussucht. Wir wissen, das wohl zu werten, und wir hoffen mit Ihnen, daß diese Tagung eine für uns alle erfreuliche ist. Für uns ist sie sicher reich an Anregungen, die wir im Interesse unseres Landes und im Interesse der Wirtschaft und in einem viel größeren Rahmen sehr gewissenhaft verwerten wollen. Meine besten Wünsche für Sie, verehrte Gäste, und für Ihren Aufenthalt in Oberösterreich."

Die sich anschließenden Vorträge bestätigten die Ausführungen des Landeshauptmanns hinsichtlich der Donau als eines der wichtigsten Bindeglieder zwischen Ost und West:

Ministerialrat Dr. Josef Huber, Vorstand des Amtes für Schiffahrt im Bundesministerium für Verkehr und verstaatlichte Betriebe, Wien: **„Die Donau als Verkehrsweg".**

Regierungsoberbaurat Dipl.-Ing. Schmutterer, Bundesstrombauamt, Wien: **„Österreichische Wasserstraßen- und Hafenprobleme".**

Stadt- und Hafenbesichtigung, gesellige Veranstaltungen und ein Ausflug zu dem Stift St. Florian mit seinen Kunstschätzen erweiterten das Bild von Wirtschaft und Verkehr, von Kultur und Naturschönheit des Landes Oberösterreich und von seinen Menschen, soweit das in so kurzer Zeit möglich ist.

Von Südosten wechselte die HTG im darauffolgenden Jahre in den Nordwesten der Bundesrepublik, nach Ostfriesland, über, wo vom 6.—8. September 1956 die 24. ordentliche Hauptversammlung abgehalten wurde. Turnusgemäß war ein Nordseehafen als Tagungsort bestimmt worden, und zwar sollte der Hafen Emden und seine Zufahrt im Mittelpunkt stehen. Da die im Kriege stark zerstörte Stadt jedoch noch nicht wieder in dem erforderlichen Umfange Unterkünfte und Veranstaltungsräume zur Verfügung hatte, fanden die fachlichen und geselligen Veranstaltungen auf Einladung der niedersächsischen Landesregierung in dem Staatsbad Norderney statt. Hier bot sich in Ergänzung des hafenbautechnischen Programms die Gelegenheit, die rund 450 Tagungsteilnehmer an Ort und Stelle über Zweck, Arten und Auswirkungen von Küstenschutzmaßnahmen zu unterrichten, während der letzte Tag einer Fahrt durch den Emder Hafen und emsabwärts vorbehalten war, die mit Besichtigung von Verkehrsanlagen, Umschlagseinrichtungen und strombaulichen Maßnahmen die Ausführungen der Vortragenden ergänzte. Das Vortragsprogramm wurde eingeleitet durch eine Ansprache von Professor Dr.-Ing. E. h. Dr.-Ing. Agatz, in der er einen Ausblick in die Zukunft unserer See- und Binnenhäfen gab[3]. Folgende Vorträge schlossen sich an[1]:

Jr. M. de Bruyn, Oberingenieur-Direktor des Rijkswaterstaat, 's-Gravenhage: **„Der Holländische Deltaplan".**

Univ.-Prof. Carl Schneider, Speyer: **„Bilder aus spätantiken Häfen".**

Ferner behandelten:

Reg.-Baudirektor Wetzel, Wasser- und Schiffahrtsamt Emden: **„Die Ems und der Emder Hafen".**

[3] „Grundsätzliche Zukunftsfragen der See- und Binnenhäfen" — Handbuch für Hafenbau und Umschlagstechnik, Band III, Seite 31.

Hafendirektor a. D. Thiessen, Geschäftsführer der Emder Hafenumschlagsgesellschaft mbH.: **„Massengutlagerung und -umschlag im Emder Hafen".**

Erster Baudirektor Dr.-Ing. Bolle, Strom- und Hafenbau, Hamburg: **„Häfen und Lastkraftwagenverkehr".**

Prof. Dr.-Ing. E. h. Dr.-Ing. Agatz, Bremen: **„Das neue Trockendock der Nordseewerke Emden G.m.b.H.".**

Oberbaurat Dr.-Ing. Förster, Strom- und Hafenbau, Hamburg: **„Dalbenpfahlversuche".**

Reg.-Baurat Dr.-Ing. Janssen, Wasser- und Schiffahrtsamt Norden: **„Inselschutz an Ostfrieslands Küste".**

Die Mitgliederversammlung beschloß in Norderney, die nächste Hauptversammlung nicht 1957, sondern erst im Frühjahr 1958 abzuhalten. Maßgebend für diesen Entschluß war u. a., daß für das Jahr 1957 eine Fülle technisch-wissenschaftlicher Veranstaltungen vorgesehen war. Hierzu gehörte die Internationale Bauausstellung in Berlin vom Juli bis September 1957 mit einem umfangreichen Tagungsprogramm deutscher technisch-wissenschaftlicher Vereine, woran die HTG mit einer Arbeitssitzung des Fachausschusses für Ufereinfassungen beteiligt war. Für den 6. Internationalen Schiffahrtskongreß, den der Internationale Ständige Verband für Schiffahrtskongresse im Juli 1957 in London veranstaltete, bearbeiteten Mitglieder der HTG Beiträge. Kurz vorher hielt die International Cargo Handling Co-Ordination Association in Hamburg ihre 3. Technische Hauptversammlung, deren Vorbereitung und Durchführung in den Händen des Deutschen Nationalen Komitees lag, ab. Beide Tagungen führten Hafenfachleute aus aller Welt, darunter zahlreiche in- und ausländische Mitglieder der HTG, zusammen.

Mit dem Deutschen Verband technisch-wissenschaftlicher Vereine, dessen Vorsitz 1955 von Prof. Dr. rer. techn. Vieweg, dem Präsidenten der Physikalisch-technischen Bundesanstalt, auf den Präsidenten des Fernmeldetechnischen Zentralamtes, Professor Dr.-Ing. E. h. Herz, übergegangen war und dessen Vorstand Prof. Dr.-Ing. Agatz weiterhin angehört, wurde enge Verbindung gehalten. Im Rahmen der Deutschen Forschungsgemeinschaft übten Prof. Dr.-Ing. Hensen, Hannover, und Hafenbaudirektor Dr.-Ing. E. h. Mühlradt, Hamburg, weiterhin die Tätigkeit als Gutachter für das Fach „Wasserbau, See- und Hafenbau", aus. Entsprechend der Bedeutung von Korrosionsfragen im Hafenbau trat die HTG 1955 der Arbeitsgemeinschaft Korrosion bei, die eine Zusammenarbeit einschlägiger technisch-wissenschaftlicher Vereine und die gegenseitige Unterrichtung in Korrosionsfragen zum Ziele hat.

In den Jahren 1955—1957 hatte die HTG wiederum eine große Anzahl Toter aus den Reihen der Mitglieder zu beklagen. Neben dem Ehrenmitglied der Gesellschaft, Ministerialdirektor i. R. Dr.-Ing. E. h. Gährs, dessen an anderer Stelle gedacht ist, sind dies:

Bayer, Theodor, Schiffahrtsdirektor i. R., Hamburg (1955)
Beger, Karl, Prof. Dr.-Ing., Dresden (1957)
Conzen, Hans, Ingenieur, Essen (1956)
Foerster, Ernst, Dr.-Ing., Hamburg (1955)
Götz, August, Dipl.-Ing., Bremen (1955)
Jansson, Gustaf, Zivilingenieur, Bromma/Schweden
Keilberg, Otto, Geschäftsführer der Handelskammer, Bremen (1955)
Kling, Heinrich, Oberingenieur, München (1955)
Koch, Emil, Reg.-Baumeister a. D., Köln (1956)
Langfritz, Jakob, Hafendirektor, Karlsruhe
Malbranc, Paul, Reg.-Baumeister a. D., Hamburg (1957)
Marquardt, Erwin, Prof. Dr.-Ing., Stuttgart (1955)
Metzger, Otto, Reg.-Baumeister a. D., Kiel (1957)
Meyer, Johannes, Direktor, Blexen
Müller, Wilhelm, Prof. Dr.-Ing. E. h. Dr.-Ing., Aachen (1956)
Nützel, Hans, Direktor, Peine
Proetel, Hermann, Prof. em., Aachen (1956)
Schatzberger, Artur, Kommerzialrat, Wien
Schleicher, Ferdinand, Prof. Dr.-Ing. habil. Dr.-Ing. E. h., Aachen (1957)
Siebert, Bernhard, Dr.-Ing., Hamburg (1956)
Wedekind, Hermann, Baudirektor, Hamburg (1956)
Weise, Erich, Stadtbaudirektor, Dr.-Ing., Lübeck (1955)

Die Mitgliederversammlung gedachte der Verstorbenen, von denen die meisten der Gesellschaft seit Jahrzehnten angehört hatten.

In Anbetracht ihrer großen Verdienste um die Gesellschaft und um die See- und Binnenhäfen wurde 1956 Prof. Dr.-Ing. Dr.-Ing. Agatz, Bremen, und Reedereidirektor i. R. Etterich, Düsseldorf, die Ehrenmitgliedschaft der HTG verliehen.

Der 1954 gewählte Vorstand wurde gemäß Beschluß der Mitgliederversammlung 1956 erweitert durch Zuwahl von Ministerialrat Dipl.-Ing. Wegner, Bundesverkehrsministerium, Bonn, und Oberbaurat Feuerhake, Strom- und Hafenbau, Hamburg, dieser als geschäftsführendes Vorstandsmitglied.

Der Mitgliederbestand hat sich Ende 1957 gegenüber 1954 auf insgesamt 640 erhöht und setzt sich folgendermaßen zusammen:

Ehrenmitglieder	8	Ordentliche Mitglieder	453	Gegenseitige Mitgliedschaften	11
Förderer	140	Jungmitglieder	16	Schriftenaustausch	12

Darunter befinden sich 76 Mitglieder im Auslande.

Hellenistische Hafenstädte

Von Professor Dr. **Carl Schneider**, Speyer

Wer die Kulturgeschichte des Hellenismus, jenes lebendigen und sprühenden Zeitraumes vom Tode Alexanders des Großen bis zur beginnenden Spätantike verstehen will, muß in allererster Linie in die Hafenstädte gehen[1], denn in ihnen hat das hellenistische Leben seine farbenfreudigsten Ausprägungen gefunden[2]. Man vergißt oft, daß die Küsten- und Inselgewässer der Mittelmeerwelt — wenigstens soweit Griechen ihr Gepräge bestimmten —, nicht weniger belebt waren als sie es heute sind. Wenn genug Holz vorhanden war, waren antike Flotten sehr rasch gebaut; wie oft hat Athen allein im peloponnesischen Krieg seine Flotte erneuert[3]! Tüchtige Seefahrer waren in genügender Zahl vorhanden, neben Griechen vor allem Araber, Phöniker und Ägypter. Der Geist der Odyssee ist in der griechischen Welt nie ausgestorben; noch der reichlich banause Hieronymus zitiert auf seinen Seefahrten die Odyssee, und noch der große Basileios verlangt, daß wenigstens der Gebildete zur See gefahren sein müsse, um vieler Menschen Städte zu sehen[4]. Keine Bilderwelt ist in der hellenistischen Literatur so oft vertreten wie die des Schiffes und des Steuermannes, des Meeres in Stille und Sturm, der Häfen und Küsten[5]. Eine eigene, amüsante Literaturgattung, der Reiseroman, führt durch fast alle Hafenstädte der hellenistischen Welt[6]. Der hellenistische Mensch hat ein tiefes Gefühl für die länderverbindende Schönheit des Meeres, für das flutende Leben und den Reichtum der Häfen[7]. Auch für das äußere Schicksal der hellenistischen Welt sind die Häfen entscheidend: im Kampf um die syrischen und karisch-kilikischen Häfen haben die beiden größten hellenistischen Reiche einander völlig aufgerieben und zerstört[8]. Kaiser und Könige leben in diesem Geist: die Königin Kleopatra liebte es, sich unter die Matrosen zu mischen und mit ihnen in ihren Landessprachen zu reden, Griechisch, Ägyptisch, Aramäisch, Arabisch, Persisch und Äthiopisch, und Kaiser Julian bekennt, daß es nichts Schöneres gäbe, als das Meer und Schiffe zu sehen[9]. Thukydides' Satz, daß alles wirkliche Leben in der Geschichte erst mit der Seefahrt beginne, enthält nicht nur ein richtiges Verständnis für die Geschichte des Mittelmeerraumes, sondern ein geschichtsphilosophisches Axiom, dem auch in anderen Zeiten und Kulturen nachzugehen wäre[10].

Es gibt in der spätantiken Welt eigentlich nur eine Ausnahme, das ist die bekannte Wasserscheu der Römer. Für sie allein ist das Goldene Zeitalter am Anfang der Welt ein Zeitalter ohne

---

[1] Aus der Literatur sind hervorzuheben: K. Lehmann-Hartleben, Die antiken Hafenanlagen des Mittelmeeres. 1923; H. Schaal, Vom Tauschhandel zum Welthandel. 1931; A. v. Gerkan, Meereshöhen und Hafenanlagen im Altertum: Dörpfeldfestschrift 1933, S. 37—42; E. Ziebarth, Der griechische Kaufmann im Altertum. 1934; M. Rostovtzeff, The social and economic history of the Hellenistic world. 1941; W. Hyde, Ancient Greek mariners. 1947; H. Ormerod, Piracy in the ancient world. 1924; W. S. Ferguson, Hellenistic Athens. 1911; E. Ziebarth, Beiträge zur Geschichte des Seeraubes und Seehandels im alten Griechenland. 1929; J. H. Thiel, Studies on the history of Roman sea-power in Republican times. 1946; W. L. Rodgers, Greek and Roman naval warfare. 1937; H. W. Parke, Greek mercenary soldiers. 1933; W. Otto/H. Bengtson, Zur Geschichte des Niedergangs des Ptolemäerreiches. 1938 (bes. S. 194—218).

[2] Die umfangreichste Liste antiker Häfen (303 Nummern) bei Lehmann-Hartleben, S. 240—287.

[3] Xenoph. Hellen. 1, 1; vgl. auch Caes. b. G. 3, 9.

[4] Basil. he. 4, 6f. Junge Ehepaare werden auf Seereisen geschickt, um „ein anderes Land zu sehen und andere Städte" (Xenoph. Ephes. 1, 10, 3).

[5] Über die bildhafte Sprache der Hafennamen selbst vgl. Lehmann-Hartleben, S. 289—297.

[6] Er beginnt schon mit Alexanders Steuermann Onesikritos, vgl. T. S. Brown, Onesicritus. 1949; erreicht seinen Höhepunkt in Xenophon von Ephesos, Petronius und Apuleius und endet in den christlichen Apostelromanen.

[7] Qui pelago credit, magno se faenore tollit (Petron. 84). Es gibt kaum einen hellenistischen Schriftsteller, der nicht Seebilder verwendet.

[8] Bereits in den Diadochenkriegen sind die Flotten wichtiger als das Landheer: bei Abydos und Amorgos, im Bosporos und um Rhodos ist das Schicksal des Alexanderreiches entschieden worden.

[9] Julian ep. 46 (Bidez 4).

[10] Thukyd. 1, 4f.

Seefahrt, und für sie wird die Welt erst wieder glücklich werden, wenn es keine Seefahrt mehr gibt[11]. Darin stimmen Lucrez und Vergil, Ovid und Tibull, Horaz und Boethius völlig überein[12]. Daher zieht man es vor, den langen Landweg von Rom nach Ägypten zu reisen, statt den wesentlich kürzeren Seeweg zu benutzen[13]. Heldenhafte Stoiker wie Seneca haben eine geradezu pathologische Angst vor der Seekrankheit[14].

Sieht man aber von diesen römischen Einzelgängern ab, muß man feststellen, daß die hellenistische Spätantike zu den größten seefahrenden Epochen der Weltgeschichte gehört[15]. Die Kenntnisse in Navigation und Nautik[16], die Herstellung von Seekarten und genauen Küstenbeschreibungen auf Grund von Messungen und Lotungen, die Anlage von offenen oder geschlossenen, ummauerten und befestigten Häfen[17], der Bau und Unterhalt von Schiffshäusern und Werften, Speichern und Ladeanlagen[18], Leuchttürmen und Signalanlagen[19] erreichten eine beachtliche Höhe. Genau und präzis arbeitende Expeditionen erkundeten das Rote und Schwarze Meer, den Persischen Golf und sogar den Kaspisee; seit Pytheas (um 340) kennt man das Phänomen der Gezeiten genau[20], seit den guten Berichten von Alexanders Admiral Nearch und den flüchtigeren seines Navigationsoffiziers Onesikritos die Tücken des Indischen Ozeans[21], seit den Seefahrern des zweiten vorchristlichen Jahrhunderts die Monsune. Ozeanographische Handbücher wie das des Poseidonios und gute Seekarten mit dem Nullmeridian über Rhodos standen jedem Seefahrer zur Verfügung. Die Liste der großen Kapitäne und Admirale reißt nicht ab[22]. Solange die hellenistischen Reiche politisch mächtig waren, haben sie sich verpflichtet gefühlt, die Seefahrt in jeder Weise zu fördern und zu schützen[23].

I. Alexandreia

Will man die hellenistischen Häfen durchwandern, so beginnt man am besten mit der Königin aller Häfen, Alexandreia[24]. Vierhundert Schiffe sind hier nach Athenaios' Angabe ständig stationiert gewesen[25]. Die meisten gehörten den größten Reedern ihrer Zeit, den ptolemaischen Königen und ihren Freunden, wie dem Finanzminister Apollonios, der einen eigenen Privatadmiral beschäftigte. Doch gab es auch kleine Unternehmer, die zum Teil nur ein einziges Schiff besaßen[26]. Der Ruf der alexandrinischen Schiffe war besonders gut; sie waren auf vorzüglichen Werften gebaut, galten als besonders schnell, seetüchtig und gut gesteuert[27]. Der bekannte Werftdirektor des zweiten Ptolemaiers, Pyrgoteles, hatte anscheinend eine ganze Schule hervorragender Hafen- und Schiffbauingenieure herangezogen. Nur die rhodischen Schiffe waren zeitweise den alexandrinischen noch überlegen[28].

Viele dieser Schiffe entsprachen Spezialanforderungen. Es gab Frachter, die nur dem Papyrustransport dienten, andere waren zum Transport großer Steinblöcke oder zur Elefantenverschiffung eingerichtet, und sogar für die wiederholt geforderte Verschiffung ägyptischer Obelisken wurden besondere Schiffe konstruiert[29]. Die meisten der im Hafen beheimateten Schiffe aber waren die großen Korntransporter[30]. Dazu kamen die vielen Touristenschiffe, seitdem es etwa von der Zeit des zweiten Ptolemaiers an Schlagwort geworden war, daß jeder Mensch, der für gebildet gelten wolle, einmal in Ägypten gewesen sein müsse. Endlich lagen hier auch die Luxusschiffe der Könige,

---

11 Verg. Georg. 1, 121—40; ecl. 4, 32; Tibull 1, 3; Prop. 1, 17.

12 Lucr. 2, 550ff.; Juv. 14, 288; Plaut. Most. 431ff. u. o.

13 Philon leg. 250.

14 Sen. ep. 2, vgl. auch Basil. ep. 2, 224a, b.

15 Selbst im Winter wurde in hellenistischer Zeit gelegentlich gefahren, obwohl das als Zeichen besonderer Tapferkeit galt: Act. 27, 9.

16 A. Diller, The tradition of the minor Greek geographers. 1952.

17 Über die Unterschiede vgl. Lehmann-Hartleben, S. 105—120.

18 Schiffshäuser schon vorhellenistisch: Herodot 3, 45; Ladeanlagen Plut. Marc. 14—16.

19 Leuchttürme: Herodian 4, 2, 8; Strabo 17, 1, 6, 791f.

20 Poseidonios reiste zu ihrem Studium monatelang nach Gades.

21 Alles Nähere bei T. S. Brown (vgl. Anm. 6) und W. Hyde, Ancient Greek mariners. 1947.

22 Beispiele: Demetrios Poliorketes, Nearch, Glaukon, Chremonides, Amyntas, Euphranor von Rhodos usw.

23 Ein Beispiel staatlichen Schutzes ist die ägyptische Garnison auf Thera, wenn sie auch nicht immer glücklich gegen die Seeräuber war.

24 Ihr antikes „Wappen" ist eine Tyche mit Schiffskrone, vgl. das Mosaik des Sophilos Rostovtzeff I, Taf. 35.

25 Athenaios 5, 203d.

26 Schiffe wurden im Ägypten der hellenistischen Zeit auch erblich verpachtet oder vermietet, wobei alle Verluste, auch bei force majeure, vom Kapitän getragen werden mußten: R. Taubenschlag, The law of Greco-Roman Egypt. 1944. S. 205; 287ff. Priester als Schiffsunternehmer: Schaal, Tauschhandel, S. 141f.

27 Act. 27, 6; 28, 11; Philon leg. 26.

28 W. L. Rodgers, Naval warfare. 1937.

29 Julian ep. 58 (Bidez 59).

30 T. Reekmans/E. Van't Dack, A Bodleian archive on corn transport. Chronique d'Egypte 27. 1952. S. 149—195; Mitteis-Wilcken I, 2, 441f.

märchenhafte Gebilde wie das Prunkschiff Philopators mit einem mehrstöckigen Palast auf dem Hauptdeck, schattigen Säulenhallen, Wanddekorationen aus feinsten Edelhölzern, purpurnen Segeln, silbernen, mit Blei beschwerten Rudern, Goldbeschlägen an der Schiffswand, einer Unmasse kostbarer Statuen, Teppichen und Gemälden[31]. Nur das Staatsschiff Hierons II. von Syrakus konnte sich damit noch messen; es war mit Mosaiken ausgeziert, die die ganze Ilias darstellten. Dafür war es aber auch nicht seetüchtig[32]. Das Gegenstück dazu waren die zahlreichen alten, morschen, eigentlich ausgedienten Kästen für Einwanderer, entlassene Veteranen, Zwischendeckspassagiere aller Art, die man im alexandrinischen Hafen sehr häufig sah.

Die Hafenanlage (Kartenskizse 1) selbst war großartig in ihrer Übersichtlichkeit. Wie bei den meisten großen antiken Häfen bestand sie aus zwei nach verschiedenen Seiten angelegten Häfen, damit bei jeder Windrichtung angesteuert werden konnte. Der Osthafen (A) war der größere, er war von dem westlichen Eunostoshafen (B) durch das Heptastadion (C), einen sieben Stadien breiten Damm mit zwei Bogendurchlässen getrennt, der vom Festland zur Pharosinsel (D) hinüber führte und über den eine Wasserleitung lief. Auch die größten Schiffe konnten durch die Durchlässe bei jedem Wetter von einem zum anderen Hafen bequem passieren.

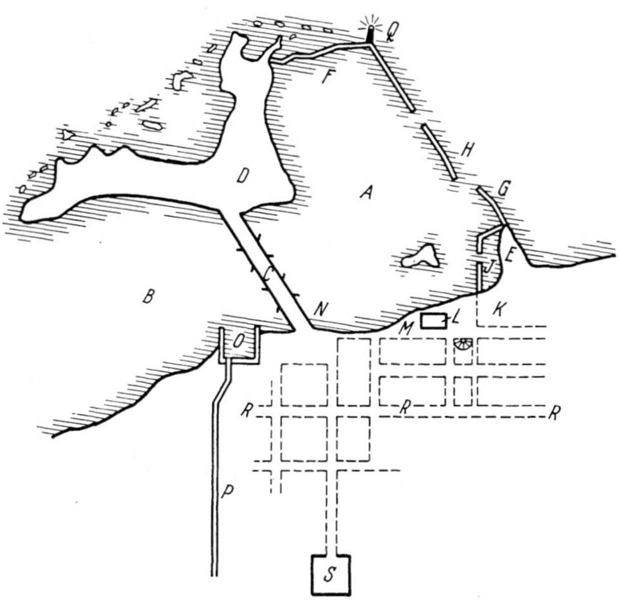

Kartenskizze 1. Die Hafenanlage von Alexandreia

Der Osthafen war im Norden durch die Pharosinsel, im Osten durch die Halbinsel Lochias (E) geschützt. Er wurde bei den Nord- und Ostwinden angesteuert, also in den meisten Fällen. Von der Pharosinsel ging die Westmole (F) aus, auf der der Pharos stand, vom Kap der Halbinsel die Ostmole (G). Zwischen beiden Molen lag inmitten der Einfahrt noch ein mit Molenbauten befestigtes Inselchen (H), so daß die Einfahrt leicht überwacht und geschlossen werden konnte. Im Osten des Hafens bildete der Königshafen (J) ein eigenes großes Becken, in dem die königlichen Jachten vor Anker lagen, und das durch eine kleine Insel mit einer königlichen Seevilla etwas versteckt wurde. An das Königsbecken schloß sich die lange Flucht der Königspaläste (K) unmittelbar an.

Zwischen den Königspalästen und dem Handelshafen lag der Poseidontempel (L), dann begann das langgestreckte Emporion (M) mit einer sehr reich gegliederten Quailinie, so daß sehr viele Schiffe Platz finden konnten. Hinter den gut gepflasterten, breiten Quais, an denen auch die größten Schiffe anlegen konnten, schlossen sich lange Reihen von Speichern und Verkaufshallen an. Die Becken des Handelshafens selbst waren streng geschieden für einheimische und für ausländische Fahrzeuge.

Endlich beschloß der Kriegshafen (N) mit seinen Werften und Schiffshäusern den ganzen Osthafenkomplex; er erstreckte sich vom Ende des Handelshafens westlich bis zum Beginn des Heptastadions. Das gesamte Osthafengelände, von dem Strabon sagt, daß es eigentlich eine Reihe von Häfen umfasse, war gut befestigt und mit starken Mauern und Türmen umgeben.

Der Westhafen wurde bei den selteneren West- und Südwinden leicht angesteuert und war wesentlich kleiner, hatte aber seine große Bedeutung darin, daß hier in einem besonderen künstlich angelegten Becken, dem Kibotos (O), der aus dem mareotischen See kommende Nil-Seekanal (P) endete. Dadurch war ein direkter Verkehr zwischen den alexandrinischen Häfen und dem Nil und seinem Kanalnetz möglich, und infolgedessen diente der Westhafen besonders dem Nil- und Binnenverkehr[33].

Die Hauptzierde des gesamten Hafens war der Pharos-Leuchtturm (Q)[34], dessen von harzigem Holz erzeugte Flamme durch eine komplizierte Metallspiegel-Kombination Licht weit über das

[31] Plut. Dem. Pol. 43.
[32] Über den Bilderschmuck neuerdings K. Lehmann-Hartleben, Two Roman silver-jugs. Am. Journ. Arch. 42 (1938), S. 82–105.
[33] Vgl. auch die Karte bei Lehmann-Hartleben und ebda. S. 132–138.
[34] H. Thiersch, Pharos. 1909. Dagegen vor allem R. Hennig, Abhandlungen zur Geschichte der Seefahrt. 1928; jedoch nicht überzeugend.

Meer sandte. Es war nicht der einzige spätantike Leuchtturm, im Gegenteil, alle Mittelmeerküsten waren mindestens seit dem ersten Jahrhundert gut befeuert. In Südfrankreich, an der ganzen nordafrikanischen Küste, in Syrien, Kleinasien, Kypern, Griechenland, an der Adria fanden sich Hunderte von Leuchtturmruinen und -fundamenten. Aber der Pharos übertraf alle anderen Leuchtanlagen. Sein Erbauer, Sostratos von Knidos, war einer der genialsten Architekten und Hafenbauingenieure aller Zeiten. Auf Siliciumfundamenten fest gegründet erhob sich der Turm mit einer Wanddicke von 2,5 m etwas über 100 m hoch. Der Unterbau war quadratisch, über ihm lag ein achteckiger Mittelbau, auf dem der zylindrische Oberbau mit dem kuppelgekrönten Leuchtapparat ruhte. Auf der Kuppel stand noch eine weithin schimmernde Bronzestatue des Zeus Soter oder des Poseidon. Im Inneren führte eine berühmte breite, stufenlose Rampe in Windungen bis zur obersten Terrasse, auf der zwei Reiter nebeneinander hinaufreiten konnten und beladene Lasttiere hinaufgetrieben wurden. Doch befand sich für den Transport des Brennmaterials ein Aufzug in der Mitte des Turmes, der nie versagt haben soll. Auf die zahlreichen Stockwerke verteilt hatte der Turm 366 Räume, die als Wohnräume für die Leuchtturmwärter, Vorratsräume, Versammlungsräume dienten; eine eigene Trinkwasserleitung führte in den Turm, ein großes Wasserbecken für Löschzwecke war eingebaut. Mit dem Leuchtapparat war eine Einrichtung für Feuertelegraphie verbunden, ferner ein akustischer Signalapparat, der bei diesigem Wetter benutzt wurde. Ob der Turm auch für astronomische Zwecke zur Verfügung gestellt wurde, ist nicht sicher, doch war mit ihm eine große Sonnenuhr verbunden, die die Normalzeit für die Schiffer angab und nach der die jeweiligen Wasser- oder Sanduhren eingerichtet wurden (Abb. 1 nach der Rekonstruktion von Thiersch).

Abb. 1. Der Pharos von Alexandreia nach der Rekonstruktion von Thiersch

Die Stadt selbst war zur Ptolemaierzeit die schönste der Antike und eine der schönsten Städte der Weltgeschichte[35]. Ihre Straßen waren so angelegt, daß die kühle Nordluft ungehindert einströmen konnte[36]. Die Hauptachse (R) war 30 m breit und mehrere Kilometer lang; sie war eine Art Kombination von Champs Elysées, Oxford Street und Kurfürstendamm der antiken Welt und gleichzeitig die Merceria aller Touristen.

Sehenswürdigkeiten gab es in der Stadt übergenug; keine antike Stadt hatte so viele Tempel, Museen und Paläste[37]. Da war das Mausoleum, in dem Alexander der Große in einem goldenen Sarkophage ruhte, gleichsam der Dôme des Invalides, da waren die Königspaläste, zu deren Innenhöfen das Volk und die Touristen wenigstens an Feiertagen freien Zutritt hatten, da war der gefeiertste Tempelbezirk des Hellenismus, das Sarapeion (S) mit dem berühmten Kultbild des Bryaxis und den von Gold, Elfenbein und Edelsteinen funkelnden Tempelschätzen[38]. Da waren die großen Anlagen des Museions mit ihren Instituten, Schausammlungen und der größten Bibliothek der Welt, die lebensgroße Statue der Arsinoe aus reinem Topas, die Reliefs und Statuen des Homerdenkmals. Außerdem hatte Alexandreia die modernsten Sportplätze mit Dusch- und Badeanlagen und die meisten und größten Kaufhäuser und Basare. Unerschöpflich waren die Vergnügungsstätten. Hier gab es den ersten Zoo der Welt, der sogar Freigehege hatte. Um 250 besaß er den ansehnlichen Tierbestand von 24 Löwen, einer 9 m langen Riesenschlange, einer Giraffe, einem Nashorn, mehreren Leoparden, Tigern, Luchsen, Büffeln, Wildeseln, Bären — darunter einem weißen —, Papageien, Pfauen und Fasanen[39]. Unter den vielen prachtvollen privaten und öffentlichen Gärten der Hafenstadt stand der Volkspark des Paneion mit einem künstlichen Berg und Aussichtsturm, von dem man Stadt, Hafen, See und Nildelta übersah, an erster Stelle. Da war das Vergnügungsviertel am Canopusarm mit eleganten Lokalen und einfachen Schifferkneipen[40].

[35] Diod. Sic. 1, 2, 50; Strabon 14, 640.
[36] Diod. Sic. 17. 52.
[37] Apul. apol. 24; hist. Aug. 2, 207; Athenaios 5, 196.
[38] Weiteres bei H. I. Bell, Cults and Creeds in Greco-Roman Egypt. 1953.
[39] Weiteres bei Diod. Sic. 3, 36f.; W. W. Tarn, Hellenistic civilisation, S. 307ff.
[40] Rostovtzeff I, Tafel 38. Häufig auf pomp. Malereien und den Mosaiken von Praeneste.

Hier konnte man Tag und Nacht auf geschmückten Gondeln fahren, tanzten die berühmtesten Tänzerinnen, traten die Stars aller Art auf, hier wurde zum erstenmale in der Weltgeschichte Jazzmusik gespielt und wurden Negertänze getanzt; hier floß auch der Wein trotz der hohen ptolemaischen Weinsteuer von 33%, denn das dünne ägyptische Gerstenbier tranken nur die Eingeborenen auf dem Lande[41]. Hier hörte man zuerst die neuesten Schlager, die von Alexandreia aus ihren Siegeszug in die Welt antraten. Besonders unter der Herrschaft Ptolemaios des Dickbäuchigen und Ptolemaios des Flötenspielers blühten hier Operette, Austattungsrevue und Mimiambus. Eleganz, Verschwendung und Dekadenz kannten keine Grenze[42].

Die Menschen dieses Hafens waren, soweit sie nicht von den Seeschiffen oder Binnenfahrzeugen aus Mittel- und Oberägypten kamen, vor allem Griechen jeden Stammes und jeden Dialektes[43], Asiaten aller Art, Juden — ihre Synagoge war so groß, daß das Rauschen des Meeres übertönt wurde, wenn sie dort versammelt waren —, Neger, aber nur wenige Ägypter. Viele Porträtplastiken, Münzbilder, Mumienporträts, Gemälde, vor allem aber die lebendigen Terrakotten lassen sie wieder vor uns erstehen[44]: die Frauen in ihrer gepflegten Eleganz, mit den hohen Frisuren und weichen, oft verträumten und müden, oft aber auch scharf ausgeprägten, straffen und energischen Zügen, dann aber Menschen aller Klassen und in allen Lebenslagen: Handwerker bei der Arbeit, Bauern auf dem Markte, Jongleure und Akrobaten, Straßenhändler, alte Frauen und junge Hetären, Kinder beim Spiel und in der Schule, Schlafende und Betrunkene. Es war eine arbeitsame Bevölkerung, von deren Arbeitsrhythmus noch Hadrian begeistert ist; sogar die Blinden und Lahmen arbeiten dort, schreibt er. Arbeitsmöglichkeiten gab es auch für die nichtseemännische Bevölkerung genug: die größte Hafenstadt war zugleich Hauptort der Silberschmiede, Edelsteinschleifer, Gemmenschneider, Kunstglaser, Webereien feinster Stoffe, Mosaikwerkstätten, Buchmalereien und Papyrusfabriken. Es war aber auch eine unruhige Bevölkerung, und die Seeleute hatten reichlich Gelegenheit, sich an den dauernden Unruhen zu beteiligen, an den politischen Straßenschlachten wie an den häufigen Pogromen, den Schlägereien in den Bädern und den Prügeleien mit tödlichem Ausgang bei den Pferderennen[45], setzten sich aber auch immer der Gefahr aus, von der energischen Hafenpolizei aufgegriffen zu werden.

II. Rotes Meer, Persischer Golf

Wie Alexandreia, so waren auch die Häfen des Roten Meeres, des Persischen Golfes und des Indischen Ozeans in der Hauptsache hellenistische Gründungen oder Neugestaltungen. An der Westküste des Roten Meeres und an der Somaliküste haben die Ptolemaier eine Kette günstiger Häfen angelegt, vor allem Berenike auf dem 24. Breitengrade, von wo aus eine Karawanenstraße nach dem Nil führte[46]. Nach der Entdeckung der Monsunwinde (um 117 v.C.) wurde Myos Hormos der Haupthafen für den Verkehr nach Indien, wohin jährlich etwa 120 Schiffe ausliefen. Sie verließen den Hafen mit dem Westmonsun im Juli, erreichten in 40 Tagen die Indusmündung, kreuzten dann in indischen Gewässern und kehrten mit dem Ostmonsun im Dezember zurück[47]. Südlich Bab-el-Mandeb ging die Hafenkette weiter bis zum Kap Guardafui. Zum Schutz gegen arabische Seeräuber waren diese südlichen Außenposten stark befestigt und unterstanden der Aufsicht des Militärbefehlshabers von Koptos. An ihren Quais lagen die großen Elfenbein- und Elefantentransportschiffe (Elefantagoi), denn die Häfen waren zugleich Garnisonen der Elefantenjäger, die zwar einen sehr hohen Sold bekamen, aber auch vieles zu erdulden hatten[48]. Wir besitzen einen Brief von einem solchen Jäger aus dem Jahre 224/3 aus einem Guardafuihafen, der voller Heimweh ist. Sehnlich wartet man auf Ablösung oder wenigstens auf ein Schiff mit Nahrungsmitteln, denn die Rationen sind knapp, und auf dem Markt gibt es nichts zu kaufen. Zudem hat man gehört, daß ein Elefantenschiff untergegangen ist und die ganze Mühe umsonst war[49].

---

[41] Mitteis-Wilcken 1, 2 Nr. 290.
[42] G. Gussen, Het leven in Alexandrie. 1955 (nach Clem. Al.).
[43] G. Vandebeek, De interpretatio Graeca van de Isisfiguur. 1946; beste Darstellung der Bedeutung der griechischen Sphäre.
[44] Charakteristische Beispiele: Herwig-Schuchhardt, Kunst der Griechen. 1940. S. 423; Lübke-Pernice, Kunst der Griechen. 17. Aufl. 1948. S. 390, Abb. 439f.
[45] Philostr. vita Apoll. 5, 26.
[46] Diod. Sic. 3, 38—42; Plin. 6, 29, 168; Strabon 17, 815.
[47] W. Otto/H. Bengtson, Zur Geschichte des Niedergangs des Ptolemäerreiches. III. Die Aufnahme des direkten Seeverkehrs mit Indien seit der Zeit des zweiten Euergetes. 1938. S. 194—218.
[48] Diod. Sic. 1, 1, 35; 3, 40; Strabon 16, 769f.; Plin. 6, 29, 170f.; Strabon 17, 773.
[49] Mitteis-Wilcken 1, 2 Nr. 451. 452.

Leichter war das Leben im Norden des Roten Meeres. Hier hatte Ptolemaios II. den Nil-Rotmeerkanal fertiggestellt und an seinem Ausgang mit hohen Kosten den modernen Hafen Arsinoe angelegt[50]. Zwar versandete der Kanal bald wieder, und die vielen bis in byzantinische Zeit gemachten Versuche, ihn schiffbar zu erhalten, blieben auf die Dauer erfolglos, aber das hellenistische Suez war ein lebendiger Hafen. Von ihm aus geschah die Versorgung der königlichen Topasgräber auf den Rotmeerinseln[51], ging der offizielle und inoffizielle Wein-, Gewürz- und Duftstoffhandel mit den arabischen Häfen der Ostküste des Roten Meeres[52] nach den Häfen der südarabischen Küste und Sokotra, wo ein lebhafter Tauschhandel zwischen Griechen, Arabern und Indern getrieben wurde[53]. Trotz des starken Polizeiaufgebotes blieben diese Häfen immer ein Eldorado für raffinierte Schmuggler[54]. Aber hier lagen auch in ptolemaischer Zeit die staatlichen Expeditions- und Vermessungsschiffe, die die großen Aktenbündel „Rotes Meer" in den ptolemaischen Archiven füllten, aus denen uns bei einer Reihe von Schriftstellern noch einige Reste erhalten sind. Sie lassen erkennen, daß Expeditionsleiter wie Ariston tüchtige Arbeit getan haben, die der Schiffahrt auf dem Roten Meer wertvolle Dienste leistete[55]. Vermutlich wurden sogar für die Kapitäne aus diesem Archivmaterial praktische Auszüge (Hypomnemata) zum Handgebrauch herausgegeben.

Am Persischen Golf suchten die seleukidischen Häfen den ptolemaischen Rotmeerhäfen im Indienverkehr den Rang abzulaufen[56]. Seit Nearchs Zeiten bestand ein lebhafter Verkehr zwischen den von Alexander schon angelegten, von den Seleukiden in jeder Weise geförderten Häfen mit Potane an der Indusmündung; der wichtigste von ihnen war Charax-Alexandreia an der Euphrat-Tigrismündung. In mühseliger Arbeit bei schlechter Verpflegung lud man hier die indischen Güter der Seeschiffe in die Strombarken um, die ebenso mühsam bis Babylon oder Seleukeia oder die Ausgangspunkte der großen Karawanenstraßen nach dem Westen Asiens hinaufgetreidelt wurden. Viele Griechen wohnten in diesen Häfen, darunter bedeutende Forscher der Gestirn- und Meereskunde: in Seleukeia am Persischen Golf ist vermutlich das kopernikanische Weltsystem zuerst entdeckt worden. Einige dieser Häfen waren Treffpunkt der Perlenfischer; bewundernd erzählen die Schriftsteller von ihren märchenhaften Tauchkünsten.

III. Kleinasien

Kehren wir wieder in die Gewässer des Mittelmeeres zurück. Durch die beständigen ägyptisch-syrischen Kriege und die Erschließung der direkten Route Rhodos-Alexandreia, zudem durch die Zerstörung von Tyros verloren die alten Häfen der phoinikischen Küste ihre Bedeutung. Um so mehr zogen sie alles lichtscheue Gesindel an: Sklavenräuber, Hehler von Diebesgut aus aller Welt, See- und Strandräuber, die alle hier ihre Beute an jüdische, phoinikische und syrische Händler verschacherten[57]. Joppe ist zeitweise von dem Makkabäer Simon etwas ausgebaut worden, es fehlte ihm aber ebenso das Hinterland wie dem römischen Kaisareia, das immer nur Kriegshafen, Militär- und Verwaltungsmittelpunkt blieb.

Im eigentlichen Syrien war die prächtige und reiche Konkurrentin Alexandreias, das Seleukidische Antiocheia, dadurch empfindlich gehemmt, daß sie keinen erstklassigen Hafen besaß. Zwar haben die Seleukiden viele Millionen zum Aufbau der Hafenvorstadt Seleukeia geopfert und mächtige Damm-, Kanal- und Uferbauten errichten lassen, aber die Wasser des Orontes brachten zu viele Schlamm- und Sandmassen mit, über die auch die tüchtigsten antiken Hafenbauingenieure nicht Herr wurden.

Für Welthandel und Weltverkehr wichtiger waren die alten und neuen griechischen Häfen Kleinasiens, vor allem Milet, Smyrna, das pergamenische Attalia und in der ersten hellenistischen Zeit das pamphylisch-kilikische Ptolemais[58]. Milet (Kartenskizze 2) hatte architektonisch wohl die schönsten Hafenanlagen der Antike. Die nordöstliche Löwenbucht (A) war in den Stadtmauerring (G) eingeschlossen; in sie fuhr man durch zwei Molen (B) hindurch ein, auf deren

[50] Diod. Sic. 3, 39; Plin. 6, 29, 165ff.; Strabon 17, 804.
[51] Diod. Sic. 1, 1, 33; 3, 39.
[52] Haupthafen ist Leuke Kome.
[53] C. Préaux, Sur les communications de l'Ethiopie avec l'Egypte hellénistique. Chronique d'Egypte 27 (1952), S. 257–281.
[54] Diod. Sic. 3, 43.
[55] Diod. Sic. 3, 42. 44.
[56] F. Altheim, Weltgeschichte Asiens im griech. Zeitalter. II, 1948. S. 42–47.
[57] Xenoph. Ephes. 1, 14, 6ff.; 2, 2, 4f.; 3, 12, 1ff.
[58] Der hoffnungslose Kampf von Ephesos gegen die Versandung an der Karystosmündung, Lehmann-Hartleben, S. 124ff.

Köpfen große bronzene Löwen standen, den Abschluß bildete das 21 m breite Hafentor (C), durch das die Hauptstraße nach dem Markt (D) mit den zweistöckigen Säulenhallen (H) führte. Von ihm aus ging eine breite Straße durch das Markttor (E) nach dem Theaterhafen (F). Die Einheitlichkeit aller Planungen war dadurch gewährleistet, daß der oberste Stadtbaumeister zugleich Hafenbaumeister war und auch die Sorge für die Festungsbauten und die Tempelbauten zu tragen hatte. Smyrna war in hellenistischer Zeit hauptsächlich Stapelhafen für die Getreideschiffe von Ägypten und vom Pontus. Pergamon, das trotz seiner Binnenlage unter den größten Attaliden sein Interesse der See energisch zuwandte, schuf zwei neue Häfen: um 240 entstand der eigentliche Kriegs- und Handelshafen Elaia, der durch eine moderne Straße mit der Stadt Pergamon verbunden wurde[59], und nach der Eroberung Pamphyliens das noch wichtigere Attalia, ein eleganter Hafen mit zwei gleichlangen Molen und einer über 200 m breiten Einfahrt; auf beiden Molenköpfen standen zwei quadratische Türme[60]. Die kilikischen Häfen in den oft recht versteckten und von der Steilküste her leicht zu verteidigenden Buchten waren während der ganzen Zeit Schlupfwinkel der Seeräuber, die von hier aus bis nach Spanien und Afrika fuhren[61].

Kartenskizze 2. Der Hafen von Milet

Am Eingang zum Hellespont lag der wichtige Fährhafen Alexandreia Troas, von dem aus ein regelmäßiger Fährverkehr Asien mit Europa verband[62]. Aber mehr als das: jeder Reisende, der nicht gerade ein Banause war, vor allem Tausende von Touristen, unterbrachen hier die Reise und machten einen Abstecher nach Ilion, um die Homerstätten zu besuchen, die tüchtige Fremdenführer und Angestellte der Reisegesellschaften erklärten.

Einen wirklichen und echten Hansabund gab es am Schwarzen Meere[63]. Unter der Führung der drei freien und Hansestädte Sinope, Herakleia und Amisos bildete das dichte Netz der griechischen Häfen der Südküste, der Krim und der Westküste um Warna einen Städtebund mit vielen gegenseitigen Abmachungen. Diese Gemeinschaft sicherte der Schwarzmeerschiffahrt und dem Schwarzmeerhandel seine Stärke gegenüber den umwohnenden und sie bedrohenden Völkern und wurde die Ursache für ihre fast ungestörte wirtschaftliche Blüte. Diese Häfen waren nicht nur große Getreide-Verschiffungsplätze, sondern vor allem die ersten Fischereihäfen der Antike. Hauptartikel waren Sardinen, die der Feinschmecker Lucull zum erstenmale in Sinope kennen lernte, wo sie von großen Fischpökeleien eingepökelt und dann bis Ägypten und Rom verschifft wurden. An der Nordküste behielt Pantikapaion zu allen Zeiten seine guten Handelsbeziehungen zu Athen. Spezialhafen für Nüsse war das kleinere Trapezunt. Wie reich die dortigen Reeder waren, zeigt das Beispiel des Schiffseigners Markion aus Sinope, der auf einer Reise nach Rom die kleine Stiftung von 50 000 Mark machte, eine damals unerhörte Summe. Auch der Kredit dieser Hafenplätze war gut: das reiche Rhodos leiht einmal in einer Krisenzeit der Stadt Sinope unbedenklich 140 000 Silberdrachmen und 3000 Goldstatere. Unter Benutzung der asiatischen Stromwege wurden selbst indische Waren nach und in diesen Häfen verschifft, doch sehen wir leider die Routen nicht ganz klar[63a]. Man wundert sich daher nicht, daß sich die ganze Welt um diese Häfen bemühte, erst Athen, dann die ptolemaischen Könige, dann Mithradates Eupator, der in Sinope große Arsenale baute und Amisos zu seiner Residenz machte, bis endlich auch hier die Römer vieles zerstörten[64]. Berühmt in diesen Häfen war die großzügige Gastfreundschaft zu allen auswärtigen Seefahrern, ferner die außerordentliche Sprachbegabung und Vielsprachigkeit ihrer Bewohner.

---

[59] Alle Einzelheiten über die kleinasiatischen Verhältnisse bei D. Magie, Roman rule in Asia minor. 1950.
[60] Lehmann-Hartleben, S. 123—129; Strabon 14, 667.
[61] Plut. Sertor. 7; Plut. Pomp. 24.
[62] Act. 16, 11; Julian ep. 78 (Bidez 79); Strabon 13, 593.
[63] Periplous Ponti Euxini, ed. A. Diller; Rostovtzeff I, S. 590ff.
[63a] Arrian 3, 29, 2; Strabon 13, 509, 3.
[64] Plut. Lucull 19—23.

IV. Die Inseln

Von besonderer Bedeutung waren dank ihrer Lage die Häfen der ägäischen Inseln, vor allem seit ihrer Befreiung nach dem Zerfall des attischen Seebundes und während ihres zeitweise auch einem Hansabund nicht unähnlichen freien Zusammenschlusses zu einem Nesiotenbund, jedenfalls solange Rhodos in ihm die Führung hatte[65]. Im Norden war Samothrake durch die Beziehungen zu Alexandreia gewaltig aufgeblüht[66]. Seit dem dritten Jahrhundert stand vermutlich auf einem Molenkopf, ähnlich wie heute in der guten Aufstellung im Louvre, die Nike, gleichsam jedem ankommenden Schiffer entgegenschwebend. In der Nähe des Hafens hatte die ptolemaische Herrscherin Arsinoe zum Dank für das ihr in Samothrake gewährte Asyl den berühmten Rundtempel zu Ehren der beliebtesten Seefahrergötter, der rettenden Dioskuren, gestiftet; seitdem galt die Insel den Seefahrern als besonders heilig, und nur die Römer haben das Tempelasyl nicht geachtet und den dorthin geflüchteten Perseus im Jahre 168 ganz im Gegensatz zu allen in der Antike sonst hoch geachteten Gesetzen brutal weggezerrt.

Von den übrigen Inselhäfen waren Lesbos und Thasos wegen der Stürme gefürchtet; trotz moderner hellenistischer Hafenumbauten in Knidos konnten die großen Getreidefrachter bei Sturm nicht anlegen[67]. Tenos blühte für eine kurze Zeit besonders auf[68], Mytilene blieb immer ein bedeutender Hafen für Getreide- und Töpferwarentransporte, Andros erhielt in hellenistischer Zeit einen neuen Leuchtturm, der sich den Pharos zum Vorbild genommen hatte[69]. Besonders schöne hellenistische Hafenbauten sind die beiden Häfen von Teos mit ihren Molen und ihrer hervorragenden Ummauerung und die große Hafenmarkthalle von Melos. Kos scheint besondere Landeplätze für die Schiffe gehabt zu haben, die Kranke nach den berühmten Kliniken transportierten.

Häfen von Weltbedeutung waren aber doch nur Rhodos und Delos, und beide standen in einem reizvollen Gegensatz zueinander. Rhodos, die „Beschützerin der See", die „Herrin der Meere"[70], stand Alexandreia kaum nach. Es dankte dies schon seiner Lage in der genauen Mitte der gesamten Nord-Süd-Ausdehnung der antiken Schiffahrt, denn von der Krim bis Rhodos brauchte ein Frachtschiff 10 Tage, von Rhodos über Alexandreia nilaufwärts bis Meroe 14 Tage. Auch begann in Rhodos die offene Seestrecke für alle Schiffe, die nach Alexandreia segelten, also etwa für 4 bis 5 Tage, so daß alle hier landen mußten, um sich mit Wasser und Proviant zu versorgen und sich „etwas auszuruhen"[71]. Wichtiger war der Geist der Bewohner dieser wunderbaren Stadt. In Rhodos allein galt der Dienst in der Marine mehr als der im Landheer, hier besaßen sogar die einfachsten Ruderer das Bürgerrecht[72]. Näherten sich die Schiffe dem Hafen, konnte man schon von weitem das monumentalste Bauwerk der hellenistischen Antike nach dem Pharos, die 30 m hohe bronzene Heliosstatue des Lysippschülers Chares von Lindos erblicken, die zwar schon 224 v.C. ein Erdbeben zerstörte, die aber auch umgestürzt noch großartig wirkte[73]. Die Hafenbecken waren durch das Gebirge vor Winden völlig geschützt; besonders ausgebaut war der Kriegshafen, in dem die gefürchteten rhodischen Schnellsegler und Schnellruderer lagen, die ein Schrecken aller Seeräuber waren, einen großen Ruf als Blockadebrecher und Kaperschiffe hatten, denen allein Rom seine Erfolge auf den Meeren des Ostens verdankte. Die großen Becken der Handelshäfen waren für Schiffe aller Größen eingerichtet, allerdings kam es öfter vor, daß sich ein als Handelsschiff getarntes Seeräuberschiff in den Hafen begab und dort ausspionierte, wen sich demnächst auf hoher See anzugreifen lohnte[74].

Stieg man vom Hafen auf gut gepflegten Terrassen zur Stadt hinauf, kam man in einen der kultivierten und eleganten Kulturmittelpunkte der Welt. Im ersten Jahrhundert überstrahlte der Ruf von Rhodos als Bildungszentrum zeitweise alle anderen Städte. Die reichen Reeder waren sich ihrer Verantwortung für das kulturelle Leben voll und ganz bewußt. Der größte Gelehrte dieser Zeit, der ein hervorragendes Buch über Ozeanographie schrieb, Poseidonios, hielt hier seine aus allen Teilen der Welt besuchten Vorträge. Vor allem sah man hier weder Bettler noch Arme, denn Rhodos war einer der wenigen antiken Plätze mit staatlicher Armenfürsorge[75].

---

65 Über die Geschichte der Inselhäfen am besten E. Kornemann, Weltgeschichte des Mittelmeerraumes. I. 1948.
66 Diod. Sic. 4, 43; 5, 47. Daher lockt es Seeräuber an: Ditt. Syll. 372.
67 Xenoph. Eph. 3, 2, 12.
68 Lehmann-Hartleben, S. 283f.
69 Thiersch, Pharos S. 175, Abb. 278.
70 Polyb. 4, 47, 1; Ditt. Syll. 582. Dazu J. D. Konti, Symbole eis ten Meleten t. R. t. Rhodou, 1954.
71 Xenoph. Eph. 1, 11, 6.
72 J. H. Thiel, Studies S. 13.
73 Lucian, Ikaromen. 12; Plin. n. h. 34, 7 (18).
74 Xenoph. Eph. 1, 13, 1—3.
75 Strabo 14, 652f.

Der einzige ernsthafte Konkurrent für Rhodos war Delos, das nach seiner Loslösung von Athen zeitweise den Vorsitz im Nesiotenbund hatte, 166 aber wieder athenisch geworden war (Kartenskizze 3). Die Gesamtlänge seiner vom Südmarkt (A) ausgehenden Quaistraße (B) betrug in hellenistischer Zeit fast 2 km. Die 280 m langen, 4 bis 5 m breiten Molen hatten eine bessere Vermauerung bekommen, und die Hafengrenzen waren durch Inschriften genau festgelegt worden[76]. Zwischen Südmarkt (A) und Nordmarkt (C) lag vor dem berühmten Apollonheiligtum (D) der alte Quai (E), vor den die beiden Märkte auf künstlichen Terrassen (F, G) weit in die See hinaus gebaut waren. Die Römer hatten ihren eigenen großen Markt (H). Der südlichste Teil der Quaistraße war im Privatbesitz einer Handelsgesellschaft, die kleine Sonderanlagen und private Landeplätze an einzelne Handelshäuser vermietete. Auf der benachbarten Insel Rhenaia setzten sich die beachtlichen, mit Natursteinplatten belegten Quais fort.

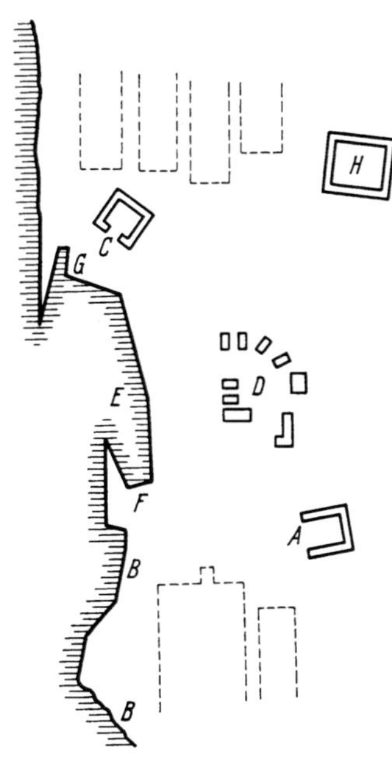

Kartenskizze 3. Der Hafen von Delos

Aber der Gesamtcharakter von Delos war völlig verschieden von dem von Rhodos. Hier hatte sich nicht der vornehme königliche Kaufmann, Reeder, eingesessene Handelsaristokrat durchgesetzt, sondern hier sammelten sich die Neureichen, Spekulanten, Orientalen aller Färbung, römischen Schieber und Konjunkturgewinnler. Das hellenistische Delos war der ungriechischste aller antiken Häfen. Hier hatten die Syrer, Araber und Juden ihre Klubs und Basare[77] und die in jeder Weise privilegierten römischen Bankiers ihre Hauptniederlassungen[78], vor allem traf sich hier das oft lichtscheue Volk der Sklavenhändler, das die Opfer des römischen Menschenraubes im Osten auf den Markt brachte oder nach Rom weiter verschiffte; Delos war der größte Sklavenhafen der Antike. Aller Abschaum der Menschheit ist hier inschriftlich belegt, und da auf römischen Druck hin weder Hafengebühren noch Transitzölle erhoben werden durften, wurden die Zustände seit 168 immer schlimmer. Das Kulturniveau wurde immer vulgärer; neben einer Unzahl von Kneipen gab es nicht nur ein syrisches Theater, sondern sogar die in der griechischen Welt verabscheuten römischen Gladiatorenspiele[78a]. Ein aufdringlicher Reichtum wurde zur Schau getragen, wie besonders die langen Inventare syrischer, ägyptischer und römischer Tempel beweisen[79]. Gelegentlich sah man aber auch einmal etwas wirklich Wertvolles, wie die für die Seefahrer wichtigen mathematischen Tafeln des Eudoxos im Tychetempel[80]. Die Stadt selbst hatte außer den Kaufhallen fast nur standardisierte Häuser, was ihr ein geradezu amerikanisches Aussehen gab: Peristylhäuser von fast gleicher Größe mit großen, mosaikgeschmückten Wohn- und Gesellschaftsräumen, aber kleinen und dunklen Schlafzimmern.

V. Griechenland

Von den griechischen Häfen behielten die drei athenischen auch dann noch ihre Bedeutung, als der Weltverkehr an Griechenland mehr und mehr vorbeiging[81]. Seit 229 wurden sogar noch neue Anlagen im Piräus erbaut, und leistungsfähige private Werften hat es in den athenischen Häfen immer gegeben[82]. Wir wissen von einem Waren-Ausstellungsgelände und einem Schiffs-Ausrüstungshaus, das gleichzeitig für 100 Schiffe alles liefern und alle Reparaturen ausführen konnte, die nötig waren[83]. Dazu kamen 200 Schiffshäuser zur Aufnahme der Schiffe im Winter, die mit Gleitbahnen und Geleisen ausgestattet waren. In der „langen Halle" befand sich ein eigener Markt für die Seeleute mit offiziellen Preisverzeichnissen auf Bronzetafeln, die die Matrosen vor Überteuerungen schützen sollten. An der Spitze der Hafenverwaltung stand ein Kollegium von 10 Epimeleten, einem Rechtsrat und mehreren Kassenbeamten. Berüchtigt waren Stadt und Hafen durch die zahllosen Diebe und leichten Frauen, die sich hier herumtrieben[84].

[76] P. Roussel/M. Launey, Inscriptions de Délos. 1937. Nr. 2556.
[77] Araber: Inscr. Del. 2321; Syrer 1519 f. 1772ff.; Orientalen aller Art 2075f.
[78] Inscr. Del. 2612 u. ö.
[78a] L. Robert, Les gladiateurs dans l'orient. 1940.
[79] Inscr. Del. 1401—1417.
[80] Inscr. Del. 1442.
[81] Rostovtzeff II, S. 740ff.
[82] Lehmann-Hartleben, S. 115—120.
[83] Plut. Pyrrh. 14.
[84] FGH 254, dazu F. Pfister, Die Reisebilder des Herakleides. SWienAk. 227. 1951.

Nur Korinth mit seinen Häfen Lechaion und Kenchreai machte vor seiner Zerstörung durch Mummius Athen eine gewisse Konkurrenz. Da aber alle Versuche, den Isthmos zu durchstechen, im Altertum gescheitert sind, und da man auf dem Diolkos, der Schienenbahn für Schiffe über den Isthmos, nur kleine Boote transportieren konnte — er hatte nur eine Spurweite von 1,60 m —, hat es sich nie völlig entfalten können. Doch war das hellenistische Lechaion eine hervorragende Anlage: vor dem Binnenhafen lag ein Vorhafen mit 10 m breiten Molen, und die verschiedenen Hafenbassins waren durch Kanäle miteinander verbunden[85]. Am äußersten Molenkopf der durch Türme und Mauern nach dem Land zu gesicherten Molen stand eine große und berühmte Poseidonstatue.

Das erst in hellenistischer Zeit gegründete, zunächst rasch aufblühende Thessalonike (Saloniki) erhielt einen schweren Rückschlag dadurch, daß Perseus nach der Schlacht von Pydna alle Hafenanlagen zerstören ließ, um sie nicht in römische Hände fallen zu lassen[86].

Die Adriahäfen der Ostküste wurden zuerst durch die illyrischen Seeräuber, dann durch die Ausplünderung des Epirus bedeutungslos. Nur Patrai spielte eine Rolle als Fährhafen nach Italien; hier gelang es Pompeius, ehemalige illyrische Seeräuber seßhaft zu machen.

VI. Der Westen

Da die Häfen des italienischen Festlandes erst in der römischen Kaiserzeit wirklich ausgebaut worden sind, fallen sie aus unserem Rahmen, so daß einige kurze Bemerkungen genügen (Abb. 2).

Zu den beiden Seiten des Kaps Misenum hatte Augustus das Mare Morto und den Lago del Fusaro zu einem nicht anzugreifenden und vor allen Stürmen geschützten Kriegshafen machen lassen, der die Boden- und Küstengegebenheiten in hervorragender Weise ausnützte. Im Schutz dieses Hafens lag nicht nur Italiens elegantestes Seebad Baiae, zu dem ein viel besungener Pfad hinüberführte, der besonders von maritimen Liebespaaren viel begangen wurde[87], sondern vor allem Italiens wichtigster Handelshafen Puteoli. Jeder Italienreisende kennt die großartigen Reste seines Nymphaions mit den Badeanlagen, das Amphitheater an halber Berghöhe und die Überbleibsel der römischen Villen, die das Meer überschauen konnten, und deren Bewohner sich an dem bunten Gewimmel von Schiffen erfreuten, wie wir oft lesen. Hier begann die Straße nach Rom, darum hat, wenigstens für den Personenverkehr, Ostia diesen Hafen nicht verdrängen können, denn die meisten Passagiere aus dem Osten verließen das Schiff in Puteoli und reisten zu Lande die klassische Strecke über Gaeta, Tres tabernae und Forum Appii weiter nach Rom. Ostia mit seinen ungeheuren Speichern war in erster Linie der Versorgungshafen der unersättlichen Großstadt, daneben hatte es seit dem neuen römischen Interesse für die afrikanischen Provinzen eine Bedeutung als Fährhafen dorthin. An der Adria gewann Ravenna in vorbyzantinischer Zeit nur als Kriegshafen und Ort größerer Werften eine Stelle unter den Häfen.

Abb. 2. Einfahrt eines römischen Staatsschiffes — das Segel zeigt zweimal das römische Staatswappen, die säugende Löwin — in ein Hafenbecken. Für den Hafenbau sind charakteristisch: a) der Koloß des Poseidon auf dem Molenkopf, b) der stufenförmige, statuengeschmückte Leuchtturm, c) das prächtige, mit einer Elefantenquadriga geschmückte Hafentor. Diese Häfen sind Nachahmungen der hellenistischen Häfen in der Art von Rhodos oder Milet

Der älteste und doch ewig junge, bedeutendste Hafen des Westens in allen Epochen der Antike ist Massilia, dem selbst die Gegengründung Julius Caesars, Forum Iulii (Fréjus), wenig anhaben konnte. In hellenistischer Zeit waren seine Werften, Schiffsarsenale und Handelshäuser die größten

[85] Lehmann-Hartleben, S. 148—152.
[86] Liv. 44, 10. Gründung: Strabon 7, 21.
[87] Properz 1, 11; 3, 18.

im ganzen Westen, und seine Seeleute zählten zu den besten, aber auch den moralisch hemmungslosesten[88]. Seit den kühnen Expeditionen des Pytheas haben sich von hier aus Wege nach dem Norden eröffnet, so war es der größte Umschlagplatz für Zinn in der ganzen Welt geworden[89]. Vor allem ging über Marseille der direkte Verkehr vom griechischen Osten rhoneaufwärts: von seinen ungeheuren Auswirkungen zeugen lebendig die Museen von Arles, Vienne, Lyon, Besançon, Straßburg und Speyer. Über Marseille kam der griechische Ölbaum in die Provence und der griechische Weinbau nach Burgund und in die Pfalz. Marseille vermittelte den Briefverkehr von Lyon und Vienne nach Kleinasien. Bis in die Zeit der Völkerwanderung sprach man auf seinen Straßen Griechisch, und noch heute leben griechische Seefahrerausdrücke jener Zeit im Provençalischen[90]. Das riesige gallisch-germanische Hinterland nahm alle Waren willig auf, besonders Wein, denn in Gallien zahlte man für ein Faß Wein einen guten Sklaven[91]. Aber der Weg war nicht ohne Gefahren, davon zeugt das gehobene Weintransportschiff, das von Großgriechenland nach Marseille segelte und mit 3000 gefüllten Amphoren à 26 l hoffnungslos versank[92]. Doch erzählt Rutilius Namatianus in seiner reizvollen Seereisebeschreibung, daß eine Seereise nach Marseille sicherer sei als eine Landreise[93]. Von der Atmosphäre dieses Hafens läßt uns Petronius manches ahnen.

Abb. 3. Stiller Hafen am Golf von Neapel. Auch diese kleinen Häfen tragen die allgemeinen Merkmale hellenistischer Häfen: ein Denkmal vor der Einfahrt, das zugleich als Seezeichen dient, eine leicht zu sperrende Einfahrt, prächtige Toranlagen an den Zugängen zur Stadt, einen Hafenmarkt mit Markttempel, Molen und Landestegen

Von den übrigen Häfen des Westens wissen wir aus hellenistischer Zeit nicht viel (Abb. 3). Das ist bedauerlich, denn schon in frühhellenistischer Zeit ging ein sehr reger Handelsverkehr von der Loiremündung über den Kanal[94]. Nur in der Nordsee gab es noch zu Tacitus Zeiten wenig Schiffe, doch fand sich die Isis als Schützerin der Seefahrt auch in Germanien[95]. Der Verkehr nach Spanien ging größten Teils von Massilia aus über Land, doch kommen in hellenistischer Zeit spanische Silberschiffe auch unmittelbar nach dem Süden und Osten. Die afrikanischen Häfen haben sich erst langsam nach der Zerstörung Karthagos wieder entfaltet. Doch hatte Karthago vor seiner Zerstörung noch einmal eine Blütezeit. Die drei Häfen der Stadt waren in hellenistischer Zeit durch die Säulenfassaden der Schiffshäuser zu einem Ganzen architektonisch zusammengefaßt, und ein besonderes rundes künstliches Hafenbecken wurde in hellenistischer Zeit neu angelegt[96]. Auch Hadrumetum hat einige hellenistische Anlagen. Die Inselhäfen des westlichen Mittelmeeres sind wichtige Zufluchtsorte für von Stürmen verschlagene Schiffe, dienen aber sonst nur der Verschiffung von Spezialgütern, wie die Maltas der feiner Textilwaren und die Elbas der Eisenverladung[97]. Die beiden idealen Häfen von Syrakus mit den großen Krananlagen des Archimedes hatten seit der Zerstörung der Stadt und der Ausplünderung durch die Römer alle Bedeutung verloren[98].

[88] Diod. Sic. 5, 39; Strabon 4, 1, 5; Justin 43, 3, 5; Athenaios 12, 25. Noch nicht veraltet: D. Wilsdorf, Beiträge zur Geschichte von Marseille im Altertum. 1889.

[89] Diod. Sic. 5, 38.

[90] W. v. Wartburg, Die griechische Kolonisation in Südgallien. Ztft. Roman. Philol. 68 (1952), S. 1—48.

[91] Diod. Sic. 5, 26.

[92] N. Lamboglio, La nave Romana di Albengo: Riv. di Studi Liguri 18 (1952), S. 131—236.

[93] Rut. Nam. red. 1, 35—42.

[94] E. Zachrisson, Romans, Kelts and Saxons in Ancient Britain: Skrifter Kungl. Humanist. Vedenskaps-Samfundet 24 (1927), Nr. 12.

[95] Tac. Germ. 9.

[96] Lehmann-Hartleben, S. 138—146.

[97] Diod. Sic. 5, 12f.

[98] Zur Blütezeit Diod. Sic. 13, 80—14, 42; zum Verfall: Xenoph. Eph. 5, 1f.; 10, 3.

VII. Das Leben in den Häfen

Nach diesem Rundgang durch die spätantiken Häfen ist noch einiges über das Leben in ihnen allgemein zu sagen, soweit es sich in allen ungefähr gleich abspielte. Kaum hat ein Schiff angelegt und an den meist vorkragenden Steinen der Molen oder des Quaidammes festgemacht, wird es umringt von Gepäckträgern — in Smyrna sind sie in einer Zunft organisiert —, Stauern — wir kennen eine Zunft in Kyzikos —[99], gewerbsmäßigen Fremdenführern, Gastfreunden, Händlern aller Art, Bettelphilosophen, Wahrsagern, Horoskopstellern, Kupplerinnen, vor allem aber von Hafenbeamten[100], Hafen- und Fremdenpolizei[101] und Zöllnern[102]. Alle aussteigenden Personen werden auf einfuhrverbotene Waren hin untersucht, und diese werden sofort auf den Quais beschlagnahmt, in Alexandreia z. B. auch alle mitgebrachten Bücher, die für die Staatsbibliothek requiriert werden.

Sind alle Formalitäten erledigt, gehen die Seeleute, soweit sie nicht auf Wache eingeteilt sind, in die Stadt. Wer eine Frau oder Braut hat, bringt ihr ein Geschenk von der Reise, aber das ist dürftig: ein Paar Schuhe, eine Dose phoinikische Schminke, fünf kleine oder vier große Seefische, acht Stück Schiffszwieback, einen Krug Feigen, ein paar Zwiebeln[103]. Denn die Heuer ist niedrig, darum ziehen es viele vor, auch im Hafen auf dem Schiff zu bleiben. Doch kommt auch das Gegenteil vor: die Wachen verlassen verbotener Weise bei Nacht das Schiff, was im Piräus einmal solche Formen annahm, daß die Spartaner mit nur 12 Schiffen nachts unbemerkt in den Hafen einsegelten und die gesamte athenische Handelsflotte, die hier vor Anker lag, mühelos in Brand steckten[104]. Bei den einfachsten Seeleuten, etwa den ägyptischen Ruderern, bestand die Heuer nur aus Wein, Bier, Brot und etwas Kupfergeld. Im allgemeinen erhielt der Matrose täglich eine halbe Drachme, nur die Athener zahlten in ihren besten Zeiten bis zu einer Silberdrachme täglich[105]. Doch mußte der Seemann dann für seine Verpflegung auf der Reise selbst sorgen, die auf See meist nur aus Knoblauch, schwarzen Rettichen, Zwiebeln und hartem Brot bestand. Dafür hielt man sich dann, wenn man irgend konnte, in den zahllosen Tabernen und Garküchen der Hafenstädte schadlos. Aus den verschiedenen Quellen erfahren wir, daß die Matrosen Schifferlieder singend durch die Straßen zogen oder in den Kneipen saßen und lagen[106], daß sie besonders die Wurstbuden bevorzugten und oft betrunken waren. Vor allem wollte man wieder einmal in einem Bett schlafen, denn auf den meisten Schiffen schliefen sogar die Kapitäne nur in Wolldecken auf den Deckplanken. Theophrast erzählt von einem Kapitän, der so geizig gewesen sei, daß er nur schlief, wenn sein Steuermann die Wache hatte, damit er dessen Decken benutzen konnte. Die Herbergen in den Hafenstädten waren zwar billig, aber auch sehr einfach, dunkle Spelunken in Gassen, in denen man sich oft verirrte, dazu meist überfüllt[107]. Aber der Seemann hing an diesen Stätten, obwohl er oft genug in ihnen bestohlen wurde: in Ostia hat ein vermutlich allmählich reich Gewordener eine solche Kneipe sogar auf seinem Marmorsarkophag neben seinem Schiff und dem Leuchtturm darstellen lassen[108]. Hier erzählten die Seeleute die tollen Geschichten, die vor allem bei Diodor noch erhalten sind: von den Menschen im Roten Meer, die in Symbiose mit den Seehunden leben, den Chelenophagen, die Seile an die Schwänze der Seeschildkröten binden, den Ichthyophagen, denen die Fische bis vor die Haustüre schwimmen, den Troglodyten der Somaliküste, die sich an den Schwänzen ihrer Kühe aufhängen, wenn sie alt geworden sind, und dergleichen mehr. Im übrigen sind diese Matrosen auf Land nicht gerade sehr beliebt; als „übelstes Matrosenpack“ oder „lautes und freches Gesindel“ sind sie in die Literatur eingegangen[109].

Charakteristisch für die spätantiken Hafenstädte sind die vielen Schiffbrüchigen, die sie bettelnd durchzogen. Mit lauter Stimme erzählen sie auf den Straßen und Plätzen, wie sie in Frost erstarrt, von Seetang überwachsen, zähneklappernd auf einer Planke an den Strand getrieben worden seien, oder sie tragen gemalte Bildtafeln herum, auf denen die Geschichte ihres Schiffbruches in grellen Farben gemalt ist, und singen dazu nach Art der Bänkelsänger schauerliche selbst verfertigte Balladen. Gewöhnlich gibt man ihnen ein As, aber wir kennen auch römische

[99] T. R. S. Broughton, A Greek inscription from Tarsus: Am. Journ. Arch. 42 (1938), S. 55—57.

[100] Übersicht über die verschiedenen Klassen, Lehmann-Hartleben, S. 288f.

[101] Meist heißen sie Limenophylakes. Besonders berüchtigt waren die Phrouroi in Alexandreia.

[102] Über die Höhe der Zollsätze vgl. P. Cairo, Zenon I 59 012, ferner Mitteis-Wilcken I, 2 Nr. 260. Dazu Schaal, Tauschhandel, S. 137, und Rostovtzeff I, S. 185ff.

[103] Lucian Dial. meretr. 7.

[104] Xenoph. Hellen. 5, 1.

[105] Xenoph. Eph. 1, 5.

[106] Ein Rest eines erhaltenen hübschen alexandrinischen Schifferliedes schildert einen Wettstreit zwischen Hochsee- und Binnenschiffern: Schaal, Tauschhandel, S. 131.

[107] Petron. 82.

[108] Calza, Isola sacra, S. 203, Nr. 107.

[109] Julian ep. 46 (Bidez 4); Org. C. Cels. 1, 62.

Villenbesitzer, die Schiffbrüchige beherbergten, und in Malta teilten auch die Armen ihre Lebensmittel mit ihnen[110].

Die Einheimischen aber drängen sich auf den Quais und wissen genau über jedes Schiff Bescheid. Man schwatzt darüber, ob sich der Fremdenverkehr in diesem Jahre gehoben hat, ob die Schiffahrt schon zu den Dionysien des März wieder beginnen kann, erzählt prahlerisch, wieviel Geld man auf den Schiffen angelegt hat, auch wenn man keine Drachme mehr auf der Bank stehen hat, beobachtet den Fang der einfahrenden Fischerboote, vor allem aber schaut man dem Laden und Löschen der Schiffe zu[111].

Das war keine leichte Arbeit. Ein Schiff in Tyros braucht eine ganze Woche zum Löschen, ehe es nach Kaisareia weiterfahren kann[112]. Archimedes hatte zwar Greifer gebaut, die ganze Schiffe hochheben konnten, und ein antikes Relief zeigt einen Kran, der von einem Mann bedient schwerste Steinladungen hebt, aber Vespasian verbot die Konstruktion technisch verbesserter und größerer Kräne, um die Stauer nicht arbeitslos zu machen. So konnte man in Ruhe zusehen, wie die Güter individuell behandelt wurden, Elefanten auf schwankenden Brettern herabgetrieben, Textilballen herauf- und heruntergerollt, Statuen in Felle eingepackt und geschleppt wurden.

Vor jeder größeren Reise mußten die Schiffe ausgebessert werden. Daher war der Betrieb auf den Werften ungeheuer lebhaft, aber die Reparaturen und die zu ersetzenden Geräte waren unbeschreiblich billig: ein Anker kostete fünf Drachmen, ein Ruder zwei Obolen, eine Nadel zum Segelflicken fünf Obolen[113]. Die Löhne der Segelmacher und Werftarbeiter sind kaum der Rede wert.

Ist die Zeit zur Abfahrt gekommen, „holt ein Seemann mit struppigem Bart die Passagiere einzeln aus der Herberge“[114]. Ehe man an Bord geht, bringt man noch ein Opfer dar oder versichert sich sonst der Hilfe eines der zahllosen Seefahrergötter, unter denen es eine große Auswahl gibt. Da sind der „Meerstern Isis“, die „Isis von der guten Seefahrt“, die „Isis vom Pharos“, die Dioskuren, der seefahrende Dionysos, der „Retter Zeus“, die Artemis von Ephesos, die Hera von Samos, Sarapis, „die günstigen Winde“, der Morgenstern, der Sirius. Nur die Seeräuber bevorzugen Mithras, der später durch den Patron aller Seeräuber, den heiligen Nikolaus, verdrängt wird. Der Aberglaube spielt in den Häfen eine große Rolle: wehe, wenn die Kielbalken eines Schiffes vor der Abfahrt zu knarren beginnen, aber glücklich, wenn man in der Nacht vor der Abfahrt vom eigenen Tode träumt, denn dann ist man schon gestorben, und es kann einem auf See nichts mehr passieren. Viele lassen sich noch rasch in eine Religion einweihen, denn abergläubische Seeleute und Passagiere weigern sich oft, mit einem zu reisen, der nirgends eingeweiht ist[115].

Vor der Abfahrt werden die Schiffspapiere geprüft und die letzten Quittungen ausgestellt, denn der Papierkrieg ist wenigstens in den Häfen des ptolemaischen Herrschaftsgebietes sehr groß[116]. Dann nimmt man Abschied, wobei es viel Tränen gibt: in Ephesos steht die ganze Stadt am Hafen und weint gleichsam offiziell, wenn Landsleute absegeln[116]. Häufig wird das Schiff mit Blumen bekränzt, in den veilchenreichen Häfen Kyperns mit Veilchen überschüttet. Endlich ist es so weit. „Schon machen die Schiffer ein Geschrei, und die Segel werden gehißt, und der Steuermann nimmt seinen Platz ein, und das Schiff setzt sich in Bewegung“[118].

Zum Schluß sei noch daran erinnert, daß zum spätantiken Hafen vor allem auch die Feste gehören. Da sind das in den griechischen Häfen zu Ehren der Seefahrt gefeierte Kybernesienfest, die Poseidonregatta am Kap Sunion, eine Art Kieler Woche der Antike, die Schiffskarrenprozession des Dionysos in allen Seestädten griechischer Zunge mit ihrem Jubel und ihrer Ausgelassenheit, die schwelgerischen Seefeste in Delos, vor allem aber das Navigium Isidis am 6. März, das uns Apuleius mit allen Einzelheiten geschildert hat, mit Maskeraden und Musik, Festzügen, Gastereien und Sportveranstaltungen. Damit begann nach dem langen Winter die Seefahrt jedes Jahr aufs neue.

---

110 Horaz od. 1, 5, 13–16; Juv. 12, 27ff.; Mart. 12, 57, 12; Pers. 1, 88f.; 6, 27–30; Act. 28, 2; Xenoph. Eph. 2, 11, 10f

111 Theophrast char. 1 (3); 4 (23).

112 Act. 21, 3f.

113 Lucian Dial. meretr. 6.

114 Petron. 99.

115 Theophrast char. 27 (25).

116 Beispiel Mitteis-Wilcken 1, 2 Nr. 441.

117 Xenoph. Eph. 1, 10, 9. 11, 1.

118 Xenoph. Eph. 1, 10, 8.

Die Donauhäfen Regensburg und Passau gestern und heute

Von Hafendirektor **P. Feuchter**, Regensburg

Selten hat die Natur einem Strom durch seinen Verlauf so eindeutige Aufgaben zugewiesen wie der Donau. Eigenwillig folgt sie nicht dem Nord- oder Südstreben ihrer europäischen Schwestern; sie wählte vielmehr den Weg nach Osten und durchbrach dabei selbst Felsenhindernisse. Am nördlichsten Punkt ihres noch sehr eiligen Laufes münden auf engstem Raume Laaber, Naab und Regen. Heute noch reichen die dichtbewaldeten Berghänge bis an die Ufer der Flüsse. So mag der Wild- und Fischreichtum eine sehr frühe Siedlung gefördert haben.

Eine der großen Salzstraßen — seit etwa 2500 vor unserer Zeitrechnung bekannt — erreichte, von der Nordsee über Elbe und Saale kommend, am gleichen Punkte die Donau. Sie folgte von hier aus dem Strom, führte jedoch gleichzeitig in einer Abzweigung nach Süden zur Adria. Damit war bereits die Voraussetzung zur Errichtung eines Stapel- und Umschlagplatzes gegeben. Wir wissen auch, daß die den Legionen gefolgten römischen Händler die Castra Regina als Basis für ihre ausgedehnten Handelsunternehmungen nach Norden benützten. Urkunden besagen, daß Regensburg im 7. Jahrhundert bereits eine ansehnliche Kaufmannschaft besaß. Der Handel über diesen Umschlagplatz muß einen beachtlichen Umfang angenommen haben; denn um etwa 800 ließ Karl der Große eine Schiffsbrücke über die Donau errichten und gewährte den Regensburger Kaufleuten reichliche Privilegien. Gleichzeitig untersagte er ihnen aber die Ausfuhr von Schutz- und Trutzwaffen an die östlichen Völker. Das Embargo war also damals schon ein Instrument der Politik.

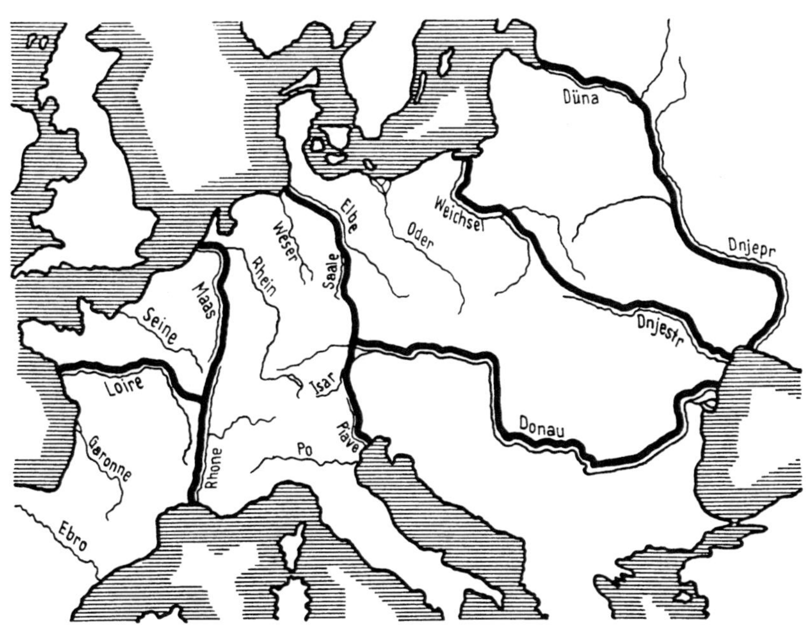

Abb. 1. Die Salzstraßen um 2500 v. Chr.

Von den großen Märkten Frankreichs und den Ländern am Niederrhein kamen die Handelszüge am ehemaligen Limes entlang nach Regensburg, um ihre Waren der Donau anzuvertrauen; denn der mitteleuropäische Verkehr zum Orient wählte diesen Weg bis zum Erstarken der Handelsmächte von Genua und Venedig. Kreuzfahrer, mit ihrem ganzen Troß, traten von Regensburg aus in zahlreichen Schiffszügen ihren Weg an. Etwa um 1100 begann die größte Blütezeit des Regensburger Handels und damit die der Hanse- oder kurz Hansgrafen. Als gewählte Vertreter angesehener Geschlechter, ausgerüstet mit reichen Privilegien, begleiteten sie die Kaufleute zu den großen Märkten. Sie vertraten dort deren Interessen und sorgten nach der Chronik dafür, „daß die Regensburger wieder ihre freiheit, recht unnd alt Herkomen nit sein beschwert worden". Dieselbe Chronik vermeldet um 1135 eine lang anhaltende Dürre, die Flüsse austrocknete und auch die Donau in ihren Tiefen seicht werden ließ. Vermutlich auf Betreiben der einflußreichen Kaufmannsgilde entschloß sich der Rat, unterstützt vom Bayernherzog Heinrich I., die alte Schiffsbrücke durch eine steinerne zu ersetzen. Der geringe Wasserstand erleichterte die Fundierung der Pfeiler. Elf Jahre später, zur Zeit des ersten Hohenstaufenkaisers Konrad III., konnte 1146 dieses mittelalterliche Bauwunder vollendet werden. Genau 800 Jahre widerstand dieses Werk allen Angriffen durch Flut und Eisgang. Es blieb unserer Zeit vorbehalten, einen Teil der steinernen Brücke durch Menschenhand zu zerstören. Jahrhundertelang aber fanden die Handelszüge hier einen sicheren Weg über die Donau.

Abb. 2. Salzplätte an der „Steinernen Brücke" zu Regensburg

Auf der Südroute nach Venedig entwickelte sich ebenfalls ein lebhafter Warenaustausch. Lange Zeit behaupteten die Regensburger den obersten und damit ersten Platz an der Tafel im Fondaco dei Tedeschi. Es stand ihnen hier auch das erste und größte Gewölbe zur Lagerung ihrer Waren zur Verfügung. Als dann die Donau, nach der Eroberung Konstantinopels, ihre dominierende Rolle als Weg zum Orient verlor und Genua und Venedig den Handel dorthin an sich reißen konnten, behielten die Regensburger durch ihre Beziehungen zu der Lagunenstadt auch weiterhin den Anschluß an diesen Verkehr.

Passau, am Zusammenfluß von Donau, Inn und Ilz, war über viele Jahrhunderte der bekannteste Stapelplatz für Salz. Aus den Gewerken an Salzach und Inn, von denen Dokumente berichten, daß sie seit Menschengedenken bestünden, wurde dieses gesuchte Handelsgut in kleinen Fahrzeugen nach Passau gebracht und dort gelagert. Ganze Warenzüge rollten dann auf den heute noch bekannten goldenen Steigen nach Norden, um über Böhmen die Ukraine zu erreichen; denn Kiew war damals schon einer der gesuchtesten Handelsplätze des Ostens.

Viele alte Stiche veranschaulichen jedoch, wie das Salz vom Hauptspeditionsamt St. Nikola vor Passau in ganzen Schiffszügen, von bis zu 40 Pferden gezogen, nach Regensburg gelangte. Bis zu 8000 Zentner beförderte solch ein Konvoi. Heute noch stehen, als lebendige Zeugen dieses Verkehrs, die Salzstadel zu beiden Ufern, unterhalb der alten Steinernen Brücke zu Regensburg.

Mit viel Plag und Müh für Mensch und Tier mag seinerzeit das tägliche Ziel erreicht worden sein. Dann aber gab es Rast und Ruh wie's der Schiffsmann verstand, und manche Einkehr, die wir heute noch entlang der Donau finden, mag vom fröhlichen Zechen des Marstallers mit den Reiterbuben erzählen können, dem sich auch der sicher sehr vornehm dünkende Schiffsschreiber nicht zu entziehen vermochte. Reichhaltig war der Liederschatz der Donauschiffer; die Mehrzahl davon mag mit den lieblichen Barockbauten entstanden sein, deren viele die Donau in bayerisch-österreichischen Landen umsäumen, und bis in unsere Tage klingt noch das Lied von den schwäbisch-bayerischen Dirndeln, die durch den Struden gefahren.

Doch mit der Maschinenkraft fand auch diese fröhliche Romantik ihr Ende.

Vor genau 125 Jahren trat am 17. September 1830 das erste Dampfschiff, „Franz I" seine Fahrt von Wien nach Pest an. Damit begann nun ein ganz neuer Abschnitt im Verkehr auf der Donau. Ihr Einzugsgebiet barg eine Fülle verschiedenster Naturgüter, die sich nun auf weitere Strecken und in größerem Umfange dem Warenaustausch auf diesem Strom anboten. Sein langer Weg zum Schwarzen Meer führt durch einen bunten Strauß an Ländern, und die wechselvollen geschichtlichen Ereignisse spiegeln sich im Verkehrsablauf immer wider. Wohl konnte der schiffbare Teil von Regensburg bis Orschova durch bayerisch-österreichisches Gebiet als eine einheitliche Strecke betrachtet werden. Aber gerade hier standen der Schiffahrt größte nautische Schwierigkeiten entgegen. Bis unterhalb von Wien kann die Donau noch als ein recht temperamentvolles Fräulein angesprochen werden, denn sie besitzt in diesem Bereich ausgesprochenen Gebirgsflußcharakter.

Der Schwerpunkt zu Beginn dieser neuen Entwicklung konzentrierte sich auf das Gebiet der Donaumonarchie. Unberührt von zwischenstaatlichen Problemen konnte sich der Verkehr auf einer fast 1300 km langen Strecke hauptsächlich zwischen den beiden Metropolen Wien und Budapest festigen. Die Ausweitung der Schiffahrt in den unteren Donauraum, der noch bis 1877 von den Türken beherrscht wurde, war verlustreich und mühevoll. Aufstände und Kriege hemmten diese Entwicklung. Erst der Pariser Friede nach dem Krimkrieg 1856 erbrachte die Möglichkeit, die Wiener Kongreß-Akte durchzusetzen, welche die freie Schiffahrt auf der Donau verbürgte.

Auf der bayerischen Strecke zeigten die Bemühungen, bei niedrigen Wasserständen eine Tauchtiefe von ein Meter zu erreichen, Erfolg. 1837 traf, von Regensburg kommend, das erste bayerische Dampfschiff, „König Ludwig", in Passau ein. Im folgenden Jahr wurde der Regeldienst Regensburg—Linz aufgenommen und fand so Anschluß an den österreichischen Verkehr. Passau wurde der wichtigste deutsche Grenz- und Umschlaghafen an der Donau und gab diese Position erst nach der Jahrhundertwende an Regensburg ab, als der Warenaustausch mit dem industriellen Westen größere Formen annahm.

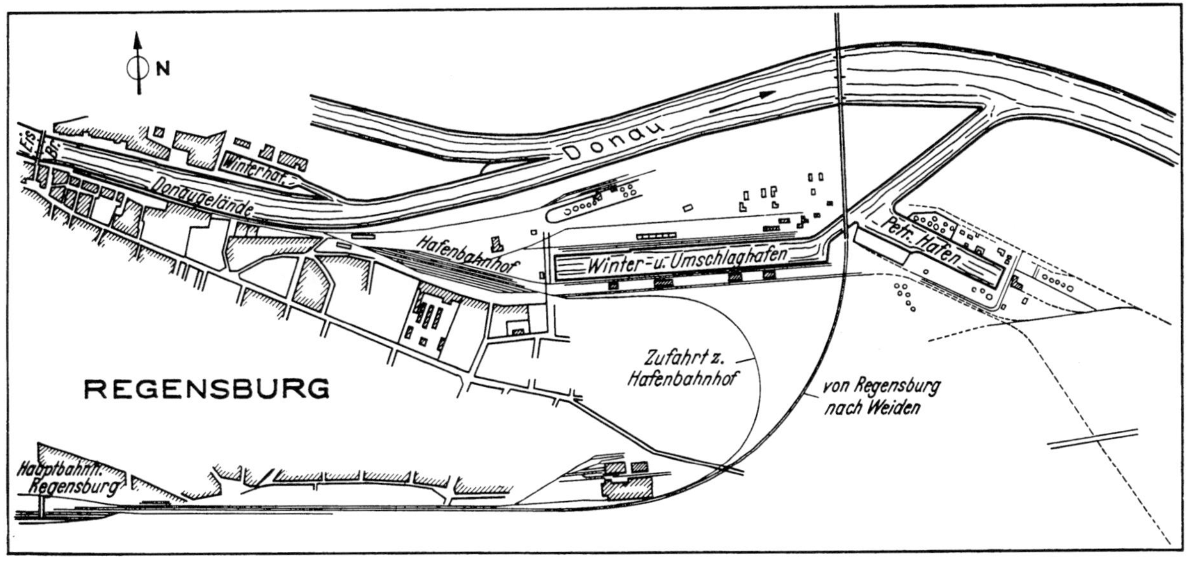

Abb. 3. Lageplan des Regensburger Hafens

In beiden Häfen wickelte sich der Umschlag bis zu diesem Zeitpunkt am offenen Strom ab. Passau bedurfte zunächst eines Schutzhafens, der 1904 fertiggestellt wurde. Regensburg erhielt zwei Becken, deren eines als Winter- und Umschlaghafen, das andere als Petroleumhafen ihre Bestimmung fanden und 1920 dem Verkehr freigegeben werden konnten.

Damals zeigten die bekanntesten Donauhäfen folgendes Umschlagsbild:

Regensburg . . .	230 000 t	Wien	810 000 t
Passau	270 000 „	Preßburg	70 000 „
Linz	120 000 „	Budapest	600 000 „

Für ein Stromgebiet, dessen Angrenzer vornehmlich Agrarstaaten waren, immerhin schon ein beachtliches Ergebnis.

2*

Erhebliche Veränderungen brachten nun die geschichtlichen Ereignisse am Ende des ersten Weltkrieges. An die Stelle des einheitlichen Gebietes der Donaumonarchie traten nunmehr vier Staaten mit ihren eigenen Interessen, die, jeder für sich, Einfluß auf den Verkehr nahmen, um diesen in den eigenen Häfen aufzufangen.

Das internationale Donaustatut von 1923, welches die Freiheit der Schiffahrt von Ulm bis zum Schwarzen Meer garantierte, brachte neue Impulse in das Geschehen. Während die Schiffahrt in der Eisenbahn lange den Konkurrenten sah, erkannte man gerade an der Donau bald die verbindenden und ergänzenden Momente. Im Verein mit ihren Eisenbahnen schufen daher die Anliegerstaaten günstige Zu- und Ablauftarife und leisteten damit den wesentlichsten Beitrag zu der nun folgenden Verkehrsentwicklung. Auch die damalige Reichsbahn erkannte die großen Möglichkeiten und sicherte sich die Donauschiffahrt als Zubringer und verlängerten Arm eigener Interessen.

Erfaßte die Donau bis zu dieser Phase vornehmlich den Güteraustausch zwischen dem mitteleuropäischen Raum und dem Südosten, gelang es ihr nunmehr in Zusammenarbeit mit der Bahn, ihren Einfluß auf den Überseehandel wesentlich auszudehnen. Die angestrebte weitere Industrialisierung im unmittelbaren Einzugsbereich kam dieser Entwicklung entgegen.

Der Schwerpunkt im Umschlag der bayerischen Häfen wechselte allmählich von Passau nach Regensburg, das sich immer mehr zu einem typischen Transithafen entwickelte. Das konkurrierende Moment zwischen diesen Häfen fiel kaum ins Gewicht, da beide der Landeshafenverwaltung unterstanden. Passau, nach wie vor Grenzabfertigungshafen, übernahm die Rolle des Ausgleichshafens. Wenn bei niedrigen Wasserständen und Eisgang Schwierigkeiten auf der oberhalb gelegenen Strecke entstehen, werden eilige Sendungen per Bahn direkt nach Passau gelenkt, von wo ab, durch den Zufluß des Inns, immer noch günstigere Fahrwasserverhältnisse bestehen. Organisatorisch verzichtete man dann aus Ersparnis- und Zweckmäßigkeitsgründen auf eine eigene Verwaltung in Passau und gliederte diesen Hafen als Filialbetrieb Regensburg an.

Die erfreuliche Entwicklung des Verkehrs in der Epoche zwischen den beiden Weltkriegen zeigen die Umschlagsziffern der bedeutendsten Donauhäfen. Wien, durch die Konkurrenz von Bratislava 1918 bis 1926 auf 500000 to zurückgefallen, erreichte 1928 bereits 700000 to und konnte 1938 einen Anstieg auf 1,5 Mill. to verzeichnen. Bratislava selbst zählte 900000 to; Budapest erreichte 1,2 Mill. to und Regensburg, das 1914 nur 230000 to vermelden konnte, erreichte 1928 schon 586000 to und 1938 über 1,3 Mill. to. Den größten Beitrag an diesem Erfolg darf man zweifelsohne der deutschen Eisenbahn und der immer enger zusammenarbeitenden internationalen Donauschiffahrt zuschreiben, welche von gegenseitigen Hilfsabkommen bis zu einer einheitlichen Betriebsgemeinschaft gelangte.

Die Verkehrsstatistik des Regensburger Hafens 1938 konnte als wünschenswertes Ziel der Schiffahrt einen ausgeglichenen Berg- und Talverkehr aufzeigen. Wie zu erwarten, umfaßten die Transporte an Getreide, Öl und mineralischen Rohstoffen 95% des gesamten Bergverkehrs, während in der Abfertigung zu Tal auf Fertigwaren 47%, Nahrungsmittel und Rohstoffe hierzu 45% und Kohle 8% entfielen. Der Stückgutanteil am Gesamtverkehr betrug etwa 25%.

Zu dieser Zeit erfolgte die Planung eines Stahlwerkes in Linz, welches bis zur Vollendung der Main-Donau-Verbindung mit Ruhrkohle und Erzen auf dem gebrochenen Weg über Regensburg versorgt werden sollte. Unter diesen Aspekten und infolge bereits aufgetretener Schwierigkeiten entschloß man sich zum Bau eines neuen Hafens, welcher, schon genehmigt, durch den Beginn des zweiten Weltkrieges unterbleiben mußte.

Den Ereignissen 1945 erlag auch der Donauverkehr, und der Eiserne Vorhang senkte sich an der bayerischen Grenze kurz unterhalb der Stadt Passau. Der Hafen Regensburg mühte sich zunächst um die Wiederherstellung seiner schwer beschädigten Anlagen in der Erwartung, daß der natürliche Wunsch auf Warenaustausch der früheren Partner die künstlich errichteten politischen Schranken beseitigen und die durch Jahrhunderte gewachsenen Verkehrsbeziehungen ihre Wirkung, wie in der Vergangenheit, auch für die kommende Zeit nicht verlieren würden. Wider Erwarten wurden jedoch die einzelnen Etappen zur Normalisierung des internationalen Verkehrs an der Donau vorwiegend durch politische Momente gefördert.

Die deutsche Schiffahrt aber war zunächst auf die kurze nur 153 km betragende Donaustrecke von Regensburg bis Passau beschränkt. Alle Versuche, auch nur einen bescheidenen Verkehr in Gang zu bringen, mußten scheitern, um damit gleichzeitig die Bedeutungslosigkeit des innerdeutschen Donauverkehrs zu dokumentieren.

Inzwischen konnte das im Krieg vollendete und gleichzeitig beschädigte Werk in Linz 1947 als Vereinigte Österreichische Eisen- und Stahlwerke — kurz Vöest — seine Produktion wieder aufnehmen. Mit den hierdurch beginnenden Transporten an Ruhrkohle öffnete sich die Grenze bis Linz, und der erste nennenswerte Umschlag begann 1948 mit 685000 und 1949 mit 865000 to.

Differenzen mit Moskau waren schließlich die Ursache, daß Belgrad seinen Handel mit dem Westen wieder in die früher bewährten Bahnen lenkte. Die Teilnahme der jugoslawischen Donauschiffahrt im Verkehr auf der oberen Donau ließ die Vorkriegsziffern überschreiten, so daß sich folgendes Bild ergab:

1950	1 321 000 t
1951	1 763 000 „
1952	2 337 000 „
1953	2 290 000 „

Nach Lockerung der starren politischen Fronten erschien als erste die ungarische Flagge in Regensburg; die Umschlagsziffern erreichten damit 1955 fast 2,7 Mill. t. Weitere Schiffahrtsverträge mit Rumänien, Bulgarien und der Tschechoslowakei folgten, deren Auswirkungen 1956 noch kaum spürbar sein werden, denn nur wenige Fahrzeuge dieser Gesellschaften konnten schon Regensburg anlaufen. Immerhin überschreiten die monatlichen Warenmengen bereits 300 000 to und lassen die weiter steigende Tendenz erkennen.

Die Vöest in Linz verzeichnet eine Produktionsauslastung bis Ende 1947 und ist gehalten, einen weiteren Hochofen in Betrieb zu nehmen, dessen Mehrbedarf und Ausstoß den Donauverkehr weiter befruchtet.

Das Gesamtbild ist jedoch ohne Berücksichtigung der jüngsten Entwicklung auf dem Ölsektor unvollständig. Ganz Ostbayern leidet unter der frachtungünstigen Lage zu den großen Versorgungs- und Absatzzentren des Westens. Die politische Abschnürung nach 1945 hat diese Situation verstärkt und die Startbedingungen dieses Raumes im allgemeinen Wettbewerb weiter verschlechtert. Mit Besorgnis wurde gerade hier die westdeutsche Steinkohlenförderung verfolgt, welche dem raschen Anstieg der Industrieproduktion nicht mehr folgen konnte. Ein Ausweichen auf Amerikakohle ist um der hohen Preise wegen nicht tragbar.

Zwangsläufig mußte sich daher die Industrie des Gebietes in rasch zunehmendem Maße auf Ölfeuerung umstellen, gestützt auf die Möglichkeiten, Heizöl frachtgünstiger aus Österreich, Ungarn und Jugoslawien beziehen zu können. Noch vor zwei Jahren kamen kaum nennenswerte

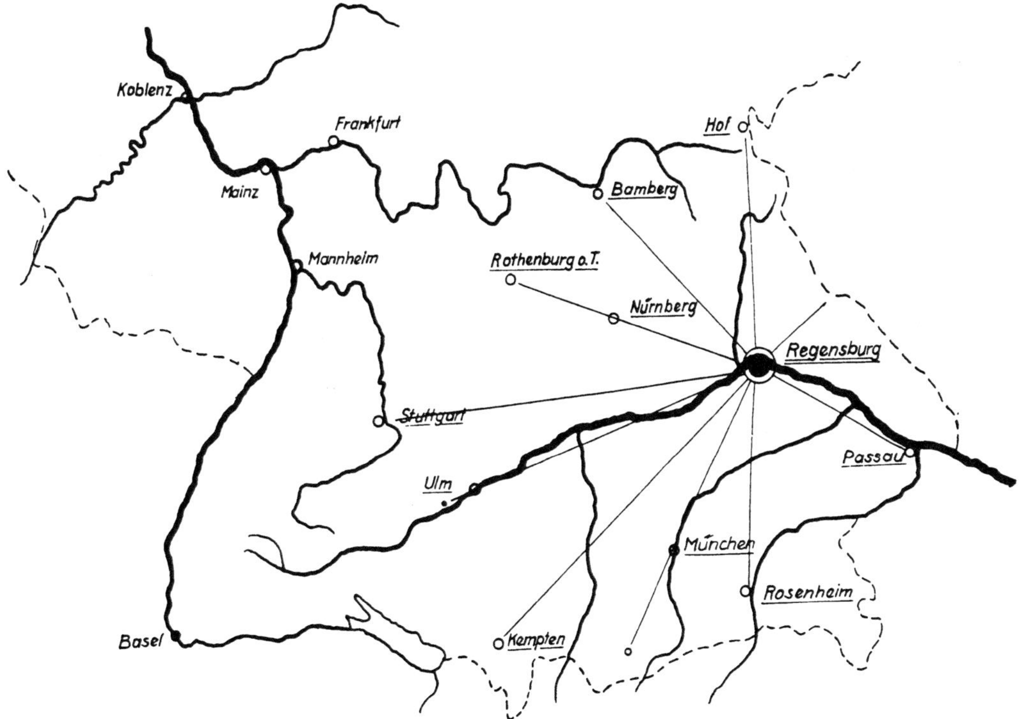

Abb. 4. Streubereich von Heizöl 1956

Mengen im Regensburger Hafen zum Umschlag, während 1956 mit einem Anteil von etwa 300 000 to gerechnet werden muß. Das derzeitige Einzugsgebiet für dieses Gut umfaßt den Raum östlich der Linie Hof, Bamberg, Crailsheim, Stuttgart und bis etwa zum Bodensee. Die Bedarfsanforderungen an schwerem Heizöl für die Industrie und den ebenfalls vermehrt zur Verwendung kommenden leichten Ölen für Hausbrandzwecke, lassen eine weitere Umschlagssteigerung auch auf diesem Sektor erwarten.

Damit sind die bereits akuten Fakten aufgezeigt, mit welchen der Hafen Regensburg in Kürze zu rechnen haben wird.

Betrachten wir jedoch den Donauraum, aus welchem sich das derzeitige Verkehrsaufkommen nach 1945 entwickelte, so können wir feststellen, daß sein Umfang geringer ist als das Gebiet der ehemaligen Donaumonarchie. Noch fehlt das einst beachtliche Aufkommen der Tschechoslowakei und jenes aus den Teilen Rumäniens, welche ehemals mit eingeschlossen waren. Die abgeschlossenen Schiffahrtsverträge mit der Tschechoslowakei und den Gesellschaften des unteren Donauraumes lassen ihren Beitrag erst erwarten.

Wir stehen praktisch wieder vor einem neuen Abschnitt im Verkehrsgeschehen auf der Donau. Einmal schon öffnete sich ein weites Tor, als der türkische Wall zum Bosporus zurückwich. Damals begann im Westen die Entwicklung vom Handwerk zur Industrie, und der Menschensog in die Zentren dieses Umwandlungsprozesses erfolgte auf Kosten der Landwirtschaft. Die Folgen zeigten sich in der verstärkten Einfuhr an Getreide und Nahrungsmitteln auch aus den Agrarländern des Donauraumes. In diesen Staaten dagegen begann das Handwerk zu wachsen, dem allmählich die Kleinbetriebe folgten, und beide suchten die hierzu erforderlichen Bedürfnisse im Westen zu decken.

Heute aber zeichnet sich in diesen Ländern schon sehr deutlich die beginnende Industrialisierung ab, und dies genau mit denselben Begleiterscheinungen wie bei uns. Noch 1938 gelangten in Regensburg 417000 to Getreide aus dem Südosten zum Umschlag, um 1955 auf ganze 25000 to abzusinken, während donauabwärts dagegen 261000 to zur Verladung kamen. Das Warenangebot der Donaustaaten beginnt sich zu wandeln und äußert sich bereits in der Erhöhung des Stückgutanteiles, welcher bis 1955 kaum 5% betrug, um nunmehr auf etwa ein Drittel des Gesamtvolumens anzusteigen. Wir können also am eigenen Beispiel folgern, daß die fortschreitende Industrialisierung nicht nur zu stärkeren Bedürfnissen zwingt, sondern auch in gleichem Maße zu einem erhöhten Angebot von Fertigprodukten führt, deren Auswirkungen zu allererst auf dem Verkehrssektor spürbar werden.

Mit dem jüngsten Besuch sowjetischer Schiffe erreichten die Russen zum ersten Male in der langen Donaugeschichte Regensburg. Der Anschluß an den Verkehr zum Schwarzen Meer und zur Levante ist damit wieder Wirklichkeit. Das Provinzstädtchen Ismail, einst türkische Festung und einfache Anlegestelle am nördlichen Mündungsarm der Donau, wurde als Sitz der sowjetischen Donauschiffahrt in den letzten Jahren zu einem Hafenplatz mit zahlreichen Kränen ausgebaut. Zusammen mit erheblichen Schiffsneubauten mögen die Russen ihr besonderes Interesse an diesem Strom bekunden und lassen dadurch eine weitere positive Entwicklung des Verkehrs erwarten.

So zeigt die Donau bei diesem Weg aus der Vergangenheit in das gegenwärtige Geschehen, welche dynamischen Kräfte in dem Raume wirken, den sie von West nach Ost durchwandert und denen sie gestern wie heute durch ihren eigenwilligen Lauf zur Entfaltung bis in die fernsten Gebiete verhilft.

Die Regulierung der österreichischen Donau und ihre Voraussetzungen

Regierungsoberbaurat Dipl.-Ing. **Josef Schmutterer**, Wien

Die Donau, nach der Wolga der größte europäische Strom, hat eine Länge von 2848 km und ist der einzige bedeutende natürliche west-östliche Wasserweg unseres Kontinentes. Ihr Wasserstraßennetz — der Hauptstrom von Regensburg bis Sulina mit rd. 2380 km, ihre schiffbaren Zuflüsse und Nebenarme sowie die angeschlossenen Kanäle — umfaßt rund 5300 km. Auf Österreich entfallen davon 350 km des Oberlaufes (Abb. 1).

Unter diesen Umständen sind der Erfolg der Regulierungsmaßnahmen in den Nachbarabschnitten und die wirtschaftliche Entwicklung des gesamten Donauraumes von überragendem Einfluß auf den Schiffsverkehr im österreichischen Raum.

Da bis vor kurzem ein nennenswerter innerösterreichischer Wasserverkehr nicht festzustellen war, konnte das Ziel der österreichischen Regulierungstätigkeit nur sein, wenigstens gleich gute Schiffahrtsverhältnisse wie in den Nachbarabschnitten sicherzustellen. Für die Schiffahrt bedeuten die Größe des Wasserstraßensystems und der wirtschaftliche Standard des Südostraumes aber ein Überwiegen der Kilometerleistung über die Tonnenleistung. Wegen der langen Fahrzeiten — ein Kahn macht pro Jahr in der Relation untere Donau—obere Donau höchstens 6 Reisen — hat das Tempo des Umschlags und die Wartezeit nach Ent- bzw. Beladung weniger Gewicht als anderswo.

Diese Umstände und die Ausmaße des Wasserstraßensystems muß man sich vor Augen halten, wenn man die Leistungen der Donauschiffahrt beurteilen will.

Das Transportvolumen an sich ist im Vergleich zum Rhein gering. Der österr. Donauverkehr wird 1956 auf 3,4 Mio. t geschätzt (Verkehrsdichte 1954 Rhein: 23,6 Mio tkm, bayerische Donau: 1,8 Mio tkm) [*17*]. Während des 2. Weltkrieges sollte auf der Donau ein Güteraustausch zwischen dem Südosten und dem Reich in der Höhe von 6 Mio t bewältigt werden. Dies ist selbst in Zeiten ohne nennenswerte Feindeinwirkung nicht erreicht worden (1941 überschritten die Grenze bei Hainburg 3,42 Mio t). Für 1955 wird der Güterverkehr auf der Donaustrecke Regensburg-Galatz mit 8,5 Mio t angegeben (1936 ... 5,7 Mio t) [*17*].

Berücksichtigt man aber die Entfernungen, so kommt man zu durchaus beachtlichen Leistungen. Um 100 000 t Heizöl aus Rumänien (Giurgiu, Strom-km 493) nach Regensburg oder Wien zu bringen, müssen fast 190 Mio bzw. fast 150 Mio tkm geleistet werden. Als kürzeste Route entsprechender Bedeutung ist die Strecke Regensburg—Linz anzusehen. Diese für den Kohlenverkehr wichtige Relation ist nahezu 250 km lang, bis Wien sind es bereits rd. 450 km.

Dazu kommen noch die großen Verkehrsverlagerungen, deren Auswirkungen durch den Einfluß staatswirtschaftlicher Lenkungsmaßnahmen vergrößert

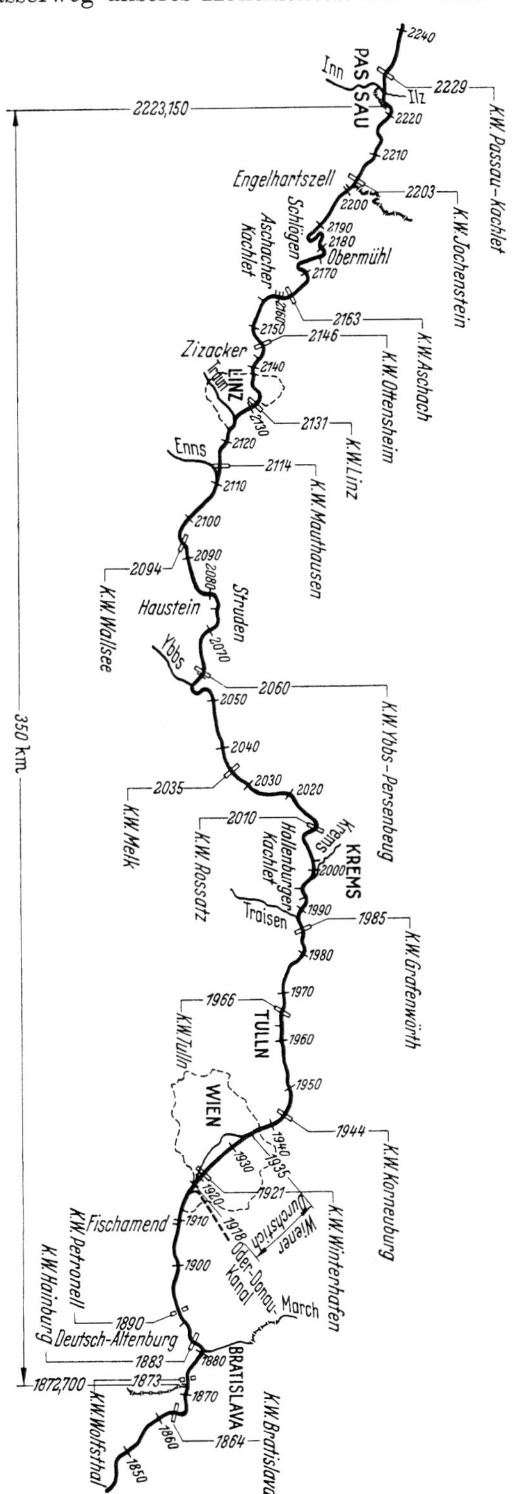

Abb. 1. Die österreichische Donaustrecke

werden und vor allem schwerer voraus zu übersehen sind. Betrachtet man nur die letzten 30 Jahre, so ergeben sich folgende Abschnitte:

1. Vor dem 2. Weltkrieg Überwiegen des Bergverkehrs, vor allem Getreide und Futtermittel, Mineralöle, Erze.

Zu Tal vorwiegend Stückgüter. Das Transportvolumen ist stark vom Ausfall der Ernten in Südost-Europa abhängig. Der österr. innerstaatliche Verkehr hat keine Bedeutung.

2. Während des 2. Weltkrieges kommen dazu die Nachschubtransporte des Heeres und bereits in merklichem Umfang Kohlentransporte zu Tal.

3. Nach dem 2. Weltkrieg trat eine weitgehende Verkehrsumschichtung ein. Erst schien es, als hätte die Schiffahrt oberhalb Wiens den Todesstoß erhalten. Die Zonengrenze teilte den Strom in zwei Abschnitte, zwischen denen keinerlei Verbindung bestand. Die landwirtschaftlichen Überschüsse des Südostens nahmen durch die forcierte Industrialisierung und die Verstaatlichung der Landwirtschaft stark ab. Durch die Erfolge der Bohrtätigkeit wurde Österreich von einem Mineralimport- zu einem -exportland. Dazu kommt, daß der einheitliche Transittarif der Ostblockstaaten die Konkurrenzfähigkeit der Schiffahrt in unvertretbarer Weise beschränkte [*17*].

In diesem Augenblick zeigte sich der Wert der weitsichtigen österr. Wasserstraßenpolitik, die dem Ausbau der Strecke Wien—Passau die gleiche Bedeutung zumaß, wie der traditionellen Hauptverkehrsrichtung nach dem Südosten. So konnte die Schiffahrt zuerst im Westsektor, Regensburg—Linz, aufgenommen werden. Grundlage dieses Verkehrs bildete die Versorgung der Eisenindustrie in Linz mit Kohle (Talverkehr) und die Roheisenausfuhr (Bergverkehr).

1950 gelang es, die innerstaatliche Zonengrenze mit der Aufnahme von Heizöltransporten zwischen Wien und Linz zu durchbrechen und damit auch den Weg für den durchgehenden Verkehr Regensburg—Wien zu ebnen. In zäher Arbeit wurde dann der Verkehr auf die ganze Donaustrecke ausgedehnt.

Diese Probleme und die großen Distanzen mit besonders im Mittel- und Unterlauf weit entfernten Siedlungen und Umschlagsanlagen, die in jeden der acht Staaten — im Sinne des Stromlaufes aufgezählt: Deutsche Bundesrepublik, Österreich, CSR, Ungarn, Jugoslawien, Rumänien, Bulgarien und Rußland — besonderen Rechtsgrundlagen und Zollbestimmungen haben das Aufkommen einer nennenswerten Partikulierschiffahrt unmöglich gemacht. Den Verkehr übernahmen mit wenigen Ausnahmen (z. B. Wallner, Deggendorf) die großen nationalen Schiffahrtsunternehmungen (gewöhnlich mit hoher Staatsbeteiligung, wenn nicht reine Staatsbetriebe), die sich überdies noch zu Betriebsgemeinschaften zusammenschlossen.

Die Vielzahl der überdies nach jedem Krieg veränderlichen Staaten und Regierungssysteme lassen es als glückliche Fügung ansehen, daß ein weitblickender Staatsmann erstmals, und zwar für die Donau, eine internationale Regelung der Binnenschiffahrt erreichte. Der Sekretär der nach dem 1. Weltkrieg geschaffenen „Commission internationale du Danube (C.I.D.)“ Baule, hat dies so ausgedrückt: „Wenn es ein Prinzip des Völkerrechtes gibt, dessen Vaterschaft Österreich für sich in Anspruch nehmen kann, so ist es der Grundsatz der Internationalisierung der Ströme und Flüsse, welche mehreren Staaten den Zugang zum Meer erschließen. Fürst Metternich hat auf dem Wiener Kongreß im Jahre 1815 diesen Gedanken ausgesprochen und dessen Annahme bei den übrigen Kongreßmitgliedern durchsetzen können.“ [7]

Die Wichtigkeit dieses Instrumentes des internationalen Binnenschiffahrtsrechtes geht daraus hervor, daß die Regelung des Donauverkehrs in allen bedeutenden Friedenswerken der letzten 100 Jahre Eingang fand.

Nach dem 1. Weltkrieg wurde durch das Statut von Paris 1921 die Commission internationale du Danube (C.I.D.) geschaffen, der vorwiegend technische Aufgaben übertragen wurden. Sie hatte „darüber zu wachen, daß keinerlei Hindernisse, sei es durch einen oder mehrere Staaten, der freien Schiffahrt auf dem Fluß in den Weg gelegt werden“ [7]. Die C.I.D. wurde durch die Ereignisse vor, während und nach dem 2. Weltkrieg gesprengt. Die als Ersatz geschaffene Organisation der Anliegerstaaten unter Führung Rußlands (Commission du Danube) umfaßt nur das Gebiet östlich der Marchmündung, da die Deutsche Bundesrepublik und Österreich diesem Gremium nicht angehören. Unverkennbar herrscht jedoch das Bestreben vor, die wasserbautechnischen und schiffahrtsbetrieblichen Fragen nach gemeinsamen Richtlinien zu behandeln. Dies betrifft vor allem auch das Ausbauziel, das von der C.I.D. ursprünglich mit 2,0 m in den Schotterstrecken und 2,1 m in den Felsstrecken festgelegt wurde. Die „Commission du Danube“ vertritt dagegen den Ausbau der Donau unterhalb von Budapest auf 3 m Tiefe bei Regulierungsniederwasser (RNW) und oberhalb Budapest auf 2,5 m. Die Definition des Regulierungsniederwassers ist in Bearbeitung. Die C.I.D. hat auf ihrer 6. Volltagung 1922 als RNW und gleichzeitig als niedrigsten Schiffahrtswasserstand (NSW) jenen Wasserstand bezeichnet, der auf Grund der

Wasserstandsbeobachtungen der letzten 20 Jahre — ausgenommen jener Jahre, in denen keine regelmäßigen Beobachtungen durchgeführt wurden — in einem gut ausgebildeten und beständigen Profil während der Schiffahrtsperiode von 300 Tagen, welche die Zeit zwischen dem 1. März und dem 25. Dezember umfaßt, mit einem Spielraum von 10 Tagen im Mittel erreicht oder überschritten wird.

Die österr. Donau und die ausgeführten bzw. geplanten Schleusenanlagen werden im übrigen den Richtwerten für Wasserstraßen der Klasse IV nach dem Beschluß der 2. europäischen Verkehrsministerkonferenz (CEMT) v. 21. u. 22. 10. 1954 entsprechen. Da nach den gegenwärtigen Planungen und Ausführungen auch für den Rhein-Main-Donau-Kanal und Donau-Oder-Kanal maximal mit dem der Klasse IV entsprechenden Rhein-Herne-Kanal-Kahn 80 m × 9,5 m × 2,5 m gerechnet wird, reichen die Ansätze für den in fernerer Zukunft zu erwartenden Übergangsverkehr zum Rhein- oder Elbe-Oder-Gebiet aus.

Das Ausbauziel der Commission du Danube ist zweifellos mit wirtschaftlichen Mitteln nicht nur in der Strecke unterhalb der Marchmündung, sondern auch in der österr. Donaustrecke in angemessener Zeit zu erreichen. Erleichtert wird dies durch die hohe Niederwasserführung der Donau (nach einer Zusammenstellung aus dem Jahre 1940). Bei

km 2203/1	Jochenstein-Engelhartszell	rd.	700 m³/sec.
„ 2060	Ybbs-Persenbeug	„	850 „
„ 1934	Wien-Nußdorf	„	900 „
„ 1869	Bratislava	„	970 „
„ 1647	Budapest	„	1110 „
„ 1072	Bacias (ob. Ende der Kataraktenstrecke) . .	„	2100 „

Für die österr. Donau hat die Wasserstraßendirektion Wien 1944 nachgewiesen, daß 2,50 m Fahrwassertiefe bei RNW in den Abschnitten

	km	Breite	
		i. d. Kolkstrecken	i. d. Furtstrecken
Innmündung—Ennsmündung	2225—2112	100 m	140 m
Ennsmündung—Ybbsmündung	2112—2057	110 „	140 „
Ybbsmündung—Traisenmündung	2057—1988	120 „	140 „
Traisenmündung—Wr.-Durchstich	1988—1938	130 „	160 „
Wiener-Durchstich	1938—1919	160 „	—
Wiener-Durchstich—Staatsgrenze	1919—1873	130 „	160 „

zu erreichen sind.

Es kann daher auch in den starken Krümmungen des Schlögen und Struden die nach den Richtlinien der CEMT geforderte Verbreiterung der mindestens 28 m breiten Fahrbahn sichergestellt werden[*10*]. Im übrigen wurde das österr. RNW 1949 als jener Wasserstand definiert, der einer Wasserführung entspricht, welche im Mittel an 340 Tagen im Jahr erreicht oder überschritten wird. Dadurch ergaben sich Senkungen des RNW bis zu 0,3 m.

Für die Brückendurchfahrten hat die C.I.D. eine Mindesthöhe von 6,40 m über höchsten schiffbaren Wasserstand (HSW) festgelegt. Obwohl dieser Wasserstand im Jahre durchschnittlich nur an höchstens 1 bis 2 Tagen überschritten wird, also sehr hoch liegt, weisen alle österr. Donaubrücken die geforderte oder größere Durchfahrtshöhe auf.

Die wasserbautechnischen Probleme, soweit sie die Schiffahrt betreffen, beschränken sich daher darauf, die gewünschte Fahrwassertiefe zu schaffen und die Sicherheit der Schiffahrt zu gewährleisten.

Daß dieses Ziel theoretisch unschwer zu erreichen ist, wurde bereits oben erläutert. Während für den Ausbau der bayerischen Donau zwischen Regensburg und Passau derzeit als Regulierungsziel 18 dm bei NSW angestrebt werden, bestehen in der csl.-ungarischen Grenzstrecke, der sogenannten Gönyüer Strecke Schwierigkeiten, auch nur das Regulierungsziel der C.I.D. von 2,0 m bei RNW zu erreichen.

In der österr. Strecke erfolgt derzeit der Ausbau nach den Richtlinien der C.I.D. Das Regulierungsziel ist in vielen Abschnitten bereits mit oder ohne Niederwasserregulierung erreicht. Von rd. 170 Furten weisen nur mehr 13 weniger als 20 dm Fahrwassertiefe und 80 weniger als 25 dm Fahrwassertiefe auf. Es sind daher nur punktweise Niederwasserregulierungen und wenige Ergänzungen der Mittelwasserregulierung nötig.

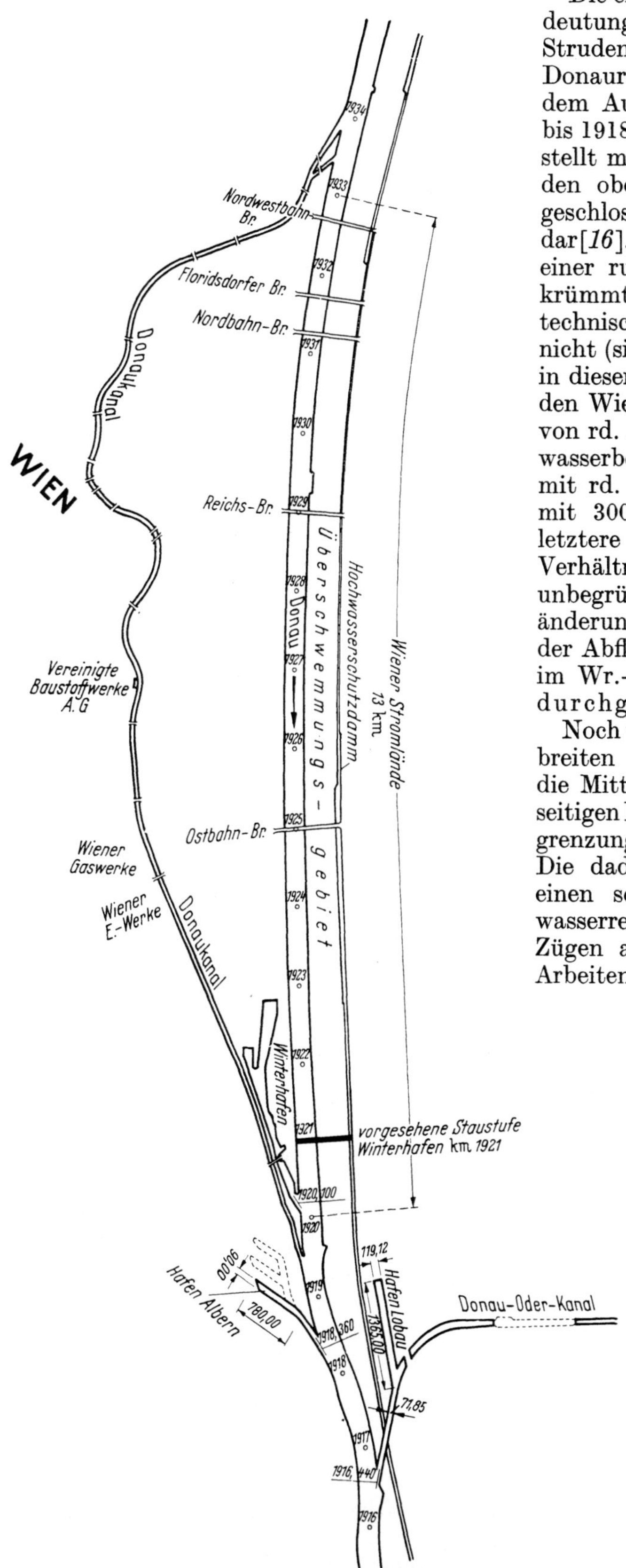

Abb. 2. Hafengebiet Wien

Die erste Stromregulierung von überörtlicher Bedeutung stellt die Absprengung des Haussteines im Struden, km 2076, dar (s. Abb. 1 u. 2). Die geschlossene Donauregulierung in Österreich beginnt erst mit dem Ausbau des Wiener Durchstiches, km 1935 bis 1918, in den Jahren 1870 bis 1875. Diese Arbeit stellt mit einem Aushub von 12,3 Mio m^3 nur für den oberen der beiden Durchstiche das größte geschlossene Bauvorhaben an der österr. Donau dar [*16*]. Die dabei gewählte Lösung der Ausbildung einer rund 20 km langen einsinnig schwach gekrümmten Zwangsstrecke hat sich wasserbautechnisch bewährt, befriedigt jedoch städtebaulich nicht (siehe unten). Während das Mittelwasserbett in dieser Strecke wegen des Wasserentzuges durch den Wiener Donaukanal (Abb. 2) nur eine Breite von rd. 284 m erhielt, wurde die Breite des Mittelwasserbettes in N.Ö. (Niederösterreich) zunächst mit rd. 380 m unter Fischamend, km 1912, und mit 300 m oberhalb Fischamend gewählt. Der letztere Wert entspricht gut den hydraulischen Verhältnissen, während der Sprung auf 380 m unbegründet war, da er weder durch eine Gefällsänderung noch durch eine entsprechende Erhöhung der Abflußmenge begründet war. Daher ist außer im Wr.-Durchstich nur in diesem Abschnitt eine durchgehende NW-Regulierung nötig geworden.

Noch vor 1910 ging man von einheitlichen Regelbreiten für das Mittelwasserbett ab und paßte die Mittelwasserbauten in ihrer Höhe und gegenseitigen Entfernung weitgehend den natürlichen Begrenzungen des geplanten Hauptgerinnes an [*16*]. Die dadurch erzielten Ersparnisse ermöglichten einen schnelleren Ausbau, so daß die Mittelwasserregulierung vor dem 1. Weltkrieg in großen Zügen abgeschlossen war. Die letzten kleineren Arbeiten — Abbau beträchtlicher Überbreiten — wurden mit einer einzigen Ausnahme in den Jahren 1950—1955 durchgeführt.

Bei der letzten dieser Regulierungen (Regulierung Zizacker, Abb. 3) wurde erstmalig an der österr. Donau die Methode der halbgedeckten Schotterwerke angewandt. Dabei wird der aus Regulierungsbaggerungen anfallende Schotter mit dem schwenkbaren Ausleger eines Schutenentleerers profilgerecht abgesetzt und erst nachträglich möglichst nach 1 bis 2 Tagen stromseits mit Bruchstein abgedeckt. Um bei Hochwasser ein Abschwemmen des ungedeckten landseitigen Teiles des Schotterkörpers durch rückschreitende Erosion [*9*] zu verhindern, wird der neue Bau zumindest am unteren Ende durch Querbauten (Traversen) mit dem Hinterland verbunden. Der erste Mittelwasserbau dieser Art hat ohne jeden Schaden das KHW 1954 und die Tauflut mit dem Eisabgang von Jochenstein und dem Kachletwerk im Winter 1956 überdauert.

Die obenerwähnte wechselnde Breite und Höhe der Ufer und die glücklich gewählte Höhenlage der Steinwürfe (1 m über MW, das entspricht der Bewuchsgrenze) hat schon weit vor der modernen Landschaftsgestaltung die Voraussetzungen für die schöne Ausbildung der Donau geschaffen. Geschah dies erst unbewußt, so wird nun durchgehend der Wurf in der freien Strecke auf 1 m über MW, in den Staustrecken der Kraftwerke $^1/_2$ m über MW gelegt, so daß er schnell verlandet und damit die Unterlage für einen natürlichen Weiden-, Pappel-, Erlenanflug bildet. Die Schotterkippen als Mittelwasserbegrenzung werden verhältnismäßig niedrig, 2 m bis 2,5 m über MW gehalten, damit sie womöglich mehrmals im Jahr überflutet und damit humusiert werden. Darauf siedeln sich ohne jede Hilfe oft schon nach einem Jahr Gräser, Sträucher und natürliche Augehölze an.

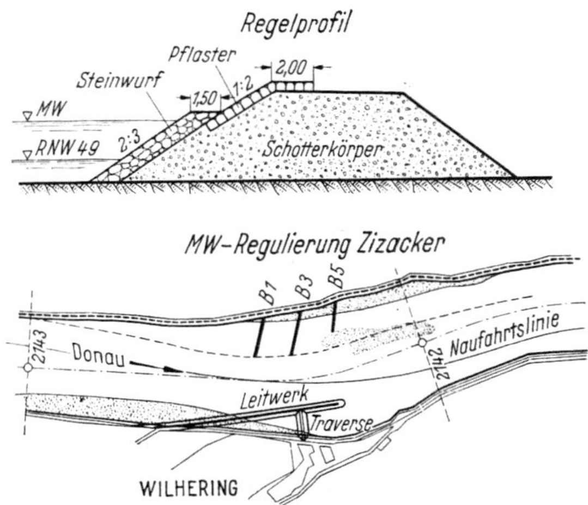

Abb. 3. MW-Regulierung Zizacker

Die Mittelwasserregulierung befriedigt aber vor allem auch hydraulisch-morphologisch. Die Sohlenänderungen sind geringfügig. In den Durchbruchstrecken des Schlögen, Struden und der Wachau kann die Schottersohle als nahezu stabil angesehen werden. In den dazwischenliegenden Talweitungen kam es trotz der mäßigen Streckung des Laufes und der Zusammenfassung des Abflusses in einem geschlossenen Mittelwasserbett nur zu durchaus erträglichen Eintiefungen, die keinen ungünstigen Einfluß auf den Stand des Grundwassers ausüben [*12*].

Die Zusammenfassung des Mittelwassers ergab jedoch bei Regulierungsniederwasser noch keine einheitlich guten Fahrwasserverhältnisse. Dies machte sich zuerst im Wiener Durchstich bemerkbar, wo wandernde Schotterbänke die Freihaltung der rechtsufrigen Umschlagsländen erschwerte. Um die Tiefenrinne in diesem Abschnitt durchgehend am rechten hochgelegenen Ufer zu halten, wurde 1899 mit der NW-Regulierung der österr. Donau begonnen [*16*].

Durch Niederwasserregulierungen, im wesentlichen Buhnen und Grundschwellenbauten, sind bisher 91 km, d. s. 26% der österr. Strecke, ausgebaut. Weitere etwa 50 km müssen noch reguliert werden. In etwa 60% der Strecke ist die erforderliche Fahrwassertiefe von 2,50 m bei RNW bereits ohne Niederwasserregulierung erreicht oder wird durch die Überstauung von den Stufen Jochenstein—Ybbs-Persenbeug (53 km) geschaffen.

Als Baustoff für die Niederwasserbauten wird zur Gänze Bruchstein verwendet. Die Kronenhöhe der Grundschwellen liegt in der Regel mindestens 4 m unter RNW, die der Buhnen nur in den seltensten Fällen höher als 0,5 m über RNW. Die Krone fällt nach der Regelausführung mit $5^0/_{00}$ zum Vorkopf. Neuerdings wird versucht, die Wirkung der Einbauten durch von Bauteil zu Bauteil wechselnde Neigung (die Krone der ungeraden Buhnen fällt von der Wurzel zum Vorkopf, die der geraden Buhnen vom Vorkopf zur Wurzel) zu verbessern. Dadurch wird die Turbulenz etwas vergrößert, die Strömungsgeschwindigkeit vermindert und die Wirkung der Einbauten vermehrt; die lebende Energie des Wassers und damit die Tendenz zur Eintiefung vermindert. Ein abschließendes Urteil über den Erfolg dieser Maßnahme kann noch nicht abgegeben werden.

Für die normalen Regulierungsarbeiten liegen Musterausführungen und Regelentwürfe vor, die die Planung und Ausführung der Bauten erleichtern. Größere Schwierigkeiten und besondere Maßnahmen erfordern nur die Strecke der Schlögener Schlinge, das Aschacher Kachlet und der Struden, sowie die Reinigung der Flußsohle von Felskugeln und -riffen (Kachlet).

Die **Schlögener Schlinge**, km 2187—2185, eine S-Kurve in der Durchbruchstrecke der Donau durch die Ausläufer des böhmischen Massives, weist wohl ausreichende Tiefe, aber in der oberen Hälfte unzureichende Breite, überdurchschnittlich hohes Gefälle und scharfe Krümmungen auf. Besonders hinderlich ist der Mitterhaufen unterhalb km 2187. Die Strecke kann nur eingleisig befahren werden. Der Talfahrt steht bei kleinen Wasserständen nur eine schmale Rinne zur Verfügung, deren Benützung besondere nautische Kenntnisse und Beschränkungen des Schiffsanhanges erfordert. Die Wasserstraßendirektion Wien hat zu Kriegsbeginn auf Grund von Geländeaufnahmen und Probebohrungen einen ersten Entwurf aufgestellt, der neben einer Mittelwasserregulierung am rechten Ufer umfangreiche Baggerungen und am linken Ufer Niederwasserbauten (Buhnenfeld und Hakenwerk) zwecks Verlegung der Schiffahrtsrinne an das rechte Ufer umfaßte. Man hoffte, durch die Ausschaltung der Furt oberhalb der Einfahrt in den Schlögen eine Verflachung der Krümmung zu erreichen, mindestens aber die Gefährlichkeit der Talfahrt zu beseitigen. Zur Ausführung kam es aus kriegsbedingten Gründen nicht.

1949 hat die österr. Wasserbauverwaltung diesen Entwurf neuerlich aufgegriffen und umgearbeitet (siehe Abb. 4). Diese neue Lösung hätte einen etwas größeren Krümmungsradius ergeben, welcher vielleicht bei günstigen Wasserständen zweigleisigen Verkehr erlaubt hätte. Die nicht unbedeutenden Kosten und der zweifelhafte Erfolg legten eine Überprüfung des Entwurfes im Modell nahe. Die Versuche wurden in der wasserbautechnischen Versuchsanstalt in Strechau 1953 und 1954 durchgeführt. Sie ergaben eine vollkommene Entwurfsänderung. Statt Mittelwasser- und Niederwasserwerken sowie einer großen Baggerung sollen nur drei Leitwerke in Höhe des bettbildenden Wasserstandes ausgeführt werden. Die Baggerungsarbeiten können sich auf die Materialgewinnung für diese Bauten beschränken (siehe Abb. 5). Dabei zeigt das Modell, daß sich der die Schiffahrt besonders behindernde Mitterhaufen nicht mehr bildet. Die zweigleisige Befahrung der Strecke konnte an Hand von Versuchen mit einem Modellschleppzug nachgewiesen werden. Die Ausführungskosten vermindern sich auf einen Bruchteil.

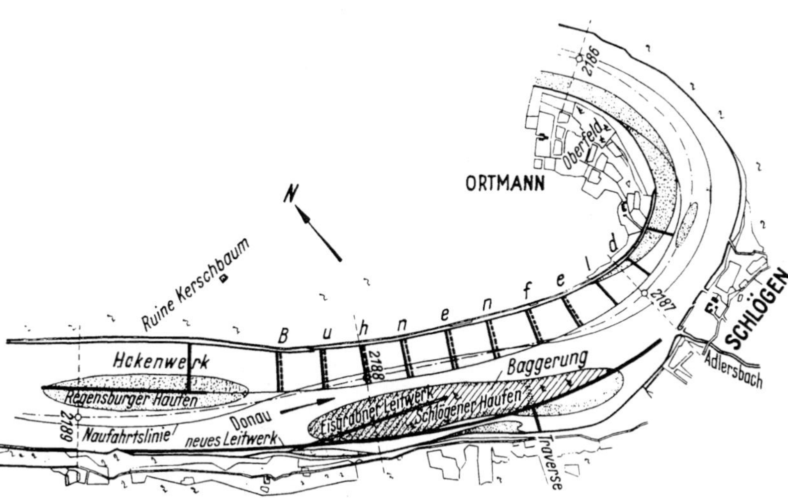

Abb. 4. Schlögener Schlinge, Entwurf I

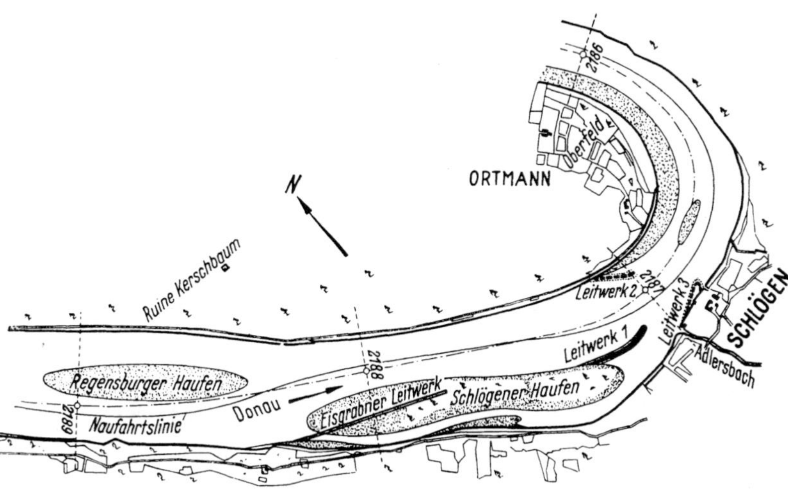

Abb. 5. Schlögener Schlinge, Entwurf II

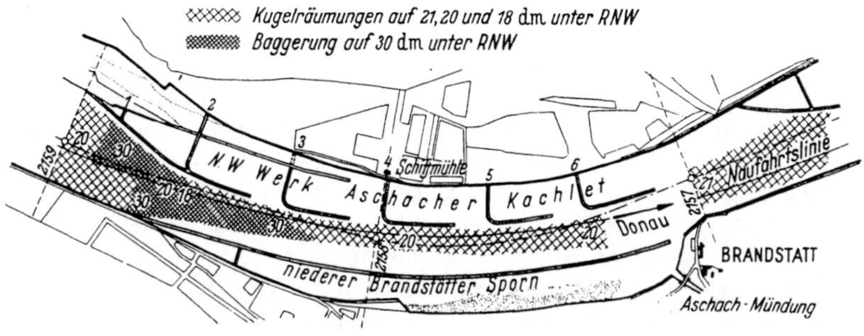

Abb. 6. Regulierung Aschacher Kachlet (Nach dem Stande vom 1. 10. 1956)

Der ausgezeichnete Erfolg des Modellversuches hat die österr. Wasserbauverwaltung veranlaßt noch im Herbst 1954 mit den Bauarbeiten zu beginnen. Es wurde das obere Leitwerk 1 am rechten Ufer ausgebaut. Durch diese Teilausführung wurde die Einfahrt in die Engstrecke erleichtert, jedoch verständlicherweise keine entscheidende Verbesserung erzielt. Diese Arbeiten, welche wegen des grundsätzlichen Regulierungsgedankens sehr wertvoll gewesen wären, wurden eingestellt, da der Schlögen durch das Kraftwerk Aschach in wenigen Jahren hoch überstaut wird. Alle weiteren Regulierungsarbeiten hätten daher einen verlorenen Bauaufwand ergeben.

Ganz anderer Natur sind die Schwierigkeiten im **Aschacher Kachlet**, km 2159—2157 (Abb. 6). Die Donau strömt nach dem Austritt aus der engen Durchbruchstrecke des Schlögen in die Talweite des Eferdinger Beckens über eine Geröllhalde ähnlich einer Gletscherendmoräne. Die Sohle besteht aus sogenannten Kugeln (d. s. mehr oder minder abgeschliffene Felsblöcke) von Kindskopfgröße bis 2 m³ Inhalt, deren oberer Teil häufig beträchtlich in die Niederwasserrinne reicht und damit die Fahrwassertiefe stark beschränkt. Das Gefälle beträgt ein Vielfaches der normalen Laufstrecke.

Schon um das Jahr 1829 wurde mit der MW-Regulierung begonnen, um durch die Zusammenfassung des Abflusses in einem schmäleren Bett die Wassertiefe zu vergrößern. Da durch die Mittelwasserbauten keine entscheidende Verbesserung erzielt wurde, begann man nach der Jahrhundertwende (1901—1905) mit einer Art Niederwasserregulierung. Die Fahrrinne wurde durch ein Leitwerk am oberen Ende des Kachlets und sechs Traversen im anschließenden Teil (als Hakenwerke ausgebildet) eingeengt. Der Erfolg trat jedoch nicht im erwartenden Umfang ein. Durch die Verschmälerung der Niederwasserrinne ergab sich am oberen Ende der Strecke ein Stau, der zu einer beträchtlichen Gefällsvermehrung führte. Die größere Wassergeschwindigkeit förderte die Auswaschung weiterer Kugeln und ergab eine Verminderung des nutzbaren Durchflußquerschnittes, wodurch die durch die Einengung erwartete Spiegelhebung verringert wird. Nach dem 1. Weltkrieg wurden von der Wasserbauabteilung der o.ö. Landesregierung zwei neue Entwürfe ausgearbeitet [*8*]. Beide Projekte umfassen auch den anschließenden Stromabschnitt bis km 2162. Gemeinsam war beiden die Absicht, der Schiffahrt eine 140 bis 150 m breite Fahrrinne geringen Gefälls zur Verfügung zu stellen. Dies sollte durch Kugelräumungen und Niederwasserbauten erreicht werden. Mit den Bauarbeiten wurde nicht ernstlich begonnen. Nur einzelne besonders hinderliche Kugeln wurden beseitigt.

Nachdem sich das Gefälle von $2^0/_{00}$ (1 : 500) im Jahre 1920 auf $2{,}4^0/_{00}$ (1 : 420) im Jahre 1934 erhöht hat (mittleres Gefälle der österr. Donau $0{,}4450^0/_{00} = 1 : 2250$), begann man während des zweiten Weltkrieges mit umfangreicheren Kugelsprengungen und in beschränktem Umfang mit Probebaggerungen am oberen Ende der Kachlet-Strecke außerhalb der Fahrrinne. Die Fahrwassertiefe (Kachletnorm) wurde von 14 dm auf 17 dm bei RNW verbessert.

Eine im Jahre 1946 durchgeführte Kontrollaufnahme mit dem Ende des Krieges neuentwickelten Rahmensondiergerät zeigte, daß der Regulierungserfolg dieser Kriegsarbeiten praktisch verloren war. Das Gefälle hatte sich auf $2{,}7^0/_{00}$ (1 : 370) erhöht. Die Schiffahrt wurde in eine durch eine Reihe Bojen (Baken) bezeichnete Slalomstrecke von 15 dm Fahrwassertiefe bei NSW gezwängt.

Das Sondiergerät (Prinzipskizze siehe Abb. 7) wurde nun zu einem Baugerät umgestaltet. Es hatte ursprünglich nur an einer Seite vier 2 m breite, gelenkig aufgehängte Rahmen, die auf die gewünschte Fahrwassertiefe eingestellt werden konnten. Bei den üblichen Querfahrten am Hauptanker in 7 m Längsabstand streifen die Rahmen die Sohle ab. Bei Berührung eines Hindernisses schwenken sie aus, eine Anzeigevorrichtung gibt die Verringerung der Wassertiefe durch die Felskugel an. In der Folge bekam das Gerät auch auf der zweiten Seite vier Rahmen, so daß es sowohl vom linken zum rechten als auch vom rechten zum linken Ufer arbeiten konnte. Endlich wurde zwischen den beiden Schiffskörpern eine Greifzange zum Heben der von den Rahmen festgestellten Kugeln angeordnet. Da die Örtlichkeit des Hindernisses durch die Rahmen sehr genau festgestellt wurde, gelang die Beseitigung der Untiefe verhältnismäßig schnell. Schritt für Schritt wurden damit die gröbsten Schiffahrtshindernisse beseitigt und damit die Fahrwasserverhältnisse verbessert. Über 11 000 Kugeln wurden bis Ende September 1956 gehoben und zur Verstärkung der Uferbauten an den Strommrändern abgesetzt. Die Kosten dieser Arbeiten sind unverhältnismäßig gering. Durch die Hebung der Kugeln kam es jedoch zu einer weiteren Eintiefung, vor allem im unteren Teil der Arbeitsstrecke, so daß sich das Gefälle örtlich bis auf $5{,}3^0/_{00}$ (1 : 190) erhöhte (siehe Abb. 8). Um dem entgegenzuwirken, wurde 1953 begonnen, den Gefällsrücken am oberen Ende der Kachletstrecke mittels Greifbagger abzutragen und die Sohle am unteren Ende der Strecke durch Absetzen des ungewöhnlich groben Baggergutes zu heben.

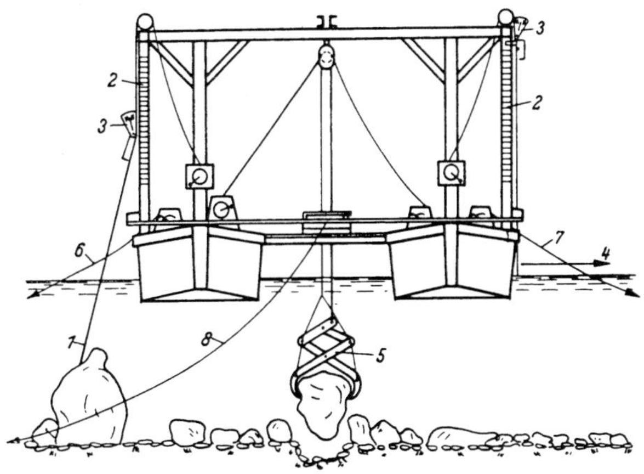

Abb. 7. Sondier-Hebwerk (Systemskizze der Arbeitsweise)

1 Sondierrahmen „abgesenkt". 2 Maßeinteilung für die Rahmenabsenkung. 3 Skala zum Ablesen des „Ausschlages". 4 Sondierrahmen in „Nullstellung". 5 Greifzange, eine „Kugel" hebend. 6 u. 7 links- und rechtsufrige Lavierketten. 8 Gierseil

Im Wettlauf mit dem Sinken des Wasserstandes im Herbst 1953 gelang es rechtzeitig, den Gefällsrücken durchzureißen, dadurch das Gefälle zu vermindern und durch die energisch betriebenen Kugelräumungen die Fahrwassertiefe (Norm) um 6 dm zu verbessern. Das Aschacher Kachlet war damit nicht mehr die Stromstrecke mit der geringsten Fahrwassertiefe zwischen

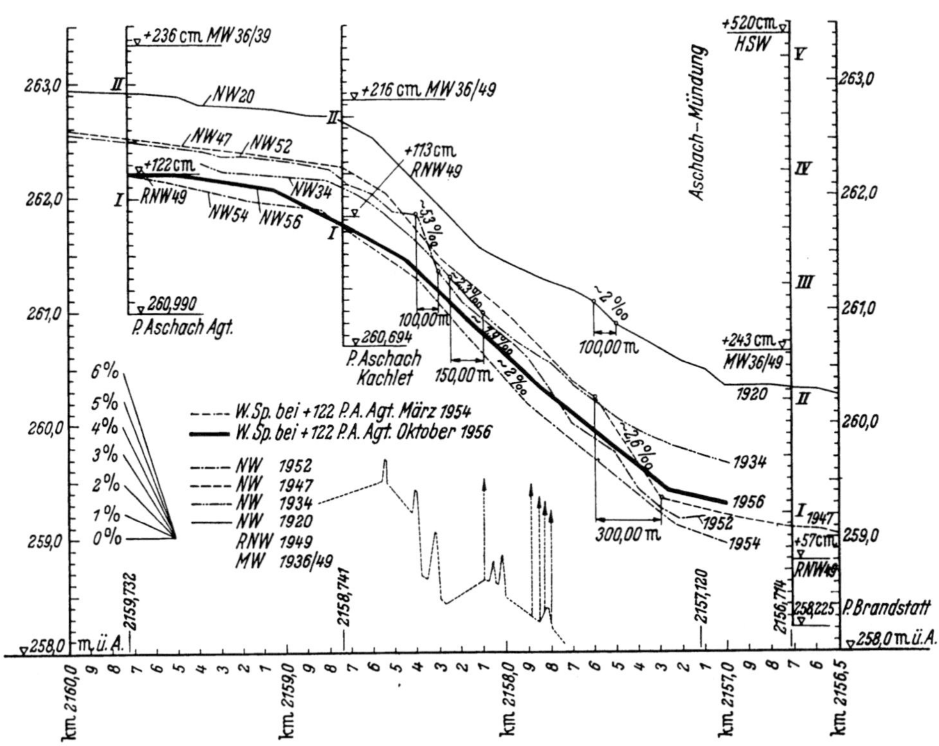

Abb. 8. Regulierung Aschacher Kachlet (Wasserspiegelgefälle)

P. A. Agt. = Pegel Aschach Agentie

Regensburg und Linz. Die Schiffahrt konnte selbst während des extremen Niederwassers im Herbst und Winter 1953/1954 aufrechterhalten werden. Sogar bei Wasserständen, die einen halben Meter unter RNW lagen, fand die Schiffahrt noch eine erträgliche Fahrwassertiefe vor. Eine Kontrollaufnahme Herbst 1956 zeigt überdies, daß das Gefälle wieder auf max. rd. 1,9‰ zurückgegangen ist. Mit dieser Baggerung des Gefällsrückens in Verbindung mit den Kugelräumungen wurde dem Regulierungsziel bereits sehr nahe gekommen.

Die Arbeiten werden fortgesetzt, um zu verhindern, daß wie zu Kriegsende neu ausgewaschene Kugeln die Fahrwasserverhältnisse verschlechtern und um vor allem das Regulierungsziel von 21 dm unter RNW zu erreichen. Günstige Arbeitsverhältnisse vorausgesetzt, wird die Norm noch Ende 1956 auf 20 dm Fahrwassertiefe bei RNW verbessert werden können.

Die dritte Schlechtstelle, der **Struden,** ebenfalls ein Donaudurchbruch durch das vorspringende böhmisch-mährische Massiv, weist eine Kombination der Schiffahrtserschwernisse von Schlögener Schlinge und Aschacher Kachlet auf: scharfe Krümmungen, enge eingleisige Fahrbahn, eine durch Felsbarren beschränkte Fahrwassertiefe und damit ungewöhnlich schwierige nautische Verhältnisse.

Die ersten Arbeiten in diesem Abschnitt wurden schon lange vor Beginn der planmäßigen Regulierungsarbeiten (1772) eingeleitet und 1821 bis 1839 bzw. 1853 bis 1866 fortgesetzt. Sie ermöglichten erst die Großschiffahrt. Es sind jedoch noch zwei Schlechtstrecken vorhanden: das Greiner Schwalleck und der eigentliche Struden.

Das Greiner Schwalleck, ein 100 m weit in die Stromrinne vorragender Felsrücken, erzwingt eine 90grädige Schwenkung des Donaulaufes im Bereich der Stadt Grein und engt die Fahrbahn bei Niederwasser mitunter bis auf 30 m ein. Hinter der Felsnase und am unteren Ende der gegenüberliegenden Schotterbank, des sogenannten Wiesener Haufens, treten gewaltige Kehrströmungen auf, die besonders die Anhänger der Bergfahrer gefährden.

Der eigentliche Struden weist eine scharfe S-Krümmung, eine enge, von Felsriffen begrenzte Fahrbahn und großes Gefälle auf. Die Talfahrt ist wegen der engen Krümmung und des starken Gefälles, die Bergfahrt wegen der ungewöhnlich großen Wassergeschwindigkeit im Strudenkanal erschwert. Die ganze, etwa 8 km lange Stromstrecke Tiefenbach—St. Nikola ist nur eingleisig, zu Tal nur bei Tag, befahrbar. Die neuen Arbeiten haben sich auf die Beseitigung einiger am Rande des Strudenkanals festgestellter Felsspitzen beschränkt (z. B. 1935). Eine durchgreifende Regulierung wurde wegen der großen Kosten und der damit verbundenen lang andauernden Schiffahrtssperre niemals ernstlich erwogen.

Da hilft der einsetzende Ausbau der Wasserkräfte der Donau. Durch das in Ausführung begriffene Kraftwerk Ybbs-Persenbeug wird die gesamte Strudenstrecke überstaut und damit das Gefälle vermindert und die Fahrwassertiefe vergrößert. Hand in Hand damit geht die Beseitigung des Greiner Schwallecks, das zur Senkung des Hochwasserspiegels und zu Verhinderungen von

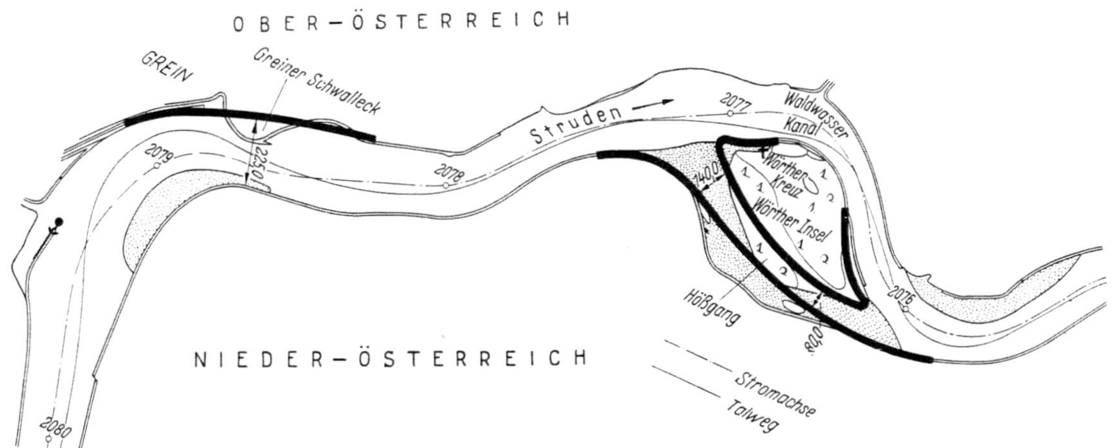

Abb. 9. Die Regulierung des Struden, Absprengung des Schwallecks und Eröffnung des Hößganges als zweite Fahrt

Eisversetzungen gänzlich abgesprengt werden soll, und die geplante Öffnung des sogenannten Hößganges.

Es wurden zwei Lösungen untersucht: die Öffnung des Hößganges als 2. Fahrt (siehe Abb. 9) und seine Ausbildung als zweigleisige Fahrrinne bei Absperrung des derzeitigen Strombettes. Eingehende Versuche in der wasserbautechnischen Versuchsanstalt in Wien und Strechau haben ergeben, daß bei der ersten Lösung wohl an der Abzweigung des Hößganges vom Hauptstrom mit Verlandungen zu rechnen ist (wie dies auch theoretisch nachgewiesen ist) [*19*], daß aber eine zweite Fahrbahn mit erträglichen Schiffahrtsverhältnissen gewonnen wird. Da das in den Stauraum eintretende Geschiebe jedenfalls entfernt werden muß, kann die Freihaltung der Einfahrt in den Hößgang auf die Dauer keine zusätzlichen Erhaltungskosten erfordern.

Die zweite, großzügigere, aber wesentlich kostspieligere Lösung, welche außerdem einen schweren Eingriff in das wunderbare Landschaftsbild um die Insel Wörth bedeutet hätte, konnte daher zurückgestellt werden.

Die Absprengung des Schwallecks und die Eröffnung der zweiten Fahrbahn wurden begonnen. Im Herbst 1957 werden mit der Errichtung des Teilstaues Ybbs-Persenbeug die Schiffahrtserschwernisse des Strudens der Vergangenheit angehören.

Stellen die Arbeiten in der Schlögener Schlinge und im Struden einmalige Aufgaben dar, so wird das Aschacher Kachlet auch nach Erreichen des angestrebten Regulierungszieles noch dauernd beobachtet werden müssen, um etwa neu auftauchende schiffahrtshinderliche Kugeln rechtzeitig zu beseitigen. Gleicher Beobachtungen und Maßnahmen bedarf die ganze Strecke von Jochenstein bis Tulln, d. i. Strom-km 2203—1964, da wohl sehr zerstreut und nur selten geballt — wie im sogenannten Hollenburger Kachlet, km 1995 bis 1988 — Kugeln auftreten.

Diese Reinigung der Flußsohle erfolgt mit dem beim Aschacher Kachlet geschilderten Sondiergerät. Ein Überblick über die erforderlichen Leistungen gibt die Zahl der in den letzten drei Jahren gehobenen Kugeln — rund 1700 Stück.

Nach Meisterung dieser letzten großen Probleme stellt die österr. Donau dann eine einwandfreie Wasserstraße mindestens gleicher Güte wie in den Anschlußstrecken dar.

Was nun die Umschlagsanlagen betrifft, so ist in den letzten 20 Jahren eine grundlegende Änderung eingetreten. Fast ein Jahrhundert spielte sich die Verladung und Lagerung der Güter an den Länden, also unmittelbar am Stromufer ab. Neben Wien, mit 1 bis 2 Mio t jährlichen Umschlags verschwanden die Leistungen der anderen Häfen, von denen nur Linz mit 100 bis 300 000 t/Jahr, der Werksumschlag in Korneuburg — km 1942 (Mineralöl) — und Obermühl, km 2178 (Papierfabrik), einige Bedeutung hatten.

Als großartiges Musterbeispiel eines Ländehafens war der Wiener Durchstich anzusehen (siehe Abb. 2). Auf 13 km Länge reihten sich mit wenig Unterbrechungen Lagerhallen und -plätze mit den erforderlichen Kranen, Getreidehebern und Abschlauchanlagen für Mineralöle aneinander.

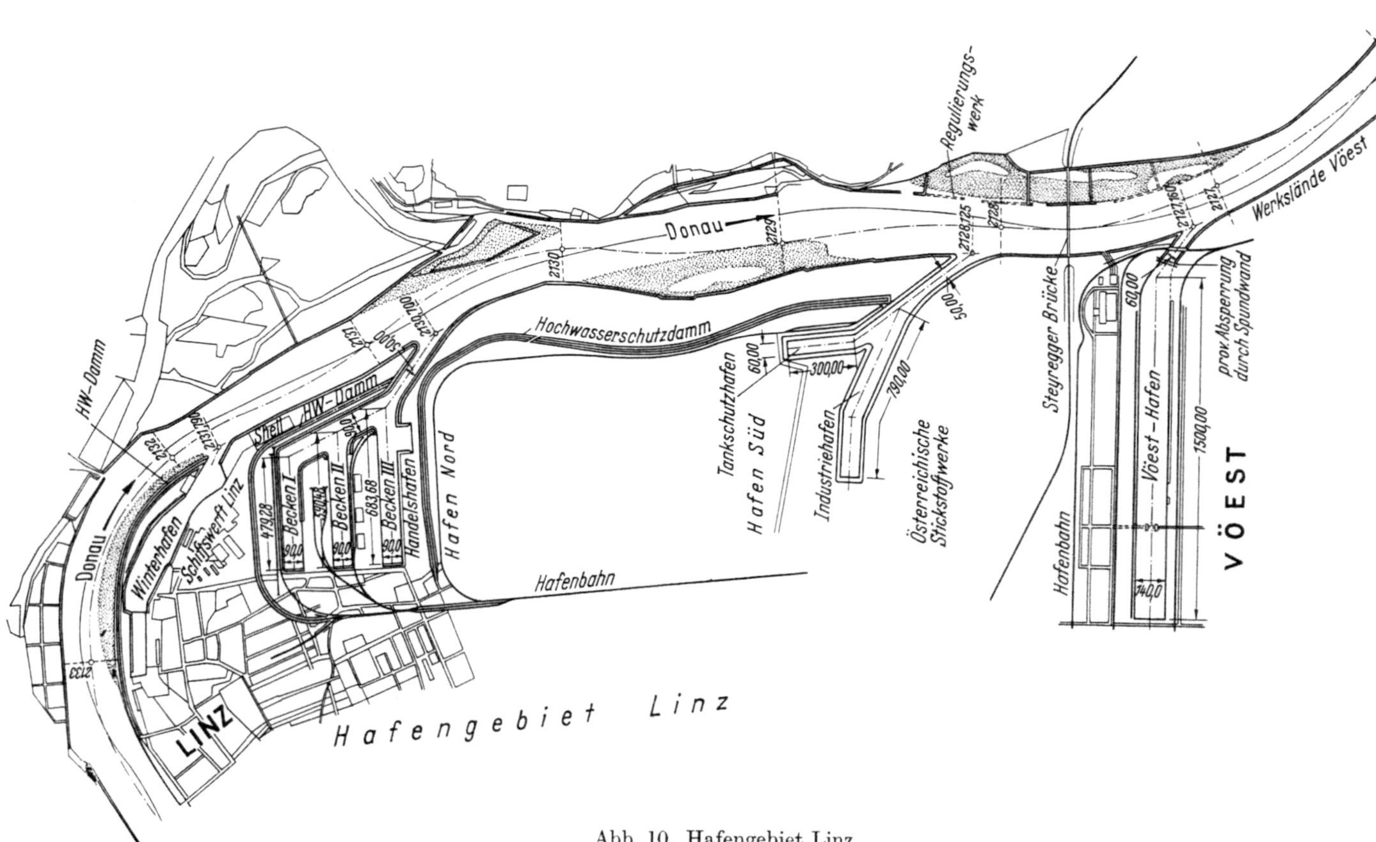

Abb. 10. Hafengebiet Linz

Um die Jahrhundertwende wurden die ersten Schutzhäfen gebaut: Wien-Freudenau 1899 bis 1902[*16*] und Winterhafen Linz 1897—1900[*2*]. Zum Bau einer weiteren Anlage auf der über 200 km langen Zwischenstrecke — angeregt wurden Ybbs, km 2058, Melk, km 2035 und Krems, km 2000 — kam es trotz Drängens der Schiffahrt vorerst nicht.

Die Reichswasserstraßenverwaltung griff dann 1938 die Pläne der österr. Donaustädte auf und leitete den Bau der Hafenanlagen in Linz, Krems und Wien ein.

Linz hatte zwar Länden, welche im Stadtkern lagen. Sie waren aber nicht erweiterungsfähig und kaum in der Lage, den erwarteten größeren Umschlagsverkehr zu übernehmen. Da auch der staatliche Winterhafen nicht für Umschlagszwecke herangezogen werden konnte, mußte auf das Gebiet stromab dieser Anlage zurückgegriffen werden. Die neuen Häfen liegen daher südlich des Winterhafens (siehe Abb. 10) hart am Rande des Stadtkernes und bestehen aus drei Teilen: dem Handelshafen mit drei Becken, dem Tank- und Industriehafen mit zwei Becken und dem Hafen der VÖEST.

Der Aushub dieser Hafenbecken wurde zum größten Teil noch während des Krieges durchgeführt, um Schüttgut für den Güterbahnhof und zur Aufhöhung des Geländes der großen Industriewerke und Hafenzungen zu gewinnen. Von den Kaibauten war 1945 im Handelshafen nur die Südkante des Beckens II durch eine Stahlspundwand und etwa die Hälfte der Südkante des Beckens I durch eine Schwergewichtsmauer geschützt. Ansonsten waren nur Teile der Schotterböschung durch Pflaster und Wurf gesichert. Im Jahre 1946 wurden die Ausbauarbeiten — vorwiegend der Ausbau der Kaikanten, die Bahn- und Straßenanschlüsse, Speicher- und Lagerräume — wiederaufgenommen und Krane und Getreideheber beschafft. 1950 wurde die Verladung im Handelshafen aufgenommen und bereits 1953 ein Umschlag von über 570 000 t bewältigt. Im Jahre 1957 werden die letzten Anlagen an der alten Umschlagslände zwischen den Brücken geschleift.

Auch im **Tankschutzhafen** wurden nach 1946 die Ufer durch eine Steinberollung geschützt, während der Ausbau des Industriehafens erst nach Ansiedlung von Betrieben mit Wasserumschlag erfolgen wird.

Der **VÖEST-Hafen** mußte gleich nach dem Aushub, etwa 1939, in seiner Einfahrt wieder durch einen Fangdamm abgeschlossen werden, weil bei der Ausbaggerung das Grundwasserbecken der städt. Wasserversorgung angeschnitten wurde. In den nächsten Jahren soll die Umspundung des Hafens vollendet und eine Dichtung gegen Grundwassereintritt geschaffen werden. Nach Fertigstellung dieser Arbeit kann die Behelfswerkslände unter der Hafeneinfahrt VÖEST — Umschlagsmenge über 1 Mio t im Jahr — aufgelassen werden.

Der **Hafen Krems** (siehe Abb. 11) war ursprünglich als Schutzhafen mit einem Hafenbecken gedacht. Da sich jedoch bald Umschlagsinteressen zeigten, ein Getreidesilo errichtet wurde und sich wassergebundene Industrie ansiedelte, wurde die Planung erweitert und das Gelände für zwei längere Hafenbecken sichergestellt. Das 1. Becken — eine Verbreiterung der Mündungsstrecke der Krems — wurde noch im Krieg auf etwa 300 m Länge ausgebaggert und soll eine Sohlenbreite von 80 m erhalten. Die Südkante erhielt eine 210 m lange auf einer Spundwand aufgesetzte Betonschwergewichtsmauer, die in den nächsten Jahren um 90 m verlängert werden soll. Auch die Kremsmündung wurde verlegt, so daß das Hafenbecken nicht mehr so schnell verlanden kann. Straßen- und Bahnanschluß ist geschaffen worden, ein moderner Wippkran steht ab 1958 zur Verfügung.

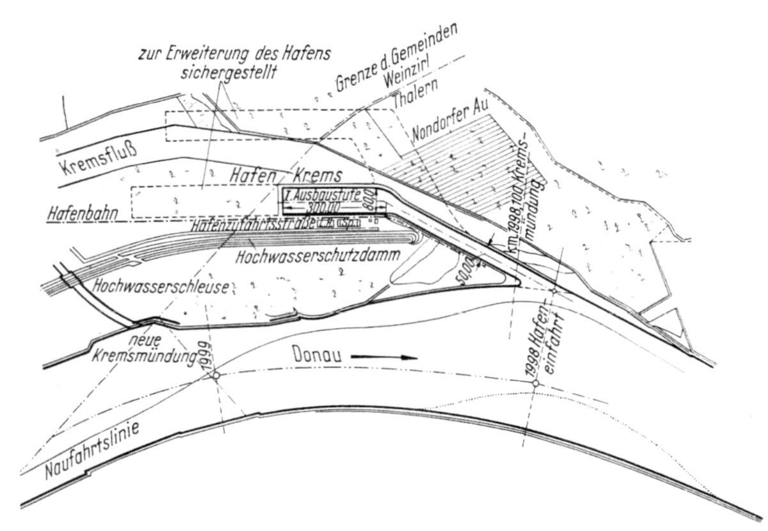

Abb. 11. Hafen Krems

Da der Hafen ein beachtliches Einflußgebiet hat und sich bedeutende Betriebe, angezogen von dem Wasseranschluß, angesiedelt haben, kann in Krems, das vor dem 2. Weltkrieg keinen nennenswerten Umschlag hatte, in einigen Jahren mit einem Verkehr von 300 000 t/Jahr gerechnet werden.

Während die Umschlagslände in Linz nicht ausreichte und in Krems nicht einmal ein Schutzhafen bestand, hatte Wien den Winterhafen Freudenau mit einer Wasserfläche von 35,9 ha[*16*] und 1938 eine leistungs- und erweiterungsfähige 13 km lange Lände (Durchstichlände km 1920 bis 1933), mit ausgezeichnetem Bahn- und Straßenanschluß, sowie günstiger Lage zum Verkehrsschwerpunkt (siehe Abb. 2). Erweiterungsmöglichkeiten in der Länge, nicht aber in der Tiefe, die mit 60 m begrenzt war, bestanden.

Wenn sich die Stadtverwaltung trotz des leichten Widerstrebens der Schiffahrt entschloß, besondere Häfen auszubauen und die Umschlagsanlagen an der Wiener Durchstichslände abzusiedeln, hat dies vor allem städtebauliche Gründe.

Die schwach gekrümmte, 18 km lange Durchstichstrecke mit dem linksufrigen 470 m breiten Überschwemmungsgebiet und den rechtsufrig architektonisch regellos ausgeführten teilweise veralteten Umschlagsanlagen, bietet keinen erfreulichen Anblick. Es ist geplant, die starke Kriegszerstörungen aufweisenden Umschlagsanlagen abzusiedeln und durch ausgedehnte Grünanlagen zu ersetzen.

Zweifellos städtebaulich ein großes Konzept. Verkehrspolitisch wäre es jedoch zu begrüßen, wenn wenigstens das obere Ende der Wiener Durchstichländen in ansprechender Form ausgebaut werden könnte, um die Landtransporte für das nördliche Wien nicht zu groß werden zu lassen. Der südliche Teil von Wien könnte dann bequem vom Hafen Albern bzw. Freudenau bedient werden.

Das 1. Becken des **Hafens Albern** (Abzweigung km 1918,3) mit Straßen- und Bahnanschluß (vier Gleise auf jeder Kaikante) und fünf Getreidespeichern mit zusammen 85 000 t Fassungsraum, wurde noch während des Krieges nahezu fertiggestellt. Es ist 760 m lang und gänzlich umspundet. Raum für die Erweiterung um zwei Hafenbecken ist sichergestellt, so daß auch für einen in fernerer Zukunft größeren Verkehr Vorsorge getroffen ist. Der Hafen Albern liegt verkehrsmäßig nicht ungünstig, weil die Umschlagsgüter Getreide und Futtermittel vorwiegend stromauf kommen und daher auf direktem Weg dem Verbraucher zugeführt werden (Luftlinie zur Stadtmitte etwa 11 km).

Etwa gegenüber von Albern am linken Ufer der Donau (Abzweigung km 1916,5) wurde ebenfalls während des Krieges das 1. Becken des **Hafens Lobau** geschaffen. Es ist dazu bestimmt, als Ölumschlag und Tankschutzhafen zu dienen und liegt an der Mündung des geplanten Donau-Oder-Kanals, verkehrsmäßig günstig zu den österr. Ölfeldern. Das Hafenbecken I hat eine Länge von 1200 m, seine Ufer sind durch Steinberollung geschützt. Raum für weitere Becken ist gesichert. Bahn-, Straßen- und Pipelineanschluß sind gegeben.

Soll der Hafen Albern vorwiegend dem Getreide- und Futtermittelumschlag und der Hafen Lobau dem Mineralölverkehr dienen, so soll der Stückgutumschlag dem Hafen Freudenau zugewiesen werden. Dieser stadtnäher gelegene Schutzhafen mit gepflasterten Schrägböschungen an den Kaikanten erhält gegenwärtig als erstes Ausbaustadium eine Schwergewichtsmauer von 250 m Länge und zusätzliche Krananlagen. Der vorhandene Straßen- und Bahnanschluß wird verbessert.

Schließlich werden im unteren Teil des Wr.-Donaukanales Baustoffe (etwa 120 000 t Betonschotter und Sand) und Brennstoffe (Kohle, Heizöl) für die städtischen Versorgungsbetriebe entladen. Der Jahresumschlag aller Häfen und Länden in Wien wird 1956 1,3 Mio t überschreiten [*17*].

Mit der Schilderung der Regulierungserfolge und Aufgaben sowie der Hafenanlagen wäre vor etwa 15 Jahren die Wasserstraße „österr. Donau" erschöpfend behandelt gewesen (Wasserversorgung, Abwasserbeseitigung spielen eine untergeordnete Rolle). Heute bliebe dies ein Stückwerk, da durch den Ausbau der Wasserkräfte im Donauraum für die Schiffahrt und die Stromerhaltung ganz neue Probleme aufgeworfen wurden.

Das Kachletwerk bei Passau hatte zwar auf die Ausbildung der österr. Strecke keinen merkbaren Einfluß. Auch der Bau der Innwerke in der österr.-bayerischen Grenzstrecke und die Kraftwerksbauten an der unteren Enns in und nach dem Krieg hatten wohl den Geschiebehaushalt dieser Flüsse verändert. Ein Übergreifen der Sohleneintiefung durch den Schotterrückhalt in den Stauräumen konnte vorerst in der österr. Donau nicht festgestellt werden [*12*]. Dies wird sich mit dem Ausbau der Kraftwerke in der österr. Donaustrecke ändern, da es im Stauraum der Stufen (es sind durchweg Flußstauwerke geplant) zu Verlandungen, im Unterwasser zu Eintiefungen kommen wird, deren Umfang noch nicht verläßlich abzugrenzen ist.

Um einen Überblick zu erhalten sei erwähnt, daß nach 1956 eingeleiteten direkten Geschiebemessungen bei Deutsch-Altenburg, km 1886, mit einer Geschiebefracht von über 0,5 Mio m³ im Jahr zu rechnen ist. Die Schwebstofffracht ist großen Schwankungen unterworfen. Sie betrug in Deutsch-Altenburg

Jahr	Schwebstofffracht in t	mittlere Wasserführung in Wien-Nußdorf
1940	5,8 Mio	2 285 m³/sec.
1941	4,4 „	2 432 „
1942	2,7 „	1 894 „
1943	1,7 „	1 542 „

Trotz der Schwierigkeiten, die sich aus der hohen Geschiebe- und Schwebstofffracht ergeben, und trotz der nötigen schiffahrtsbetrieblichen Maßnahmen sind die Donauwasserkräfte ausbauwürdig. Die österr. Donau hat bei Berücksichtigung des ausländischen Anteiles in den Grenzstrecken bei einem Bruttogefälle von 156 m ein Arbeitsvermögen von 18,26 Milliarden kWh [*15*].

Schon 1917 wurde von Fischer-Reinau der 1. Rahmenplan für den Ausbau der Wasserkräfte der Donau mit einer 28prozentigen Ausnützung der Rohenergie aufgestellt. Aber erst der Entwurf der Wasserstraßendirektion Wien vom Jahre 1942 bringt eine angemessene Ausnützung von 65% der Rohenergie in 17 Stufen mit einer Nutzfallhöhe von 110 m. Durch Eintiefung des Unterwassers und Verminderung der Staustufen auf 15 kommt der derzeitig maßgebende Rahmenplan zu einer 84prozentigen Ausnützung des Gefälles bei Mittelwasser und einer 79prozentigen Ausnützung der Rohenergie. Die kennzeichnenden Werte der Staustufen sind aus der folgenden Zusammenstellung [*21*] zu entnehmen.

Werk	Strom-km	Stauziel m ü. A.	Nutzgefälle bei MW m	Ausbau-wassermenge m³/sec	GWH
Jochenstein	2203,33	290,34	10,15	1750	940
Aschach	2162,70	280,00	15,13	1750	1329
Ottensheim	2145,50	264,00	8,44	1750	750
Linz	2131,00	254,50	5,68	1750	507
Mauthausen	2113,85	247,00	6,17	1800	574
Wallsee	2094,00	239,50	9,19	2000	992
Ybbs-Persenbeug	2060,42	226,20	11,31	2100	1274
Melk	2034,75	213,50	8,26	2150	923
Rossatz	2010,20	203,00	7,85	2150	891
Grafenwörth	1985,10	194,00	11,17	2150	1277
Tulln	1965,92	182,00	8,38	2250	991
Korneuburg	1943,75	172,00	9,45	2300	1138
Winterhafen	1921,00	161,00	7,58	2300	903
Hainburg	1883,30	151,00	12,41	2300	1505
Österr. Anteil an KW Bratislava	1864,00	136,00	4,25[1]	2400	466
					14 460

[1] Rohgefälle der Grenzstrecke und des Abschnittes Marchmündung bis KW Hainburg bei Mittelwasser.

Dieser Rahmenplan ist noch durch einen Zeitplan zu ergänzen. Die Schwierigkeiten, hierbei alle Interessen unter einen Hut zu bringen und einem höheren allgemeinen Endzweck unterzuordnen, werden nicht gering sein.

Sie beginnen gleich mit der Frage, ob der Ausbau der österr. Wasserkräfte oder der thermischen Kraftwerke auf Basis österr. Braunkohle und österr. Erdgases bzw. die Entwicklung von Atomkraftwerken den Vorrang hat. Hierbei wirkt die Kapitalarmut Österreichs und die hohe Auslastung der Bauindustrie hemmend in bezug auf den Wasserkraftwerksbau [*15*], obwohl dieser, auf die Dauer gesehen, angesichts der steigenden Kohlenpreise wirtschaftlicher sein wird. Außerdem besteht eine Abhängigkeit zwischen dem Ausbau von Laufwasserkräften und Spitzenkraftwerken (Winterenergie der Donaukraftwerke rd. 45% der Jahresleistung). Da außerdem auch außerhalb des engeren Donauraumes Kraftwerke ausgebaut werden, ist nicht zu erwarten, daß mehr als ein Donaukraftwerk gleichzeitig in Bau geht. Da weiter die Bauzeit kaum unter drei bis vier Jahre zu drücken ist, kann fürs erste damit gerechnet werden, daß etwa alle vier Jahre mit dem Bau einer neuen Donaustufe begonnen wird.

Selbstverständlich gehen auch die Wünsche bezüglich der zeitlichen Reihenfolge der Kraftwerksbauten an der Donau auseinander. Logischerweise wurde mit dem Bau des österr.-deutschen Gemeinschaftskraftwerkes Jochenstein im direkten Anschluß an Passau-Kachlet begonnen. Ebenso plausibel ist es, daß der Bau von Ybbs-Persenbeug, welcher 1938 durch die Rhein-Main-Donau AG eingeleitet wurde, nach Freigabe der Baustellen durch die Besatzungsmacht fortgesetzt wird. Als dritte Stufe wird von der Energieseite Aschach vorgesehen, das die zweitgrößte Energieausbeute ergibt, vielleicht mit Passau-Kachletwerk bzw. den Innwerken und Jochenstein eine beschränkte Durchlaufspeicherung bzw. Schwellbetrieb erlaubt.

Die Schiffahrt fürchtet jedoch, daß durch die natürliche Eintiefung im Unterwasser von Aschach die Fahrwasserverhältnisse im Aschacher Kachlet wieder verschlechtert werden und wünscht vorerst die Stufe Ottensheim ausgebaut. Die Städte Wien und Linz streben einen möglichst frühzeitigen Ausbau der Stufen Winterhafen bzw. Linz an, um in der Ausführung ihrer großen städtebaulichen Planungen nicht behindert zu sein. Dazu kommen rein örtliche Interessen, die Vorteile aus dem Bau und Bestand einer Donaustufe in ihrem Gebiet erwarten. Zu guter Letzt will die CSR mit dem Ausbau ihrer und der csl.-ungarischen Stromstrecke 1958 beginnen. Die erste Stufe war knapp unterhalb Bratislava gedacht (Wehr km 1864 und anschließender Kraftwasserkanal mit zwei Stufen, um die schiffahrtshinderliche Gönyüer-Strecke zu umgehen). Der Rückstau reicht über die gemeinsame Grenzstrecke hinaus bis ins Unterwasser der untersten, rein österr. Stufe, Hainburg. Dies ist für Österreich besonders unwillkommen, weil die Staustufe Hainburg noch keineswegs endgültig festgelegt ist, da die technischen Schwierigkeiten bedeutend sind — hohe Rückstaudämme in einer Flachlandstrecke, Dichtung der etwa 10 m mächtigen Schottersohle und Beeinflussung der Heilquellen von Deutsch-Altenburg. Die untersuchte Variante, Stufe

Petronell, km 1890, und Grenzkraftwerk Wolfsthal-Bratislava, km 1873, befriedigt auch nicht, soll aber ausgeführt werden.

Nun wurde zu Anfang nachgewiesen, daß die österr. Donau durch eine punktweise Niederwasserregulierung, und zwar mit geringen Kosten zur vollkommenen Großschiffahrtsstraße der Klasse IV ausgebaut werden kann. Die Kanalisierung durch die Kraftwerke bringt daher mit einer einzigen Ausnahme, dem Struden, für den Donauverkehr vorerst keine Vorteile. Der Zeitgewinn durch die geringere Fließgeschwindigkeit in den Haltungen wird durch die langen Aufenthalte bei den Stufen und den Zwang, Fahrplan zu fahren, wettgemacht. Ersteres, weil die Ein- und Ausfahrt wegen der Notwendigkeit, die Schleppzüge schleusengerecht zusammenzustellen, mehr Aufenthalt als die unmittelbare Schleusung beansprucht. Letzteres, weil die Schiffszüge nicht mehr am Morgen oder nach Aufgehen des Herbstnebels etwa gleichzeitig abfahren und an den einzelnen Stufen geschleust werden können. Außerdem verlängern sich die Unterbrechungen der Schiffahrt wegen Eis.

Erst nach Ausbau einer geschlossenen Kraftwerkskette wird es wirtschaftlich sein, schleusengerechte Schleppzüge zusammenzustellen und ohne Umbildung des Anhanges mit schwächeren Zugschiffen durch die Stauhaltungen zu führen.

Wenn man also mit Jochenstein und Ybbs-Persenbeug den Kraftwerksausbau begonnen hat, so muß seine konsequente Weiterführung im Interesse der Schiffahrt, der Landeskultur und der Häfen, die nur eine geringe Absenkung der Stromsohle vertragen, verlangt werden.

Technisch am zweckmäßigsten und letzten Endes am wirtschaftlichsten wird der Ausbau von oben nach unten zu erfolgen haben:

1. da die natürliche Sohlenerosion die Eintiefung des Unterwassers der Stufen erleichtert,

2. da in der geschlossenen Kraftwerkskette im wesentlichen nur im Stauraum der obersten Stufe gebaggert werden muß und Maßnahmen zur Bremsung der Sohleneintiefung nur im Unterwasser der untersten Stufe notwendig werden,

3. weil die geschlossene Kette Durchlaufspeicherung und Schwellbetrieb und damit eine bessere Ausnützung des Wasserdargebotes erlaubt und

4. weil nur eine geschlossene Kraftwerkskette der Schiffahrt Vorteile als Ersatz für mannigfaltige Nachteile bringt.

Wird das gegenwärtige Ausbautempo beibehalten, so erfordert die Kanalisierung der gesamten österr. Donaustrecke noch 40 bis 50 Jahre.

Zusammenfassung. Der Donauverkehr unterliegt wegen der wechselnden politischen und wirtschaftlichen Verhältnisse größeren Schwankungen. Der Verkehrsumfang ist aber — wenn man von geringen zeitlichen Unterbrechungen im Gefolge von Kriegen absieht — groß genug, um die Erhaltung und den Ausbau der österr. Donau als Großschiffahrtstraße als notwendig erscheinen zu lassen. Der Binnenverkehr ist von geringerer Bedeutung, 5,7% in den ersten drei Quartalen 1956[*22*], das Ausbauziel muß sich daher an das in der bayerischen und der ungarisch-csl. Strecke anpassen.

Die günstigen hydraulischen und morphologischen Verhältnisse würden es gestatten, das Regulierungsziel allein durch punktweise Niederwasserregulierung zu erreichen. Dies trifft auch für zwei der letzten drei großen Aufgaben, d. i. die Regulierung des Schlögen und des Aschacher Kachlet, zu, während die Sanierung des Strudens im Zusammenhang mit dem Bau des KW Ybbs-Persenbeug erfolgt.

Für den Umschlag stehen leistungsfähige Hafenanlagen in Linz, Krems und Wien zur Verfügung. Gelände für ihre spätere Erweiterung ist sichergestellt. Die Bedeutung des Ausbaues der Donauwasserkräfte ist anzuerkennen. Die Schiffahrt wird jedoch erst nach Fertigstellung einer geschlossenen Kraftwerkskette Vorteile daraus ziehen. Da bis dahin etwa 40 bis 50 Jahre vergehen dürften, muß die Niederwasserregulierung weitergeführt werden, damit jederzeit mindestens gleich gute Fahrwasserverhältnisse wie in den Nachbarstrecken gewährleistet sind.

Schrifttum

[*1*] 125 Jahre Erste Donau-Dampfschiffahrts-Gesellschaft.

[*2*] Baumann: „Vom älteren Flußbau in Österreich". Schriftenreihe des Österr. Wasserwirtschaftsverbandes. H. 20.

[*3*] Sitte: Bericht über das Referat „Der Einfluß der alpinen Gletscher auf den Wasserhaushalt der süddeutschen Flüsse" von Dr. P. Schmidt-Thone. Österr. Wasserwirtschaft 1950. H. 6.

[4] Schmutterer: „Keine Anzeichen für die Verminderung des Abflusses der Donau ähnlich wie beim Hochrhein.“ Die Wasserwirtschaft 1951. Nr. 7.

[5] Schneider-Schickling-Küch: „Die Wiederentdeckung der deutschen Wasserstraßen.“

[6] Schmutterer: „Der Donauverkehr und seine Entwicklungsmöglichkeiten.“ Verkehrstechn. Woche 1940, H. 17/18.

[7] Baule: „Die internationale Donaukommission und die technische Instandhaltung des Stromes.“ Wasserwirtschaft und Technik 1936, Nr. 28–30.

[8] Rosenauer: „Die Regelung des Aschacher Kachlets und des Strudens an der Donau.“ Österr. Monatsschrift für den öffentl. Baudienst und das Berg- und Hüttenwesen 1922, H. 5.

[9] Schmutterer: „Das Katastrophenhochwasser 1954, was geschah und was zu tun ist.“ Österr. Wasserwirtschaft 1956, H. 2.

[10] Seiler: „Die Klasseneinteilung der europäischen Wasserstraßen und ihre Bedeutung für die Binnenschiffahrt.“ Die Wasserwirtschaft 1954/55, H. 10.

[11] 1. DDSG: „Kilometeranzeiger für die Donau mit ihren schiffbaren Nebenflüssen, Kanälen und Seitenarmen.“ Wien: Verlag der 1. DDSG. 1940.

[12] Schmutterer: „Welches Ausmaß haben die Sohlenänderungen der Donau?“ Österr. Wasserwirtschaft 1952, H. 8/9.

[13] „Das neue Energiekonzept der Verbundgesellschaft.“ Berichte und Informationen, 11. Jahrg., H. 506.

[14] Scheuer: „Pumpspeicherung in Österreich.“ Elinzeitschrift 1956, H. 1 u. 2.

[15] Vas: „Geschichte und Tatsachen der Donaukraftnutzung in Österreich.“ Schweizerische Wasser- u. Energiehefte 1956, Sonderheft Weltkraftkonferenz.

[16] „Die Regulierung der Donau in Niederösterreich.“ Verlag der Donauregulierungskommission Wien 1909.

[17] Dr. Georg Wessely: „Die Realitäten im Güterverkehr auf der Donau.“ Berichte und Informationen, 11. Jahrg. H. 537.

[18] „Der Hafen von Linz“. HANSA, Jahrg. 1955, H. 37/38.

[19] Benini: „Der günstigste Winkel einer Ableitung.“ „L'energia elettrica“, Juni 1952.

[20] Mermon: „Der Wiener Donauhafen.“ HANSA, Jahrg. 1955, H. 37/38.

[21] Österr. Donaukraftwerke AG: „Donaukraftwerk Ybbs-Persenbeug“. Ausgabe 1955.

[22] Geschäftsbericht des Österr. Kanal- und Schiffahrtsvereins Rhein-Main-Donau, 5. Jahrg., Nr. 11, 1956.

Modellversuche für den Hafen Acajutla, El Salvador

Von o. Professor Dr.-Ing. **Walter Hensen**, Hannover

Inhalt

I. Veranlassung und Aufgabe der Modellversuche

Das Ministerium für Öffentliche Arbeiten der Republik El Salvador beabsichtigt, in der Hafenstadt Acajutla an der pazifischen Küste eine neue Mole für den Umschlag von Stück- und Massengütern zu bauen. Die Planung und Bauausführung wurden der Salzgitter-Industriebau Gesellschaft m.b.H. in Salzgitter übertragen.

Da die Wirkung der geplanten Mole auf die Wellendämpfung im Wellenschatten der Mole auf rechnerischem Wege nicht genau genug erfaßt werden kann, erteilte die Salzgitter-Industriebau Gesellschaft m.b.H. dem Franzius-Institut der Technischen Hochschule Hannover den Auftrag, durch Modellversuche die Zweckmäßigkeit ihres Entwurfes zu prüfen. Ein Vergleich der Ergebnisse der Modellversuche mit einem Rechnungsverfahren, das auf der Bestimmung des Energiepotentials der Meereswellen beruht und nach dem heutigen Stande der Wissenschaft als das modernste und zuverlässigste Rechenverfahren anzusehen ist, wurde noch besonders angestellt[1].

Im einzelnen sollten folgende Fragen durch die Modellversuche geklärt werden:

1. Welche Wellenhöhen entstehen bei der vorherrschenden Wellenrichtung aus Süd bis Südwest vor der Mole und in ihrem Wellenschatten?

Welche Trossenkräfte werden bei den aus dieser Richtung möglichen Wellen an den hinter der Mole liegenden Schiffen auftreten?

2. Wie sind die Verhältnisse bezüglich der Wellenhöhen und der Trossenkräfte bei Wellen aus Westnordwest?

3. Kann durch Veränderung des Winkels zwischen Mole und Zufahrtsteil eine Verbesserung der Verhältnisse hinter der Mole erreicht werden? Dabei muß gefordert werden, daß die Schiffe in dem Gebiet zwischen der Mole und der 10 m-Tiefenlinie unbehindert manövrieren können.

Die zu erwartenden Trossenkräfte sollten durch Messungen an zwei Modellschiffen verschiedener Größe ermittelt werden.

In einem Zusatzversuche sollte in einem Sondermodell größeren Maßstabes noch untersucht werden, ob die vorgesehene Bauweise der Mole in Kreiszellen nach hydraulischen Gesichtspunkten empfehlenswert ist.

[1] Die Modellversuche wurden von cand. ing. H. K. Gutsche durchgeführt und ausgewertet, die rechnerischen Untersuchungen stellte cand. ing. J. Kadereit an.

II. Versuchsmodell

A. Modellgrenzen

Die Aufgabenstellung erforderte ein Modell, in dem die Seeflächen vor und seitlich der Mole in einer genügend weiten Ausdehnung nachzubilden waren. Eine Begrenzung der Modellfläche in einem Abstande von 850 m nördlich, 600 m südlich und 500 m westlich der Mole war ausreichend groß, um zu erreichen, daß die anlaufenden Wellen sich naturähnlich ausbilden und daß die Reflexion und die Beugung der Wellen an der Mole in naturähnlicher Form und Größe vor sich gehen. Die Küstenlinie nördlich und südlich des Zufahrtsteiles der Mole brauchte im Modell im einzelnen nicht nachgebildet zu werden, da im Rahmen der Versuche weder die Brandungszone noch die Höhe des Auflaufes der Wellen an der Küste ermittelt werden sollten.

B. Modellmaßstab

Der Maßstab der Tiefen für das Modell mußte so groß gewählt werden, daß die zu erwartenden Wellenhöhen hinter der Mole noch ausreichend genau gemessen werden konnten. Der Tiefenmaßstab ist neben der allgemeinen Sorgfalt, die bei der Durchführung von Modellversuchen anzuwenden ist, ausschlaggebend für die Genauigkeit der gesuchten Modellwerte. Mit Rücksicht auf die Wellenform ist eine Tiefenverzerrung des Modelles bei Wellenuntersuchungen nicht erwünscht. Die Maßstäbe der Tiefen und der Längen wurden also gleich groß gewählt. Ein Maßstab von 1 : 100 war hinreichend, aber auch erforderlich, um die Wasserstandsänderungen während des Wellendurchganges noch mit ausreichender Genauigkeit feststellen zu können. Ein kleinerer Maßstab, z. B. 1 : 150, würde zu einer Verringerung der Meßgenauigkeit geführt haben. Die nachzubildenden Wellen von 2 bis 4 m Höhe (in der Natur) hätten bei diesem Maßstabe im Modell schon in der Nähe der naturunähnlichen Kapillarwellen gelegen. Andererseits wären die Baukosten für das Modell durch eine Vergrößerung des Modellmaßstabes, z. B. auf 1 : 75 oder 1 : 50, und damit auch die Kosten der Versuchsdurchführung auf ein nicht vertretbares Maß gestiegen. Bei dem genannten Maßstabe ergab sich eine Größe des Modelles von $F = 161\ m^2$, entsprechend $1{,}610\ km^2$ in der Natur.

C. Ähnlichkeitsbeziehungen

Mit der Ähnlichkeitsmechanik können die am Modell gemessenen Größen (Wassertiefe, Wellenhöhe, Wellenfortschrittsgeschwindigkeit) auf die Natur oder die in der Natur gemessenen Werte auf das Modell übertragen werden. Der für diesen Versuch ausschlaggebende dynamische Vorgang im Modell ist die Wellenbewegung. Sie wird im Modell wie in der Natur vorwiegend durch Trägheits- und Schwerkräfte bestimmt, während Reibungs- und Kapillarkräfte eine nur untergeordnete Rolle spielen. Für die Übertragung der am Modell ermittelten Wellenhöhen auf die Natur gilt dann das Froudesche Ähnlichkeitsgesetz. Dieses sagt aus, daß in geometrisch ähnlichen Modellen auch dynamische Ähnlichkeit der Bewegungsvorgänge vorhanden ist, wenn für beide Ausführungen (Modell und Natur) die dimensionslose Froudesche Kennziffer

$$\mathfrak{F} = \frac{V^2}{L \cdot g} = \frac{v^2}{l \cdot g}$$

gleich groß ist.

In dieser Kennziffer bedeuten:

V = Strömungsgeschwindigkeiten in der Natur
v = Strömungsgeschwindigkeiten im Modell
L = Längen in der Natur
l = Längen im Modell
g = Erdbeschleunigung.

Aus dieser Beziehung lassen sich die Übertragungsmaßstäbe für die Wellenhöhen, Wellenlängen, Zeiten und Geschwindigkeiten aus dem

Maßstabe der Längen von 1 : m = 1 : 100 und dem
Maßstabe der Tiefen von 1 : n = 1 : 100

errechnen:

Wellenhöhen und Wellenlängen $\left.\begin{matrix} 1 : m \\ 1 : n \end{matrix}\right\} 1 : 100$

Wellenfortschrittsgeschwindigkeiten und Wellenperioden $1 : n^{0,5} = 1 : 10$

Im folgenden Berichte sind sämtliche Versuchsergebnisse bereits auf Naturgröße umgerechnet worden.

D. Grundlagen der Modellversuche

1. Planunterlagen

Für den Aufbau des Modelles standen folgende Pläne zur Verfügung:

a) Übersichtsplan des Hafens Acajutla 1 : 25000 (Abb. 1),

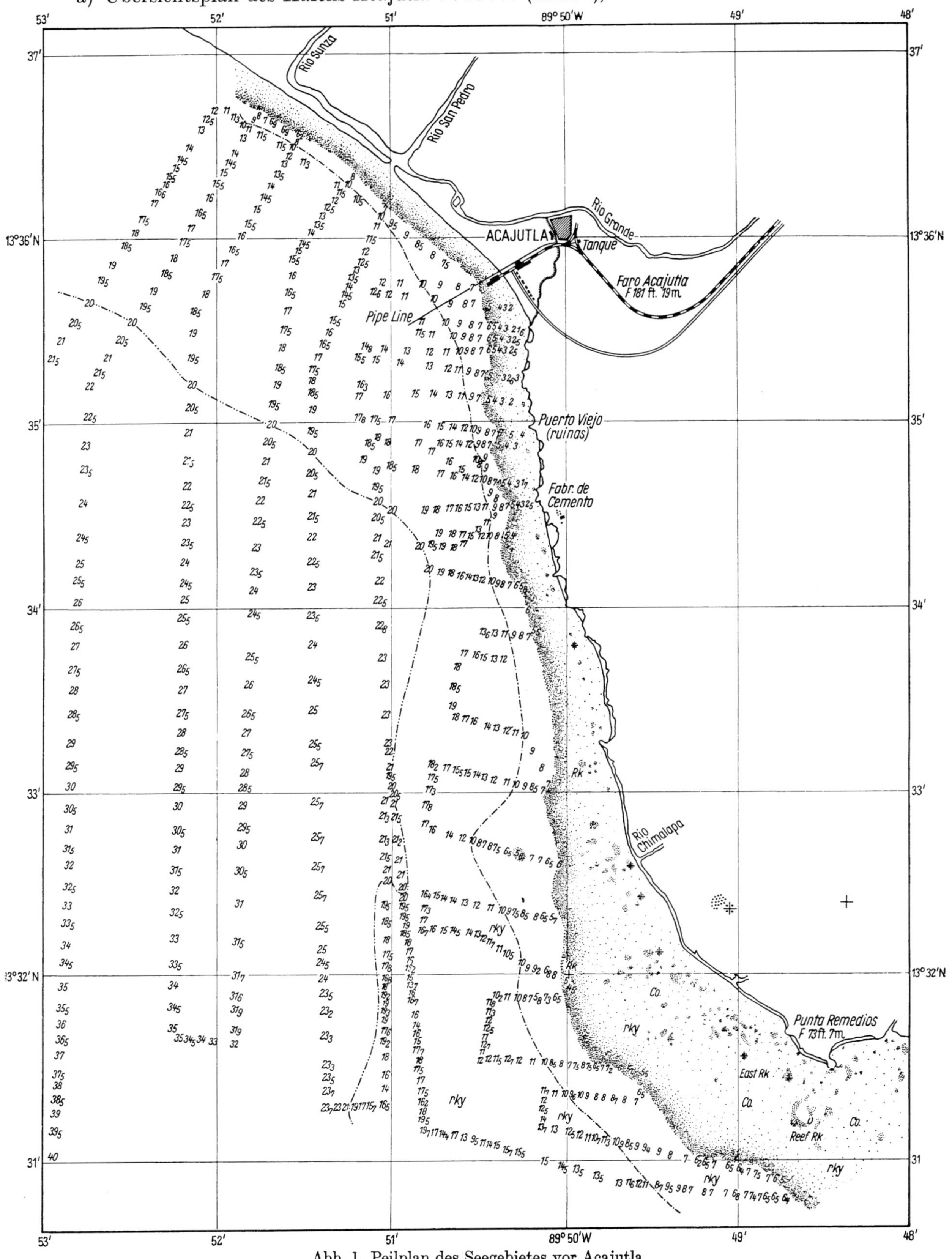

Abb. 1. Peilplan des Seegebietes vor Acajutla

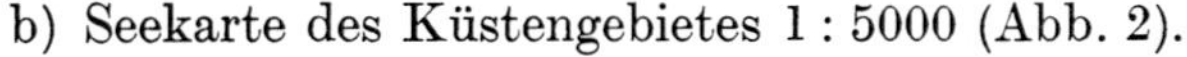

b) Seekarte des Küstengebietes 1 : 5000 (Abb. 2).

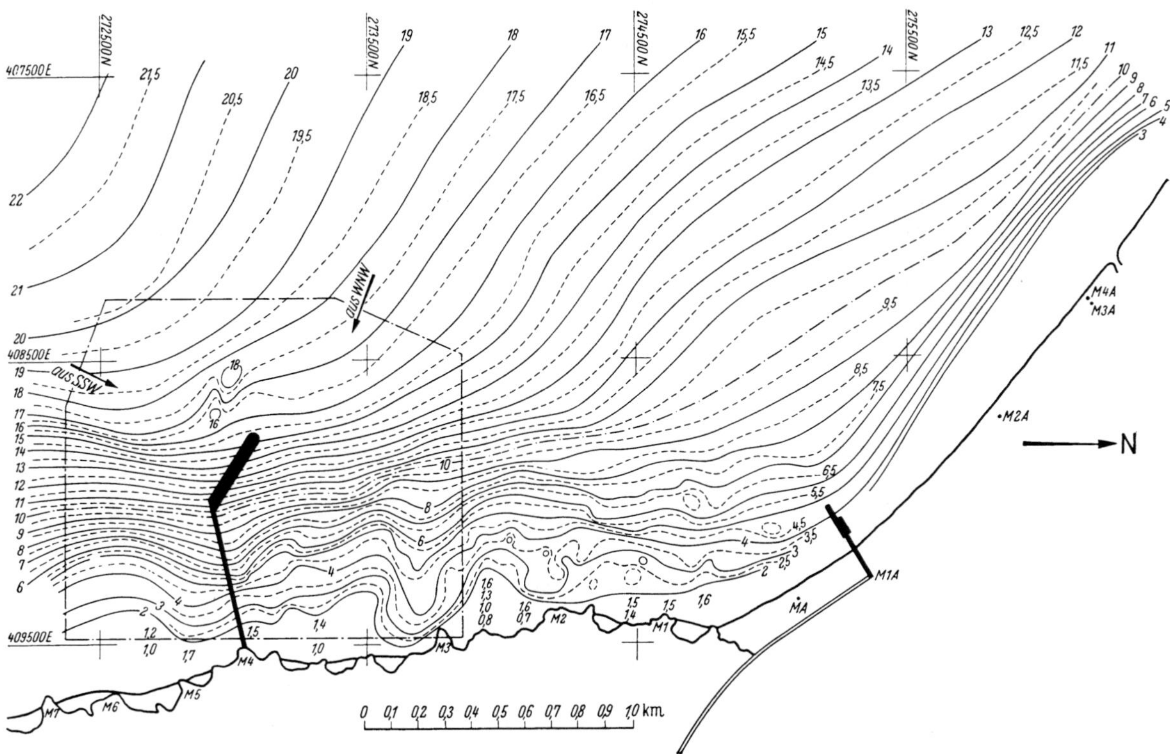

Abb. 2. Tiefenplan im Bereiche des geplanten Hafens

2. Hydraulische Grundlagen

a) Wasserstände

Im Gebiet von Acajutla beträgt der Tidehub etwa 2 m. Eine Nachbildung der Tidebewegung im Modell war nicht erforderlch. Alle Untersuchungen auf Wellenhöhen wurden bei mittlerem Tidehochwaser (MThw) = + 2,0 m über Seekartennull, abgekürzt SKN, durchgeführt. Bei niedrigerem Wasserstande werden bei gleicher anlaufender Tiefwasserwelle die Wellenhöhen im Molenschatten kleiner sein als die im Modell gemessenen.

b) Wellenrichtungen

Bedingt durch die geographische Lage der Küste und durch die vorherrschende Windrichtung sind im Bereiche der geplanten Mole große Wellenhöhen nur bei Wind und See aus dem Sektor Süd bis Südwest und Wellen geringerer Höhe aus dem Sektor West bis Nordwest zu erwarten. Die Wellenmessungen im Modell wurden daher für Wellen aus Südsüdwest und Westnordwest durchgeführt.

c) Wellengrößen

Die Wellenhöhen an der Küste werden durch die Höhe der von See anlaufenden Tiefwasserwellen, durch den Wasserstand und durch die Wassertiefe bestimmt. Für die Erzeugung der Wellen im Modell waren die Höhen und Längen der im Küstengebiet von Acajutla auftretenden Wellen festzulegen. Nach Angaben der Salzgitter-Industriebau Gesellschaft m.b.H. ist bei Wind und See aus Südsüdwest mit größten Wellenhöhen von 4 m und bei Wind und See aus Westnordwest mit Wellenhöhen von 2 m zu rechnen. Diese Wellenhöhen sind als extreme Werte anzusehen, da an der ganzen Westküste von Mittelamerika die Windstärke fast immer kleiner als 6 (Beaufort) ist, Windstärken von 7 und mehr treten nur in Ausnahmefällen auf. Da genaue Messungen aus der Natur nicht vorlagen, wurden die Versuche mit den nachstehenden Werten durchgeführt:

α) Bei Wind und See aus Südsüdwest:

Wellenhöhe	H	=	4 m und 2 m
Wellenlänge	L	=	60 m und 30 m
Wellenperiode	T	=	6,5 s und 5 s

β) Bei Wind und See aus Westnordwest:

Wellenhöhe	H	=	2 m
Wellenlänge	L	=	40 m
Wellenperiode	T	=	5 s

Der Zusammenhang zwischen der Wellenlänge und der Wellenperiode ist gegeben durch die vereinfachte Gleichung von Airy:

$$c^2 = \frac{g \cdot L}{2\pi} \cdot tgh \frac{2\pi \cdot t}{L}$$

c = Wellenfortschrittsgeschwindigkeit
L = Wellenlänge
g = Erdbeschleunigung
t = Wassertiefe

und durch die allgemeine Beziehung

$$T = \frac{L}{c}$$

Die im Modell gemessenen Wellenfortschrittsgeschwindigkeiten stimmten mit den nach der Gleichung von Airy ausgerechneten sehr gut überein.

E. Modellaufbau

Das Modell wurde nach den im Abschnitte II. D. 1 aufgeführten Unterlagen im Maßstabe 1 : 100 errichtet (Abb. 3). Es erhielt eine feste Betonsohle, da bei dem im Untersuchungsgebiet

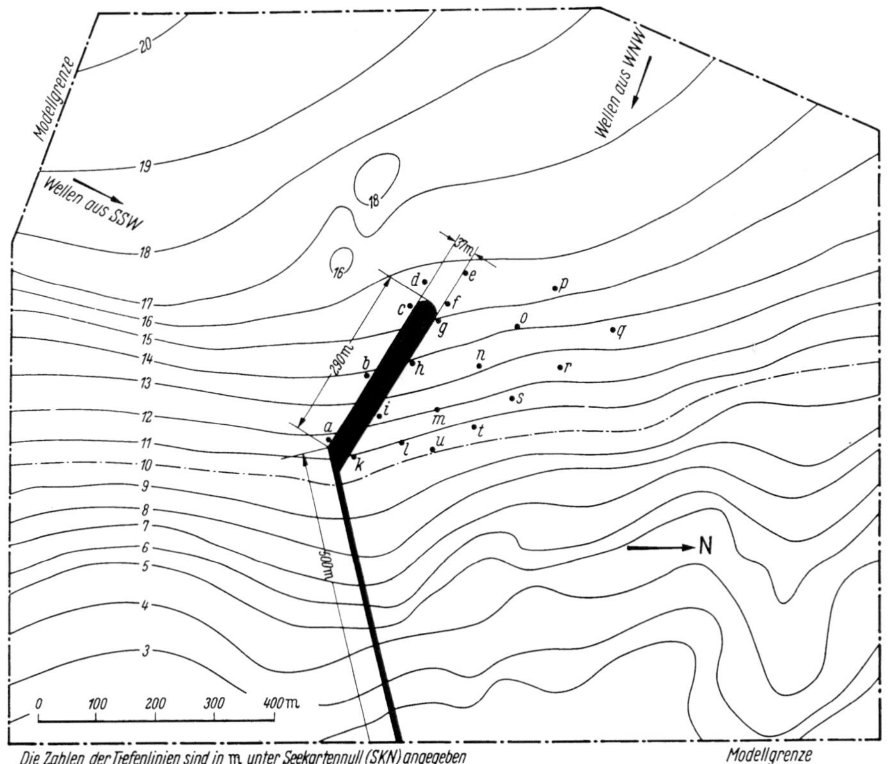

Abb. 3. Übersichtsplan des Modelles

anstehenden Felsboden Versuche mit Geschiebe zur Bestimmung der Umlagerung der Sohle durch Seegang und Küstenströmungen nicht vorgesehen waren.

Das Modell wurde in seinen Längen- und Tiefenverhältnissen naturgetreu nachgebildet. Im Abstande von 1,50 m wurden von einer an einen Höhenfestpunkt angeschlossenen Standlinie aus dem Küstenprofil entsprechende Holzlehren in ein zum Betonieren vorbereitetes Sandbett eingemessen. Zwischen den Lehren wurde dann Beton eingebracht und mit einem Brett abgezogen. Die Betonoberfläche wurde mit Zement leicht gepudert und sorgfältig abgerieben. Die Mole und der Zufahrtsteil wurden als herausnehmbare Formstücke ausgeführt. Gesamtansichten des Modelles zeigen die Abb. 4 und 5.

Abb. 4

Abb. 5

Abb. 4 und 5. Gesamtansichten des Modelles (ohne eingebaute Einrichtung zur Wellenmessung, Wellenmaschine für Wellen aus SSW)

III. Durchführung der Versuche

A. Betriebseinrichtungen

Die Wassermengen zur Füllung des Modelles wurden über eine direkte Rohrleitung aus dem oberen Hochbehälter des Franzius-Instituts zugegeben. Während der Versuche wurde der Wasserstand mit zwei ortsfesten Spitzentastern (Abb. 6) laufend überprüft. Die Meßgenauigkeit beträgt bei ruhigem Wasserspiegel 0,1 mm; das entspricht bei dem Modellmaßstabe von 1 : 100 einer Genauigkeit von 1 cm in der Natur. Zur Entleerung des Modelles (z. B. bei Umbauten oder zur Reinigung) war an der tiefsten Stelle am westlichen Modellrande ein verschließbarer Auslaufstutzen einbetoniert.

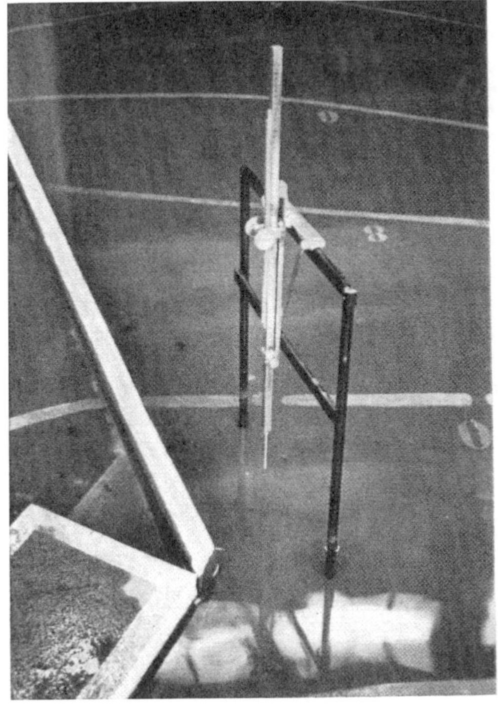

Abb. 6. Spitzentaster

Abb. 7. Wellenmaschine

B. Erzeugung der Wellen

Die Wellen wurden mit zwei Wellenmaschinen (Abb. 7) erzeugt. Die Wellenerzeuger arbeiten nach dem Tauchkörperprinzip. Der Tauchkörper ist so geformt, daß bei seiner Vertikalbewegung annähernd trochoidenförmige Wellen entstehen. Durch Einstellen des Exzenterhubes, Regelung der Umdrehungszahl des Antriebsmotors und Änderung der Eintauchtiefe des Tauchkörpers können innerhalb eines bestimmten Bereiches die Höhe H, Länge L und Periode T der Wellen geregelt werden.

C. Messung der Wellenhöhen

Die Wasserstandsänderungen während des Wellendurchganges wurden mit einem Gerät, das im Jahre 1953 im Franzius-Institut bei Modellversuchen über den Wellenauflauf an Seedeichen im Wattengebiet entwickelt wurde, trägheitslos registriert. Die Prinzipschaltung dieser Meßeinrichtung ist auf Abb. 8 angegeben.

Zwei im Abstande von 5 cm in das Wasser eintauchende dünne Meßnadeln (Abb. 9) werden an einen Wechselstrom von 6 Volt Spannung gelegt. Der Stromfluß zwischen den Nadeln ändert sich mit der Eintauchtiefe. Der über eine Graetz-Brücke gleichgerichtete Strom wird einem Schleifenoszillographen zugeführt. Nach dem Prinzip der Lenzschen Regel wird die Änderung der Stromstärke in mechanische Bewegung umgewandelt. Mit einem die Bewegung mitmachenden kleinen Spiegel werden die Wasserstandsschwankungen in Lichtlinien verwandelt, die auf einem über eine Rolle mit regelbarem Vorschub laufenden lichtempfindlichen Papier aufgefangen werden (Abb. 10).

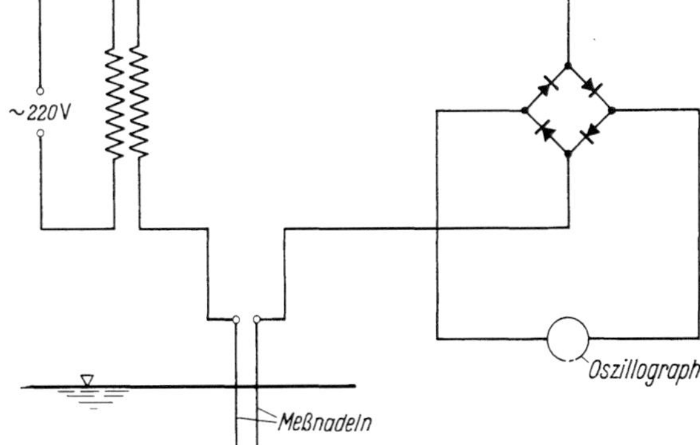

Abb. 8. Elektrisches Meßgerät zur Beobachtung schneller Wasserspiegelschwankungen. Prinzipschaltung

Der Wert dieses Meßgerätes liegt darin, daß es fast trägheitslos arbeitet und daß die Wasserstandsschwankungen an so viel Meßstellen zur gleichen Zeit registriert werden können, wie Oszillographen-Schleifen vorhanden sind. Für die Wellenmessungen im Rahmen dieses Versuches standen zwei Oszillographen mit je sechs Schleifen zur Verfügung (Abb. 11).

Abb. 9. Wellenmeßpegel an der Mole

Um die Wellenhöhen an der Mole, hinter der Mole und zwischen der Mole und der 10-m-Tiefenlinie angeben zu können, wurden außer den beiden Meßstellen vor den Wellenmaschinen zur Registrierung und Überwachung der Ausgangswellenhöhe insgesamt 20 Meßstellen eingerichtet (Abbildung 3 und 12). Jeder Versuch wurde mehrere Male in je zwei Reihen durchgeführt, zuerst mit

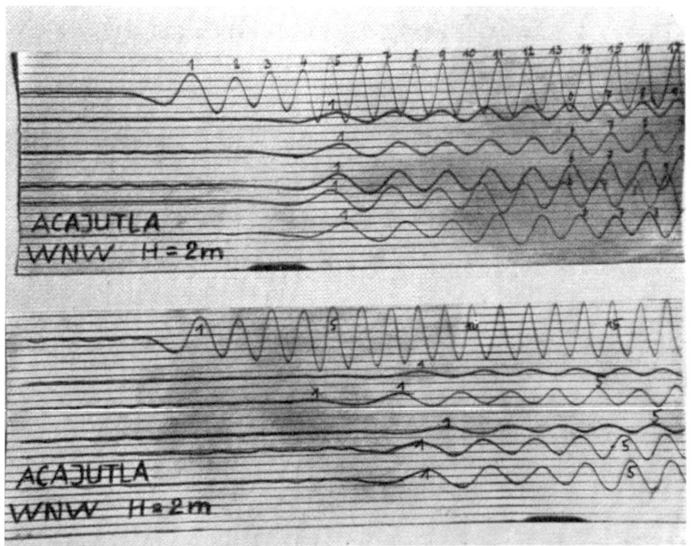

Abb. 10. Wellenaufzeichnungen eines 6-Schleifen-Oszillographen (verkleinert)

Wellen aus WNW : $H = 2$ m, $L = 40$ m. Die oberste Welle beider Meßstreifen ist die Ausgangswelle

der Meßstelle an der Wellenmaschine und 10 Meßstellen und dann wieder mit der Meßstelle an der Wellenmaschine und 10 anderen Meßstellen.

Ein Nachteil des Meßverfahrens liegt in der zeitraubenden Auswertung der Meßstreifen. Der Stromfluß zwischen den Nadeln verändert sich zwar linear proportional mit der Eintauchtiefe, aber die Drehung der Meßschleife steht mit der Änderung des Stromflusses in nichtlinearem Zusammenhange.

Für jeden Versuch mußte also für jede Meßstelle eine Eichkurve aufgezeichnet werden, um die Meßstreifen auswerten zu können.

Die Meßgenauigkeit ist von der Höhe der gemessenen Wasserspiegelbewegung abhängig. Die Empfindlichkeit des Gerätes konnte und mußte durch Potentiometer so verändert werden, daß

Abb. 11. 6-Schleifen-Oszillographen

für jede Wellenhöhe im Modell die Meßschleife etwa 1,5 bis 2 cm ausschlug. (Die verfügbare Höhe des Meßstreifens ist 6 cm.) Der Meßstreifen wird mit einem Maßstabe auf 0,5 mm genau und, soweit erforderlich, mit Maßstab und Lupe auf 0,2 mm genau ausgewertet. Bei einer Modellwelle von 4 cm Höhe und einem Schleifenausschlag von 2 cm können bei einer Ablesegenauigkeit auf

Abb. 12. Lage der Wellenmeßstellen

dem Meßstreifen von 0,5 mm Höhenänderungen der Modellwelle von 1 mm festgestellt werden. Das entspricht in der Natur bei einer Wellenhöhe $H = 4$ m einer Meßgenauigkeit von 2,5%. Bei niedrigeren Wellen und gleichem Ausschlage der Meßschleifen liegen die Verhältnisse noch günstiger.

D. Naturähnlichkeit der Wellen im Modell

Für die Wellenerscheinung in der Natur ist von Bedeutung (solange es sich um Windwellen handelt), daß immer mehrere durcheinanderlaufende Wellensysteme vorhanden sind, die deutliche Interferenzmerkmale erkennen lassen („Wellenspektrum“). Lange Wellenfronten, wie sie im Modell erzeugt wurden, gibt es in der Natur nicht. Jede Welle, die im Modell an die Mole prallte und dort reflektiert wurde oder aber am Molenkopf gebeugt wurde und in den Wellenschatten der Mole lief (bei Wellen aus SSW) hatte die gleiche Höhe. Die Wellenhöhen an der geschützten Seite der Mole hängen überwiegend von der Höhe der Erregerwellen ab, also von der Höhe der gebeugten Wellen am Molenkopfe. Diese Wellen haben in der Natur durchaus nicht in jeder Welle extreme Höhen, wie es im Modell der Fall war. Soweit also die Ursache der Wellenbewegung im Wellenschatten der Mole in der Beugung der Wellen am Molenkopfe gesucht wird (und das ist ohne Zweifel die Hauptursache!), werden die Naturwerte günstiger sein als die im Modell gemessenen. Die Abb. 13 bis 18 zeigen die Beugung der Wellen am Molenkopf nach dem Huygensschen Prinzip.

In der Natur werden die von Südsüdwest anlaufenden Wellen auf die Mole auftreffen, reflektiert werden und mit entgegengesetzter Fortschrittsrichtung wieder in die See hinauslaufen. Wenn zwei gleiche und entgegengesetzte Züge fortschreitender Wellen einander begegnen, ergeben sich durch Interferenz stehende Wellen. Kennzeichen dafür sind die Vergrößerung der Wellenhöhe und die Tatsache, daß im Gegensatz zu fortschreitenden Wellen die Strömungsgeschwindigkeit der Wasserteilchen bei der Orbitalbewegung in den Schwingungsknoten der Wellen am größten ist. Die Umbildung der zunächst fortschreitenden Wellen zu stehenden Wellen vor der Mole war im Modell gut zu beobachten. In der Natur werden stehende Wellen so weit in die See hinaus zu beobachten sein, wie der Energievorrat der reflektierten Wellen, der beim Durchkreuzen der Ursprungswellen durch Misch- und Reflexionsverluste laufend abgebaut wird, ausreicht. Im Modell bildeten sich nach und nach auf der ganzen Fläche zwischen Wellenmaschine und Mole stehende Wellen aus. Wenn die ersten der an der Mole reflektierten Wellen den Wellenerzeuger wieder erreicht hatten (das war bei 4-m-Wellen nach 13 bis 14 und bei 2-m-Wellen nach 10 bis 12 Sekunden der Fall), mußten die Wellenmessungen abgebrochen werden, weil nach dieser Zeit eine Aufschaukelung der Wellen eintrat, die nicht mehr naturähnlich war.

Die Abb. 19 bis 22 geben einen Eindruck von diesen Verhältnissen. Abb. 19 zeigt die 3. Welle an der Mole. Diese Welle kann noch nicht voll ausgebildet sein, weil die Wellenmaschine 1 bis 2 Sek. braucht, um die richtige Drehzahl zu erreichen und weil außerdem die ersten Wellen auf den ruhenden Wasserspiegel treffen.

Die angestrebte Wellenform stellt sich erst nach einer gewissen Anlaufzeit ein.

Abb. 20 zeigt die 10. Welle, die am rechten Bildrande die Mole schon erreicht hat. Da die Wellenfortschrittsrichtung aus SSW nicht genau senkrecht zur Mole verläuft, muß eine Welle zuerst den östlichen Teil der Mole erreichen. Die Wellen zwischen der 8. und der 15. bis 17. Welle wurden zur Messung der Auflaufhöhe der Wellen an der Molenwand herangezogen.

Abb. 21 zeigt das Stadium kurz vor der Aufschaukelung (20. Welle an der Mole), und Abb. 22 den bereits naturunähnlichen Zustand, wie er sich nach der 20. Welle einstellte. — Die Abb. 23 bis 26 zeigen noch einmal die Mole bei Wellen aus Südsüdwest (Wellenhöhe $H = 4$ m).

Die in der Natur von Westnordwest anlaufenden Wellen können ungehindert die dem Lande zugekehrte Seite der Mole erreichen. Sie wurden im Modell vom Zufahrtsteil der Mole nach Nordnordost reflektiert und verliefen sich in der Energievernichtung, die am östlichen Modellrande in Form einer Schotterböschung aufgeschüttet worden war.

Die Abb. 27 bis 30 zeigen, daß für Wellen aus Westnordwest die vorgesehene Lage der Mole natürlich keinen Schutz für anlegende Schiffe bieten kann.

E. Messung der Trossenkräfte

1. Allgemeines

Die statischen und dynamischen Beanspruchungen von Schiffstrossen durch Windkräfte und Wellenschlag sind sowohl rechnerisch als auch experimentell schwer zu bestimmen.

Im Schiff- und Hafenbau dimensioniert man Haltevorrichtungen, Poller und Trossen empirisch nach bestimmten Bruchlasten.

Bei Modellversuchen sind die Kräfte in den Trossen zwar meßbar, soweit es sich um dynamische Beanspruchungen handelt, die Meßeinrichtungen und die Meß- und Auswerteverfahren müssen aber zwangsläufig um so komplizierter und zeitraubender sein, je größer die verlangte Genauigkeit und Naturähnlichkeit ist.

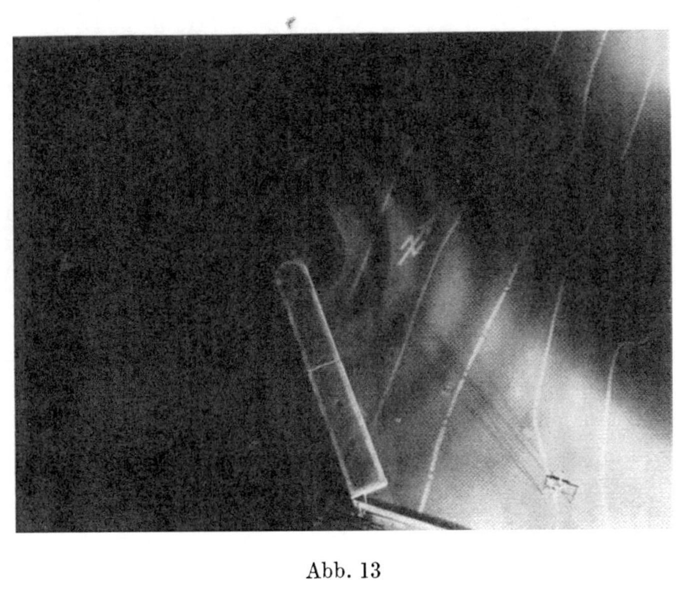

Abb. 13

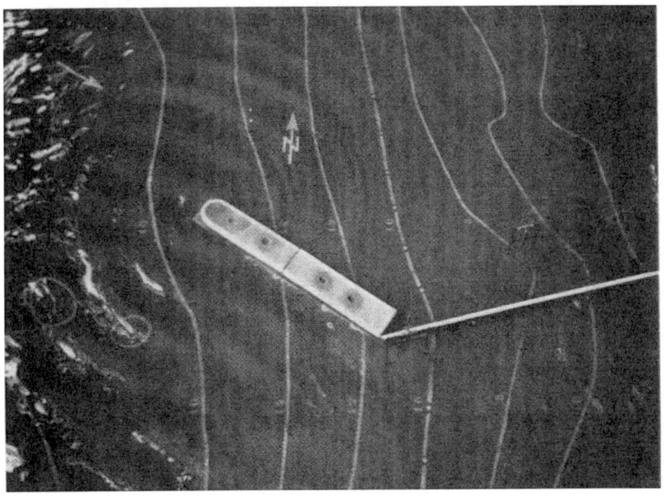

Abb. 14

Abb. 15

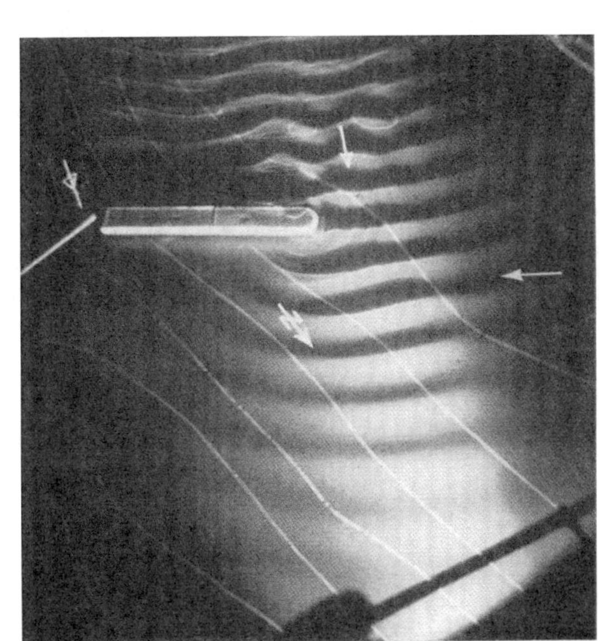

Abb. 16

Abb. 17

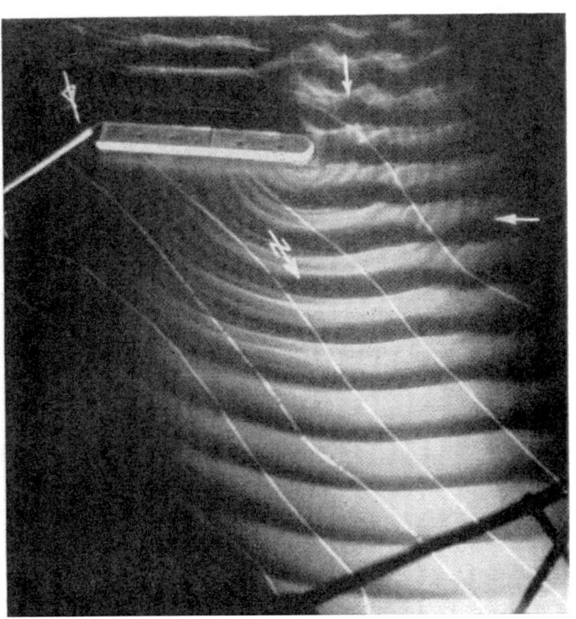

Abb. 18

Abb. 13 bis 18. Beugung der Wellen am Molenkopfe

Wellen aus SSW, Wellenhöhe $H = 4$ m. Wellenlänge $L = 60$ m.

Abb. 19. 3. Welle an der Mole

Abb. 20. 10. Welle an der Mole

Abb. 21. 20. Welle an der Mole

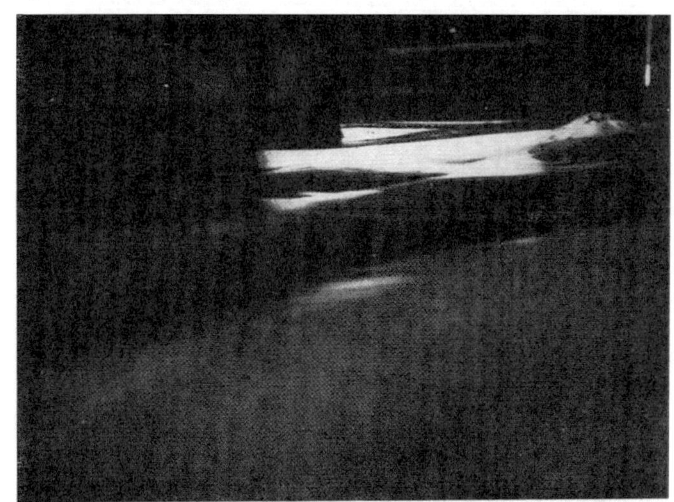

Abb. 22. 25. Welle an der Mole

Abb. 19 bis 22. Wellen aus SSW. Wellenhöhe $H = 4$ m, Wellenlänge $L = 60$ m

Abb. 23

Abb. 24

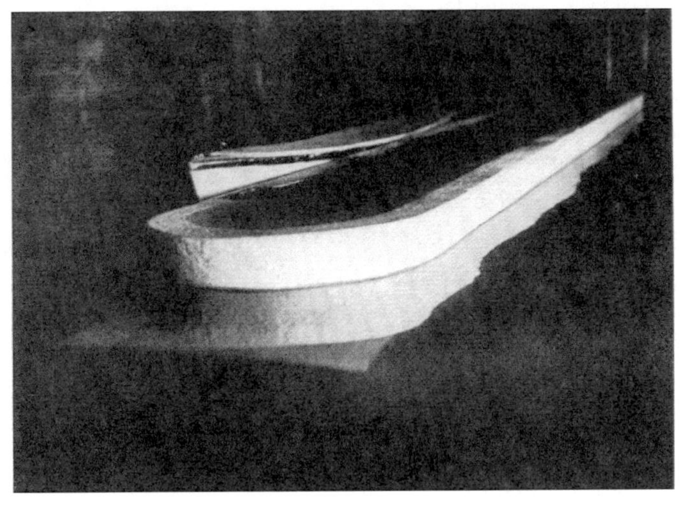

Abb. 25

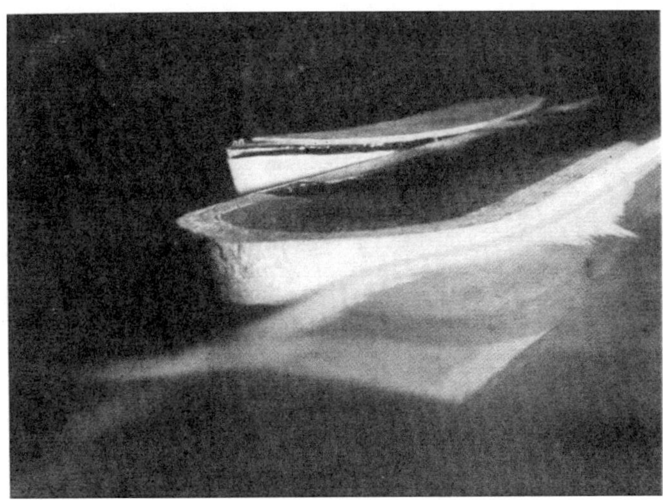

Abb. 26

Abb. 23 bis 26. Wellen aus SSW. Wellenhöhe $H = 4$ m, Wellenlänge $L = 60$ m

Abb. 27

Abb. 28

Abb. 29

Abb. 30

Abb. 27 bis 30. Wellen aus WNW. Wellenhöhe $H = 2$ m, Wellenlänge $L = 40$ m

Die im Rahmen dieses Versuches modellmäßig durchgeführten Messungen der Trossenkräfte bei Schiffen, die an der dem Lande zugekehrten Seite der Mole festgemacht haben, können einen Überblick über die Größenordnung der zu erwartenden Kräfte in den Trossen in der Natur geben. Die Meßergebnisse zeigen natürlich nur die dynamische Beanspruchung der Trossen durch Wellenbewegung (nicht jedoch durch Windkräfte).

2. Modellschiffe

Die Messungen wurden mit zwei Modellschiffen (Abb. 31), die nach Plänen des Institutes für Schiffbau der Technischen Hochschule Hannover im Maßstabe 1 : 100 gebaut wurden (Abb. 32), bei Wellen aus Südsüdwest (Wellenhöhe $H = 4$ m; Wellenlänge $L = 60$ m) und Westnordwest (Wellenhöhe $H = 2$ m; Wellenlänge $L = 40$ m) durchgeführt. Die Modellschiffe wurden auf Lage und Tiefgang sorgfältig getrimmt.

Abb. 31. Modellschiffe I und II

Abb. 32. Bau des Modellschiffes I

Die Abmessungen der Schiffe (in der Natur) waren folgende:

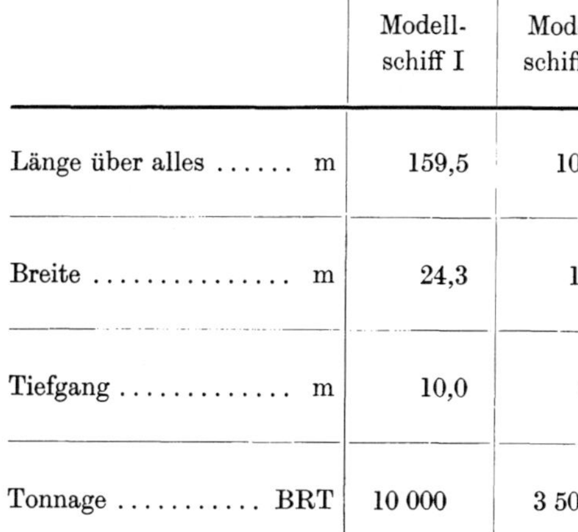

	Modell-schiff I	Modell-schiff II
Länge über alles ...... m	159,5	105,5
Breite .... m	24,3	16,0
Tiefgang .... m	10,0	6,3
Tonnage .... BRT	10 000	3 500

3. Meßverfahren

Das Meßprinzip beruhte auf dem Unterschiede der Auftriebe von Tauchkörpern, die mit dem Schiff über dünne Fäden verbunden waren (Abb. 33 und 34).

In der Längsrichtung wurde das Schiff mit einem Paar gleichgroßer Tauchkörper verbunden. In der Ruhelage des Schiffes pendelten sich die Tauchkörper so ein, daß beide Fäden (zum Bug bzw. zum Heck des Schiffes) unter gleicher geringer Vorspannung standen. Zugleich wurde durch Wasserzugabe oder Wasserentnahme in den Meßgefäßen erreicht, daß beide Tauchkörper zur Hälfte ihrer Länge in das Wasser der Meßgefäße eintauchten.

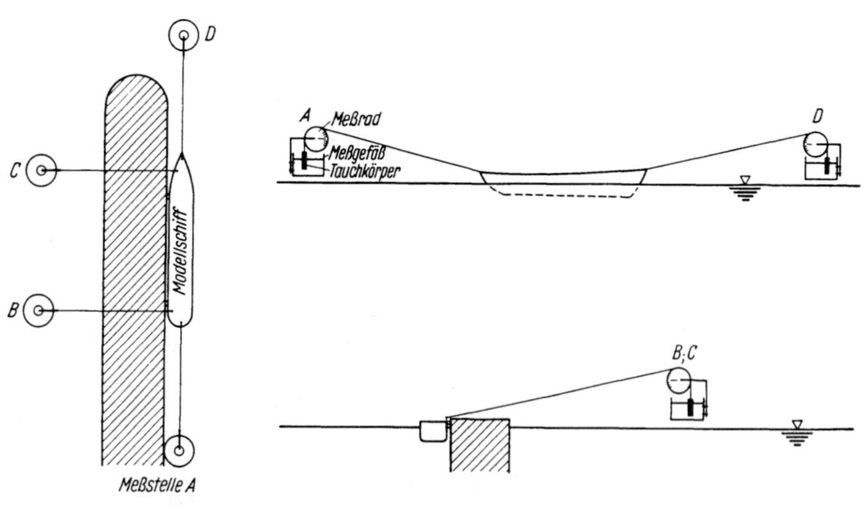

Abb. 33. Messung von Trossenkräften (Prinzipskizze)

Erhielt nun das Schiff von vorn (Bug) einen Bewegungsimpuls, so wurde der

Tauchkörper D um ein bestimmtes Maß angehoben, während der Tauchkörper A um dasselbe Maß eintauchte. Bei der entgegengesetzten Bewegung vollzog sich der umgekehrte Vorgang. Die Bewegungen hielten an, solange eine Kraft auf das Schiff einwirkte. Nach Einstellung des Bewegungsimpulses pendelte das Schiff wieder in seine ursprüngliche Lage zurück.

Die Messung der Trossenkräfte quer zur Schiffsachse unterschied sich von der in der Längsachse nur dadurch, daß die Tauchkörper in der Ruhestellung (Schiff an der Mole) in dem Wasser der Meßgefäße B und C gerade noch schwammen und daß dabei die Modelltrossen ohne Vorspannung waren. Die Drücke des Schiffes gegen die Mole wurden nicht gemessen; sie wurden von zwei kleinen Modellfendern aus Gummi direkt auf die Mole übertragen.

Abb. 34. Messung von Trossenkräften

Abb. 35. Meßeinrichtung zur Messung von Trossenkräften nach dem Tauchkörperverfahren

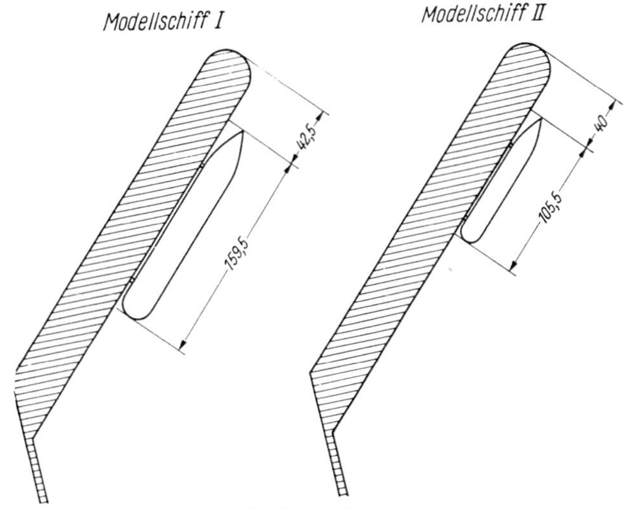

Abb. 36. Lage der Modellschiffe an der Mole

Abb. 37. Modellschiff I

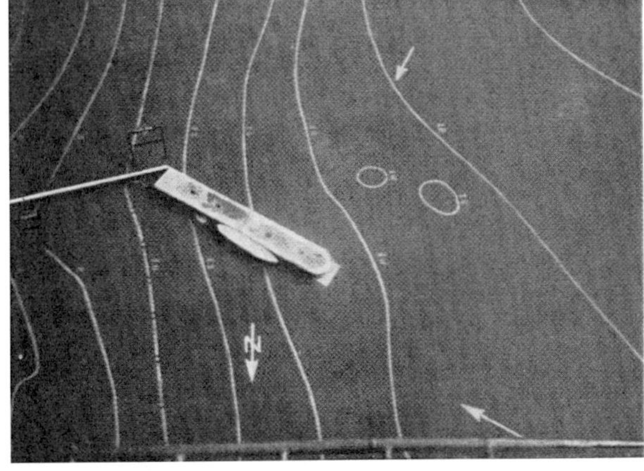

Abb. 38. Modellschiff II

Abb. 37 und 38. Lage der Modellschiffe bei den Messungen der Trossenkräfte

Die Änderungen der Tauchtiefen der Tauchkörper konnten dadurch abgelesen werden, daß die Modelltrossen über in Spitzen gelagerte Meßrädchen, die praktisch reibungslos liefen, geleitet wurden (Abb. 35).

Bei der Durchführung der Messungen wurden zwei Ableseverfahren angewendet: Zuerst wurden an jeder Meßstelle die zeitlich voneinander unabhängigen maximalen Ausschläge des Meßrädchens festgestellt. Um aber auch noch einen groben zeitlichen Zusammenhang der Kräfte in den verschiedenen Trossen zu bekommen, wurden an allen Meßstellen während der Versuche im Abstande von 2 Sek. die Ausschläge der Meßrädchen festgestellt. Sämtliche Messungen wurden für jedes Schiff und jede Wellenrichtung siebenmal durchgeführt. Die Abb. 36 zeigt, bei welcher Lage der Modellschiffe die Trossenkräfte festgestellt wurden. Einen Vergleich der Größe der beiden Schiffe geben die Abb. 37 und 38.

4. Meßgenauigkeit

Die Ablesegenauigkeit an den Meßrädchen beträgt 1 mm; das entspricht in der Natur (s. Abschn. 5) einer Trossenkraft von etwa 0,2 t.

Der Reibungsfaktor, der sich aus der Lagerreibung der Meßrädchen und der Seilreibung der Modelltrossen an den Rädchen ergab, wurde zu 0,023 experimentell bestimmt. Der Faktor kann nach dem Coulombschen Reibungsgesetz als konstant angesehen werden, da hier — auch in den Lagern der Meßrädchen — ausschließlich trockene Reibung auftrat.

Die Modelltrossen bildeten mit der Horizontalen einen Winkel von 7 bis 9 Grad. Auf eine waagerechte Führung der Fäden wurde verzichtet, weil eine weitere Umlenkrolle an jeder Meßstelle wieder zusätzliche Nebeneinflüsse gebracht hätte.

Die Meßtöpfe hatten bei einem lichten Durchmesser von 16,25 cm eine Querschnittsfläche von 207 cm². Die Querschnittsfläche der Tauchkörper betrug an den Meßstellen A und D 1,65 cm² (Durchmesser 1,45 cm) und an den Meßstellen B und C 1,84 cm² (Durchmesser 1,53 cm).

Bei einer Änderung der Eintauchtiefe der Tauchkörper an den Meßstellen B und C um 3 cm betrug die Höhenänderung des Wasserspiegels in den Meßtöpfen 0,27 mm.

Bei der Auswertung der Meßergebnisse wurden die geringen Schwankungen des Wasserspiegels in den Meßtöpfen bei einer Änderung der Eintauchtiefe der Tauchkörper, die Reibung und der Einfluß der Wassertemperatur vernachlässigt.

Die Messung nach dem hier angewendeten Verfahren konnte nicht völlig trägheitslos durchgeführt werden. Die Trägheit der Tauchkörper und der Meßrädchen ist aber sehr klein gegen die Trägheit des Schiffes, da die beiden Massen in der Größenordnung erheblich voneinander abweichen (etwa 1 : 300 [Modellschiff II] bis 1 : 500 [Modellschiff I]).

5. Ähnlichkeitsbeziehungen

Die im Modell gemessenen Trossenkräfte sind nach dem Froudeschen Modellgesetz auf die Natur übertragbar.

Bezeichnen m, τ und λ die drei Maßstabsverhältnisse für entsprechende Längen, Zeiten und Kräfte, so ist $\mathrm{m} = \frac{L}{l}$; $\tau = \frac{T}{t}$; $\lambda = \frac{K}{k}$, wenn die Großbuchstaben die Längen, Zeiten und Kräfte in der Natur und die Kleinbuchstaben die entsprechenden Werte im Modell darstellen. Die Zahlen τ und λ lassen sich eindeutig durch den Längenmaßstab m ausdrücken:

Für die Geschwindigkeit erhält man

$$\frac{V}{v} = \frac{\mathrm{m}}{\tau} \quad \text{da} \quad V = \frac{L}{T} = \frac{\mathrm{m} \cdot l}{\tau \cdot t} \quad \text{und} \quad v = \frac{l}{t} \quad \text{ist.} \tag{1}$$

Für die Beschleunigung erhält man

$$\frac{B}{b} = \frac{\mathrm{m}}{\tau^2} \quad \text{da} \quad B = \frac{V}{T} = \frac{\mathrm{m} \cdot l}{\tau^2 \cdot t^2} \quad \text{und} \quad b = \frac{l}{t^2} \quad \text{ist.} \tag{2}$$

Nach dem dynamischen Grundgesetz ist aber

$$K = M \cdot B, \quad \text{da} \quad M = \varrho \cdot Vol = \varrho \cdot L^3 \quad \text{ist, wird} \quad K = \varrho \cdot L^3 \cdot B = \varrho \cdot \mathrm{m}^3 \cdot l^3 \cdot B \quad \text{und} \quad k = \varrho \cdot l^3 \cdot b$$

Daraus ergibt sich das Maßstabsverhältnis für die Kräfte

$$\lambda = \frac{K}{k} = \mathrm{m}^3 \cdot \frac{B}{b} = \frac{\mathrm{m}^4}{\tau^2} \tag{3}$$

Die Froudesche Kennziffer lautet:

$$\frac{V^2}{L \cdot g} = \frac{v^2}{l \cdot g} = \frac{V^2}{\mathrm{m} \cdot l \cdot g} \tag{4}$$

Daraus folgt — wie schon in Abschnitt II. C angegeben — der Geschwindigkeitsmaßstab zu $m^{1/2}$, da

$$\frac{V}{v} = \frac{\sqrt{m \cdot l}}{\sqrt{l}} \text{ ist [nach Gl. (4)].}$$

Nach Gl. (1) ist aber $\frac{V}{v} = \frac{m}{\tau}$.

Also ergibt sich bei Vergleich mit der Gl. (4) $\frac{m}{\tau} = m^{1/2}$.

Daraus ergibt sich der Zeitmaßstab τ ebenfalls zu $m^{1/2}$ und der Kräftemaßstab λ aus Gl. (3) zu m^3.

Der Maßstab der Kräfte im Modell ist demnach

$$1 : 100^3 = 1 : 1000000,$$

d. h. Trossenkräfte von 1 t in der Natur sind im Modell 1 g.

IV. Ergebnisse der Versuche

A. Allgemeines

Zur Eichung und zum Einspielen des Modelles und der Meßgeräte wurden mehrere Vorversuche durchgeführt. Bei Wellen aus Südsüdwest erwies es sich als zweckmäßig, bei einer Wellenhöhe von 4 m die Wellenmessungen zu wiederholen, um eine etwa vorhandene Abweichung der Meßergebnisse feststellen zu können. Mit den Vorversuchen sind von den 22 Meßstellen im Modell insgesamt 211 Wellenmeßstreifen, die von den Oszillographen aufgezeichnet wurden, ausgewertet worden.

Nach Angaben der Salzgitter-Industriebau Gesellschaft m.b.H. wurde die ursprünglich geplante Länge und Form der Mole etwas abgeändert: Die Länge wurde von 300 m um 10 m (im Modell 10 cm) auf 290 m verkürzt und der Molenkopf statt eckig halbkreisförmig ausgebildet. Wesentliche Veränderungen der Wellenhöhen im Wellenschatten der Mole ergaben sich nicht.

Schon bei den Vorversuchen zeigte es sich, daß bei Wellen aus Südsüdwest und einer Wellenhöhe von 4 m die ursprünglich vorgesehene Höhe der Mole von 4 m über MThw (= 6 m über SKN) nicht ausreichte.

Alle weiteren Versuche wurden deshalb mit einer auf + 7,10 m SKN erhöhten Mole durchgeführt.

B. Wellen aus Südsüdwest

1. Auflaufhöhe der Wellen an der Mole

Theoretisch muß sich bei der Reflexion einer Welle an einer senkrechten Wand die Wellenhöhe verdoppeln. Nach Erfahrungswerten erhöht sich aber die Welle nur bis auf das 1,7- bis 1,9-fache ihrer Höhe beim Anlaufen an der Mole. Reibungsverluste an der Wand werden dabei eine Rolle spielen.

Bei einer Ausgangswellenhöhe von 4 m und einer Wellenhöhe von 7,10 m dicht an der Mole wurde eine Auflaufhöhe der Wellen von 4,50 m über MThw (= + 6,50 m SKN) festgestellt. Dieser Wert ist das Mittel von etwa 30 Einzelmessungen, die in ihren Ergebnissen naturgemäß etwas streuten.

Die angegebenen Werte lassen erkennen, daß sich bei den Wellen vor der Mole die Tiefen der Wellentäler zu den Höhen der Wellenberge, bezogen auf den „Ruhewasserspiegel", wie 1 : 1,6 verhielten.

Bei einem Stande des Hochwassers auf + 2 m SKN und einer Auflaufhöhe der Wellen von + 6,50 m SKN würde also erst nach einer Hebung des Wasserstandes durch den Windstau bei Sturm aus Südsüdwest auf + 2,60 m SKN und höher die Oberkante der Mole überspült werden.

2. Wellenhöhen hinter der Mole

In Abb. 39 sind die Meßergebnisse bei einer Ausgangswellenhöhe von $H = 4$ m aufgetragen. Die Wiederholungsmessung (Abschnitt IV. A.) ergab keine nennenswerten Abweichungen.

Die Ergebnisse zeigen, daß

a) der Abfall der Wellenhöhen an der Innenseite der Mole vom Molenkopfe bis zum Ansatze des Zufahrtsteiles hyperbelähnlich verläuft,

b) an der Innenseite der Mole die Wellenhöhen von 39% (157 cm) bis auf 10% (41 cm) der Ausgangswellenhöhe von 4 m abklingen,

c) die Wellenhöhen im Manövriergebiet der an- und ablegenden Schiffe wieder etwas ansteigen, aber doch in als erträglich zu bezeichnenden Grenzen bleiben, solange sich die Schiffe im Wellenschatten der Mole befinden.

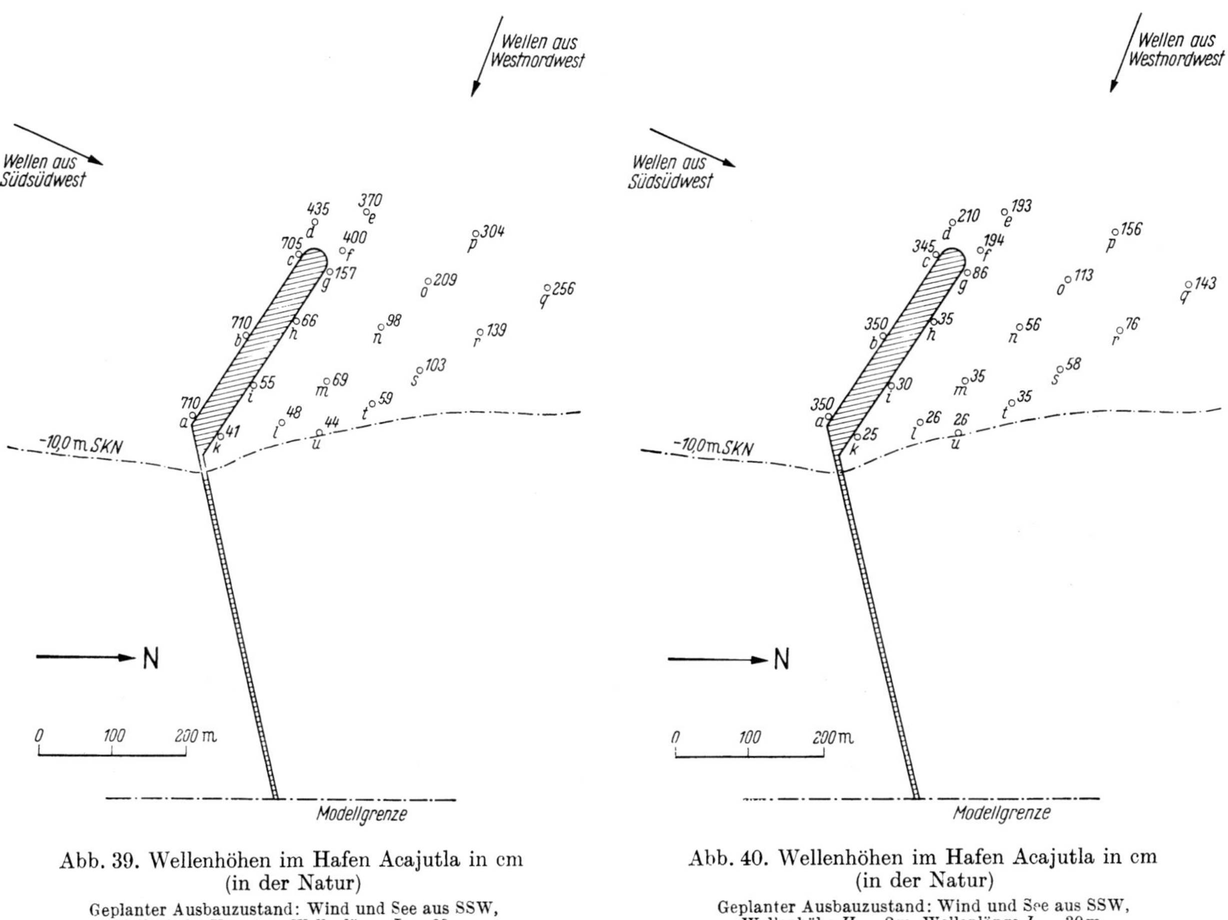

Abb. 39. Wellenhöhen im Hafen Acajutla in cm (in der Natur)

Geplanter Ausbauzustand: Wind und See aus SSW, Wellenhöhe $H = 4$ m, Wellenlänge $L = 60$ m, Wasserstand = + 2,0 m SKN

Abb. 40. Wellenhöhen im Hafen Acajutla in cm (in der Natur)

Geplanter Ausbauzustand: Wind und See aus SSW, Wellenhöhe $H = 2$ m, Wellenlänge $L = 30$ m, Wasserstand = + 2,0 m SKN

Abb. 40 zeigt die Meßergebnisse bei einer Wellenhöhe von $H = 2$ m.

Ein Vergleich der Ergebnisse der Messungen bei den Wellenhöhen von 2 und 4 m zeigt, daß

a) nach der Größenordnung sich die Wellenhöhen vor der Mole und im Wellenschatten der Mole um die Hälfte erniedrigen, wenn die Ausgangswellenhöhe halb so groß ist,

b) eine exakte lineare Extrapolation von einer Ausgangswellenhöhe auf die andere jedoch nicht möglich ist,

c) fast alle Meßwerte bei 2-m-Wellen zahlenmäßig etwas größer sind als die Hälfte der Werte, die bei 4-m-Wellen gemessen wurden,

d) bei beiden Ausgangswellenhöhen an der Innenseite der Mole die Abnahme der Wellenhöhe in Abhängigkeit von der Entfernung vom Molenkopfe hyperbelähnlich verläuft.

C. Wellen aus Westnordwest

Im Abschnitt III. D. wurde schon erwähnt, daß die vorgesehene Lage der Mole bei Wellen aus Westnordwest für anlegende Schiffe keinen Schutz bieten kann. Die Abb. 27 bis 30 zeigen, daß die Wellen ungebeugt und ungebrochen an der Mole entlanglaufen und vom Zufahrtsteil der Mole reflektiert werden. Es wäre zur Verhinderung allzu kabbeliger See durch Reflexion an der

Zufahrtsmole zweckmäßig, an dem Zufahrtsteile zur Energievernichtung der Wellen eine Steinschüttung (etwa 1 : 2 bis 1 : 3) anzubringen.

Die Messungen ergaben (s. Abb. 41), daß lediglich in einem schmalen Sektor dicht an der dem Lande zugekehrten Seite der Mole eine geringfügige Erniedrigung der Ausgangswellenhöhe eintrat. Die Ursache dafür ist, daß die Längsachse der Mole nicht genau nach Westnordwest zeigt, sondern gegen die Wellenfortschrittsrichtung einen spitzen Winkel bildet.

Für Wellen aus Westnordwest ist die runde Form des Molenkopfes hydraulisch günstig. Die Energiezusammenballungen bei der Reflexion der Wellen am Molenkopfe werden ungehindert nach den Seiten abgeleitet. Im Modell war deutlich zu beobachten, daß sich vor dem runden Molenkopfe im Gegensatze zu dem eckigen keine stehenden Wellen ausbildeten.

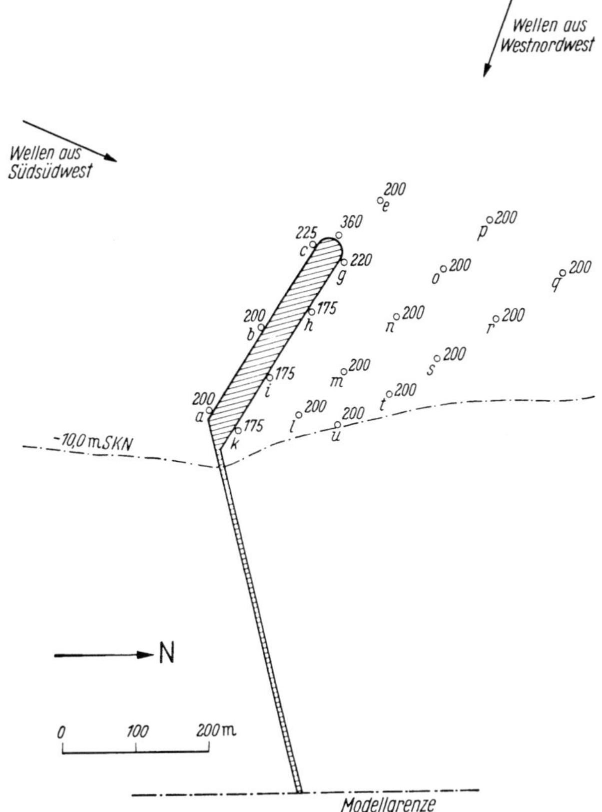

Abb. 41. Wellenhöhen im Hafen Acajutla in cm (in der Natur)
Geplanter Ausbauzustand: Wind und See aus WNW, Wellenhöhe $H = 2$ m, Wellenlänge $L = 40$ m, Wasserstand = + 2,0 m SKN

D. Trossenkräfte

Die Kräfte in den Trossen, die durch Bewegung von Schiffen bei Seegang entstehen, hängen von der Schiffsgröße, vom Tiefgange, von der Zahl und der Anordnung der Trossen, von der Lage des Schiffes zur Wellenfortschrittsrichtung und von der Länge und Höhe der Wellen ab.

Die dynamischen Kräfte in den Trossen werden bei gleicher Schiffsgröße und gleichem Tiefgange vom Grade der ,,Steifigkeit'' d. h. von der Vorspannung der Trossen in unbelastetem Zustande und von der Wellenlänge und -höhe abhängen. Die Wellengröße bestimmt die Bewegungen eines Schiffes im Seegange; die Bewegungen, die ein Schiff ausführen würde, wenn es nicht an den Trossen läge, geben einen Maßstab für die auftretenden Trossenkräfte eines festgelegten Schiffes.

Bei Wind und See aus Südsüdwest treffen im vorliegenden Falle die Wellen, die um den Molenkopf gebeugt werden und unmittelbar hinter der Mole nahezu parallel zur Molen-Längsachse verlaufen, die an den Trossen liegenden Schiffe frontal. Ein Bewegungsimpuls, den ein Schiff durch eine von vorn anlaufende Welle erhält, wird eine rückläufige Bewegung verursachen. Eine Bewegung quer zur Mole wird nur im geringen Ausmaß eintreten und von der Form des Schiffskörpers abhängen.

Die im Modell gemessenen Kräfte in den Trossen, die zu den Meßstellen B und C führten (Abbildung 32), waren entsprechend klein.

Bei Wind und See aus Westnordwest treffen die Wellen in einem ziemlich spitzen Winkel auf die an der Innenseite der Mole liegenden Schiffe, die dadurch von ihren Liegeplätzen abgedrängt werden würden, wenn sie nicht festgemacht wären. Bei den durchgeführten Versuchen wurden die Modellschiffe von den Wellen so weit von der Mole abgedrängt, bis ihre Längsachse mit der Wellenfortschrittsrichtung übereinstimmte; dann trat eine Pendelbewegung der Schiffe ein, die naturunähnlich war.

In der Natur sind nennenswerte Querbewegungen eines mit Trossen festgelegten Schiffes nicht möglich. Bei der im Modell getroffenen Versuchs- und Meßanordnung trat eine solche naturunähnliche Bewegung jedoch ein.

Die bei dem Beginn der Schiffsbewegungen auftretenden Kräfte wurden als Trossenzüge im Modell betrachtet. Die durch die späteren größeren Schiffsbewegungen verursachten Kräfte konnten und brauchten nicht berücksichtigt zu werden.

Die Größenordnung der im Modell gemessenen Trossenkräfte gibt einen Anhalt dafür, welchen Einfluß die Wellenlänge bei Schiffen verschiedener Größe hat. Der Film, der während der Versuche gedreht wurde, zeigt, daß bei Wellen aus Westnordwest das kleine Modellschiff II von 3500 BRT Stampfbewegungen ausführt, während bei der gleichen Wellenlänge und -richtung das größere Modellschiff I von 10000 BRT fast ruhig im Wasser liegt.

In der folgenden Tafel sind die im Modell gemessenen Trossenkräfte zusammengestellt. Zur besseren Übersicht werden nur zwei Kraftkomponenten, und zwar eine in Längsrichtung des Schiffes und eine quer zum Schiff angegeben. Beide Komponenten wirken zur gleichen Zeit.

Trossenkräfte in zwei Komponenten

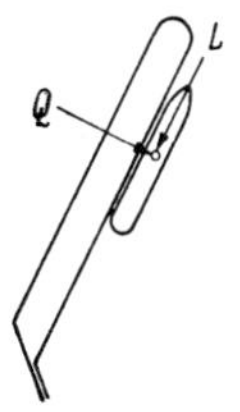

	bei 4 m hohen Wellen aus SSW		bei 2 m hohen Wellen aus WNW	
	Modellschiff		Modellschiff	
	I	II	I	II
Q in t	0,7	0,4	4,0	1,0
L in t	1,7	1,3	2,3	2,0

Die Größe der Trossenzüge aus dem Seegange ist in jedem Falle unbedenklich. Nicht berücksichtigt sind die Trossenkräfte, die aus den Windkräften entstehen.

V. Sondermodell für die Bauweise der Mole

A. Versuchsmodell und Durchführung der Versuche

Das Modell mußte in einem Maßstabe hergestellt werden, der es gestattete, die dynamischen Vorgänge beim Anprall der Wellen an die Mole mit hinreichender zeitlicher Genauigkeit zu beobachten. Im Modell wurde ein 16,06 m langer Teil der Mole nachgebildet, die Modellgrenzen sind aus Abb. 42 zu ersehen.

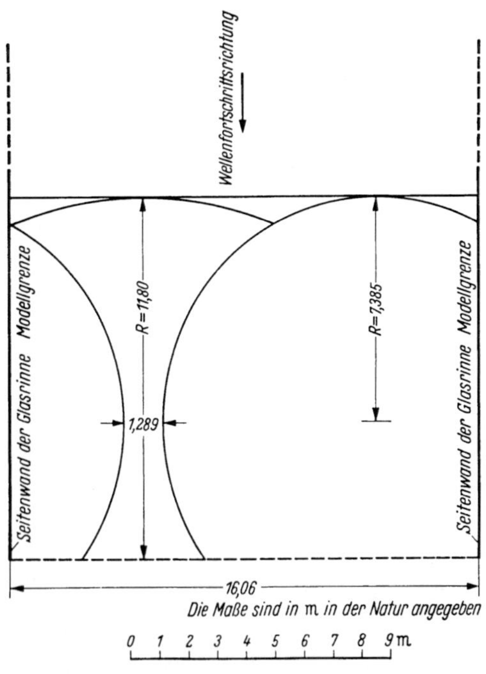

Der Modellmaßstab ergab sich aus den geometrischen Abmessungen der großen Glasrinne im Franzius-Institut zu 1 : 26,76. Die Tiefen wurden nicht verzerrt.

Nach dem Froudeschen Modellgesetz ist bei einem Maßstabe der Längen von 1 : 26,76 der Maßstab für die Zeiten und Geschwindigkeiten 1 : 5,18.

Das Modell wurde in der Werkstatt des Institutes nach Unterlagen der Salzgitter-Industriebau Gesellschaft m.b.H. aus Zinkblech angefertigt.

Die Versuche wurden bei einem Wasserstande von + 2 m SKN, einer Wellenhöhe von 4 m und einer Wellenlänge von 60 m durchgeführt.

Die Abb. 43, 45 und 46 zeigen den Versuchsstand in der Glasrinne, die Abb. 44 zeigt die Wellenmaschine, die nach folgendem Prinzip arbeitet: Eine Klappe von der Breite der Glasrinne ist am unteren Ende gelenkig gelagert und wird rhythmisch hin- und herbewegt (Abb. 47). Durch Verstellen des Exzenters (und damit des seitlichen Ausschlages der Klappe) und durch Regelung der Motordrehzahl können die Wellengrößen in weiten Grenzen verändert werden.

Die Wellenhöhen wurden durch direkte Ablesung an einem Meßraster gemessen, das an einem Seitenfenster der Glasrinne angebracht war.

Abb. 42. Sondermodell für die Bauweise der Mole

Abb. 43. Ansicht des Versuchsstandes in der Glasrinne

Abb. 44. Wellenmaschine (vgl. Abb. 47)

Abb. 45

Abb. 46

Abb. 45 und 46. Versuchsstand in der Glasrinne

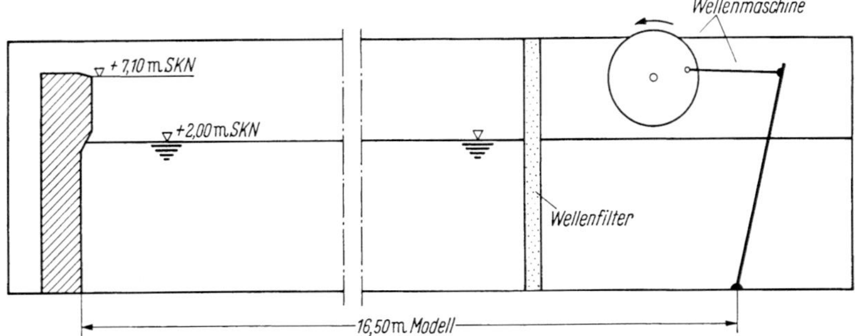

Abb. 47. Versuchsstand für das Sondermodell (schematischer Längsschnitt)

B. Ergebnisse der Versuche

Die Versuche zeigten, daß durch die Formgebung der Kreiszellen, insbesondere durch die geringen Abschrägungen beim Übergange von dem oberen, glatten Teile der Molenwand auf die eigentlichen Zellen der Wellenauflauf an der Mole in der Natur nicht verändert wird. Die Abb. 48 bis 52 zeigen dieses. Auf den Abb. 50 und 51 ist zu erkennen, daß sich genau senkrecht über dem schrägen Zwickel, der in den Stoß von zwei benachbarten Kreiszellen hineinführt, ein kleiner Wassergrat ausbildet, der aber den Wellenauflauf nicht wesentlich verändert.

Weitere Messungen konnten an diesem Sondermodell nicht angestellt werden. Dazu würde ein wesentlich größerer Versuchsaufwand erforderlich sein, der sich aber nach dem Anschauungsversuch kaum rechtfertigen ließe.

Abb. 48

Abb. 49

Abb. 50

Abb. 51. Anlaufende Welle

Abb. 52. Zurücklaufende Welle

Abb. 48 bis 52. Wellenhöhe $H = 4$ m, Wellenlänge $L = 60$ m. Ruhewasserstand auf $+2$ m SKN

VI. Zusammenfassung

Die Modellversuche bei der geplanten Lage der Mole führten zu folgenden Ergebnissen:

1. Es ist notwendig, die Höhe der Oberkante der Mole auf + 7,10 m über Seekartennull festzulegen, um ein Überschlagen von 4 m hohen Wellen aus Südsüdwest zu verhindern.

2. Bei Wind und See aus Südsüdwest war im Modell bis zu einer Wellenhöhe von 4 m an der dem Lande zugekehrten Seite der Mole und in dem Raume zwischen der Mole und der 10-m-Tiefenlinie eine gute, als durchaus ausreichend zu bezeichnende Dämpfung der Wellen festzustellen. Die von den Wellen erzeugten Trossenkräfte an den an der Innenseite der Mole festmachenden Schiffen werden beträchtlich unter den zulässigen Werten bleiben, für die Poller und Trossen üblicherweise bemessen werden.

3. Bei Wind und See aus Westnordwest bietet die Mole keinen unmittelbaren Schutz für die an ihr liegenden Schiffe. Da die Wellen aus Westnordwest nicht höher als 2 m werden, können die Trossenkräfte von Pollern und Haltevorrichtungen aufgenommen werden.

4. Die geplante Kreiszellenbauweise der Mole ist nach hydraulischen Gesichtspunkten unbedenklich.

Eine Dämpfung der Wellen auch bei Wind und See aus Westnordwest könnte im Bereiche der Mole nur dadurch erreicht werden, daß die Mole stärker abgeknickt wird. Damit aber größere Schiffe zwischen der Mole und der 10-m-Tiefenlinie noch unbehindert manövrieren können, müßte der Zufahrtsteil verlängert und die ganze Mole seewärts verschoben werden. Mit Rücksicht auf die Zufahrtsgleise zur Mole und die zulässigen Krümmungshalbmesser sind der Abknickung Grenzen gesetzt.

Da die Lage der Mole nach dem vorliegenden Entwurfe als durchaus befriedigend bezüglich der Wellenhöhen und Trossenkräfte zu bezeichnen ist, erscheint es sehr fraglich, ob bei Änderung des Entwurfes nach den oben angeführten Gesichtspunkten eine damit erreichbare Verkleinerung der Wellenhöhen bei Wind und See aus Westnordwest die durch die erforderliche Verlängerung des Zufahrtsteiles und durch die größere Gründungstiefe der Mole erhöhten Baukosten rechtfertigen würde.

VII. Wellenbrechung durch die Gestalt des Meeresbodens und Wellenbeugung durch eine Mole

A. Vorbemerkung

Oft ist ein Modellversuch das geeignetste Mittel, um die Wirkung eines geplanten Seebauwerkes festzustellen und spätere kostspielige Um- oder Erweiterungsbauten nach Inbetriebnahme des ursprünglich geplanten Bauwerkes zu vermeiden. Bei Bauwerken im Wasser kann man nicht in allen Fällen mit hinreichender Genauigkeit rechnerisch sowohl den Angriff der Kräfte auf das Bauwerk als auch den Einfluß des Bauwerkes auf seine nähere und weitere Umgebung ermitteln. Zwei Umstände sind es hauptsächlich, die häufig rechnerische Lösungen von wasserbaulichen Problemen unmöglich machen, zumindest aber sehr erschweren: erstens die Vielzahl der wirksamen Einflüsse und zweitens die Tatsache, daß noch nicht alle diese Einflüsse bis heute in ihren physikalisch-mathematischen Zusammenhängen vollständig erfaßbar sind. Eine große Zahl von offenen hydraulischen Problemen ist in den letzten 20 Jahren durch Forschung und vergleichende Beobachtungen gelöst worden. Wenn man jedoch Gleichungen auf strenger Grundlage entwickelt hat, so sind diese zwar für die Erkenntnis wichtig, für eine numerische Behandlung durch ihre Kompliziertheit aber oft recht unhandlich. Ein der Natur nachgebildetes Versuchsmodell ist dann immer noch die beste „Rechenmaschine“ für die Ermittlung des Wechselspieles der Kräfte zwischen Bauwerk und Umgebung.

B. Veranlassung und Aufgaben der Berechnungen

An der Küste Mittelamerikas, bei der Stadt Acajutla ist der Bau einer Mole geplant. Sie soll die an ihrer Leeseite ladenden und entladenden Schiffe gegen hohe, den Schiffen gefährliche Wellen schützen.

Außer den in den vorstehenden Abschnitten beschriebenen Modellversuchen wurde eine Berechnung durchgeführt, der insbesondere die Aufgabe gestellt war, den Einfluß der Gestalt des Meeresbodens auf die Wellenelemente und die Beugung der Wellen am Molenkopfe zu untersuchen. Ferner sollten qualitative und quantitative Werte über die Wellenrichtungen und Wellenhöhen im Gebiet der geplanten Mole ermittelt werden, da diese beiden Wellenmerkmale charakteristisch für einen Hafen sind.

C. Unterlagen für die Berechnungen

Für die Berechnungen stand eine Karte des Küstengebietes vor Acajutla im Maßstabe von etwa 1 : 5000 mit Tiefenlinien im Abstande von 0,5 m bis zu einer Tiefe von 22 m unter SKN zur Verfügung. Folgende weitere Angaben lagen vor:

1. Wasserspiegel bei Wind und See aus Südsüdwest: + 2 m SKN;
2. Größte Wellenhöhe bei Wind und See aus Südsüdwest: = 4 m bei 60 m Länge;
   bei Wind und See aus Westnordwest: = 2 m bei 40 m Länge.

Die rechnerische Untersuchung wurde auf Wellen aus Südsüdwest beschränkt.

D. Allgemeine Theorie der Meereswellen[1]

1. Theorie und Versuch

Im Jahre 1929 war es ein noch zu lösendes Problem, in welcher Weise die Wellenbewegung mit der Tiefe abnimmt [*1*]. In der von Euler begründeten klassischen Hydrodynamik wurden ideale, d. h. reibungsfreie Flüssigkeiten vorausgesetzt. Die angenommenen Vereinfachungen führten oft, allerdings nicht immer zu Ergebnissen, die im Widerspruche zur Wirklichkeit standen. Aus diesem Grunde entwickelte sich die experimentelle Behandlung der Probleme, die Hydraulik, die die praktischen Bedürfnisse in den Vordergrund stellte. Diese Art der experimentellen Behandlung stieß in der See- und Wasserbaupraxis zunächst ganz allgemein auf Ablehnung, bis Engels durch Versuche für Buhnen in der Weichsel den Beweis für den Nutzen der Modellergebnisse in Ergänzung der ,,bewährten Erfahrung“ erbrachte. Auch das Modellversuchswesen hat sich inzwischen weiter entwickelt. Neben die praktische Erfahrung ist heute die Betrachtung der physikalischen Zusammenhänge getreten. Modellgesetze, wie die von Froude, und Beziehungen, wie die Reynoldssche Zahl, lassen heute die Übereinstimmung von Voraussagen aus Modellversuchen und Naturereignissen immer größer werden. Das Modell ist heute für die im Wasserbau auftretenden komplexen Probleme gleichzeitig Rechenmaschine und Gleichung mit allen Randbedingungen.

Daneben hat sich aber auch die Hydrodynamik weiter entwickelt, teilweise sogar auf den Ansätzen der klassischen Hydrodynamik, wie es gerade in der Wellenbewegung der Fall ist. Hinzugetreten ist die Feldbeobachtung. Theorie, Modellversuch und Beobachtung in der Natur bilden heute eine Einheit. Im See- und Hafenbau sind seit etwa 1939 besonders in den USA aus Beobachtung über lange Dauer und an vielen Orten oder aufbauend auf physikalischen Erkenntnissen neue Verfahren entwickelt worden, die den planenden Ingenieur in die Lage versetzen, die Einflüsse der Kräfte auf das Bauwerk und seinen Einfluß auf die Naturvorgänge mit einiger Sicherheit vorauszusehen.

Für die Planung von Küsten- und Seebauwerken liegen teilweise empirische, aus Beobachtungen gewonnene Verfahren vor, die in einzelnen Fällen recht genaue Voraussagen gestatten; teilweise sind aus der Hydrodynamik für spezielle, allerdings stark eingeschränkte Vorgänge Verfahren entwickelt worden. Sie zeigen, obgleich vielfach von unnatürlichen Voraussetzungen ausgehend, gute Übereinstimmung mit der Natur [*5*].

2. Begriffe und Bezeichnungen bei Meereswellen

a) Wellenmerkmale

Eine Welle ist vollständig definiert durch ihre Länge L (m), die Periode T (s) und die Höhe H (m) (Abb. 53).

Die Wellenlänge L wird zwischen zwei identischen Punkten, z. B. zwischen zwei aufeinanderfolgenden Wellenkämmen gemessen. Die Wellenhöhe H ist der Unterschied zwischen dem tiefsten und dem höchsten Punkte einer Welle, oft auch als Amplitude $2a$ bezeichnet. h in Abb. 53 ist die Wassertiefe unter dem Ruhewasserspiegel. Die Fortschrittsrichtung der Welle sei für die folgenden Betrachtungen in Richtung der positiven x-Achse angenommen. Für Berechnungen von Seebauwerken ist in den USA ein Verfahren entwickelt worden, mit dem eine ,,kennzeichnende Wellenhöhe“ aus der Beobachtung mehrerer Wellengruppen zu errechnen ist. Diese ,,kennzeichnende Wellenhöhe“ ist die mittlere Höhe des Drittels größter Wellenhöhen. Wird diese Wellenhöhe

[1] Die Darlegungen der Abschnitte D. und E. 1. entsprechen im wesentlichen den Ausführungen von Kirschmer [*2*].

als H_0 für die Berechnung der küstenwärts liegenden Höhe H durch Brechungsanalysis angenommen, ist H auch als kennzeichnende Wellenhöhe in der Übergangszone und im Seichtwasser anzusehen [3]. Eine lineare Beziehung besteht zwischen der kennzeichnenden Wellenhöhe H_k und der mittleren Wellenhöhe H_m. Es ist (in engl. Fuß)

$$H_m = 0{,}624\, H_k - 0{,}015$$

Ferner kann diese mittlere Wellenhöhe statistisch auf jede andere Wellenhöhe bezogen werden, die seltener oder häufiger auftreten kann.

Die Periode T ist die Zeit, die die Welle braucht, um in ihrer ganzen Länge L, d. h. zwischen zwei identischen Punkten an einem festen Punkt vorbei zulaufen. Der reziproke Wert $\frac{1}{T} = f$ wird als Frequenz bezeichnet.

Die „Steilheit" $\delta = \frac{H}{L}$ ist ein wichtiges Merkmal einer Welle. Sie ist das Maß der Stabilität. Während Stokes die theoretische Stabilitätsgrenze zu $\delta_{kr} = \frac{1}{7}$ angibt, gibt Kirschmer [2] sie mit $\delta_{kr} = \frac{1}{10}$ an. Beim Erreichen dieser Steilheit brandet die Welle. Die Steilheit von Meereswellen auf freiem Ozean wird von Kirschmer mit $\frac{1}{30} > \delta > \frac{1}{100}$ als Regel angegeben. Durch Windkraft erzeugte Wellen haben Perioden zwischen $T = 1$ und 30 s. Auf Grund der Periode kann man die Wellen in Gruppen (Wellenspektrum) einteilen.

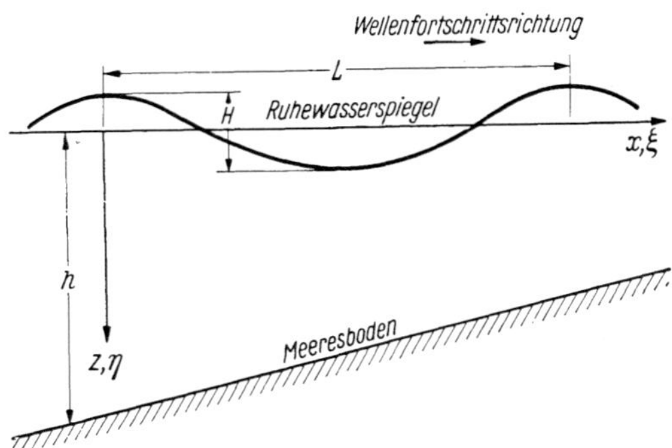

Abb. 53. Wellenmerkmale

Die Phasen- oder Wellengeschwindigkeit ergibt sich — analog zu der Geschwindigkeit der Lichtwellen $c = \frac{\lambda}{T}$ — zu

$$c = \frac{L}{T} \tag{1}$$

Es wird überhaupt angenommen, daß fortschreitende Schwingungswellen des Wassers sich ähnlich verhalten wie Lichtwellen. Das hat dazu geführt, daß die Theorien der Lichtwellen und der Optik bei der Lösung von Fragen der Wasserwellen angewendet wurden. Das bedeutet, daß das Descartessche Brechungsgesetz für die Ermittlung der Wellenbrechung benutzt werden kann, ebenso das Gesetz von Snellius. Die Beugung einer Wasserwelle läßt sich nach dem Huygensschen Prinzip behandeln, wobei allerdings beachtet werden muß, daß die Geschwindigkeit der Wasserwelle von der Wassertiefe h abhängig ist. Sonst jedoch sind die bekannten Verfahren der geometrischen Optik anwendbar. Griedel [8] hat sich eingehend mit dieser Frage befaßt.

b) Die Wellenbewegung, ihre Abhängigkeit von der Wassertiefe h, ihre Entstehung und ihre allgemeine Fortpflanzung

Die einzelnen Wasserteilchen einer Welle schwingen nicht wie die Lichtwellen in einer senkrechten Ebene, sie bewegen sich auch nicht unbegrenzt in Richtung des Fortschritts der Welle. Sie führen eine in sich zurücklaufende Bewegung (Orbitalbewegung) allgemein um einen festen Punkt aus. Die Wellengeschwindigkeit c darf also nicht mit der Bewegung der Wasserteilchen verwechselt werden. c ist die Geschwindigkeit der Formänderung der Meeresoberfläche.

Abb. 54 zeigt, daß die Form der Bahn der einzelnen Wasserteilchen sich mit der Änderung der Wassertiefe h verformt, d. h. die Orbitalbewegung ist abhängig von h.

Grundsätzlich hat man bei der Betrachtung einer Wellenbewegung drei Tiefenintervalle zu unterscheiden. Der Einfluß der Wassertiefe h auf die anderen Wellenmerkmale wird in den folgenden Abschnitten betrachtet.

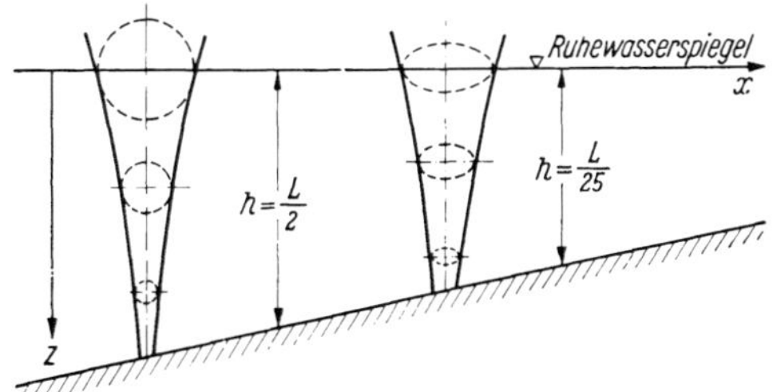

Abb. 54. Form der Bahn der einzelnen Wasserteilchen

Das erste Intervall, die als Tiefsee bezeichnete Meereszone, ist begrenzt durch die minimale Wassertiefe $h = \frac{L}{2}$; alle auf sie bezogenen Größen sollen im folgenden durch den Index $_0$ kenntlich gemacht werden. In diesem Intervall hat die Welle keine Grundberührung, alle Vorgänge an der

Oberfläche sind unabhängig von h und die Bahn der Orbitalbewegung kann als Kreis angesehen werden, dessen Radius

$$r = \frac{H}{2} e^{-2\pi \frac{z}{L}} \text{ ist.}$$

Das zweite Intervall, in den Grenzen $\frac{L}{2} > h > \frac{L}{25}$ soll als Übergangszone bezeichnet werden. Hier beginnt die Welle den Boden zu fühlen, alle Vorgänge sind unmittelbar oder mittelbar von h abhängig, und die Orbitalbahn formt sich in eine Ellipse mit waagerecht liegender großer Achse um.

Im dritten Bereiche, wo $h < \frac{L}{25}$ ist, d. h. im Seichtwasser wird die Orbitalbahn zu einer waagerechten Geraden zusammengedrückt. Ein Charakteristikum der Orbitalbewegung ist die Abnahme der Geschwindigkeit mit zunehmender Tiefe unter der Oberfläche (Abb. 54), d. h. der Radius der Orbitalbahn wird kleiner; in einer Tiefe von ungefähr $h = \frac{L}{2}$ hört die Bewegung auf. Die Geschwindigkeit der Partikel auf der Kreisbahn ist nicht gleichmäßig, im Wellenscheitel ist sie am größten, was zur Folge hat, daß sich in der Zeit eines Umlaufes (einer Wellenperiode) der Mittelpunkt der Kreisbahn um ein kleines Stück

$$s = 2\,u'T$$

in Richtung der Wellenfortpflanzung verlagert. Es findet also ein Wassermengentransport in dieser Richtung statt [*9*].

Landwärts der Brandungszone herrscht keine Orbitalbewegung mehr.

Die Geschwindigkeitsverteilung der Massenbewegung ist

$$\bar{u} = H^2 e^{\frac{4\pi h i}{L}} \left(\frac{g\pi^3}{2L^3}\right)^{1/2}$$

Das bewegte Wasservolumen ist je Längeneinheit der Wellenfront

$$G = H^2 \left(\frac{g\,\pi}{32\,L}\right)^{1/2}$$

Die Wellenbewegung ruft Höhenunterschiede des Ruhewasserspiegels hervor; das Wasser erhält also potentielle Energie, die bewegten Wasserteilchen dagegen besitzen kinetische Energie. Die Größe dieser Energie soll an anderer Stelle weiter untersucht werden. In den Entstehungsgebieten der Wellen, in Sturmzonen oder Tiefdruckgebieten werden Wellen erregt, deren Phasengeschwindigkeit c sich der Windgeschwindigkeit anpaßt, wenn die Windeinwirkung lange genug andauert. Es entstehen hier nun nicht Wellen mit gleichen Merkmalen, sondern durch die Windeinwirkung werden Wellen verschiedener Perioden erregt, die sich nach Verlassen der Erregerzone ordnen und als „wohlgeformte Welle", als Dünung fortschreiten. Es handelt sich hierbei jedoch nie um eine, in der Optik als monochromatisch bezeichnete Welle, sondern um eine Wellengruppe, die aus Überlagerung von Wellen verschiedener Frequenzen entstanden ist. Man kann oft beobachten, daß am vorderen Ende einer solchen Gruppe Wellen verschwinden, während sich am Ende der Gruppe neue Wellen bilden; das bedeutet, daß die Einzelwelle innerhalb der Gruppe mit der Phasengeschwindigkeit c fortläuft, während die Gruppe sich in gleicher Richtung mit der Geschwindigkeit c_g fortbewegt, wobei $c_g < c$ ist. Rayleigh gibt für die Gruppengeschwindigkeit

$$c_g = c - L \cdot \frac{\partial c}{\partial L} \tag{2}$$

an. Wenn die Wellen sich ohne Dispersion ausbreiten, d. h. wenn c unabhängig von L wird, wird

$$c_g = c$$

Dieser Fall gilt nur in sehr seichtem Wasser. Sverdrup-Munk stellten für die Entstehung von Windwellen folgende Theorie auf:

In einer Erregerzone erhält die Welle durch den Wind Energie übertragen, und zwar auf zwei Arten: durch Druck auf den Wellenkamm und durch Schubkräfte. Die Energieübertragung ist hierbei abhängig von dem Unterschiede zwischen den Geschwindigkeiten; für die drei möglichen Differenzfälle ist die Energieabgabe also verschieden groß und hängt auch noch von der Angriffsfläche ab, die die Welle bietet, d. h. von der Wellenform. Die auf die Welle ausgeübten Zugkräfte sind analog der Rohrreibung. Aus der rückläufigen Bewegung der Wasserteilchen in der Orbitalbahn ergibt sich ein Gleichgewicht der Kräfte. Daß sich die Welle trotzdem fortpflanzt, wird als Beweis für eine Energieabgabe des Windes an die Welle angesehen, also für eine vorhandene Mengenfortbewegung in der Welle.

Unter dieser und anderen Hypothesen sowie aus Beobachtungsergebnissen ist in den USA ein Verfahren für die Voraussage von Wellenhöhen aus statistischen Unterlagen und Gleichungen entwickelt worden, das für die Planung von Seebauwerken recht nutzbringend sein kann.

3. Potentialtheorie der Meereswellen

Unter der Voraussetzung der Reibungs- und Wirbelfreiheit kann man Schwerewellen aus einem Geschwindigkeitspotential ableiten, da sie maßgeblich durch das Potentialfeld der Erde beeinflußt werden. Wenn man bedenkt, daß Wellen über sehr lange Strecken ohne Neuerregung wandern, ohne ganz zu verlöschen, und da der Übergang aus dem absoluten wirbel- und reibungsfreien Zustande, d. h. aus der Ruhelage in die Wellenbewegung sich stetig vollzieht, kann man diese Voraussetzung gelten lassen. Nach Kirschmer [2] sind dieses Tatsachen, die dafür sprechen, daß in erster Näherung Reibung und Wirbel vernachlässigbar sind.

Unter Verwendung des Koordinatensystems in Abb. 53 ist das Geschwindigkeitspotential der Wellenbewegung, die als ebenes Problem behandelt werden darf:

$$\Phi = \frac{LH}{2T} \cdot e^{-2\pi \frac{z}{L}} \cos 2\pi \left(\frac{t}{T} - \frac{x}{L}\right) \tag{3}$$

Durch partielle Differentiation erhält man die Komponenten der Geschwindigkeit

in x-Richtung

$$u \equiv \frac{\partial \Phi}{\partial z} = \frac{\pi H}{T} \cdot e^{-2\pi \frac{z}{L}} \sin 2\pi \left(\frac{t}{T} - \frac{x}{L}\right) \tag{4a}$$

in z-Richtung

$$w \equiv \frac{\partial \Phi}{\partial z} = -\frac{\pi H}{T} \cdot e^{-2\pi \frac{z}{L}} \cdot \cos 2\pi \left(\frac{t}{T} - \frac{x}{L}\right) \tag{4b}$$

Der Betrag der Geschwindigkeit ist

$$|v| = \sqrt{u^2 + w^2} = \frac{\pi H}{T} \cdot e^{-2\pi \frac{z}{L}} \tag{5}$$

Es ist weiter: $2\,\omega = \frac{\partial w}{\partial x} - \frac{\partial u}{\partial z} = O$, d. h. die Wirbelstärke wird $= O$, die Bedingung der Wirbelfreiheit ist erfüllt.

Aus der weiteren Differentiation der Funktionen u und w erhält man:

$$\frac{\partial^2 \Phi}{\partial x^2} + \frac{\partial^2 \Phi}{\partial z^2} = O$$

d. h. auch die Kontinuitätsbedingung ist erfüllt.

Will man nun die Bahn der Wasserteilchen, bezogen auf einen festen Punkt x, z beschreiben, muß man voraussetzen, daß die Geschwindigkeitskomponenten auf der Welle und der Bahnkurve gleich sind, also $u = \frac{\partial \xi}{\partial t}$ und $w = \frac{\partial \eta}{\partial t}$ gesetzt werden können. Man erhält durch Integration von Gl. (4) zwei neue Gleichungen mit den Integrationskonstanten x und z, deren Ermittlung durch die Untersuchung des Verhaltens der Welle, wenn $\lim_{z \to \infty} z = O$ wird, ermittelt werden kann. Die Orbitalbewegung schrumpft in einem Punkte zusammen. Durch weitere mathematische Behandlung der Gleichungen erhält man die Gleichung eines Kreises, dessen Radius r allein von z abhängig ist:

$$r = \frac{H}{2} \cdot e^{-2\pi \frac{z}{L}} \tag{6}$$

Sucht man die Wellenform, so hat man die Wellenbewegung in einem willkürlich gewählten Zeitabschnitte, hier $t = \frac{T}{4}$ zu untersuchen. Durch das Ausschalten des Zeiteinflusses führt man somit die Bewegung in einen stationären Zustand über und erhält nach mathematischer Behandlung in Parameterform die Gleichung einer Trochoide mit

$$\begin{aligned} \xi &= R \cdot \varphi - r \cdot \sin \varphi \\ \text{und } \eta &= z \quad - r \cdot \cos \varphi \end{aligned} \tag{7}$$

Dieses ist die Kurve, die ein Punkt beschreibt, der auf dem Radius eines Kreises im Abstande r liegt, wenn dieser Kreis mit dem Radius R auf einer Geraden rollt. Die Geschwindigkeitskomponenten für den Fall $t = \frac{T}{4}$ können zu $u \equiv \frac{\partial \Phi}{\partial x}$ und $w \equiv \frac{\partial \Phi}{\partial z}$ ermittelt werden. Man erhält $w = O$

in den Wellenbergen, in den Wellentälern und außerdem an der Oberfläche $z = O$. Die Komponente in x-Richtung ergibt sich zu

$$u = u_{\max} = \frac{\pi H}{T} \tag{8}$$

Sie ist auf dem Wellenberge nach $+ x$, im Wellental nach $- x$ gerichtet.

Im Verlaufe dieses Abschnittes D werden nur solche Probleme ausführlicher behandelt, die für die später folgende besondere Betrachtung der Wellenbrechung und Wellenbeugung wichtig sind.

4. Verteilung des Druckes in der Welle

a) Ermittlung der Phasengeschwindigkeit (Geschwindigkeit c der Einzelwelle)

Aus der Horizontalkomponente u der Orbitalbewegung erhält man die Beschleunigung:

$$\frac{du}{dt} = \frac{\partial u}{\partial t} + \frac{\partial u}{\partial x} \cdot \underbrace{\frac{dx}{dt}}_{u} + \frac{\partial u}{\partial z} \cdot \underbrace{\frac{dz}{dt}}_{w}$$

Unter der Annahme langsamer Bewegung der Teilchen — was für den Fall kleiner Amplituden zutrifft $\left(h \leqq \frac{L}{100}\right)$ — gehen u und w gegen O und man erhält

$$\frac{du}{dt} = \frac{\partial u}{\partial t}, \quad \frac{dw}{dt} = \frac{\partial w}{\partial t}$$

Die Eulersche Grundgleichung geht über in die Form

$$\frac{1}{\varrho} \cdot \frac{\partial p}{\partial x} = - \frac{\partial u}{\partial t} \tag{9a}$$

$$\frac{1}{\varrho} \cdot \frac{\partial p}{\partial z} = - \frac{\partial w}{\partial t} + g \tag{9b}$$

Nach Multiplikation mit dx bzw. dz erhält man durch Addition

$$\frac{1}{\varrho}\left(\frac{\partial p}{\partial x} \cdot dx + \frac{\partial p}{\partial z} \cdot dz\right) = -\left(\frac{\partial u}{\partial t} \cdot dx + \frac{\partial w}{\partial t} \cdot dz\right) + g \cdot dz$$

Da auf der linken Seite das totale Differential dp steht

und $u = \frac{\partial \Phi}{\partial x}$ ist, erhält man $\frac{1}{\varrho} \cdot dp - g\,dz = -\left(\frac{\partial^2 \Phi}{\partial x\, \partial t} \cdot dx + \frac{\partial^2 \Phi}{\partial z\, \partial t} \cdot dz\right)$

Schreibt man die rechte Seite auch als totales Differential, erhält man $\frac{1}{\varrho} \cdot dp - g \cdot dz + d\left(\frac{\partial \Phi}{\partial t}\right) = O$

Durch Integration wird

$$p - p_o = \gamma \cdot z - \varrho \cdot \frac{\partial \Phi}{\partial t} \tag{10a}$$

$\frac{\partial \Phi}{\partial t}$ aus der Grundgleichung Φ errechnet und eingesetzt, ergibt

$$p - p_o = \gamma \cdot z + \frac{\varrho \cdot \pi \cdot L \cdot H}{T^2} \cdot e^{-2\pi \frac{z}{L}} \cdot \sin 2\pi\left(\frac{t}{T} - \frac{x}{L}\right) \tag{10b}$$

An der Oberfläche ist $p = p_o$ und $dp = O$, in ausführlicher Schreibweise:

$$dp = \frac{\partial p}{\partial t} + u \frac{\partial p}{\partial x} + w \frac{\partial p}{\partial z} = O$$

Nach weiteren Umformungen erhält man, da u und w klein sind, ihre Quadrate also vernachlässigt werden können,

$$\frac{\partial p}{\partial t} + \gamma \cdot w = O \tag{11}$$

Nach Berechnung von $\frac{\partial p}{\partial t}$ für $z = O$ aus Gl. (9a) und von w aus Gl. (4b) wird für die Oberfläche:

$$\frac{\partial p}{\partial t} = \frac{2\pi^2 \varrho L H}{T^3} \cdot \cos 2\pi\left(\frac{t}{T} - \frac{x}{L}\right) \quad \text{und} \quad \gamma \cdot w = -\frac{\pi \cdot \gamma \cdot H}{T} \cdot \cos 2\pi\left(\frac{t}{T} - \frac{x}{L}\right)$$

Gl. (11) ist erfüllt, wenn

$$\frac{2\pi^2 \varrho L H}{T^3} = \frac{\pi \gamma H}{T} \quad \text{oder} \quad \frac{2\pi L}{T^2} = g \quad \text{ist.}$$

Da $\frac{L}{T} = c$ ist, erhält man hier die Beziehungen

$$
\begin{aligned}
L &= \frac{g}{2\pi} \cdot T^2 = 1{,}56\, T^2 \\
c &= \frac{L}{T} = \frac{g}{2\pi} \cdot T = 1{,}56\, T \\
c &= \sqrt{\frac{g \cdot L}{2\pi}} \quad = 1{,}25 \sqrt{L}
\end{aligned}
\tag{12}
$$

Diese von Green zuerst angegebenen Gleichungen zeigen, daß die Fortschrittsgeschwindigkeit bei den Wasserwellen im Gegensatze zu den Schallwellen von der Wellenlänge abhängig ist. Weiter ist sie unabhängig von der Wellenhöhe. Dispersion ist vorhanden. Aus Gl. (10a) ergeben sich die Isobaren zu

$$z = \text{const}$$

und $$\frac{t}{T} - \frac{x}{L} = \text{const}\,.$$

Die Achse ist bei der vorhergehenden Untersuchung so gelegt worden, daß sie durch die Kreismittelpunkte der Orbitalbewegung ging, die nicht mit dem Ruhewasserspiegel identisch sind. Umschließt die Trochoide und eine an die Wellenkronen gelegte Tangente die Fläche F, so muß nach der Kontinuitätsbedingung die Lage des Ruhewasserspiegels der mittleren Höhe der Fläche F entsprechen.

Durch Integration von η über ξ in den Grenzen O und 2π (Abb. 53) erhält man die Fläche F, die mittlere Höhe ist dann $\frac{F}{L} = \frac{H}{2} + \frac{\pi H^2}{4L}$, der Ruhewasserspiegel liegt also um den Betrag

$$z' = \frac{\pi H^2}{4L} \tag{13}$$

unter der x-Achse.

Da in Gl. (3) nicht der allgemeine Fall betrachtet worden ist, muß diese Gleichung durch Hinzufügen eines weiteren Gliedes ergänzt werden, bei dem e den Exponenten $\frac{2\pi z}{L}$ enthält.

Der $\lim\limits_{z \to \infty} e^{2\pi \frac{z}{L}} = O$, d. h. dieses Glied gilt nur für flacheres Wasser, nämlich für den Übergangsbereich

$$\frac{L}{2} > h > \frac{L}{25}$$

Stellt man für diesen Fall die oben durchgeführten Betrachtungen an und berücksichtigt die Oberflächenspannung, so erhält man die Airysche Lösung, die allgemein gültig ist:

$$c^2 = \left(\frac{g \cdot L}{2\pi} + \frac{2\pi C}{\varrho L}\right) tgh \frac{2\pi h}{L} \tag{14}$$

Für c gibt es einen Kleinstwert von $c_{min} = 23{,}2\ cm/s$

hierzu $$L_1 = 2\pi \sqrt{\frac{C}{g \cdot \varrho}} = 1{,}73 \text{ cm}$$

L_1 ist die kritische Länge der Kapillarwellen. Untersucht man nun die Gl. (14) wieder für alle 3 Tiefenintervalle, so erhält man:

für $h > \frac{L}{2}$: $$c = \sqrt{\frac{g \cdot L}{2\pi}} = 1{,}25 \sqrt{L}\,, \text{ da } tgh\, h \to 1, \text{ wenn } h \text{ sehr groß wird} \tag{12}$$

für $\frac{L}{2} > h > \frac{L}{25}$: $$c = \sqrt{\frac{g \cdot L}{2\pi}\, tgh \frac{2\pi h}{L}} \tag{14a}$$

für $h < \frac{L}{25}$: $$c = \sqrt{g \cdot h}\,, \text{ da der } tgh \text{ durch das Argument ersetzt werden kann.} \tag{15}$$

b) Gruppengeschwindigkeit

Wie oben festgestellt wurde, hat die Wasserwelle Dispersion, sie ist abhängig von L. Die von Rayleigh angegebene Gl. (2) lautet

$$c_g = c - L \frac{\partial c}{\partial L}$$

In Gl. (15) ist keine Abhängigkeit von L mehr gegeben, für diesen Fall wird $\frac{\partial c}{\partial L} = O$ und

$$c_g = c \tag{16a}$$

Für das Tiefwasserintervall erhält man

$$c_g = \frac{c}{2} \tag{16b}$$

und für das Übergangsintervall wird

$$c_g = \frac{c}{2}\left(1 + \frac{\frac{4\pi h}{L}}{sinh\, \frac{4\pi h}{L}}\right) \tag{16c}$$

5. Kabbelung

Beim Auflaufen einer Welle auf eine Mole in einem Hafenbecken erhält man eine Überlagerung der ein- und der ablaufenden Wellen, die eine sehr unruhige Oberfläche schafft.

Setzt man das Potential der einlaufenden Welle Φ_1 Gl. (3), so ist das Potential der ablaufenden Welle

$$\Phi_2 = -\frac{L\,H}{2T} \cdot e^{-2\pi \frac{z}{L}} \cdot \cos 2\pi \left(\frac{t}{T} + \frac{x}{L}\right) \tag{3a}$$

Das Gesamtpotential ist $\Phi = \Phi_1 + \Phi_2$

Wiederholt man die Betrachtungen aus dem Abschn. 3, so erhält man für die Koordinaten der Bahnkurve

$$\frac{\eta - z}{\xi - x} = -\, tg\, 2\,\pi\, \frac{x}{L} \tag{17}$$

Dieses ist die Gleichung einer geraden Linie, unabhängig von der Zeit t, der Zustand ist stationär. Für die Größe des Ausschlages ergibt sich:

$$\sqrt{(\xi - x)^2 + (\eta - z)^2} = H \cdot e^{-2\pi \frac{z}{L}} \cdot \cos 2\pi \frac{t}{T} \tag{18}$$

Dieser Wert wird ein Maximum für $\cos \frac{2\pi t}{T} = 1$ und hat den Betrag H für die Oberfläche. Der Gesamtausschlag ist $2\,H$, d. h. theoretisch entsteht die doppelte Wellenhöhe.

E. Energiebetrachtungen

1. Größe der Wellenenergie

Wie schon unter D. 3. angedeutet wurde, hat jede Welle eine Energiemenge E, deren potentieller Teil E_{pot} durch die Welle durch Hebung und Senkung des Wasserspiegels aus der Ruhelage erzeugt wird, und deren kinetischer Anteil eine Folge der Bewegung der Wasserteilchen ist. Die Gesamtenergie wird also

$$E = E_{\text{pot}} + E_{\text{kin}} = 2\,E_{\text{pot}} \tag{19}$$

sein, denn im Falle kleiner Schwingungen sind für ein bestimmtes Raumgebiet die beiden Energieanteile in jedem Zeitpunkte einander gleich (Lamb, Sommerfeld).

Die potentielle Energie wird dann allgemein:

$$E_{\text{pot}} = \gamma \cdot \int_0^L d\xi \int_0^\eta \eta d\eta = \frac{1}{2}\gamma \int_0^L \eta^2\, d\xi \tag{20}$$

Dieser Betrag ist die Energiemenge einer Breite $b = 1$ in der seitlichen Ausdehnung der Wellenfront gemessen.

Setzt man η und $d\xi$ für die Oberfläche $z = 0$ ein, so erhält man:

$$E_{\text{pot}} = \frac{\gamma\,L\,H^2}{16\pi} \int_0^{2\pi} \cos^2\varphi \left(1 - \frac{\pi\,H}{L}\cos\varphi\right) d\varphi = \frac{\gamma\,L\,H^2\,\pi}{16\,\pi}$$

$$E = 2\,E_{\text{pot}} = \frac{1}{8}\gamma \cdot L \cdot b \cdot H^2 \tag{21}$$

Für eine Einheit der Oberfläche $L \cdot b = 1$ wird

$$E' = \frac{1}{8}\gamma \cdot H^2 \tag{21a}$$

Physikalisch gesehen bedeutet dieses, daß die Wellenenergie gleich der Arbeit ist, die aufgewendet werden muß, um eine Schicht von der Stärke H um die Höhe $\frac{H}{8}$ zu heben. Die Gl. (21) und (21a) lassen erkennen, daß die Wellenenergie der Überschuß der Energie der schwingenden Flüssigkeit gegenüber der ruhenden ist. Die Energieströmung, d. h. der Energietransport in der Zeiteinheit, wird

$$S = \frac{E}{T} = \frac{1}{8} \gamma \frac{L}{T} \cdot b \cdot H^2$$

$\frac{L}{T}$ hat die Dimension einer Geschwindigkeit und ist identisch mit der Phasengeschwindigkeit. Da monochromatische Wasserwellen in der Natur nicht auftreten, tritt an die Stelle der Phasengeschwindigkeit c die Gruppengeschwindigkeit c_g. Man erhält die Energieströmung zu:

$$S = \frac{1}{8} \gamma c_g b H^2 \tag{22}$$

c_g für Tiefwasserverhältnisse ist jedoch $\frac{c}{2}$, es wird also die Hälfte der Energie jeweils in der Wellenform weiterbefördert, die andere Hälfte bleibt in der schwingenden Flüssigkeit hinter der Welle zurück. Nur wenn keine Dispersion vorhanden ist, wird die gesamte Energie in der Welle weitergetragen.

Diese Energiemenge wird also, da die Energie unabhängig von der Zeit ist, beim Auftreffen auf ein Seebauwerk einwirken.

2. Theorie der Wellenbrechung

Setzt man voraus, daß die Gesetze der Lichtwellen und der geometrischen Optik auf Wasserwellen anwendbar sind (vgl. Abschn. D. 2. a), unter der Voraussetzung natürlich, daß die Geschwindigkeit der Welle eine Funktion der Wassertiefe h ist, so ließe sich der Verlauf einer Wellenfront mit diesen Gesetzen verfolgen. Da nach Voraussetzung in einer Welle kein seitlicher Energietransport vorhanden sein soll, muß also die in einer bestimmten Kammlänge b transportierte Wellenenergie stets gleich sein. Da S nun aber in Beziehung zur Wellenhöhe H steht, kann man durch Verfolgung dieser senkrechten Begrenzungen auf die Wellenfront und aus ihrem Verhalten über die Beziehung S = const. Rückschlüsse auf die Wellenhöhe ziehen. Es ist aus Gl. (22)

$$H = H_o \sqrt{\frac{c_{og}}{c_g}} \cdot \sqrt{\frac{b_o}{b}} = H_o D K_d \tag{23}$$

Eine andere Betrachtungsweise, die im Bulletin [3] entwickelt worden ist, führt auf die Gleichung

$$H = H_o \sqrt{\frac{L_o}{2 c_g L}} \cdot \sqrt{\frac{b_o}{b}} \tag{24}$$

Der Wert $\sqrt{\frac{L_o}{2 c_g L}}$ wird als Verflachungskoeffizient „D“ bezeichnet, er hat die entgegengesetzte Eigenschaft der Brechung. Während durch die Brechung die Kammlänge der Welle verlängert und die Höhe vermindert wird, ist der Einfluß von D eine Erhöhung der Welle; $\sqrt{\frac{b_o}{b}}$ wird auch als Brechungskoeffizient „K_d“ bezeichnet.

Von einem Erregerzentrum aus läuft eine Welle auf sehr großen Kreisen, die für die hier benutzten Entfernungen als Geraden angenommen werden können, d. h. mit geraden Kämmen, auf eine Küste mit der Tiefwassergeschwindigkeit $c_o = \sqrt{\frac{g \cdot L}{2\pi}}$ zu. Vor einer Küste wird sie dann die Tiefe $h < \frac{L_o}{2}$ erreichen. Im allgemeinen werden die Tiefenlinien nicht genau parallel zu den Wellenfronten laufen. Wenn die Welle mit einem Teile die kritische Tiefe $h < \frac{L_o}{2}$ überschreitet, werden ihre Merkmale verändert. Die Fortschrittsgeschwindigkeit, die von h abhängig ist, wird geringer zuerst in jenem Teile, der die kritische Tiefenlinie unter einem bestimmten Winkel α zuerst überschritten hat. Die Wellenfront, die geradlinig über die Tiefsee gelaufen war, verändert ihre Richtung und schwenkt auf die Richtung der Tiefenlinien zu. Mit der Fortschrittsgeschwindigkeit ändert sich auch die Wellenlänge und die Wellenhöhe, bis die Welle beim Erreichen der kritischen Tiefe brandet. Während der ganzen Zeit hat die Welle nun aber zwischen zwei Geraden im Abstande b eine konstante Energiemenge mit sich geführt. Dieser Abstand b wird sich bei Auflaufen der Welle unter dem Winkel α durch die Verzerrung der Wellenfront ändern.

Arthur, Munk und Isaacs geben die Gleichung einer Senkrechten auf die Wellenfront in Parameterform an:

$$\frac{dx}{dt} = c \cdot \cos\beta, \quad \frac{dy}{dt} = c \cdot \sin\beta, \quad \frac{d\beta}{dt} = \sin\beta\,\frac{\partial c}{\partial x} - \cos\beta\,\frac{\partial c}{\partial y} \tag{25}$$

Diese Gleichungen können für ein Geschwindigkeitspotential, das eine Funktion nur von y ist, durch Trennung der Veränderlichen gelöst werden. β ist hier $90° - \alpha$ und α ist der Winkel zwischen der Tangente an eine Tiefenlinie und der Normalen auf eine Orthogonale.

Speziell für ein Potential, das sich linear in y ändert, ist $c = c_o\,(1 - a \cdot y)$. Die Lösungen für x und y sind

$$\begin{aligned} x &= \frac{1}{a \cdot \sin\alpha_o}(\cos\alpha - \cos\alpha_o) \\ y &= \frac{1}{a \cdot \sin\alpha_o}(\sin\alpha_o - \sin\alpha) \end{aligned} \tag{26}$$

Dies ist die Gleichung eines Kreises in Parameterform mit dem Radius

$$r = \sqrt{\frac{\sin^2(2\alpha_o) + 4}{a \cdot \sin(2\alpha_o)}} \tag{27}$$

mit den Mittelpunktskoordinaten

$$x = -\frac{2}{a \cdot \sin(2\alpha_o)}\,; \qquad y = \frac{1}{a} \tag{28}$$

Die Lösung für y kann auf die Form

$$\sin\alpha = \sin(\alpha_o - \Delta\alpha) = \left(1 - \frac{\Delta c}{c_o}\right) \cdot \sin\alpha_o = \frac{c}{c_o}\sin\alpha_o \tag{29}$$

gebracht werden. $\sin\alpha = \frac{c}{c_o}\sin\alpha_o$ ist das Snelliussche Brechungsgesetz. Aus diesen Gleichungen können genaue Werte von $\Delta\alpha$ und x für jeden beliebigen Punkt gefunden werden. Mit den hier angegebenen Gleichungen kann man also die Wellenhöhen in Abhängigkeit von der Gleichung $H = H_o \cdot D \cdot K_d$ ermitteln.

3. Zeichnung der Orthogonalen

a) Arbeitsvorgang

Mit dem oben abgeleiteten Verfahren kann man rechnerisch in jedem Punkte eine Orthogonale verfolgen.

Neben dieser Rechnung ist auf Grund des Snelliusschen Gesetzes ein grafisches Verfahren entwickelt worden, mit dem die Orthogonalen von der Tiefenlinie $h = \left(\frac{L}{2} + 0{,}5\right)$ in 1-m-Intervallen verfolgt worden sind.

In Abb. 55 ist die grundsätzliche Gleichung der Arbeitsweise der Schablone abgeleitet. Abb. 56 zeigt die Schablone in verkleinertem Maßstabe, Abb. 57 die Arbeitsweise.

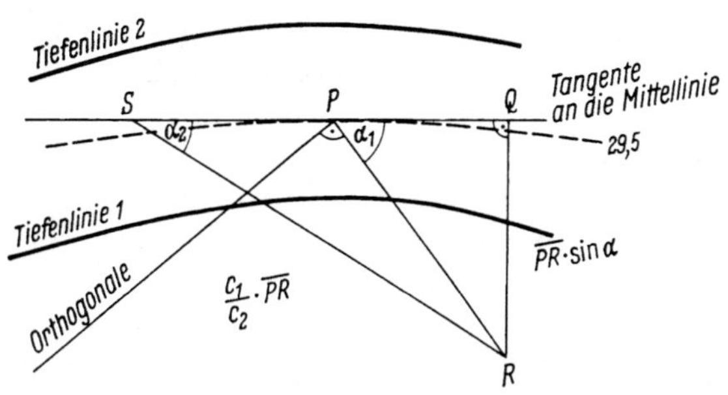

Abb. 55. Anwendung des Snelliusschen Gesetzes auf die Konstruktion der Schablone

$$\sin(RSP) = \frac{\sin\alpha_1 \cdot \overline{PR}}{c_1/c_2 \cdot \overline{PR}} = c_2/c_1 \cdot \sin\alpha_1;$$
$$c_2/c_1 \cdot \sin\alpha_1 = \sin\alpha_2;\ (RSP) = \alpha_2$$

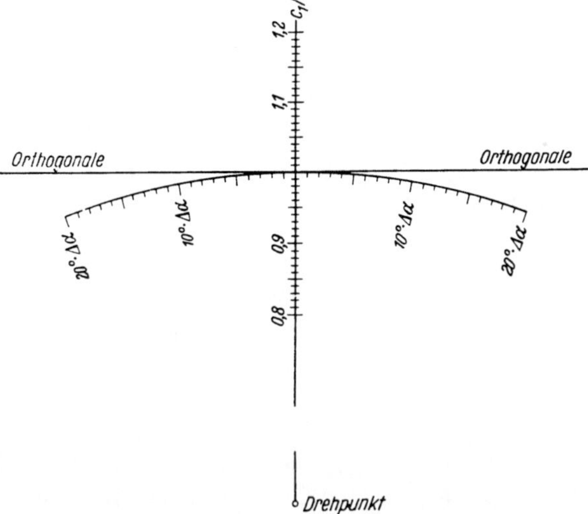

Abb. 56. Verkleinerte Darstellung der Schablone zur grafischen Ermittlung der Orthogonalen

Die im Bulletin [3] angegebene grafische Lösungsmethode hat den Vorteil einer unmittelbaren Konstruktion der Orthogonalen ohne den Umweg über die vorherige Ermittlung der Wellenfronten. Die Genauigkeit ist somit größer. Für die Durchführung der Arbeit stehen die beiden folgenden Beziehungen zur Verfügung:

$$\sin \alpha = \frac{c}{c_o} \cdot \sin \alpha_o$$

$$\text{und} \quad H = H_o \cdot D \cdot K_d$$

Die Untersuchung wurde im vorliegenden Falle zunächst für den Zustand ohne die geplante Mole und für einen Wasserstand von + 2 m SKN und für eine Wellenlänge $L_o = 60$ m bei Wind und See aus Südsüdwest durchgeführt. Die Steilheit der Tiefwasserwelle ergab sich für $H_o = 5$ m (s. u.!) zu $\delta = \frac{5}{60} = \frac{1}{12} < \delta_{kr} = \frac{1}{10}$. Die Welle ist also stabil.

Aus den Gleichungen $T = 0{,}8 \sqrt{L_o}$ wurde $T = 0{,}8 \sqrt{60} = 6{,}20$ s und aus $c_o = 1{,}25 \sqrt{L_o}$ wurde $c_o = 1{,}25 \sqrt{60} = 9{,}68$ m/s ermittelt.

Nach Umformung der Gl. (14a) in

$$m = n \cdot tgh\, 2\pi n \tag{30}$$

und durch zeichnerische Auswertung dieser Gleichung konnte für jede Wassertiefe h die zugehörige Wellenlänge L und — da die Untersuchungen in einer Wassertiefe $\frac{L}{2} > h > \frac{L}{25}$ stattfanden — c aus Gl. (14a) und schließlich der für die Konstruktion erforderliche Wert $\frac{c}{c_1}$ für jedes Intervall, angefangen an der $h = \left(\frac{L}{2} + 0{,}5\right)$ m-Linie ermittelt werden. Der Faktor D wurde numerisch aus Gl. (16c) bestimmt. Diese Werte sind in der nachstehenden Tafel wiedergegeben.

D und L_n in Anhängigkeit von der Wassertiefe h_n*

1	2	3	4	5	6	7	8	9	10	11	12	13	14
Tiefenlinie	Tiefe h_n	Wellenlänge L_n	h_n/L_n	$4\pi h_n/L_n$	$\sinh \frac{4\pi h_n}{L_n}$	$\frac{4\pi h_n / L_n}{\sinh 4\pi h_n/L_n}$	1 + (Sp. 7)	$\frac{1}{2}$(Sp.8) = c_g	$1/c_g$	L_o/L_n	$\frac{L_o}{c_g \cdot L_n}$	$\frac{1}{2}$(Sp.12)	$D = \sqrt{\frac{L_o}{2c_g \cdot L_n}}$
m SKN	m	m	—	—	—	—	—	—	—	—	—	—	—
1	3	31,90	0,0942	1,183	1,479	0,801	1,801	0,900	1,111	1,881	2,093	1,045	1,0220
2	4	36,00	0,1111	1,396	1,896	0,737	1,737	0,868	1,153	1,667	1,921	0,960	0,9798
3	5	39,70	0,1259	1,583	2,331	0,679	1,679	0,845	1,183	1,511	1,788	0,894	0,9455
4	6	42,50	0,1410	1,772	2,855	0,621	1,621	0,810	1,234	1,412	1,743	0,872	0,9338
5	7	45,00	0,1556	1,955	3,462	0,565	1,565	0,782	1,279	1,333	1,705	0,853	0,9236
6	8	47,30	0,1691	2,125	4,125	0,515	1,515	0,758	1,319	1,270	1,675	0,838	0,9154
7	9	49,10	0,1833	2,303	4,954	0,465	1,465	0,732	1,367	1,222	1,672	0,836	0,9133
8	10	50,60	0,1975	2,482	5,938	0,418	1,418	0,709	1,410	1,186	1,671	0,835	0,9138
9	11	52,20	0,2108	2,650	7,038	0,377	1,377	0,688	1,453	1,150	1,671	0,835	0,9138
10	12	53,30	0,2248	2,829	8,436	0,336	1,336	0,668	1,496	1,122	1,678	0,839	0,9160
11	13	54,50	0,2387	2,999	10,01	0,300	1,300	0,650	1,538	1,115	1,713	0,856	0,9252
12	14	55,30	0,2532	3,182	12,03	0,265	1,265	0,632	1,582	1,084	1,717	0,858	0,9263
13	15	56,00	0,2679	3,367	14,47	0,233	1,233	0,616	1,624	1,072	1,741	0,870	0,9327
14	16	56,50	0,2827	3,553	17,45	0,204	1,204	0,602	1,660	1,063	1,763	0,881	0,9386
15	17	57,20	0,2969	3,731	20,85	0,179	1,179	0,590	1,695	1,049	1,778	0,888	0,9423
16	18	57,70	0,3121	3,922	25,24	0,155	1,155	0,578	1,730	1,040	1,800	0,900	0,9487
17	19	58,00	0,3275	4,116	30,64	0,134	1,134	0,567	1,763	1,034	1,803	0,902	0,9497
18	20	58,40	0,3422	4,300	36,84	0,117	1,117	0,554	1,804	1,028	1,850	0,925	0,9618
19	21	58,70	0,3579	4,498	44,89	0,100	1,100	0,550	1,818	1,022	1,858	0,929	0,9638
20	22	58,90	0,3737	4,697	54,78	0,086	1,086	0,543	1,842	1,018	1,876	0,938	0,9685
21	23	59,10	0,3888	4,885	66,16	0,074	1,074	0,537	1,862	1,015	1,889	0,944	0,9716
22	24	59,20	0,4050	5,089	81,12	0,063	1,063	0,532	1,880	1,013	1,905	0,952	0,9757
23	25	59,40	0,4212	5,294	99,52	0,053	1,053	0,526	1,910	1,011	1,930	0,965	0,9823
24	26	59,50	0,4366	5,486	120,7	0,045	1,045	0,522	1,915	1,008	1,932	0,966	0,9829
25	27	59,60	0,4531	5,693	148,4	0,038	1,038	0,519	1,925	1,007	1,937	0,968	0,9839
26	28	59,70	0,4695	5,900	182,6	0,032	1,032	0,516	1,939	1,005	1,947	0,973	0,9864
27	29	59,90	0,4852	6,097	222,2	0,029	1,029	0,514	1,945	1,003	1,950	0,975	0,9874
28	30	60,00	0,5000	6,282	267,3	0,024	1,024	0,512	1,955	1,000	1,955	0,977	0,9884

*Für die Berechnung wurden die Tafeln von Wiegel [3] benutzt. Es wurde ohne Interpolation der jeweils nächstliegende Wert verwendet.

Das Arbeitsverfahren selbst wurde folgendermaßen durchgeführt:

Parallel zur Wellenfortschrittsrichtung wurde in gleichen Abständen eine Schar von Geraden gezogen und zum Schnitt mit der tiefsten Halbmeter-Linie gebracht. Diese Linie stellte die Mittellinie des ersten wirksamen Intervalls dar. Im Schnittpunkte zwischen der Tiefenlinie und der ersten Orthogonalen wurde dann eine Tangente an die Tiefenlinie gelegt. Daraufhin wurde die Schablone so au die einlaufende Orthogonale gelegtf daß der Punkt 1,0 auf dem Schnittpunkte der einlaufenden Orthogonalen mit der Tangente lag und die Schablonen-Orthogonale sich mit der einlaufenden deckte (Abb. 57a). Dann wurde die Schablone so lange um den Punkt R gedreht, bis der für das Intervall kennzeichnende Wert $\frac{c_0}{c}$ die Tangente schnitt (Abb. 57b). Damit war die Richtungsänderung der Orthogonalen gefunden. Diese wurde dann so lange parallel verschoben, bis der Schnittpunkt der einlaufenden und der gedrehten Orthogonalen auf der Mittellinie des Intervalls lag. Damit waren das $\Delta\alpha$ und das x der Orthogonalen gefunden. Diese wurde nun zum Schnitt mit der nächsten Mittellinie gebracht. Der eben beschriebene Vorgang wurde dann wiederholt.

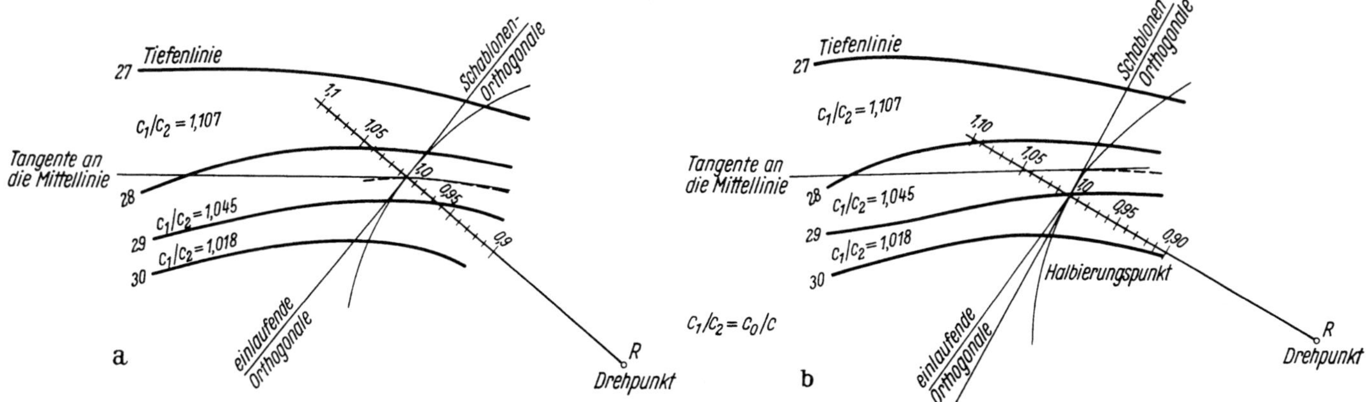

Abb. 57. Anwendung der Schablone zur Ermittlung der Richtungsänderung der Orthogonalen

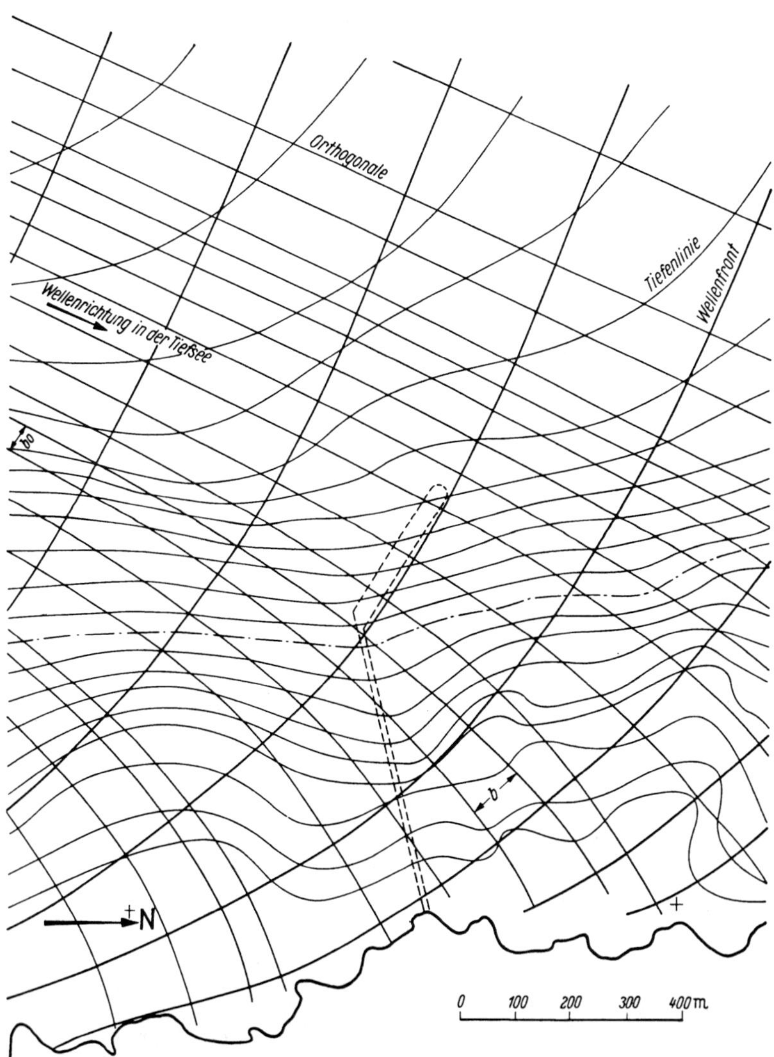

Abb. 58. Verlauf der Orthogonalen und der Wellenfronten vor dem Einbau der Mole

Nach Beendigung der Untersuchung wurde b in Höhe der Mole gemessen und aus der Beziehung

$$H_0 = \frac{H}{D}\sqrt{\frac{b}{b_0}} = \frac{4{,}00}{0{,}944}\sqrt{1{,}4} = 5{,}0\text{ m}$$

berechnet. H_0 wurde $= 5{,}0$ m gesetzt, da die Wellenhöhe von 4 m als in Höhe der (im vorliegenden Falle noch nicht vorhandenen) Mole beobachtete Wellenhöhe, nicht als Tiefwasserwellenhöhe angenommen worden ist. Der Verlauf der Orthogonalen ist in Abb. 58 dargestellt.

b) Grenzen des Verfahrens

In vielen Fällen sind Brechungsdiagramme die einzige Möglichkeit, genauere Aussagen über die Veränderungen zu bekommen, die die Wellen erleiden, wenn sie sich einer Küste nähern. Die Ergebnisse, die man aus der Wellenbrechungstheorie erhält, gelten aber nur so lange, wie die Theorie ihrer Konstruktion genau ist. Die Gleichung für die Richtungsänderung einer Orthogonalen, Gl. (29), ist für den einfachsten Fall, nämlich für vollständig parallele Tiefenlinien ententwickelt worden. Der Fehler, der entsteht, wenn eine Orthogonale über einen verhältnismäßig unkomplizierten Meeresgrund verfolgt wird, ist nicht groß. Schwierigkeiten wird es jedoch bereiten, die Wellenrichtung über komplexen Meeresgrund zu verfolgen. Weiterhin ist die Gleichung für kleine Wellen, die sich über flache Neigungen des Meeresbodens bewegen, entwickelt worden. Obgleich keine genaue Grenze angegeben ist, kann eine gute Genauigkeit bei einer steileren Bodenneigung als 1 : 10 nicht mehr erwartet werden. Eine dritte Einschränkung ist die Annahme, daß kein seitlicher Energietransport in der Welle stattfindet, d. h. aber, daß bei stark gebogenen Orthogonalen die Genauigkeit der Aussagen leiden muß.

Im vorliegenden Falle sind fast alle Einschränkungen beachtet worden, mit Ausnahme der kleinen Wellen. Es kann eine befriedigende Übereinstimmung zwischen der Voraussage der Rechnung und der Natur erwartet werden.

4. Theorie der Wellenbeugung

a) Ableitung der Gleichungen

Unter Wellenbeugung versteht man die Erscheinung, daß ein in sich geschlossenes Energiefeld durch ein starres Hindernis gestört wird und daß Energie in den Wellen rechtwinklig zur Wellenfortschrittsrichtung zu fließen beginnt. Das Hindernis selbst wirkt dabei wie ein neues Erregerzentrum; es wird ein neues Potential aufgebaut, wobei die Erscheinung auftritt, daß die Wellen um die Spitze des Hindernisses herumlaufen. Der Vorgang der Beugung der Wasserwellen geht dabei analog den Vorgängen bei der Beugung von Licht-, Schall- und elektromagnetischen Wellen vor sich. Die Theorien für Beugung an Wellenbrechern sind hieraus entwickelt worden. Iribarren und Thijsse haben experimentelle Studien über Beugung betrieben und die Ergebnisse auf praktische Entwurfsprobleme angewendet. Lacombe hat Vergleiche zwischen der Methode der klassischen Hydrodynamik, der Untersuchung der Beugungen und den optischen Methoden angestellt. Allgemein konnte man feststellen, daß die theoretischen Ergebnisse mit den strengen Ergebnissen übereinstimmen [*4*].

Die allgemeine Gleichung für fortschreitende, nichtdrehende Wellen kleiner Amplitude kann geschrieben werden [*3*]:

$$\eta = A\, i \frac{2\pi}{Lg} c \cdot \cosh \frac{2\pi h}{L} \cdot e^{i \frac{2\pi}{L} c \cdot t} \cdot F_{(x,y)} \tag{31}$$

In dieser Potentialgleichung bedeutet L die Wellenlänge und c die Wellengeschwindigkeit.

Der Ausdruck $\frac{A\, 2\pi}{Lg} \cdot c \cdot e^{\frac{i 2\pi}{L} c t} \cdot \cosh \frac{2\pi h}{L}$ ist die maximale Amplitude der Wellenbewegung. η ist die Hebung des Wasserspiegels zur Zeit t, definiert durch den Realteil der Gl. (31).

Für Wellen, die sich in Richtung der positiven y-Achse bewegen und die durch kein Hindernis gestört werden, ist

$$F_{(x,y)} = e^{-i \frac{2\pi}{L} y} \tag{32}$$

Ist ein einzelnes, starres Hindernis vorhanden, geben Putnam und Arthur als Lösung an:

$$F_{(x,y)} = e^{-i \frac{2\pi}{L} y} \cdot f_{(u_1)} + e^{i \frac{2\pi}{L}} \cdot g_{(u_2)} \tag{33}$$

Carry und Chapus [*6*] haben diese Gleichung in Polarkoordinaten umgerechnet und in Abhängigkeit von dem Winkel zwischen Wellenangriff und Mole Θ_0 gebracht.

Da diese Form des Potentials bequemer zu lösen ist, ist sie für die Berechnung zugrunde gelegt worden. Sie lautet:

$$F_{(r,\Theta)} = f_{(u_1)} \cdot e^{-i \frac{2\pi r}{L} \cos(\Theta_0 - \Theta)} + f_{(u_2)} \cdot e^{-i \frac{2\pi r}{L} \cos(\Theta_0 + \Theta)} \tag{34}$$

$$f_{(u)} = \frac{1}{\sqrt{2}} \cdot e^{i \frac{\pi}{4}} \int_{-\infty}^{u} e^{-i \frac{\pi v^2}{2}} dv \tag{35}$$

$$u_1 = -2 \sqrt{\frac{2r}{L}} \cdot \sin \frac{\Theta_0 - \Theta}{2}\,; \quad u_2 = -2 \sqrt{\frac{2r}{L}} \cdot \sin \frac{\Theta_0 + \Theta}{2} \tag{36}$$

Die relative Amplitude, d. h. das Verhältnis der gebrochenen Welle zur Erregerwelle ist definiert durch den Amplitudenfaktor der Funktion $F\ (r,\ \Theta)$ also

$$(2a)' = |\,F_{(r,\Theta)}\,| \tag{37}$$

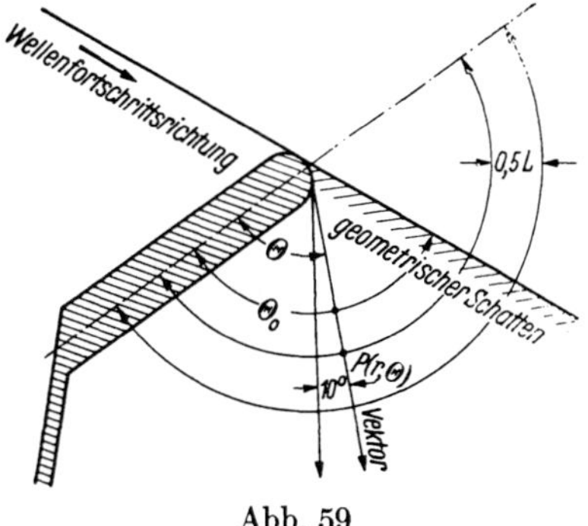

Abb. 59

und die Phasenverschiebung durch das Argument von $F\ (r,\ \Theta)$; wenn $F\ (r, \Theta)$ in die Form $F\ (r,\ \Theta) = \alpha + i\beta$ gebracht worden ist, ist

$$\varphi' = \frac{arctg\ \Theta}{2\,\pi} \tag{38}$$

Für die Berechnung des Potentialfeldes im vorliegenden Falle mit eingebauter Mole wurde ein Vektorbündel im Abstande von 10° über den Hafen gelegt und r/L in n-fachen von $^1/_2$ um den Molenkopf gezeichnet (Abb. 59).

b) Durchführung der Rechnung

Das Integral $f\,(u)$ wurde mit den tabellierten Werten der Fresnelschen Integrale ausgewertet [7]. Es ist

$$f\,(u) = \int\limits_{-\infty}^{u} \cos \frac{\pi\, v^2}{2}\, dv - i \int\limits_{-\infty}^{u} \sin \frac{\pi\, v^2}{2}\, dv \tag{39}$$

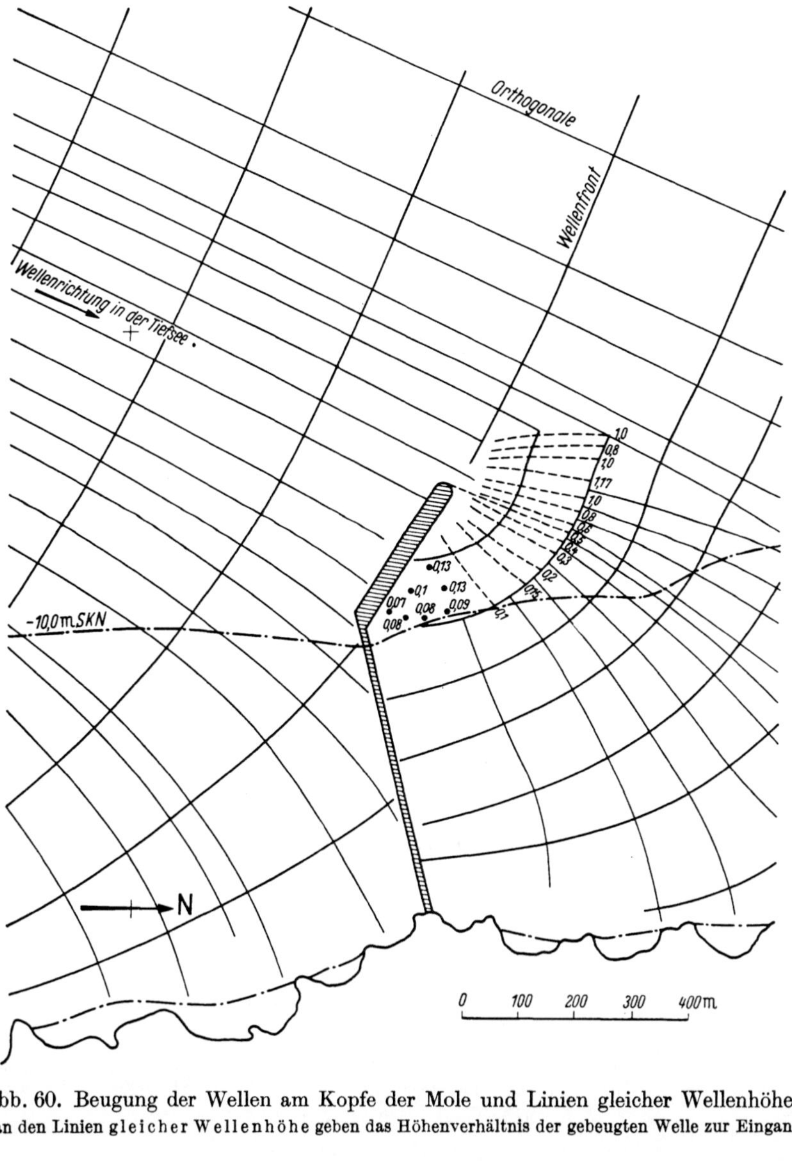

Abb. 60. Beugung der Wellen am Kopfe der Mole und Linien gleicher Wellenhöhe

Die Zahlen an den Linien gleicher Wellenhöhe geben das Höhenverhältnis der gebeugten Welle zur Eingangswelle an

Die Fresnelschen Integrale sind jedoch für $-\infty$ nicht definiert. Man kann das $\int\limits_{-\infty}^{u}$ jedoch in

$$\int\limits_{-\infty}^{u} = \int\limits_{-\infty}^{0} + \int\limits_{0}^{u} \text{ aufspalten.}$$

$\int\limits_{0}^{u} \ldots .. dv$ ist dann durch $C(u)$ und $S(u)$ definiert.

Die Fresnelschen Integrale werden berechnet in den Reihen

$$C_{(u)} = 0{,}5 + \frac{1}{\pi u} \sin \frac{1}{2} \pi u^2 - \frac{1}{\pi^2 u^2} \cos \frac{1}{2} \pi u^2$$

$$S_{(u)} = 0{,}5 - \frac{1}{\pi u} \cos \frac{1}{2} \pi u^2 - \frac{1}{\pi^2 u^2} \sin \frac{1}{2} \pi u^2$$

Es ist zu erkennen, daß sowohl für $C(u)$ als für auch $S(u)$ $\lim\limits_{u \to \infty} u = 0{,}5$ wird und das Gesamtintegral sich

$$\text{zu } \left(\frac{1}{2} + C_{(u)}\right) - i\left(\frac{1}{2} + S_{(u)}\right)$$

ergibt.

Für negative Werte von u geht $f(-u)$ über in $1 - f(u)$. Die anderen Teile der Gleichung $F(r, \Theta)$ wurden in die Form $\alpha + i\beta$ gebracht. Nachdem die Imaginär- und Realteile aufgesammelt waren, wurden für die einzelnen Punkte die Werte

$$|F_{(r,\Theta)}|, \; \varphi'_{(r,\Theta)}$$

berechnet und in den vorbereiteten Plan eingetragen.

Das Ergebnis der Rechnung ist in Abb. 60 zeichnerisch in Form von Linien gleicher Wellenhöhen niedergelegt. Landwärts der Linie $(2\,a)' = 0{,}1$ sind die Ergebnisse punktweise eingetragen, da die Werte sich für eine Interpolation nicht mehr genügend unterscheiden.

Die Behandlung nach der Beugungstheorie wurde nur bis zu einer Entfernung $r = 4\,L$ von der Molenspitze ausgeführt.

c) Grenzen des Verfahrens

Die Ableitung der Gleichung des Potentials ist nicht bekannt. Im Bulletin [3] und bei Johnson [4] sind folgende Einschränkungen genannt: gleichmäßige Wassertiefe in Lee der Mole und kleine Wellen mit $\delta < 0{,}03$.

Der Einfluß der veränderlichen Wassertiefe kann dadurch ausgeglichen werden, daß nach etwa 3 bis 4 Wellenlängen mit der vom letzten Wellenkamme angegebenen Richtung das Verfahren der Wellenbrechung angewendet wird.

Im vorliegenden Falle ist so verfahren worden. Inwieweit der Einfluß der großen Steilheit wirksam wird, ist nicht zu sagen. Erfahrungen hierüber liegen nicht vor.

F. Zusammenfassung

Die in Abb. 58 eingetragenen Orthogonalen zeigen, daß die Mole in ihrer ganzen Länge im Bereiche von Divergenz liegt. Unter den gegebenen Bedingungen werden an der Mole und in der Umgebung des Hafens keine Energiekonzentrationen bei Wind aus Südsüdwest auftreten. An der Luvseite der Mole können durch Reflexion höhere Wellen auftreten. In Lee der Mole ist wegen der Form des Hafens und des flachen Strandes nicht mit nennenswerten Reflexionen (Kabbelung) zu rechnen.

Die Linien gleicher Wellenhöhen in Abb. 60 zeigen, daß die Mole den Hafen gut gegen Wellen aus Südsüdwest schützt. Innerhalb des geometrischen Schattens nehmen die Wellenhöhen rasch ab. Durch Interferenz wird ein Gürtel aufgesteilter Wellen längs der Linie $(2\,a)' = 1{,}17\,H_k$ auftreten. H_k ist hierbei die als kennzeichnende Wellenhöhe benutzte Höhe von 4,00 m.

G. Vergleich zwischen Rechnung und Modellversuch

Bei einem Vergleiche der in Abb. 60 eingetragenen errechneten Werte mit den gemessenen Wellenhöhen bei 4 m hohen Wellen aus Südsüdwest (Abb. 39) sind kleine Unterschiede erkennbar. Sie sind einmal aus den oben behandelten Grenzen der Theorie für Wellen mit kleiner Steilheit und weiterhin durch den Einfluß der veränderlichen Tiefe zu erklären. Gute Übereinstimmung der Ergebnisse zeigt sich bei den rein qualitativen Aussagen. Beim Vergleiche der Lage der Wellenfronten sind keine wesentlichen Unterschiede festzustellen (vgl. Abb. 60 mit Abb. 15 bis 18). Die 4. Wellenfront hinter dem Molenkopfe schneidet die (strichpunktierte) 10-m-Tiefenlinie im Versuch und nach der Berechnung an der gleichen Stelle. Auch das stellenweise Voreilen der Wellenfront ist übereinstimmend erfaßt. Der relative Abfall der Wellenhöhen ist etwa gleich.

Zusammenfassend ist festzustellen, daß die Rechnung zwar allgemeine Aussagen für die Planung eines Hafens ermöglicht, daß aber die Einflüsse der Anlagen im Zusammenwirken mit den natürlichen Gegebenheiten erst durch einen Modellversuch genau und im einzelnen zu ermitteln sind.

Schrifttum

[1] Thorade, H.: Probleme der Wasserwellen. Hamburg: Henri Grand 1931.

[2] Kirschmer, O.: Die Theorie der Meereswellen als Grundlage von Modellversuchen für Seebauten. Sonderdruck aus dem MAN-Forschungsheft 1952, 2. Halbjahr.

[3] The Bulletin of the Beach Erosion Board. Special Issue No. 2, Preliminary, March 1953.

[4] Johnson, J. W.: Engineering Aspects of Diffraction and Refraction. Proceedings Amer. Soc. of Civ. Engineering, Separate No. 122, March 1952.

[5] Mason, M. A.: Surface Water Wave Theories. Proceedings Amer. Soc. of Civ. Engineering, Separate No. 120, March 1952.

[6] Carry, C. et E. Chapus: Calcul pratique de l'amplitude de la houle diffractée derriere une jetée semi-indéfinie, La Houille Blanche, Jan./Febr. 1951.

[7] Jahnke, E. u. F. Emde: Funktionentafeln. 1928. Berlin: B. G. Teubner, S. 23—26.

[8] Gridel, H.: Essai d'Application des Résultats de la Physique Ondulatoire á l'Étude des Phénoménes de la Houle. Annales des Ponts et Chaussees, Bd. 116, 1946.

[9] O'Brien, M.-P. et al.: A Summary of the Theory of Oscillatory Waves. Techn. Report No. 2, Beach Erosion Board.

Studie über die Wasserwege zu den deutschen Seehäfen

Von Ministerialrat Dipl.-Ing. **Hartwig Wegner**, Bonn

I. Allgemeine Vorbemerkungen[1]

Seehäfen sind im Laufe der früheren Jahrhunderte nicht willkürlich entstanden. Sie sind dort gegründet und angelegt, wo Strommündungen und Buchten den Segelschiffen vor Sturm und Seegang geschützte Ankerplätze boten und wo das Be- und Entladen der Schiffe durch feste Ufer begünstigt wurde. Auch sollten, um an teuren Binnenfrachten zu sparen, Erzeuger und Verbraucher auf möglichst kurzen Wegen zu Wasser und zu Lande erreichbar sein; daher war man bestrebt, die Seeschiffe möglichst weit in das Land eindringen zu lassen. An solchen von der Natur begünstigten Stellen entwickelten sich an der deutschen Küste, um nur die wichtigsten zu nennen, die Häfen Emden, Bremen, Hamburg und Lübeck.

Die Gunst der Natur hielt nicht immer vor; gelegentlich ließen Versandungen oder Verlagerungen der Ströme blühende Hafenplätze veröden. So verlor Emden seine Bedeutung im ausgehenden Mittelalter, als sich die Ems nach dem Dollarteinbruch ein neues Bett gesucht hatte.

Im allgemeinen boten Häfen und Zufahrten früher keine besonderen technischen Schwierigkeiten, da der Tiefgang der Segelschiffe gering war. Dies änderte sich grundlegend, als die Schiffe mit dem schnellen Anwachsen des Güteraustausches größer wurden und Maschinenantrieb erhielten. Der Vergrößerung des Schiffstiefgangs waren die natürlichen Wassertiefen in den Häfen und in den Strommündungen nicht mehr gewachsen; sie mußten vergrößert werden. So haben in den letzten Jahrzehnten des vorigen Jahrhunderts das Land Preußen den Hafen Emden und die Ems, die Hansestädte Hamburg, Bremen und Lübeck außer ihren Häfen die Elbe, die Weser und die Trave entsprechend den wachsenden Schiffsgrößen und unter Berücksichtigung der natürlichen Gegebenheiten der Ströme ausgebaut. Nach dem ersten Weltkrieg übernahm das Reich auf Grund der Weimarer Verfassung im Jahre 1921 die Binnen- und Seewasserstraßen und wurde damit für ihre Betreuung zuständig. Für Ems, Weser und Elbe wurden in den Staatsverträgen der Jahre 1921 und 1922 der damalige Ausbauzustand und das spätere Ausbauziel festgelegt. Es schien, als wären damit die Grundlagen für weitere Ausbaumaßnahmen auf weite Sicht bestimmt. Nach dem zweiten Weltkrieg wurde durch das Grundgesetz dem Bund das Eigentum an den bisherigen Reichswasserstraßen übertragen, der sie durch eigene Behörden verwaltet. In der Nachkriegszeit setzte nun eine derartige Größenentwicklung der Schiffe ein, daß die früheren Überlegungen über den Ausbau der Seeschiffahrtsstraßen erneut überprüft werden mußten. Der Wasserbau muß dem Größerwerden der Schiffe in irgend einer Form gerecht werden. Dabei ist noch nicht zu übersehen, ob die größten Schiffsabmessungen bereits erreicht sind.

Ebenso wie die Zufahrt zur See ist der Anschluß der Häfen an das Hinterland auf dem Wasserwege von Bedeutung. Auch in der Binnenschiffahrt haben sich in den letzten Jahrzehnten durchgreifende Änderungen vollzogen; die Schiffe sind größer geworden, die Zahl der Selbstfahrer hat zugenommen und die Fahrgeschwindigkeit ist gewachsen. Die Binnenschiffahrtsstraßen müssen mit dieser Entwicklung Schritt halten. Besonders wichtig ist ein leistungsfähiger Wasserstraßenanschluß zum Hinterland für jeden Seehafen, in dem Massengüter umgeschlagen werden.

Im allgemeinen werden Bauwerke erst nach Fertigstellung oder nach Inbetriebnahme in der Fachliteratur beschrieben. Das hat den Vorzug, daß die Darstellung sich in der rückwärtigen Betrachtung u. a. nur mit dem zu befassen braucht, was zu der gewählten Lösung geführt hat; auf vieles, was Entwurfsverfasser und Bauausführende bewegte, im Laufe der Entwicklung aber verlassen wurde, konnte verzichtet werden. Es hat aber den Nachteil, daß bei Arbeiten, die sich über viele Jahre hinziehen, häufig erst sehr spät eingehende fachliche Darstellungen gegeben werden

---

[1] siehe hierzu Abb. 1 auf Tafel I

können. Dies trifft besonders auf den Verkehrswasserbau und dessen weiträumige Ausbauarbeiten zu, die meist einen längeren Zeitraum beanspruchen. Vertiefungen und Regulierungsarbeiten an Wasserläufen sowie einschneidende Flußkorrektionen ziehen sich oft über Jahre und Jahrzehnte hin.

Mit der nachstehenden Studie wird nicht über Fertiges berichtet, sondern über Arbeiten, die zur Zeit im Gange sind, und über Planungen, die heute die maßgebenden Stellen beschäftigen. Gedanken und Probleme, die noch keineswegs ausgereift sind, werden erörtert; es soll versucht werden, Untersuchungsergebnisse und Überlegungen festzuhalten, welche die Seeschiffahrtsstraßen und ihre Anschlüsse an das Binnenland betreffen, gleichgültig, ob sie einmal Gestalt annehmen werden oder nicht.

Auf die Darstellung bereits abgeschlossener Baumaßnahmen wird verzichtet. Hierzu wird auf das im Anhang gegebene Schrifttumverzeichnis verwiesen.

II. Entwicklung der Seeschiffe

Die Ausbaugröße der Häfen und ihrer Zufahrten steht in Wechselbeziehung zur Größe der zu ihnen verkehrenden Schiffe. Für den Strombau ist der Tiefgang der Schiffe von ausschlaggebender Bedeutung. Einen ungefähren Anhalt über das Verhältnis zwischen Tragfähigkeit (tdw) und Tiefgang in m und Fuß gibt Tabelle 1. Hierin ist zu beachten, daß die bei den einzelnen Größenklassen angegebenen Tiefgangszahlen nur Mittelwerte darstellen, die im Einzelfall um etwa ½ m nach oben oder unten abweichen können. Der Tiefgang eines 65000 tdw-Schiffes schwankt z. B. je nach Bauart zwischen 12,50 und 13,50 m. Das Verhältnis von Brutto-Register-Tonne (BRT) zur Tragfähigkeits-Tonne (tdw) ist je nach Bauart des Schiffes verschieden. Als Durchschnittsmaß wird vielfach bei Massengutfrachtern 1,5 BRT = 1 tdw angenommen.

Tabelle 1. *Verhältnis von Tragfähigheit zu Tiefgang*

Tragfähigkeit tdw	Tiefgang in m	Tiefgang in Fuß	
11 000	8,00	26′	3″
14 000	8,50	27′	11″
17 000	9,00	29′	6″
21 000	9,50	31′	2″
26 000	10,00	32′	9″
31 000	10,50	34′	5″
37 000	11,00	36′	1″
45 000	11,50	37′	9″
52 000	12,00	39′	4″
65 000	13,00	42′	8″
85 000	14,00	45′	11″
100 000	15,00	49′	3″

Alle Schiffe bis zu einem Tiefgang von 8,50 m mit im Mittel 14000 tdw können die großen deutschen Nordseehäfen unter Ausnutzung der Flut ohne Behinderung anlaufen. Erst bei Schiffen mit größerem Tiefgang treten je nach den örtlichen und weiter unten näher beschriebenen Verhältnissen Schwierigkeiten auf. Es ist also wichtig, die Entwicklung der über 14000 tdw großen Schiffe zu betrachten.

Während vor dem zweiten Weltkrieg nur Passagierschiffe einen größeren Tiefgang als 8,50 m aufwiesen und Frachtschiffe dieses Maß im allgemeinen nicht überschritten, wurden nach 1945, insbesondere bei Massengutfrachtern, Größe und Tiefgang erheblich gesteigert. An dieser Entwicklung sind Erzschiffe und Tanker am stärksten beteiligt.

Die heute in Fahrt befindlichen Erzschiffe haben Größen von etwa 17000 tdw erreicht, einzelne Schiffe weisen schon Tragfähigkeiten von 20000 tdw und mehr auf. Diese Schiffe sind vorwiegend für die skandinavische Erzschiffahrt geeignet. Größere Schiffe sind zur Zeit weder in den schwedischen Häfen noch in der Fahrt durch den Nord-Ostsee-Kanal verwendbar. Nur in Narvik können Schiffe bis zu 25000 tdw abgefertigt werden. In zunehmendem Maße werden aber jetzt Erze zur Abdeckung des steigenden Bedarfs aus Übersee, insbesondere von neu erschlossenen Erzlagern in Labrador und Venezuela, angefahren. Hier besteht die Neigung, auch größere Schiffe zu verwenden. Schiffe mit 30000 tdw sind teils noch im Bau, teils bereits fertig. In Holland sind zwei Schiffe mit je 50000 tdw, in Japan sechs Schiffe mit 45000 bis 60000 tdw in Auftrag gegeben. Wenn auch nicht damit zu rechnen ist, daß diese größten Erzschiffe auf deutsche Häfen fahren werden, so wird doch anzunehmen sein, daß Erzschiffe bis zu einer Größenordnung von etwa 30000 bis 40000 tdw in deutschen Häfen abgefertigt werden müssen. Mit noch größeren Schiffen in der Erzschifffahrt ist in absehbarer Zeit nicht zu rechnen. Das schließt nicht aus, daß die Größenentwicklung der Schiffe in anderen Ländern weiter geht.

In der Tankschiffahrt galt 1945 ein Schiff mit 17000 tdw als „Super"-Tanker, d. h. als ein weit über der Druchschnittsgröße liegendes Schiff. Heute sind Tanker mit 45000 tdw nicht mehr selten. Über 200 Tanker mit einem Fassungsvermögen von je 40000 bis 60000 tdw sind im Bau. Das zur Zeit größte Tankschiff trägt 85000 tdw, und in Japan und in den USA sind Schiffe mit bereits 100000 tdw in Auftrag gegeben. Die Suezkrise im Jahre 1956 hat diese Entwicklung erheblich beschleunigt. Der Suezkanal war zu dieser Zeit für Schiffe bis 10,36 m Tiefgang befahrbar, das entspricht einer Schiffsgröße von etwa 30000 tdw. Wegen der Sperrung des Kanals mußte der Umweg um Afrika in Betracht gezogen werden, dessen erheblich höhere Kosten nur durch den Einsatz größerer Schiffseinheiten auszugleichen waren. Auch nach Beilegung der Suezkrise hielt der Zug zum größeren Schiff, zum Supertanker, an. Diese Entwicklung wird unterstützt durch den ständig wachsenden Mineralölbedarf. Trotzdem sollte man nicht, wie es heute vielfach geschieht, das Anwachsen der Größe der Tankschiffe überschätzen. Dem wirtschaftlichen Vorteil, daß mit zunehmender Schiffsgröße die Transportkosten je Ladungseinheit abnehmen, steht der erhebliche Nachteil der Dispositionsbeschränkung und geringeren Einsatzmöglichkeit gegenüber. So hat das amerikanische National Petroleum Council ermittelt, daß im Jahre 1960 nur 21 Häfen in der Lage sein werden, 60000 tdw-Tanker aufzunehmen. Von diesen Häfen entfallen 8 auf Europa, 5 auf den Nahen Osten, 4 auf die USA und Canada, 2 auf Indonesien und 2 auf Südamerika. Das Disponieren mit den großen Schiffen ist also auf wenige Plätze beschränkt. In politisch unruhigen Zeiten oder bei wirtschaftlichen Konjunkturschwankungen sind die Supertanker nur eingeschränkt verwendbar und ihr Ausfall ist um so nachteiliger, je größer das einzelne Schiff ist. Reeder und Schiffbauer sollten daher ernsthaft prüfen, ob es besser ist, eine bestimmte Grenze bei der Wahl des zu erbauenden Schiffes innezuhalten. Hierbei ist von entscheidender Wichtigkeit, daß die großen Schiffe nicht einen Tiefgang erhalten, der die Ausnutzung des Schiffes und damit seine Wirtschaftlichkeit in Frage stellt.

Mit welchen Tankergrößen wird Deutschland in Zukunft zu rechnen haben?

Auf der Elbe kann die obere Grenze der zu erwartenden Tanker mit etwa 45000 tdw angenommen werden. In Wilhelmshaven möchte man gern auch die größten Tankschiffe abfertigen können, jedoch wird hier die obere Grenze mit etwa 70000 tdw beziffert werden müssen. Hierauf wird im einzelnen unten bei den Abschnitten über Elbe und Jade eingegangen.

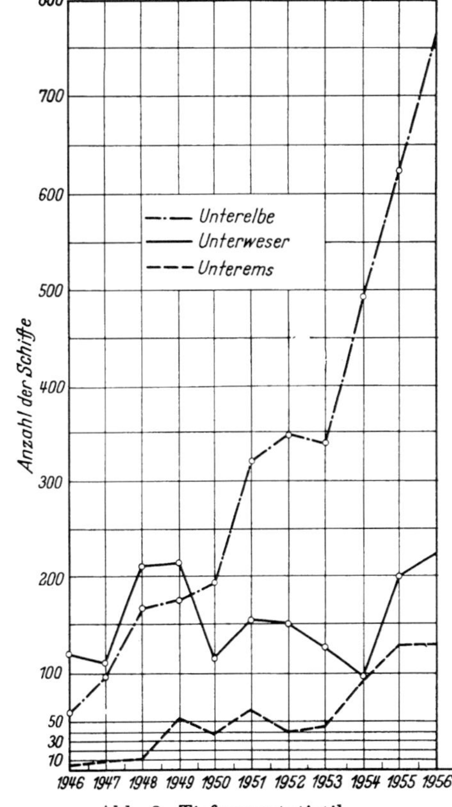

Abb. 2. Tiefgangsstatistik

Über die für die nächste Zukunft anzunehmenden Entwicklungstendenzen kann man naturgemäß nur Schätzungen im Rahmen der derzeitigen Weltsituation anstellen. Die Entwicklung kann durch verschiedene Faktoren entscheidend beeinflußt werden. Der Bau einer leistungsfähigen Ölleitung, z. B. vom Persischen Golf zum Mittelmeer, kann in der Tankerfahrt durch den Suezkanal und um Afrika herum eine tiefgreifende Veränderung hervorrufen. Eine Ölleitung von der Mittelmeerküste Südfrankreichs nach Deutschland und anderen mitteleuropäischen Ländern würde die Umschlagsziffern der Nordsee-Häfen weitgehend beeinflussen. Da diese Ölleitungen aber durch mehrere Länder geführt werden müssen, hängt die Entscheidung über ihren Bau nicht von nationalen Entschlüssen, sondern in erster Linie von politischen Faktoren und von internationalen Verträgen ab. Eine Voraussage über diese Entwicklung zu geben, ist nahezu unmöglich.

Im Ostseeraum gelten andere Maßstäbe. Durch den Nord-Ostsee-Kanal können nur Schiffe mit 9,50 m Tiefgang (21000 tdw) fahren. Der Sund zwischen Schweden und Dänemark hat noch geringere Tiefen. In der Fahrrinne des Großen Belt bestehen zwar keine Tiefgangsbeschränkungen, doch wird diese Fahrtroute von größeren Schiffen wegen der schwierigen Navigation gern gemieden. Die größten Häfen der Ostsee-Anlieger sind für Schiffe bis höchstens 20000 tdw eingerichtet. Wollte man größere Erz- oder Tankschiffe in den Ostseeraum hineinziehen, müßten die Häfen entsprechend ausgebaut und der Nord-Ostsee-Kanal entsprechend vertieft werden. Ein solches Bedürfnis liegt heute noch nicht vor, doch ist für weite Zukunft eine Entwicklung zu Schiffen mit mehr als 9,50 m Tiefgang im Ostseeraum nicht unmöglich.

Wichtig für die Beurteilung wasserbaulicher Fragen ist nicht der Tiefgang des größten auf einer Wasserstraße verkehrenden Schiffes, sondern die Häufigkeit der großen Schiffe. Abb. 2 stellt die Verkehrsentwicklung der über 8,50 m tiefgehenden Schiffe auf Ems, Weser und Elbe nach dem zweiten Weltkrieg dar. Da von diesen Strömen die Elbe das tiefste Fahrwasser hat und in der Darstellung sowohl die auf Hamburg als auch die zum Nord-Ostsee-Kanal fahrenden Schiffe erfaßt sind, ist hier verständlicherweise die Anzahl der tiefgehenden Schiffe am stärksten gestiegen. Die Zahl hat sich bei stetiger Zunahme 1956 gegenüber 1953 mehr als verdoppelt, gegenüber 1950 fast vervierfacht. Auf der Weser gleichen sich die Schwankungen im allgemeinen aus. Beachtlich ist auch die Steigerung auf der Ems, ein Zeichen dafür, daß die Erzschiffahrt sich zunehmend größerer Schiffe bedient.

III. Umschlag in den Seehäfen

Nicht nur die großen, maßgebenden Schiffstiefgänge und ihre Häufigkeit, sondern auch der Gesamtumschlag und seine Aufgliederung auf einzelne Güterarten sind für die Beurteilung der in den Häfen und Zufahrten zu treffenden baulichen Maßnahmen von Bedeutung. In Abb. 3 sind die

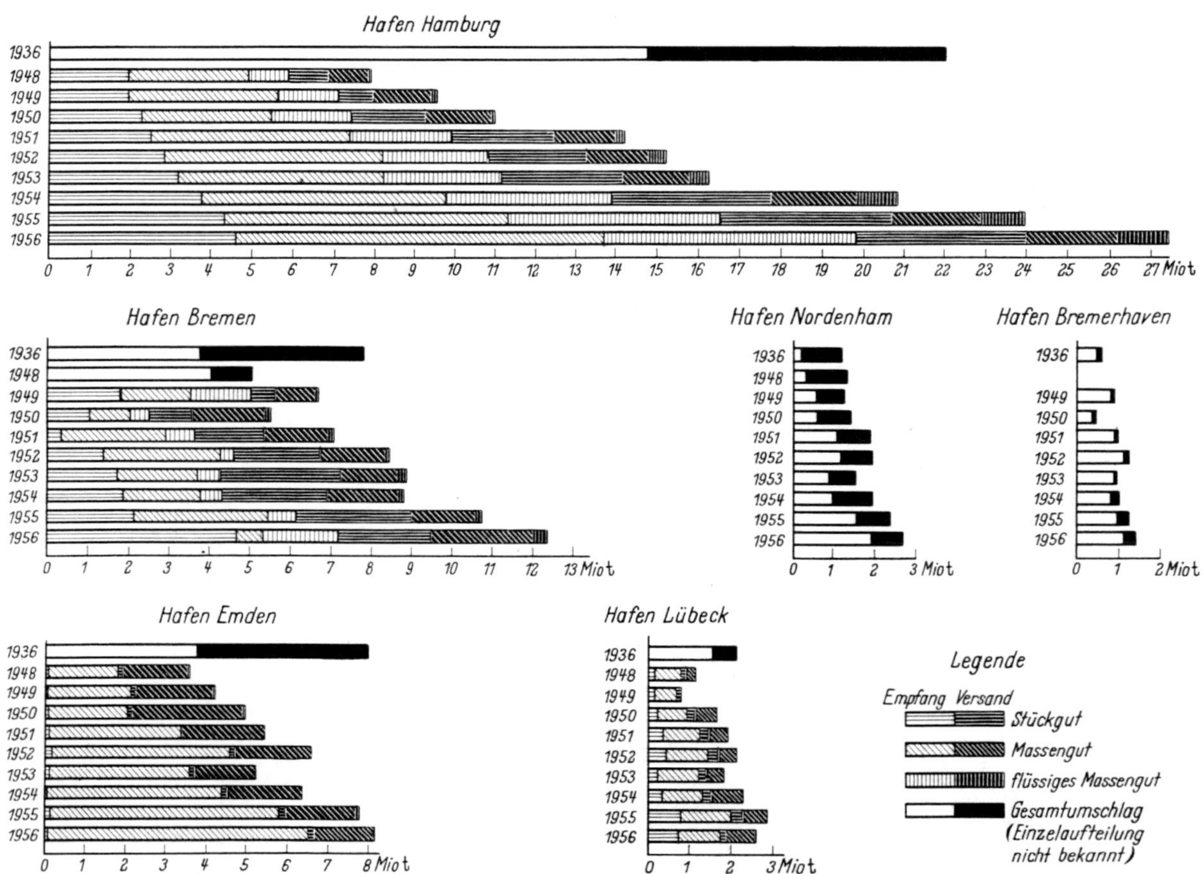

Abb. 3 Umschlag in den Seehäfen

Umschlagszahlen in Emden, Bremen, in den Unterweserhäfen, in Hamburg und in Lübeck dargestellt.

Hamburg hat den Jahresumschlag von 1936 erst im Jahre 1955 wieder erreichen können. Die Zunahme bis zum Jahre 1956 gegenüber der Vorkriegszeit beträgt hier nur etwa 23%, während der Umschlag in Bremen und Antwerpen um etwa 50%, der Umschlag in Rotterdam sogar nahezu um 130% angewachsen ist. Die verhältnismäßig geringe Verkehrszunahme in Hamburg ist auf die veränderte politische Situation infolge der Teilung Deutschlands zurückzuführen, durch die Hamburg nachteilig betroffen wurde. Empfang zu Versand verhalten sich in Hamburg wie etwa 2,5 : 1. Dabei sind im Empfang Stückgüter, Massengüter und Mineralöle etwa gleich, während im

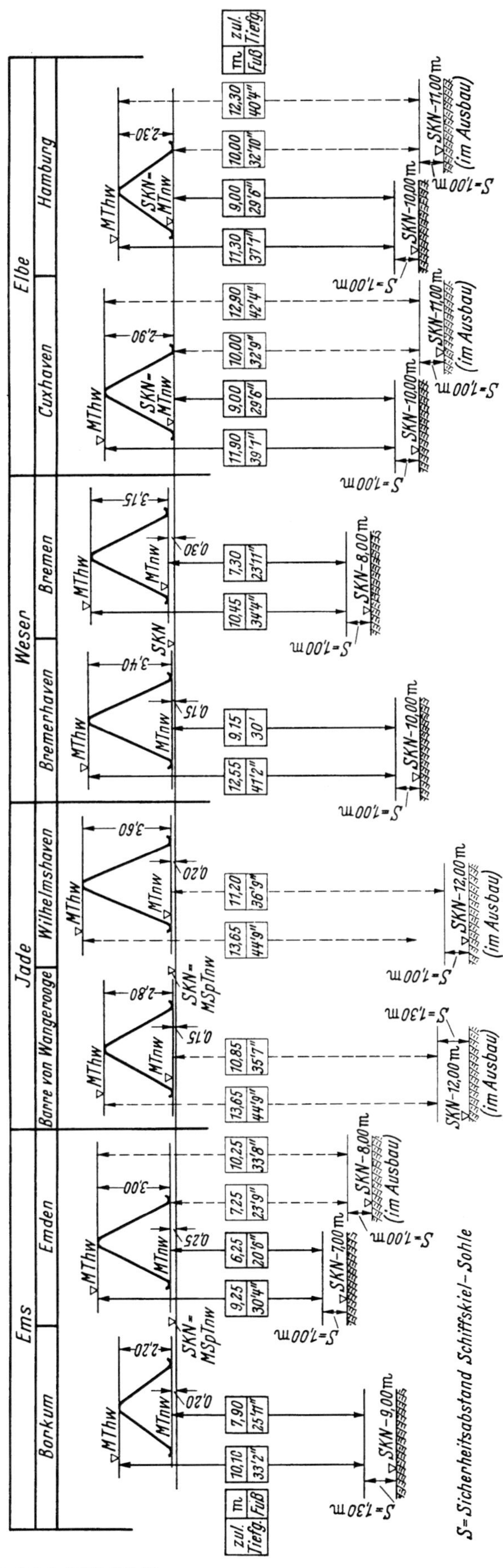

Abb. 4 Schematische Tidekurven

Versand das Stückgut überwiegt. Die starke Zunahme der Mineralölimporte hat in Hamburg eine strukturmäßige Wandlung des Güterumschlages zur Folge, eine Entwicklung, auf die bei den Ausbaumaßnahmen auf der Elbe besonders Bedacht zu nehmen ist.

In Bremen sind im Gegensatz zu Hamburg Versand und Empfang fast ausgeglichen, ein Umstand, der sich für den Hafenbetrieb günstig auswirkt. Das Stückgut spielt in Bremen nach wie vor eine entscheidende Rolle. Der Mineralölverkehr ist gering. Der Massengutumschlag wird durch die Klöckner-Hütte, die jetzt in Betrieb genommen wird, beträchtlich ansteigen, da die Erze unmittelbar mit Seeschiffen an das Werk herangefahren werden.

Bei den Unterweserhäfen sind als besondere Merkmale in Brake der vorherrschende Getreideumschlag, in Nordenham das überwiegende Mineralöl hervorzuheben. Der Güterumschlag in Bremerhaven ist gering. Bremerhaven dient überwiegend dem Passagierverkehr. An der Columbuskaje lagen früher die großen Schnelldampfer des Norddeutschen Lloyd. Heute wird der Passagierdienst, der wieder eine beachtliche Bedeutung gewonnen hat, durch amerikanische und andere ausländische Reedereien wahrgenommen, die ihre Fahrgastschiffe vorwiegend in Bremerhaven abfertigen. Ein neues Fahrgastschiff des Norddeutschen Lloyd ist im Umbau und wird voraussichtlich Mitte des Jahres 1959 zum ersten Male Bremerhaven verlassen.

Emden ist von jeher ein ausgesprochener Massenguthafen gewesen. Eine Strukturänderung hat sich insoweit ergeben, als früher die einkommenden Erze der ausgehenden Kohle mengenmäßig etwa die Waage hielten, heute aber die Kohleausfuhr erheblich zurückgegangen ist. 1956 betrug der Versand nur noch knapp 20% des Gesamtumschlages. Die Gesamtgütermenge der Vorkriegszeit konnte Emden erst im Jahre 1956 wieder erreichen.

Im Lübecker Umschlag sind wesentliche Veränderungen nicht zu bemerken. In der Vorkriegszeit wie heute liegen die Zahlen zwischen 2 und 3 Mio t. Auch in Zukunft sind hier keine ins Gewicht fallenden Verschiebungen zu erwarten, da sich im Lübecker Raum wirtschaftlich bedeutsame Veränderungen nicht abzeichnen. Doch muß berücksichtigt werden, daß die Zonengrenze unmittelbar östlich von Lübeck verläuft und dadurch gewisse Verschiebungen im Verkehr eintreten können.

IV. Die Seeschiffahrtsstraßen

1. Allgemeines

Bevor die deutschen Seeschiffahrtsstraßen einzeln beschrieben werden, sind vorweg einige allgemeine Bemerkungen angebracht, die insbesondere zum Vergleich der Strommündungen untereinander von Bedeutung sind.

In Abb. 4 sind für Ems, Jade, Weser und Elbe die schematischen Tidekurven wiedergegeben. Bei den darunter dargestellten Schiffstiefgängen ist in den geschützten Fahrwassern ein Sicherheitsabstand zwischen Schiffskiel und Flußsohle von 1,00 m, in den Außenbezirken bei Borkum und Wangerooge von 1,30 m berücksichtigt. Diese Abstände sind notwendig, um die Steuerfähigkeit des Schiffes zu sichern. Auch muß mit Vertrimmung des Schiffes, Einsinken des Hecks während der Fahrt, Durchsetzen des Schiffes bei grober See und mit Mindertiefen in der Flußsohle gerechnet werden. Zu beachten ist ferner, daß der Schiffstiefgang im Seewasser um etwa 1,5% geringer ist, als im Süßwasser. Abweichungen von der mittleren Tidehöhe infolge der Mondphase oder des Windes müssen im Einzelfall besonders berücksichtigt werden.

Allgemein werden die Tiefenangaben der Seeschiffahrtsstraßen im Tidegebiet der Nordsee auf Seekartennull (SKN) bezogen. SKN entspricht auf Ems, Jade und Weser dem mittleren Springtideniedrigwasser (MSpTnW). Im Elbegebiet ist SKN gleich dem mittleren Tideniedrigwasser (MTnW). Im Ostseegebiet sind die Tiefen auf Mittelwasser (MW) bezogen. Der Tidehub ist nachfolgend in gerundeten Werten angegeben.

Die in Abb. 4 enthaltenen Zahlen für die Schiffstiefgänge sind auf die oberen und unteren Scheitel mittlerer Tidekurven bezogen. Da das Schiff nicht von See bis zum Hafen auf dem Tidehochwasserscheitel fahren kann, weil die Schiffsgeschwindigkeit kleiner ist als die Laufgeschwindigkeit der Tidewelle, muß es — je nach Länge der Zufahrt — eine gewisse Zeit vor Tidehochwasser auf der tiefenmäßig beschränkten Strecke eintreffen, um vor dem Hafen noch genügend Wasser unter seinem Kiel zu haben. Auf der Ems stimmt der für MThW angegebene Wert mit dem tatsächlich zur Fahrt zuzulassenden Tiefgang überein, da die kritische Strecke dicht vor dem Emder Hafen liegt und somit das Schiff den ThW-Scheitel voll ausnutzen kann. Auf Weser und Elbe können Schiffe mit nur geringerem Tiefgang verkehren, als in Abb. 4 für MThW angegeben, da die in der Tiefe beschränkten Strecken ungleich länger sind. Die großen Schiffe müssen sich hier einem Tidefahrplan anpassen, um von der Mündung bis zum Hafenplatz eine Grundberührung mit Sicherheit zu vermeiden. In der Fahrt auf Wilhelmshaven liegt die kritische Untiefe in der Sandbarre vor Wangerooge. Ist diese passiert, bestehen auf der Jade regelmäßig keine Tiefgangsschwierigkeiten mehr. Zwar eilt auch hier der ThW-Scheitel dem fahrenden Schiff voraus; die hierdurch für das Schiff geringer werdende Wassertiefe wird durch den bis Wilhelmshaven stetig ansteigenden Tidehub aber wieder ausgeglichen.

Wichtig für die wasserbauliche Betrachtung der Strommündungen ist auch die Größe der Einzugsgebiete und der Abflußmengen. Die entsprechenden Werte für Elbe, Weser und Ems an den untersten, noch nicht unter dem Einfluß der Tide stehenden Pegeln, gibt Tabelle 2.

Tabelle 2. *Abflüsse*

Stromgebiet	Pegel	Abfluß in m³/s			Einzugsgebiet km²	Stromlänge bis Pegel km
		HHQ	MQ	NNQ		
Elbe	Artlenburg 49 km oberhalb Hamburg	3 400	660	190	134 944	925
Weser	Intschede 28 km oberhalb Bremen	3 370	311	51	37 769	630
Ems	Herbrum	1 269	73	6,5	9 140	326

2. Ems

Die Ems, ein Flachland-Fluß, im Mündungsgebiet ein Tidestrom, ist in ihrem oberen Teil kanalisiert. Die Tidewelle schwingt bis zur untersten Staustufe bei Herbrum herauf. Der mittlere Tidehub beträgt

bei Borkum	2,20 m
Emden	3,00 m
Leerort	2,45 m
Papenburg	1,65 m
Herbrum	1,05 m

Die Entfernung beträgt

von Borkum bis Emden	43 km
Leer	71 km
Papenburg	86 km
Herbrum	100 km

Leer und Papenburg sind kleinere Häfen, die vorwiegend von Küstenfahrzeugen angelaufen werden. Ihr Gesamtumschlag betrug 1956 400000 t bzw. 150000 t. Unter Ausnutzung der Flut können Fahrzeuge mit einem Tiefgang von 5,30 m Leer, mit einem Tiefgang von 4,00 m Papenburg erreichen.

Bei Pogum, dicht oberhalb Emden (Abb. 5 auf Tafel II), beginnt südlich der Ems das rund 100 km² große Becken des Dollart. Die Wassermengen, die der Dollart bei Flut aufnimmt und bei Ebbe wieder abgibt, bewirken eine weitgehende Selbsträumung des unterhalb gelegenen Emslaufes. Die untere Ems bildet einen weiten, 4 bis 10 km breiten Mündungstrichter. Der Strom floß früher in stark geschwungenen Bögen, doch hat sich im Laufe des letzten Jahrhunderts das Hauptfahrwasser in die Sehnen der alten Stromschleifen verlagert. Es führt heute durch das Ostfriesische Gatje (Sehne zur Bucht von Watum), das Dukegat (Sehne zum Emshörn-Fahrwasser), das Randzelgat (Sehne zur Alten Ems) und in annähernd gleichen Tiefen durch Wester-Ems und Hubert-Gat.

Im Hauptfahrwasser der Ems von See bis Emden wird eine Mindesttiefe von 7 m unter SKN gehalten (Abb. 6). Unter Ausnutzung der Flut können Schiffe mit einem Tiefgang von etwa 9,25 m, das entspricht etwa 20000 tdw, Emden erreichen. Zur Herstellung der Wassertiefe von 7 m wurden als Regulierungsbauwerke der Leitdamm an der Knock und zur Abgrenzung des Emder Fahrwassers gegen den Dollart das Leitwerk auf der Geise erbaut. Trotzdem sind jährlich erhebliche Baggerungen im Emder Fahrwasser, im Ostfriesischen Gatje gegenüber der Knock und zeitweise auch im Nordausgang des Ostfriesischen Gatjes erforderlich. Im Durchschnitt werden jährlich 2,5 Mio m³ mit einem Kostenaufwand von rund 5 Mio DM gebaggert.

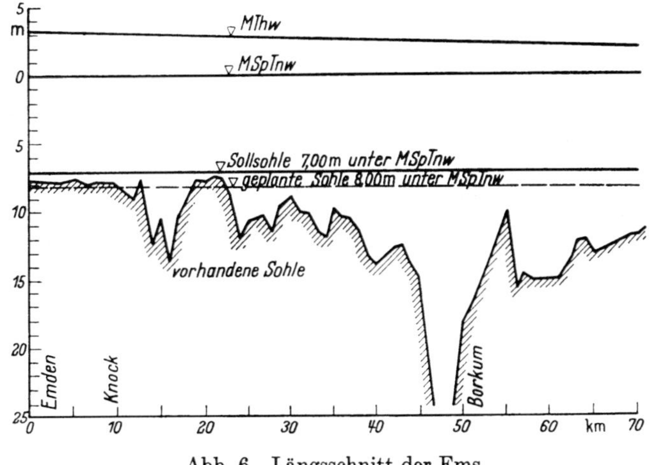

Abb. 6 Längsschnitt der Ems

Am westlichen Ufer der unteren Ems liegt an der Bucht von Watum der niederländische Hafen Delfzijl, dessen Güterumschlag etwa 10% des Umschlages von Emden beträgt. Da der untere Ausgang der Bucht von Watum nur Wassertiefen von etwa 2,50 m bis 3,50 m unter SKN aufweist, müssen größere Seeschiffe, um Delfzijl anzulaufen, durch das Ostfriesische Gatje von Süden her in die Bucht von Watum einfahren.

Im Dukegat und weiter unterhalb sind bisher Baggerungen nicht notwendig geworden. Hier halten sich die Wassertiefen auf mehr als 8 m unter SKN.

Emden ist, wie bereits ausgeführt, ein reiner Massenguthafen mit überwiegendem Erzumschlag. Die größeren Schiffe, die auf Emden fahren, sind daher fast ausnahmslos Erztransporter. Solange diese Schiffe der Liberty- und Victory-Klasse mit Tiefgängen von 8 bis 8,5 m entsprachen, war die Fahrwassertiefe ausreichend. In zunehmendem Maße kommen aber jetzt schon Erzschiffe bis 22000 tdw, die voll abgeladen einen Tiefgang von 9,50 bis 9,75 m aufweisen. Diese Schiffe dürfen für die Fahrt auf Emden bei Normaltiden nur bis 9,25 m abgeladen werden. Es ist verständlich, daß die Reedereien auf die Möglichkeit der vollen Abladung drängen. Auch hier ist zu erwarten, daß im Laufe der Jahre die Anzahl der größeren Schiffe für den Erzverkehr zunimmt. Wenn Emden als Erzumschlagsplatz für das östliche Ruhrgebiet voll ausgenutzt werden soll, muß geprüft werden, ob eine weitere Vertiefung der Ems möglich ist und welche Schiffsgrößen in Zukunft nach Emden zugelassen werden können.

Überlegungen und Pläne für den weiteren Ausbau der unteren Ems werden durch die noch nicht endgültig geklärten Grenzfragen mit den Niederlanden hemmend beeinflußt. Die deutsch-niederländische Grenze liegt zwar im östlichen Teil des Dollarts (Abb. 5 auf Tafel II) fest, sie ist aber weiter unterhalb durch keinen Vertrag verankert. Nach deutscher Auffassung verläuft die Grenze hier auf der Niedrigwasserlinie des niederländischen Ufers, weiter unterhalb an der Wattkante vom niederländischen Festland bis zur Insel Rottum. Deutschland begründet diese Auffassung damit, daß es seit Jahrhunderten die Hoheit auf der gesamten Wasserfläche der Ems ausübt, daß die Ems bis zur See ein deutscher Strom ist und daß auch sämtliche Ausbau- und Unterhaltungsarbeiten im Stromgebiet seit alters her von ihm ausgeführt werden.

Die Niederlande halten dagegen eine Grenzziehung unmittelbar vor ihrem Ufer für nicht zumutbar; sie möchten die Grenze in die Mitte des Fahrwassers verlegt wissen und betrachten zum mindesten die Bucht von Watum als niederländisches Hoheitsgebiet. Da der Hafen Delfzijl durch Ansiedlung verschiedener Industriezweige an Bedeutung zunimmt, verlangen die Niederlande die Gewähr für einen Zugang auch mit größeren Schiffen. Obwohl bisher Deutschland mit erheblichen Mitteln für eine ausreichende Zufahrt nach Delfzijl gesorgt hat, möchten die Niederlande in Zukunft durch eine entsprechende Grenzziehung in der Lage sein, bessere Zufahrtsmöglichkeiten auf eigenem Hoheitsgebiet zu schaffen. Auch gibt es in den Niederlanden Stimmen, die den Dollart oder wesentliche Teile davon für Landgewinnungszwecke eindeichen wollen. Hier stehen Forderungen der Seeschiffahrt in Widerspruch zu Forderungen der Landwirtschaft auf Vergrößerung des Siedlungsgebietes.

Pläne für eine Vertiefung der Ems stehen in unmittelbarem Zusammenhang mit der Dollart-Frage. Wird der Dollart eingedeicht, so fällt sein Flutspeicher mit etwa 120 Mio m^3 aus. Die Räumkraft des Wassers in der unteren Ems reicht dann nicht mehr aus, um selbst die vorhandene Wassertiefe von 7 m unter SKN mit wirtschaftlich vertretbaren Mitteln aufrecht zu erhalten. Der Beweis hierfür konnte durch eingehende Modellversuche erbracht werden, die die Bundesanstalt für Wasserbau, Karlsruhe, in ihrer Außenstelle Wedel durchgeführt hat (Abb 7 auf Tafel II).

Es wurde im Modell die Volleindeichung einmal unter Beibehaltung des jetzigen Stromverlaufs und zum anderen unter Anwendung vier verschiedener Stromregulierungsgedanken durchgeführt. In Abb. 7 auf Tafel II sind diese Möglichkeiten dargestellt. Lösung A und B sehen die Abschließung des Ostfriesischen Gatjes und die Zusammenfassung der Ems in der Bucht von Watum vor, Lösung C den Ausbau im Zuge des Ostfriesischen Gatjes unter Offenhaltung der Bucht von Watum als toten Arm für die Zufahrt nach Delfzijl und Lösung D ebenfalls den Ausbau des Ostfriesischen Gatjes mit Eindeichung der Bucht von Watum und mit Stichkanal als Zufahrt nach Delfzijl. Alle Lösungsvorschläge wurden mit verschiedenen kleinen Varianten in Linienführung und Querschnittsweiten untersucht. Ferner wurden auch Modellversuche mit Teileindeichungen des Dollart durchgeführt.

Als Ergebnis der Modellversuche wurde festgestellt, daß jede Volleindeichung des Dollart, sei es unter Belassung des jetzigen Zustandes, sei es mit besonderen Regulierungsbauwerken unterhalb der Knock, zu einer Versandung der unteren Ems führt. Die Ebbegeschwindigkeit wird so stark vermindert, daß die Flutgeschwindigkeit erheblich überwiegt und die eindringenden Sandmassen nicht mehr vom Ebbstrom geräumt werden. Als warnendes Beispiel wird auf die Eider verwiesen, wo durch die Abdämmung des Flusses eine außerordentlich starke Versandung des Unterlaufes eingetreten ist. Auch die Versuche mit einer Teileindeichung des Dollart führten zu negativen Ergebnissen. Es ist deshalb festzuhalten, daß jegliche Eindeichungen im Dollart vermieden werden müssen, um eine Verschlechterung der Zufahrten nach Emden und Delfzijl zu vermeiden. Will man aber über den bisherigen Zustand hinaus Verbesserungen der Fahrwasserverhältnisse erzielen, so ist die Offenhaltung des Dollarts hierfür zwingende Voraussetzung.

Es sind alsdann Untersuchungen in Angriff genommen worden, um zu prüfen, ob eine Fahrwasservertiefung über 7 m hinaus möglich ist und in welchem Umfange strombauliche Maßnahmen hierfür durchgeführt werden müssen. Es wird versucht, diese Probleme sowohl rechnerisch als auch am Modell zu klären. Da alle Maßnahmen unterhalb der Knock aber nur im Einvernehmen und in enger Zusammenarbeit mit den Niederlanden in Angriff genommen werden können, andererseits der Abschluß der deutsch-niederländischen Verhandlungen sich wahrscheinlich noch längere Zeit hinziehen wird, da außerdem eine Regulierung am Emder Fahrwasser wegen seiner starken Neigung zu Verflachungen am vordringlichsten ist, wurden die Untersuchungen auf diese Strecke zwischen Emden und der Westspitze des Geiseleitwerkes beschränkt, d. h. auf denjenigen Teil der unteren Ems, der unbestritten im deutschen Hoheitsgebiet liegt und von dessen Vertiefung Auswirkungen auf die untere Ems und auf die Bucht von Watum nicht zu erwarten sind. Rechnungen und Modellversuche sind noch nicht abgeschlossen.

Es läßt sich aber heute schon erkennen, daß es im Emder Fahrwasser möglich sein wird, eine

Wassertiefe von 8 m unter SKN, also eine Vertiefung um etwa 1 m, herzustellen. Damit scheint die Grenze des Möglichen erreicht zu sein. Die Baggerungen zur Herstellung einer Wassertiefe von zunächst 7,50 m, später von 8 m unter SKN im Emder Fahrwasser sind bereits angelaufen. Mit dem Einbau von Strombauwerken soll begonnen werden, sobald die Modellversuche erschöpfende Auskunft über die richtige Lage und Höhe der Bauwerke gebracht haben. Der Ausbau des Emder Fahrwassers wird etwa 50 Mio DM kosten. Die Bauzeit wird auf 5 bis 6 Jahre geschätzt, doch wird angestrebt, die 8 m-Tiefe schon im Jahre 1960 zu erreichen. Alsdann können Schiffe mit 10,25 m Tiefgang und 28000 tdw nach Emden fahren.

Im Ostfriesischen Gatje sind zwar im allgemeinen die notwendigen Wassertiefen vorhanden, doch treten im Nord-Ausgang des Gatjes infolge Auseinanderlaufens von Flut- und Ebbestrom öfter Verflachungen auf, die nur durch Baggereinsatz beseitigt werden können. Im südlichen Teil des Gatjes neigt der Bogen an der Knock zur ständigen Verlagerung. Das Fahrwasser hat das Bestreben, nach Südwest zu wandern. Auch hier sind in regelmäßigen Abständen Baggerungen notwendig. Der Übergang vom Gatje zur Bucht von Watum muß durch Baggerungen künstlich aufrechterhalten werden, da sich zwischen Geisespitze und dem Paapsand ständig eine Sandschwelle bildet. Es bedarf einer dauernden Beobachtung, wie sich in diesem Gebiet die Tiefenverhältnisse entwikkeln. Es kann der Zeitpunkt eintreten, daß die Kosten für die laufenden Baggerungen das wirtschaftlich vertretbare Maß überschreiten und daß eine endgültige Besserung nur durch einen umfassenden Regulierungsplan erzielt werden kann. Ein solcher ist für Deutschland wie für die Niederlande gleichermaßen von Interesse. Er könnte deshalb nur im Einvernehmen beider Anliegerstaaten aufgestellt werden. Der Abschluß der deutsch-niederländischen Verhandlungen über Ems und Dollart ist aber Voraussetzung für den Beginn gemeinsamer Planungsarbeiten.

Bei diesen Überlegungen darf nicht übersehen werden, daß der Ausbau der Ems mit beiderseitigen Leitwerken und Buhnen zur Zusammenfassung des Fahrwassers außerordentlich hohe Kosten erfordert und seine Durchführung technische Probleme aufwirft, die nicht einfach zu lösen sein werden. Eine umfassende Regulierung läßt sich nur rechtfertigen, wenn erhebliche Verbesserungen gegenüber den bisherigen Fahrwasserverhältnissen erzielt und die Kosten für die laufenden Unterhaltungsarbeiten mit Sicherheit gering gehalten werden können. Die weitere Entwicklung bleibt abzuwarten.

Wenn im Laufe der nächsten Jahre in der Zufahrt nach Emden eine durchgehende Wassertiefe von 8 m hergestellt ist, so wird damit voraussichtlich die Grenze der Ausbaumöglichkeit der unteren Ems erreicht sein. Vielleicht läßt ein Generalplan, der das Gebiet der Ems von Emden bis zum Dukegat erfaßt, später einmal größere Tiefen zu. In absehbarer Zeit ist damit aber nicht zu rechnen. Das 10,25 m tiefgehende Schiff mit 28000 tdw wird daher bis auf weiteres das größte Schiff sein, das Emden anlaufen kann. Für die Erzfahrt von Skandinavien wird das ausreichen, da auch die schwedischen und norwegischen Erzhäfen keine größeren Schiffe aufnehmen können. In der Atlantikfahrt, insbesondere in der Fahrt von Kanada und Venezuela, muß mit Schiffsgrößen von 30000 bis 40000 tdw gerechnet werden. Diese Schiffe können in Emden nicht abgefertigt werden.

Nach Ermittlungen der Ruhrindustrie ist anzunehmen, daß die schwedischen Erzimporte in den nächsten Jahren, wenn nicht verstärkt, so doch zumindest auf gleicher Höhe bleiben werden. Diese Transporte lassen sich also weiterhin über Emden abwickeln. Nur zur Deckung eines zusätzlichen Bedarfs ist mit größeren Überseetransporten und damit auch mit größeren Erzschiffen zu rechnen. Wenn nun für diese Schiffsgrößen ein anderer deutscher Hafen in Anspruch genommen wird — im Gespräch sind Wilhelmshaven, Bremerhaven und Nordenham —, so besteht die Gefahr, daß die großen Schiffe die kleineren nachziehen und eine Verlagerung des Erzumschlages zum Nachteil Emdens eintritt. So wird in Niedersachsen bzw. in Emden im Augenblick geprüft, ob die 28000 tdw übersteigenden Schiffe auf der Reede des Dukegats soweit geleichtert werden können, daß sie ohne Behinderung Emden anzulaufen in der Lage sind. Dieses Verfahren ist weitgehend von Wind und Wetter abhängig. Entscheidend ist daher, bis zu welcher Windstärke ein solcher Leichter-Betrieb noch durchgeführt werden kann. Das Ergebnis der Untersuchungen muß abgewartet werden. Fällt es positiv aus, würden Hafenanlagen und Lagerplätze in Emden erweitert werden müssen. Emden würde dann der Umschlagplatz für alle Erztransporte bleiben. Fällt das Ergebnis aber negativ aus, so muß der Erzumschlag aus großen Schiffen in einen anderen Hafen verlagert werden.

Als andere Möglichkeit, Emden für größere Seeschiffe zugänglich zu machen, ist vielfach der Plan eines Seekanals erörtert worden, der aus dem Emder Binnenhafen abzweigend in westlicher oder nordwestlicher Richtung zum Ostfriesischen Gatje verläuft. Die Vorteile eines solchen Kanals lägen darin, daß die Schwierigkeiten und laufenden Baggerungen im Emder Fahrwasser und zum Teil auch im Ostfriesischen Gatje entfallen und daß man die Tiefe des Kanals auch für 40000 tdw-Schiffe herrichten kann. Die Abhängigkeit vom Dollart würde um so mehr abnehmen, je weiter die Mündung des Seekanals nach außen gelegt würde. Demgegenüber stehen die unverhältnismäßig hohen Anlagekosten von mehreren hundert Mio DM, die großen Schwierigkeiten beim Geländeerwerb und bei der Entwässerung des vom Kanal durchschnittenen Landes und schließlich — das ist der schwerwiegendste Nachteil — eine laufende starke Versandung in der Zufahrt vom Ostfriesischen Gatje zur neu zu errichtenden Seeschleuse. Da die Vorteile in keinem annehmbaren Verhältnis zum erforderlichen Aufwand stehen, wird der Plan nicht weiter verfolgt.

Zusammenfassung

Die Zufahrt nach Emden hat eine Wassertiefe von 7 m unter SKN. Unter Ausnutzung der Flut können Schiffe bis zu 20000 tdw nach Emden fahren. Eindeichungen im Dollart sind nicht möglich, ohne daß Versandungen und damit Verschlechterungen in den Zufahrten nach Emden und Delfzijl eintreten. Maßnahmen sind eingeleitet, um im Emder Fahrwasser eine Wassertiefe von 8 m unter SKN zu erreichen. Hierzu sind Baggerungen und Regulierungsbauwerke erforderlich. Die Bauzeit hierfür beträgt fünf bis sechs Jahre. Die 8-m-Wassertiefe wird voraussichtlich 1960 erreicht. Alsdann können Schiffe unter Ausnutzung der Flut mit einem Tiefgang von 10,25 m und 28000 tdw nach Emden fahren. Es wird untersucht, ob größere Schiffe auf der unteren Ems geleichtert werden können. Ein weiterer Ausbau der Ems ist nur mit einem umfassenden, gemeinsam mit den Niederlanden aufzustellenden Regulierungsentwurf möglich. Der Plan eines Seekanals von Emden zum Ostfriesischen Gatje wird nicht weiter verfolgt.

3. Jade

Die Jade (Abb. 8 auf Tafel III) ist im Gegensatz zu Elbe, Weser und Ems keine Strommündung, sondern eine Meeresbucht. Sie erstreckt sich östlich an der Insel Wangerooge vorbei ins Land und endet im Jadebusen, der vor Jahrhunderten durch Sturmfluteinbruch entstanden ist. Nennenswerte Zuflüsse aus dem Binnenland enthält der Jadebusen nicht. An seinem nordwestlichen Ende liegt Wilhelmshaven.

Die Sonderstellung, die Wilhelmshaven innerhalb der deutschen Nordseehäfen einnimmt, beruht darauf, daß hier niemals ein nennenswerter Güterumschlag stattgefunden hat, weil der Hafen bis 1945 ausschließlich militärischen Zwecken diente. Heute schließen sich militärische Forderungen und Wünsche der Handelsschiffahrt gegenseitig nicht mehr aus. Der Hafenplatz kann deshalb auch dem Umschlag ziviler Güter zugänglich gemacht werden.

Der mittlere Tidehub beträgt

bei Wilhelmshaven	3,60 m
Wangerooge-Ost	2,80 m

Die Entfernung beträgt

von Wangerooge bis Wilhelmshaven	45 km

Der Hafen von Wilhelmshaven und die Jade unterlagen bis 1945 dem Reichskriegshafengesetz und wurden von der früheren Kriegsmarine durch eine eigene Bauverwaltung betreut. Nach 1945 übernahm der Bund als Nachfolger des Reiches Hafen und Jade. Die Marinebauverwaltung wurde nicht wieder gebildet; statt dessen wurde hier, wie an allen anderen Verkehrswasserstraßen, die Wasser- und Schiffahrtsverwaltung des Bundes zuständig.

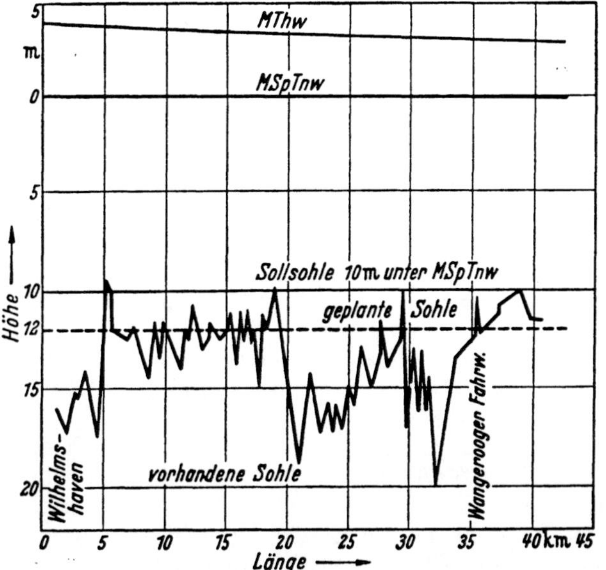

Abb. 9 Längsschnitt der Jade

Das Ziel der früheren Kriegsmarine war, von See bis Wilhelmshaven eine Fahrwassertiefe von 12 m unter SKN herzustellen. Außer umfangreichen Baggerungen wurden Stromregulierungsbauwerke auf der Wattinsel Minsener Oog (östlich Wangerooge) und im Jadebusen unmittelbar gegenüber Wilhelmshaven errichtet. Während des letzten Krieges stellte man die Arbeiten am Strom ein, so daß die 12-m-Tiefe nicht an allen Stellen erreicht wurde. Bis 1956 war die Jade sich selbst überlassen. Baggerungen wurden nicht durchgeführt, da größere Schiffe Wilhelmshaven nicht anliefen. Es stellte sich heraus, daß sich die Jade nach fast 15jähriger Baggerruhe auf den längsten Strecken auf Wassertiefen von 12 m und mehr unter SKN gehalten hat (Abb. 9), daß aber, abgesehen von kleineren Fehlstellen auf der Binnenjade zwischen Wilhelmshaven und Schillig, hauptsächlich im Wangerooger Fahrwasser nördlich von Wangerooge und in der Außenjade östlich der Minsener Oog stärkere Versandungen eingetreten sind. Hier waren stellenweise nur Tiefen von 10 m und weniger vorhanden. Ursächlich hierfür ist die entlang der ostfriesischen Küste von Westen nach Osten ziehende Sandwanderung. Einen wesentlichen Einfluß hat auch die nach dem letzten Kriege durchgeführte Zerstörung der Strombauwerke auf der Minsener Oog ausgeübt, da hierdurch große Sandfelder von der Insel abgerissen und in Bewegung geraten sind.

Als im Jahre 1956 die deutsche Mineralölindustrie nach einem Umschlagplatz für große Tanker suchte, bot sich Wilhelmshaven von selbst an. Wenn es möglich ist, die 12-m-Wassertiefe auf ganzer Länge der Zufahrt nach Wilhelmshaven herzustellen und ständig zu halten, können Schiffe von 30000 bis 35000 tdw zu jeder Zeit, Schiffe von 65000 tdw unter Ausnutzung der Flut verkehren. Die Untersuchungen und Planungen wurden sofort aufgenommen. Es ergab sich, daß einmalig etwa 6 Mio m^3 Boden gebaggert, die Strombauwerke auf der Minsener Oog wieder instandgesetzt, die Anlagen des Seezeichenwesens ausgebaut und Fahrzeuge für Peilungen, Lotsendienst und Stromaufsicht beschafft werden mußten. Da im Wangerooger Fahrwasser infolge der ständigen Sandtrift laufend mit stärkeren Unterhaltungsbaggerungen zu rechnen ist, mußte der Bau eines seetüchtigen und leistungsfähigen Saugbaggers eingeplant werden. Die Gesamtkosten für alle Maßnahmen ohne die laufende Unterhaltung betragen rund 60 Mio DM.

Die Arbeiten zur Herstellung der Wassertiefe von 12 m unter SKN sind bereits angelaufen. Über 4 Mio m^3 Sand sind bis August 1958 gebaggert worden. Mit der Instandsetzung der Strombauwerke auf der Minsener Oog ist begonnen worden. Im Herbst 1958 wird der erste Tanker auf der Jade erwartet. Zu dieser Zeit kann ein Schiff mit 36000 tdw, allerdings noch mit Ausnutzung der Flut, abgefertigt werden.

Die von verschiedenen Mineralölfirmen gegründete Nord-Westdeutsche Ölleitungs-GmbH. baut eine Ölleitung vom Rhein nach Wilhelmshaven, die Ende 1958 fertiggestellt sein soll. Nördlich der Stadt Wilhelmshaven wird auf dem Heppenser Groden ein Tanköllager errichtet und vor dem Groden in der Jade eine Umschlagbrücke gebaut, die 700 m vor dem Deich auf 15 m Wassertiefe bei SKN steht. An der Brücke kann das Öl vom Tanker entweder in die Landbehälter oder unmittelbar in die Ölleitung gepumpt werden. Die Tanker werden also in der Jade an der Brücke gelöscht. Sie brauchen normalerweise den Hafen von Wilhelmshaven nicht aufzusuchen. Für wartende Schiffe steht ein genügend großer Reedeplatz auf der Jade zur Verfügung.

Wenn somit nun die Möglichkeit geschaffen wird, Schiffe mit 65000 tdw unter Ausnutzung der Flut nach Wilhelmshaven fahren zu lassen, so drängt die Mineralölindustrie schon heute auf weitere Fahrwasserverbesserungen. Sie möchte einmal für diese Schiffsgrößen unabhängig von der Tide sein, d. h. sie möchte keine Wartezeiten haben, sondern zu jeder Zeit einlaufen können, und zum anderen möchte sie eines Tages auch Schiffe mit 85000 und 100000 tdw abfertigen können. Sie fordert deshalb eine weitere Vertiefung des Fahrwassers auf 13 m unter SKN und später sogar auf 14 m.

Der Bund hat diese Forderungen zunächst abgelehnt. Wenn es auch auf den ersten Blick nicht schwierig zu sein scheint, größere Wassertiefen zu schaffen, da weite Strecken der Jade diese Tiefe heute schon aufweisen, so ist doch nicht zu übersehen und auch durch Modellversuche nicht zu ermitteln, wie sich die zur Versandung neigenden Strecken, insbesondere die Barre im Wangerooger Fahrwasser, nach erfolgter Durchbaggerung halten werden. Es muß zunächst das Verhalten der 12-m-Wassertiefe abgewartet werden, um entscheiden zu können, ob eine weitere Vertiefung, zunächst auf 13 m, möglich ist und ob diese Tiefe mit wirtschaftlich vertretbaren Mitteln für dauernd gehalten werden kann. Vorhersagen lassen sich nicht machen. Man muß sich vielmehr Schritt für Schritt an die größtmögliche Fahrwassertiefe herantasten, bei der die Wirtschaftlichkeit der Unterhaltungsbaggerungen noch gewährleistet ist. Wenn es auch sachverständige Stimmen gibt, die die weitere Vertiefungsmöglichkeit optimistisch beurteilen, so sollte man sich doch davor hüten, größere Wassertiefen in Aussicht zu stellen, bevor eindeutige Unterlagen über den erforderlichen Aufwand zur Aufrechterhaltung der 12-m-Wassertiefe vorliegen. Im Gegensatz zu Elbe, Weser und Ems liegt die Hauptbaggerstrecke des Wangerooger Fahrwassers weit vorgeschoben und ungeschützt in der See. Die Zeiten, in denen Baggergeräte hier unbehindert vom Seegang arbeiten können, sind verhältnismäßig kurz. Ob sie ausreichen werden, um das Fahrwasser in der gewünschten Tiefe auch in der Winterzeit frei zu halten, ist noch nicht endgültig geklärt. Auch bleibt abzuwarten, wie sich der Verkehr mit größten Tankern entwickeln wird. Die Meinungen sind geteilt, ob der Einsatz von Supertankern mit mehr als 50000 tdw in der Zukunft rationell sein wird. Alarmierende Nachrichten von der Stillegung solcher größten Schiffe lassen eine gewisse Zurückhaltung bei der

Beurteilung dieser Frage geboten erscheinen. Pläne für weitere Vertiefungen werden daher kaum vor 1962 bearbeitet werden können.

Tabelle 3. *Schleusen in Wilhelmshaven*

Schleusen	Anzahl der Kammern	Abmessungen Länge m	Abmessungen Breite m	Drempel unter SKN m	Drempel unter Hafenwasserstand m
I. Einfahrt .... (in Betrieb)	1	120	24	6,20	9,40
II. Einfahrt		seit 1930 außer Betrieb			
III. Einfahrt .... (Häupter und Kammern gesprengt)	2	250	40	11,80	15,00
IV. Einfahrt .... (Häupter gesprengt), im Wiederaufbau	2	390	60	13,70	16,90

Der Hafen Wilhelmshaven, ein Dockhafen mit gleichbleibendem Wasserstand, wurde, da er früher ausschließlich militärischen Zwecken diente, durch Kriegs- und Kriegsfolgeereignisse völlig zerstört. Die Doppelschleusen der III. und IV. Einfahrt sind gesprengt. Nur die Schleuse der I. Einfahrt ist noch in Betrieb (Tab. 3). Infolge ihres Alters von 70 Jahren ist sie jedoch nicht mehr in gutem baulichen Zustand. In absehbarer Zeit wird sie erneuert werden müssen. Für kleinere Schiffe der Handelsschiffahrt und der Marine wird sie noch ausreichen. Doch will die Marine den Binnenhafen für Liege- und Ausrüstungsplätze sowie für Reparaturwerften auch für größere Schiffe in Anspruch nehmen. Da die III. Einfahrt völlig zerstört ist, bei der IV. Einfahrt die Kammern jedoch erhalten geblieben sind, ist mit der Instandsetzung der IV. Einfahrt begonnen worden. Die Trümmerräumung ist im Gange. Häupter und Kammern werden trockengelegt. Eine Entscheidung, ob die Häupter in den alten Abmessungen wieder hergestellt werden oder ob zur Herabsetzung der Kosten geringere Breiten und Tiefen in Kauf genommen werden können, ist noch nicht getroffen.

Die IV. Einfahrt soll 1962 in Betrieb genommen werden. Alsdann ist der Binnenhafen auch für größte Schiffe wieder zugänglich. Er wird aber nicht, wie früher, ausschließlich für Marinezwecke in Anspruch genommen werden. Der Mineralölverkehr, dessen Umschlag zwar in der Jade unterhalb Wilhelmshaven abgewickelt wird, wird Reparaturbetriebe nach sich ziehen, für die im Binnenhafen genügend Raum vorhanden ist. Ob auch andere größere Handelsschiffe den Binnenhafen aufsuchen werden, ist ungewiß.

Die große Fahrwassertiefe der Jade verleitet verständlicherweise leicht zu der Folgerung, daß Wilhelmshaven nicht nur für Mineralöl, sondern auch für andere Güterarten, insbesondere für trockenes Massengut, das mit tiefgehenden Schiffen herangebracht wird, der ideale Umschlagplatz ist. Es darf aber nicht übersehen werden, daß außer der großen Wassertiefe kaum andere Vorteile vorhanden sind. Erz- und Kohleumschlag erfordern gute Abfuhrmöglichkeiten auf Bahn und Binnenwasserstraßen und große Flächen für Förderanlagen und Lagerplätze. Diese Voraussetzungen sind nicht gegeben. Wenn auch im Binnenhafen Wasserflächen genügender Ausdehnung zur Verfügung stehen, so sind Landflächen doch nur in beschränktem Umfang vorhanden. Hier könnten gegebenenfalls vor den Schleusen unmittelbar an der Jade entsprechende Anlagen geschaffen werden. Als Gelände bietet sich das noch nicht eingedeichte Rüstersieler Watt, nördlich des Heppenser Grodens, an. Die Eindeichung, Aufhöhung und Herrichtung dieser Landflächen erfordert aber außerordentlich hohe Kosten. Die Wirtschaftlichkeit eines solchen Umschlagbetriebes ist einstweilen nicht gegeben. Überlegungen in dieser Hinsicht werden jedoch von verschiedenen interessierten Stellen, insbesondere von der Stadt Wilhelmshaven, angestellt. Die Möglichkeit einer Verwirklichung zeichnet sich aber noch nicht ab.

Zusammenfassung

Die Zufahrt nach Wilhelmshaven wird auf eine Wassertiefe von 12 m unter SKN ausgebaut. Die Baggerungen sind im Gange. Im Herbst 1958 wird der erste Tanker nach Wilhelmshaven kommen. Bei 12 m Wassertiefe können Schiffe mit 30000 bis 35000 tdw jederzeit, Schiffe mit 65000 tdw unter Ausnutzung der Flut, nach Wilhelmshaven fahren. Pläne für weitere Vertiefungen können erst in Angriff genommen werden, wenn Erfahrungen über den Unterhaltungsumfang des 12 m tiefen Fahrwassers vorliegen.

Mit der Wiederherstellung der IV. Einfahrt in den Binnenhafen ist begonnen. Die Schleusen sollen 1962 in Betrieb genommen werden. Alsdann ist der Binnenhafen auch für größere Schiffe wieder zugänglich.

Der Mineralölverkehr wird an einer Löschbrücke in der Jade abgewickelt. Möglichkeiten, Wilhelmshaven als Umschlagplatz für andere Massengüter, insbesondere für Erze, in Anspruch zu nehmen, sind nur bei Aufwendung sehr hoher Kosten für die Herrichtung von Lager- und Verladeplätzen sowie für Bahn- und Binnenwasserstraßen-Anschlüsse gegeben. Besondere Pläne werden noch nicht bearbeitet.

4. Weser

Die Weser (Abb. 8 auf Tafel III), oberhalb Bremens kanalisiert, unterhalb der Staustufe Hemelingen bei Bremen unter Einfluß der Tidebewegung stehend, ist von Bremen bis zur See seit Ende des vorigen Jahrhunderts durch mehrere Ausbauten für größere Seeschiffe befahrbar geworden.

Der mittlere Tidehub beträgt

bei	Bremen	3,15 m
	Brake	3,35 m
	Nordenham	3,40 m
	Bremerhaven	3,40 m
	Leuchtturm Roter Sand	2,75 m

Die Entfernung beträgt

vom Leuchturm Roter Sand bis

Bremerhaven	49 km
Nordenham	56 km
Brake	73 km
Bremen-Überseehafen	109 km
Bremen-Weserschleuse	115 km

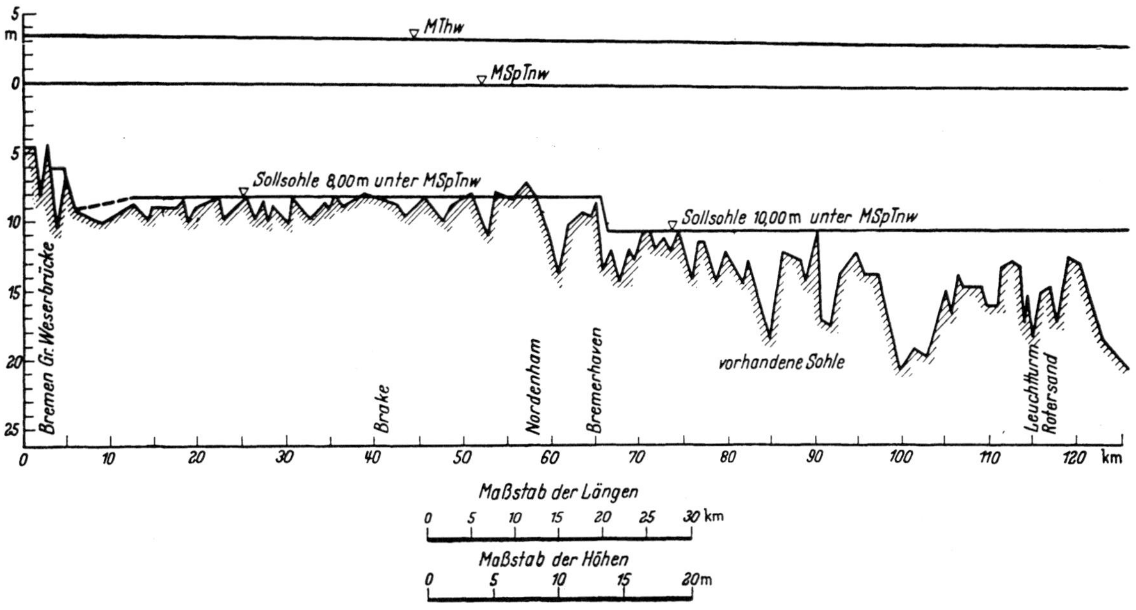

Abb. 10. Längsschnitt der Weser

Auf der Außenweser bis Bremerhaven beträgt die Fahrwassertiefe heute 10 m unter SKN (Abb. 10). Zur Erhaltung dieser Tiefe sind im Laufe der Jahre zahlreiche Leitdämme und Buhnen als Stromregulierungsbauwerke errichtet. Außerdem werden jährlich im Durchschnitt etwa 1,0 bis 1,5 Mio m^3 Boden gebaggert. Um die sich hieraus ergebenden hohen Unterhaltungskosten zu verringern und eine Verlagerung der Hauptfahrrinne zu verhindern, sind weitere Strombauwerke im Bau. Hierfür werden rund 12 Mio DM aufgewendet. Die Arbeiten sind 1955 in Angriff genommen und werden voraussichtlich 1961 beendet sein. Unter Ausnutzung der Flut können Schiffe bis zur Größe von 40000 tdw Bremerhaven erreichen.

Auf der Unterweser zwischen Bremerhaven und Bremen steht der letzte Ausbau, der 1953 begonnen wurde, unmittelbar vor dem Abschluß. Im Jahre 1958 werden die letzten noch erforderlichen Baggerarbeiten durchgeführt. Damit ist dann für die Fahrt von Bremerhaven bis Bremen ein Fahrwasser von 8 m unter SKN vorhanden, das von Schiffen mit 20000 tdw unter Ausnutzung der Flutwelle befahren werden kann. Bezüglich der zahlreichen bisher auf der Weser durchgeführten Ausbauarbeiten wird auf das am Schluß befindliche Schrifttumverzeichnis verwiesen.

Der bedeutendste Hafen an der Weser ist Bremen. Sein Gesamtumschlag betrug 1956 über 12 Mio t (Abb. 3). Es folgen entsprechend der Größe des Umschlages die Häfen Nordenham, Brake, Bremerhaven und Elsfleht. Bremen ist in erster Linie ein Stückguthafen, doch werden auch Massengüter, wie Kohle und Getreide, in beachtlichem Umfang umgeschlagen. Der Erzumschlag wird in Zukunft durch die Errichtung der neuen Klöckner-Hütte an der Weser unterhalb Bremens an Bedeutung zunehmen. In Brake überwiegt der Getreideumschlag, in Nordenham das Mineralöl. Der Güterverkehr in Elsfleth ist gering. In Bremerhaven erreicht der Umschlag noch nicht die 2-Mio-t-Grenze, doch hat Bremerhaven, früher durch den Norddeutschen Lloyd, heute durch ausländische, vorwiegend amerikanische Reedereien und neuerdings wieder in zunehmendem Maße durch den Norddeutschen Lloyd, Bedeutung als Hafen für Passagierschiffe. Diese werden an der unmittelbar am Strom gelegenen Kolumbuskaje abgefertigt.

Als im Jahre 1921 die Verwaltung der Verkehrswasserstraßen von den Ländern auf das Reich überging, schloß Bremen mit dem Reich 1922 einen Zusatzvertrag, in dem sich letzteres verpflichtete, auf der Außenweser eine Wassertiefe von 10 m unter SKN und auf der Unterweser eine solche vorzuhalten, die ausreichend ist, dem Regelfrachtschiff des Weltverkehrs die Fahrt nach Bremen zu ermöglichen. Mit dem Zusatzvertrag wollte Bremen sicherstellen, daß Bremerhaven für die großen Passagierschiffe, Bremen zwar nicht für die größten, aber doch für die in der Hauptanzahl verkehrenden Frachtschiffe zugänglich bleibt. Diese Forderungen hat das Reich, heute der Bund, erfüllt. Selbst die damals größten Schnelldampfer des Norddeutschen Lloyd „Bremen“ und „Europa“ konnten mit Tiefgängen von 10,5 bzw. 11,6 m unter Ausnutzung der Flut Bremerhaven anlaufen. Wenn auch der Begriff des Regelfrachtschiffes keine eindeutige Definition zuläßt, so besteht doch Einvernehmen darüber, daß etwa diejenige maximale Schiffsgröße darunter zu verstehen ist, die verbleibt, wenn von dem in Lloyds Register nachgewiesenen Brutto-Raumgehalt der Welttonnage 25% der größten Abmessungen ausgeschieden werden. 1924 hatte dieses rein rechnerisch ermittelte Regelfrachtschiff einen Tiefgang von 8,15 m, 1953 einen Tiefgang von 8,70 m und 1956 einen solchen von 8,90 m. Durch den Bau größter Tanker und Erzschiffe wird der Tiefgang des Regelfrachtschiffes in den nächsten Jahren noch weiter ansteigen. Nach Abschluß der Ausbauarbeiten im Jahre 1958 können Schiffe bis äußerstenfalls 9,60 m Tiefgang bei Normaltide und unter engster Anpassung an die Flut Bremen erreichen. Die Forderung für das Regelschiff ist also zunächst weitgehend erfüllt.

Trotzdem werden weitere Vertiefungspläne sowohl für die Außen- als auch für die Unterweser erörtert. Auf der Außenweser möchte Bremen das Einlaufen der nach festem Zeitplan fahrenden Passagierschiffe nach Bremerhaven ohne Inanspruchnahme der Tidewelle gesichert haben. Außerdem sind Erwägungen im Gange, im Dockhafen von Bremerhaven hinter der Nordschleuse einen Erzumschlagplatz einzurichten, an dem in erster Linie die von Übersee mit größten Schiffen herangefahrenen Erze, die mangels der erforderlichen Wassertiefe auf der Ems nicht in Emden abgefertigt werden können, gelöscht werden sollen. Wie schon ausgeführt, ist in dieser Verkehrsbeziehung mit Schiffen von etwa 40000 tdw zu rechnen. Diese Schiffe können zwar heute mit der Tidewelle schon bis Bremerhaven kommen. Bremen wünscht aber auch für sie einen weiten zeitlichen Spielraum und damit eine Fahrwassertiefe von zunächst 11 m und später 12 m unter SKN. (Abb. 11 auf Tafel III).

Auf weite Strecken der Außenweser ist die 12-m-Wassertiefe bereits von Natur aus vorhanden. Nur an einzelnen Punkten (in Abb. 11 auf Tafel III) als Baggerstellen kenntlich gemacht) muß die Tiefe durch zusätzliche Baggerungen hergestellt werden. Voraussetzung für den Bestand der Tiefe ist die Vollendung der jetzt in Herstellung befindlichen Stromregulierungsbauwerke. Erst wenn das System der Leitwerke und Buhnen zur vollen Wirkung kommt, ist anzunehmen, daß auch auf diesen Strecken, die zu ständiger Versandung neigen, die 12-m-Tiefe gehalten werden kann. Wichtig ist hierbei, ob die laufenden jährlichen Unterhaltungsbaggerungen nach Herstellung der angestrebten Wassertiefe in erträglichen Grenzen gehalten werden können. Dazu sind noch besondere Untersuchungen erforderlich. Zuvor müssen jedoch die in Bau befindlichen Strombauwerke fertiggestellt und ihre Wirkung abgewartet werden. Die Arbeiten werden sich noch auf einen Zeitraum von etwa drei Jahren erstrecken. Ob man später nur mit zusätzlichen Baggerungen für die Vertiefung auskommen wird, wofür überschläglich rund 25 Mio DM veranschlagt sind, oder ob noch weitere Einbauten im Strom notwendig werden, wodurch die Kosten erheblich ansteigen können, muß einer eingehenden Prüfung vorbehalten bleiben.

In die Überlegungen, welcher Hafen Erzschiffe über 25000 tdw aufnehmen kann, wird man außer Bremerhaven und Wilhelmshaven auch Nordenham einbeziehen müssen. Unterhalb von Nordenham sind gute Wassertiefen vorhanden, die allerdings von der wenig entfernten Außenweser durch die Barre von Blexen getrennt sind (Abb. 10). Um die Tiefen der Außenweser bis nach Nordenham führen zu können, wird man die Barre durch Baggern beseitigen und die unterhalb der Barre befindliche scharfe Kurve durch Strombauwerke festlegen müssen. Die Abfuhr der Erze mit Binnenschiffen ist von Nordenham zum Küstenkanal oder zur Mittelweser leichter als von Bremerhaven, da gerade der Wasserweg von Bremerhaven bis Nordenham für Binnenschiffe bei ungünstigen Windverhältnissen gefährlich und an vielen Tagen im Jahr unpassierbar ist. Eine von See bis Nordenham durchgehende Wassertiefe von 10 m unter SKN ermöglicht die Zufahrt von Schiffen bis 40000 tdw allerdings nur unter Ausnutzung der Flut. Eine Wassertiefe von 12 m für Nordenham zu schaffen, wie sie auf weitere Zukunft für Bremerhaven als technisch möglich erscheint, ist nicht gegeben. Die räumlichen Verhältnisse für einen Erzumschlag in Nordenham sind jedoch beschränkt.

Auf der Unterweser fordert Bremen eine Vertiefung von 0,5 m, d. h. also von 8,00 m auf 8,50 m unter SKN, um Schiffen von 25000 tdw und einem Tiefgang von 10 m in enger Anpassung an die Tide die Fahrt bis Bremen zu ermöglichen. Es begründet diese Forderung damit, daß die Abmessungen des Regelfrachtschiffes weiter im Steigen begriffen sind und daß Erzschiffe dieser Größenordnung bis zu den dicht unterhalb Bremen liegenden Klöckner-Werken und Tankschiffe der gleichen Größe bis nach Nordenham, Brake und bis zum Bremer Industriehafen fahren müssen.

Die Unterweser, die erst zu Beginn dieses Jahrhunderts durch Franzius für Schiffe mit 5,0 m Tiefgang ausgebaut wurde, ist inzwischen so stark reguliert, daß heute Fahrzeuge mit fast dem doppelten Tiefgang verkehren. Damit ist der Ausbau der Unterweser bereits nahe an die Grenze des noch Möglichen herangekommen. Es bedarf einer sehr eingehenden Prüfung, ob der Weser eine weitere Vertiefung um $\frac{1}{2}$ m noch zuzumuten ist, ohne Schäden an anderer Stelle zu verursachen und ohne die Unterhaltungskosten auf eine wirtschaftlich nicht mehr vertretbare Höhe zu steigern.

Das Fahrwasser der Unterweser ist außerordentlich schmal. Die Breite der Fahrrinne beträgt von Bremen bis Vegesack 100 m, von dort bis zur Huntemündung 120 m und weiter bis Bremerhaven 150 m. Der schädliche Einfluß der Schiffahrt auf die Ufer und die angrenzenden Ländereien infolge starker Wellenbildung ist groß. Entschädigungsansprüche und Beschwerden haben sich im letzten Ausbauverfahren erheblich vermehrt. Auch die Verstärkung der Tidewelle, das Heraufwandern der Brackwasserzone und die Zunahme des Salzgehaltes im unteren Abschnitt der Unterweser haben den Widerstand der am Ufer ansässigen Bevölkerung gegen weitere Vertiefungsmaßnahmen verstärkt. Die Kosten für eine weitere Vertiefung um $\frac{1}{2}$ m einschl. einiger im oberen Teil der Unterweser anzulegenden Wendestellen für große Schiffe, falls sie bei Nebel zum Aufdrehen und Ankern gezwungen sind, werden auf rund 40 Mio DM geschätzt. Hierzu werden noch erhebliche Kosten für Entschädigungsansprüche hinzuzurechnen sein. Es muß deshalb sorgfältig untersucht werden, ob der erzielbare Nutzen in einem vernünftigen Verhältnis zu den einmalig aufzuwendenden Kosten steht und ob die späteren jährlichen Unterhaltungskosten in tragbaren Grenzen bleiben. Einstweilen bleibt die Auswirkung der kurz vor dem Abschluß stehenden Arbeiten für den Ausbau auf 8 m unter SKN abzuwarten.

Zusammenfassung

Auf der Außenweser ist eine Fahrwassertiefe von 10 m unter SKN vorhanden. Zur Sicherung des Fahrwassers und zur Verminderung der Unterhaltungsbaggerungen wird an der Vervollständigung der Strombauwerke gearbeitet. Erst nach Abschluß dieser Arbeiten — etwa ab 1962 — können Pläne für eine weitere Vertiefung bis auf 12 m unter SKN entwickelt werden, sofern hierfür zwingende Notwendigkeiten vorliegen. Genauere Untersuchungen sind noch erforderlich.

Auf der Unterweser wird im Jahre 1958 der Ausbau auf eine Fahrwassertiefe von 8 m unter SKN beendet. Bremen fordert eine weitere Vertiefung um $\frac{1}{2}$ m. Es bleibt der Erfolg des jetzigen Ausbaus abzuwarten, und es muß eingehend geprüft werden, ob ein weiterer Ausbau technisch durchführbar und wirtschaftlich tragbar ist.

Unter enger Anpassung an die Flut können nach Bremerhaven Schiffe bis zur Größe von 40000 tdw und ab 1959 nach Bremen Schiffe bis zur Größe von 20000 tdw fahren.

5. Elbe

Die Elbe (Abb. 12 auf Tafel IV) ist der größte der an der deutschen Küste in die Nordsee einmündenden Flüsse (Tab. 2). Die Tidewelle schwingt bis in den Raum von Geesthacht, 40 km oberhalb Hamburgs, hinauf. Eine Staustufe mit Wehr und Schleuse ist bei Geesthacht im Bau.

Der mittlere Tidehub beträgt

bei	Cuxhaven	2,90 m
	Brunsbüttelkoog	2,65 m
	Hamburg-St. Pauli	2,30 m

Die Entfernung beträgt

von Feuerschiff „Elbe 1"	bis	Cuxhaven	20 km
		Brunsbüttelkoog	70 km
		Hamburg-St. Pauli	140 km
		Geesthacht	180 km

Ebenso wie Bremen hat auch Hamburg beim Übergang der Wasserstraßen von den Ländern auf das Reich im Jahre 1922 einen Zusatzvertrag abgeschlossen. Hiernach wird das Reich dafür sorgen, daß in der Regel die größten Seeschiffe Hamburg unter Ausnutzung des Hochwassers erreichen können und daß auf der Außenelbe von See bis Cuxhaven eine Fahrwassertiefe von zunächst 11 m und auf der Unterelbe von Cuxhaven bis Hamburg eine solche von 10 m unter SKN geschaffen und unterhalten wird. Diese Forderung hat das Reich, heute der Bund, fast erfüllt.

Die 10 m-Tiefe ist auf der Unterelbe auf der ganzen Länge vorhanden (Abb. 12 auf Tafel IV und Abb. 13). Im Laufe der Jahre wurden umfangreiche Stromregulierungsbauwerke am Lühe-

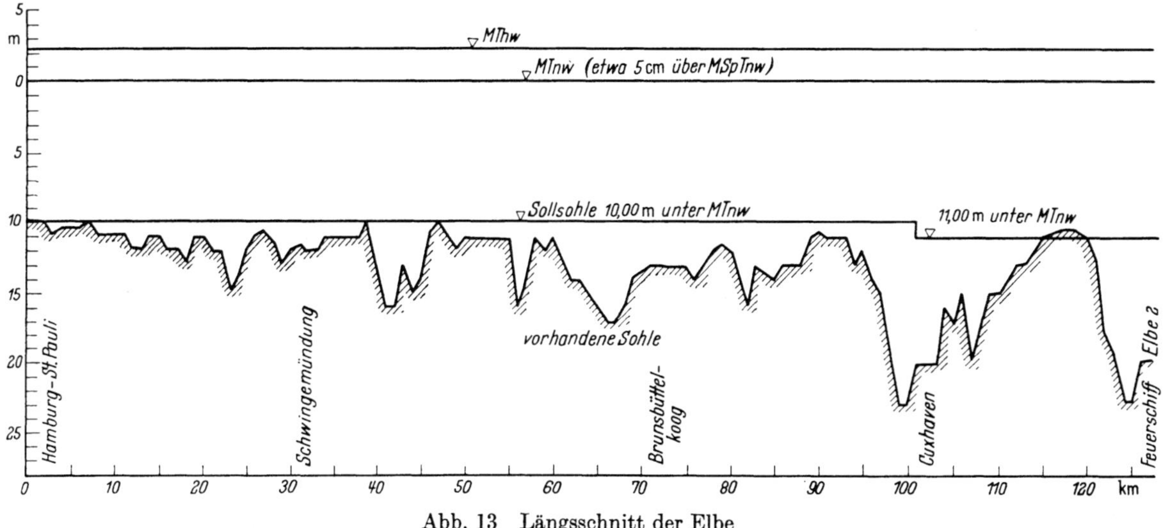

Abb. 13 Längsschnitt der Elbe

sand, am Pagensand und vor der Ostemündung geschaffen (vgl. Schrifttumverzeichnis am Schluß). Stromregulierungsarbeiten an der Rhinplatte vor Glückstadt wurden 1953 begonnen und werden 1958 beendet sein. Zur Erhaltung der Wassertiefe werden jährlich im Durchschnitt etwa 2 bis 2,5 Mio m³ gebaggert.

Auf der Außenelbe ist die Fahrwassertiefe von 11 m im allgemeinen vorhanden. Nur auf der Strecke querab von Neuwerk treten laufend durch Sandwanderungen verursachte Verflachungen im Fahrwasser ein, so daß in manchen Jahren die 11 m-Tiefenlinie um wenige Dezimeter unterschritten wird. Wie aus Abb. 14 auf Taf. VI ersichtlich, liegen vor Neuwerk die Sandbänke des Luechtergrundes und des Mittelgrundes; sie sind in ständiger Bewegung. Die Hauptfahrstraße geht nördlich am Luechtergrund vorbei. Südlich hat sich eine tiefe Flutrinne, das Kugelbaken-Fahrwasser, gebildet. Um auch die aus dem nördlichen Wattengebiet stetig in das Hauptfahrwasser eintreibenden Sandmengen durch die natürliche Räumkraft des Stromes wieder zu beseitigen und um die Verwilderung des Stromes infolge der Zweiteilung der tiefen Rinne zu verhindern, soll das Hauptfahrwasser zusammengefaßt und in einen Stromschlauch gezwängt werden. Schon vor dem letzten Krieg wurde der Bau eines Leitdammes geplant, der das Kugelbaken-Fahrwasser so abschließen soll, daß die Ebbewirkung der bei Cuxhaven ins Wattengebiet austretenden Elbe voll dem Hauptfahrwasser zugute kommt. Man erhofft damit eine Stabilisierung der auf dieser Strecke zu haltenden Tiefen. Die Arbeiten am Leitdamm wurden erst ab 1950 in stärkerem Maße in Angriff genommen. Die Kosten betragen rund 60 Mio DM. Die Senkstück-Unterlage aus Faschinenmatten ist fertig verlegt. Die Schüttsteine des Dammes werden laufend aufgebracht. 1959 wird der Damm so hoch geführt sein, daß er eine Wirkung auf das Fahrwasser ausübt. 1963 soll er vollendet sein.

Auf der Außenelbe und auf der Unterelbe bis Brunsbüttelkoog berühren sich der Verkehr des Nord-Ostsee-Kanals und der Verkehr von und nach Hamburg. Zahlenmäßig ist der Verkehr durch den Nord-Ostsee-Kanal erheblich stärker als der Hamburger Verkehr. Doch ist der Tiefgang der durch den Kanal fahrenden Schiffe infolge des Kanalprofils auf 9,50 m beschränkt. Nach Hamburg können jedoch mit Ausnutzung der Flut Schiffe mit Tiefgängen bis zu 11 m fahren.

Hamburg ist der größte deutsche Seehafen. Der Stückgutverkehr nimmt eine führende Stellung ein, da er wertmäßig den Massengütern überlegen ist, wenn er auch mengenmäßig in der Einfuhr geringer ist. An Massengütern stehen Getreide und Kohle im Vordergrund, der Erzumschlag ist gering. Einen erheblichen Umfang hat der Mineralölumschlag angenommen. Seine Zahlen steigen von Jahr zu Jahr. Die großen Ölfirmen ESSO, Shell und BP haben nach dem Kriege in Hamburg bedeutende Werkanlagen geschaffen, die laufend erweitert werden. Weitere neue Anlagen sind im Bau. Da der Verbrauch von Mineralölprodukten voraussichtlich noch wachsen wird, wird auch die Zufuhr von Rohöl weiter ansteigen. Es ist also verständlich, wenn Hamburg sich auf einen verstärkten Ölumschlag einrichtet und seine Hafenplanungen auf größere Tankschiffe abstellt.

Während für den Ausbau von Ems und Weser vorwiegend die Entwicklung der Erzschiffahrt maßgebend ist, ist für Jade und Elbe der Tanker das entscheidende Schiff. Heute können auf der Elbe bis Hamburg allenfalls Tankschiffe bis zur Größe von 35000 tdw fahren. Hamburg will aber in seinen Hafenanlagen Tanker mit 45 000 bis 65 000 tdw abfertigen. Hierzu baut es seine Hafenanlagen und die von ihm betreute Elbestrecke von den Mineralölhäfen bis zur Landesgrenze bei Tinsdahl unterhalb Hamburgs entsprechend aus. Vom Bund fordert Hamburg eine Vertiefung der Unter- und Außenelbe auf durchgehend 12 m unter SKN. Hamburg schlägt vor, daß dieser Ausbau in drei Abschnitten erfolgt, und zwar im 1. Abschnitt von Tinsdahl bis zur Schwingemündung auf eine Tiefe von 11 m, im 2. Abschnitt unterhalb der Schwingemündung auf 11 m und im 3. Abschnitt die Vertiefung der gesamten Unter- und Außenelbe auf 12 m.

Der Bund hat den Maßnahmen des 1. und 2. Bauabschnittes zugestimmt und im Jahre 1957 mit den erforderlichen Baggerungen begonnen. Die Arbeiten des 1. Abschnittes werden voraussichtlich 1958 beendet werden. Die Kosten belaufen sich auf rund 10 Mio DM.

Die Tidewelle hat eine durchschnittliche Laufgeschwindigkeit von 24 km/Std, das große Seeschiff eine Fahrgeschwindigkeit im Mittel von 18,5 km/Std. Die Zeitdifferenz zwischen beiden beträgt von Neuwerk bis zu den Hamburger Häfen etwa 1½ Stunden. Das Schiff, das ½ Stunde vor Eintritt des Hochwassers in Hamburg ankommen will, muß also schon 2 Std. vor Hochwasser Neuwerk passieren. In Hamburg betrug bisher die Fahrwassertiefe ½ Std. vor Thw $10{,}00 + 2{,}20 = 12{,}20$ m, bei Neuwerk 2 Std. vor Thw $11{,}00 + 2{,}30 = 13{,}30$ m. Die Vertiefung in der oberen Strecke zwischen Schwingemündung und Hamburg um 1 m ermöglicht also schon eine zeitlich weitergehende Ausnutzung des Fahrwassers und eine Erhöhung der zuzulassenden Abladetiefe.

Der 2. Abschnitt, die Herstellung der Tiefe von 11 m unterhalb der Schwingemündung, soll unmittelbar an den 1. Abschnitt angeschlossen werden. Auch hier sind zunächst nur Baggerungen vorgesehen, doch ist zu prüfen, ob an einzelnen Stellen Stromregulierungsbauwerke zu erstellen sein werden, da gerade auf dieser Strecke der Strom zu Verwilderungen neigt und schon jetzt die Unterhaltungsbaggerungen besonders umfangreich sind. Auf weiter Strecke, besonders im Cuxhavener Raum, ist eine Tiefe von 11 m vorhanden. Die Kosten für die Baggerungen des 2. Abschnitts werden etwa 20 Mio DM betragen. Hierzu kämen gegebenenfalls noch die Kosten für Regulierungsarbeiten. Nach Abschluß dieser Arbeiten, die zwei Jahre beanspruchen werden und Anfang 1961 beendet sein sollen, werden auf der ganzen Strecke der Unterelbe von Cuxhaven bis Hamburg 11 m Wassertiefe unter SKN vorhanden sein, so daß bei engster Anpassung an die Flut äußerstenfalls 45000 tdw-Schiffe Hamburg erreichen können.

Für den 3. Abschnitt, die Herstellung der 12 m-Wassertiefe auf Außen- und Unterelbe, können heute noch keine Pläne und Entwürfe aufgestellt werden. Es muß zunächst abgewartet werden, ob sich bei der Vertiefung von 10 auf 11 m ein Ansteigen der jährlichen Unterhaltungsbaggerungen zeigt oder ob die Räumkraft der Elbe groß genug ist, die gewünschten Tiefen auch ohne künstliche Nachhilfe zu halten. Es ist durch Rechnung und Modellversuche zu prüfen, ob und wo Strombauwerke errichtet werden müssen. So wurde schon vor dem Kriege ein Plan erwogen, unterhalb Brunsbüttelkoog am rechten Ufer einen Leitdamm zu ziehen, der verhindern soll, daß zu große Wassermengen des Ebbstromes in das gegenüber von Cuxhaven liegende ausgedehnte Wattgebiet abwandern. Mit dem 12-m-Ausbau soll voraussichtlich 1961 begonnen werden.

Wie die vor Neuwerk in der Außenelbe sich stetig neu bildende Barre für eine 12 m tiefe Fahrrinne offen gehalten werden kann, muß ebenfalls noch eingehend untersucht werden. Eine erste Voraussetzung hierfür ist, Erfahrungen über die Wirkung des Leitdammes unterhalb Cuxhavens nach seiner Fertigstellung zu sammeln, die in der Beantwortung folgender wichtiger Fragen gipfeln werden: Inwieweit wird der Leitdamm in seiner jetzigen Form und Länge die Barrenbildung verhindern? Muß er bis zur Höhe von Neuwerk oder noch weiter verlängert werden? Sind die Wassertiefen vor dem Kopf des Leitdammes so gering, daß die Kosten für eine Verlängerung des Dammes in tragbaren Grenzen bleiben?

Eine andere Möglichkeit, die Barren-Strecke offen zu halten, besteht im Einsatz eines leistungsfähigen Seebaggers. Vor dem Kriege hat die Marine für die Jade große seegehende Saugebagger gebaut, die heute zur Schlickbaggerung vor den Schleusen in Brunsbüttelkoog und auf der Außenweser verwendet werden. Unter Benutzung zahlreicher im Ausland gemachter Erfahrungen ist der Neubau eines Seebaggers für die Jade 1958 in Auftrag gegeben. Es ist beabsichtigt, für Außenweser und Außenelbe weitere Geräte nachzubauen. Es bleibt abzuwarten, ob ein Saugebagger in der Lage sein wird, die Strecke vor Neuwerk ständig in einer Tiefe von 12 m unter SKN freizuhalten, ober ob außerdem noch eine Verlängerung des Leitdammes erforderlich werden wird.

Zusammenfassung

Auf der Außenelbe ist eine Wassertiefe von 11 m unter SKN vorhanden, die in manchen Jahren vor Neuwerk etwas unterschritten wird. Die Unterelbe hat durchgehend eine Wassertiefe von 10 m unter SKN.

Stromregulierungsarbeiten sind auf der Unterelbe noch bei Glückstadt an der Rhinplatte im Gange. Sie werden 1958 beendet sein. Auf der Außenelbe wird unterhalb Cuxhaven ein Leitdamm gebaut, der in etwa fünf Jahren fertiggestellt sein wird.

Hamburg baut seinen Hafen zunächst auf 11 m Wassertiefe aus und beabsichtigt, ihn später auf 12 m Wassertiefe zu bringen. Auf der Unterelbe sind Baggerungen zur Herstellung der 11-m-Tiefe zwischen der Hamburger Landesgrenze und der Schwingemündung im Gange. Die Arbeiten werden 1958 beendet. Anschließend soll die 11-m-Wassertiefe unterhalb der Schwingemündung durch Baggerungen hergestellt werden. Die Gesamtkosten der Vertiefung betragen rund 30 Mio DM. Zur Herstellung einer 12-m-Wassertiefe auf Außen- und Unterelbe bedarf es noch besonderer Untersuchungen. Eine Entscheidung über die zu errichtenden Strombauwerke ist noch nicht getroffen, doch ist beabsichtigt, 1961 mit dem 12-m-Ausbau zu beginnen.

Heute können unter Ausnutzung der Flut Schiffe bis zu einer Größe von 30000 bis 35000 tdw den Hafen Hamburg anlaufen. Nach Herstellung der 11-m-Wassertiefe können Schiffe mit 40000 bis 45000 tdw verkehren.

6. Nord-Ostsee-Kanal

Der Nord-Ostsee-Kanal, im Ausland vielfach als Kiel-Canal bezeichnet, ist eine künstliche Seeschiffahrtsstraße, der die Nordsee mit der Ostsee verbindet. Er führt von Brunsbüttelkoog an der Unterelbe (Abb. 1 auf Tafel I) an Rendsburg vorbei zur Kieler Förde bei Holtenau. Der Kanal ist rund 100 km lang und hat eine Sohlenbreite von 44,9 m, eine Wasserspiegelbreite von 104 m und eine Wassertiefe von 11 m. Er ist auf beiden Seiten sowohl in Brunsbüttelkoog wie in Holtenau durch Schleusen abgeschlossen. An beiden Plätzen sind eine Doppelschleuse mit 150 m Länge, 23,40 m Breite und 10 m Drempeltiefe unter mittlerem Kanalwasserstand und eine Doppelschleuse mit 330 m Länge, 45 m Breite und 13,80 m Drempeltiefe unter mittleren Kanalwasserstand vorhanden. Die kleinen Schleusen wurden beim Bau des Kanals in den Jahren 1892 bis 1895 errichtet, die großen Schleusen bei der Erweiterung des Kanals 1908 bis 1914. Der Kanal ist zugelassen für Schiffe bis zu einem

Abb. 16. Verkehr des Nord-Ostsee-Kanals

Tiefgang von 9,50 m, also für Schiffe bis zu einer Tragfähigkeit von rund 20000 tdw. Die zugelassene Höchstgeschwindigkeit der Schiffe beträgt 15 km/Std. Für Schiffe bis 6,10 m Tiefgang und bis 6000 BRT ist der Kanal zweispurig befahrbar, für darüber hinausgehende Schiffsgrößen (Weichenschiffe) nur einspurig, d. h. diese Schiffe können sich auf der Strecke nicht begegnen oder überholen. Hierfür sind besondere Weichen angelegt in denen Schiffe an Dalben festmachen und entgegenkommende Schiffe abwarten können (Abb. 15 auf Tafel IV).

Der Nord-Ostsee-Kanal, ursprünglich aus militärischen Gründen gebaut, erlangte schon nach dem ersten Weltkrieg eine erhebliche Bedeutung für die Handelsschiffahrt. Er kürzte den natürlichen Seeweg um Skagen für die Fahrt von der Ostsee zum Ärmelkanal um 240 sm ab und bietet der Schiffahrt einen sicheren und bequemen Weg. Der Verkehr hat sich deshalb, abgesehen von den Krisen- und Kriegszeiten, ständig vergrößert (Abb. 16), und zwar hat die Schiffszahl als auch die Anzahl der tiefergehenden Schiffe und die Gesamtzahl der Netto-Register-Tonnen (NRT) stetig zugenommen. Diese Zahlen sind weiterhin im Steigen.

Tabelle 4. *Vergleich der großen Seekanäle*

	Abmessungen der Kanäle				Abmessungen der Schleusen				Kanalverkehr		
	Länge		Solltiefe		Länge	Breite	Drempeltiefe		1936	1951	1955
	km	Seem.	m	Fuß	m	m	m	Fuß	Mio Güter-t		
Nord-Ostsee-Kanal	98,7	53	11	36′ 1″	330	45	14	45′ 11″	16,6	33,0	45,1
Suez-Kanal	161	87	12—13	39′ 5″ bis	—	—	—	— —	25,5	76,7	107,5
Panama-Kanal	68	37		42′ 8″	305	33	12,80	42′	26,5	30,1	40,6

Einen Vergleich mit den beiden größten Seekanälen der Welt — dem Suezkanal und dem Panamakanal — zeigt Tabelle 4. Während diese Kanäle ihre Wirtschaftlichkeit durch Vermeidung der weit größeren Umwege um das Kap der Guten Hoffnung bzw. um Kap Horn erreichen, ist im Vergleich dazu die Wegekürzung durch den Nord-Ostsee-Kanal nur gering. Suez- und Panamakanal können daher verhältnismäßig hohe Befahrungsabgaben erheben, die die Selbstkosten der Kanalverwaltungen bei weitem decken, während es beim Nord-Ostsee-Kanal unmöglich ist, die Ausgaben durch entsprechende Einnahmen auszugleichen.

In Konkurrenz zum Nord-Ostsee-Kanal steht die Fahrt um Skagen durch den Sund oder durch den Großen Belt. Der tiefenmäßige Engpaß im Sund liegt am Südende der Flint-Rinne. Hier ist eine Tiefe von nur rund 8 m vorhanden. Eine Vertiefung durch Baggerungen ist zwar technisch möglich, hängt aber von einem Übereinkommen zwischen Dänemark und Schweden ab und wird erhebliche Kosten verursachen. Im Großen Belt sind ausreichende Wassertiefen von mehr als 15 m vorhanden. Die Fahrt durch den Großen Belt ist jedoch wegen der vielfach notwendigen Kursänderungen und wegen unübersichtlicher Wind- und Strömungsverhältnisse navigatorisch schwierig und wird von den Kapitänen gern vermieden.

Für die weitere Verkehrsentwicklung und für die bauliche Ausgestaltung des Nord-Ostsee-Kanals sind folgende Fragen von Bedeutung:

Werden die Schiffstiefgänge auf der Route von und nach der Ostsee weiter zunehmen und das für den Nord-Ostsee-Kanal zugelassene Maß von 9,50 m überschreiten? Hat der Nord-Ostsee-Kanal noch genügend Leistungsreserven, daß auch ein weiterhin ansteigender Verkehr reibungslos abgewickelt werden kann? Kann die für die einzelnen Schiffsgrößen erforderliche und zur Zeit im Höchstfalle 15 km/Std betragende Fahrgeschwindigkeit durch Vergrößerungen des Kanalquerschnittes erhöht und damit die Leistungsfähigkeit des Kanals erweitert werden?

Zur Beantwortung der ersten Frage ist zu klären, ob es im Ostseeraum Häfen gibt, die in der Lage sind, Schiffe mit mehr als 9,50 m Tiefgang abzufertigen. Bisher ist das nicht der Fall, doch hört man, daß Schweden beabsichtigt, einige Häfen auf eine Wassertiefe von 12 m auszubauen. Das wäre für die Erzschiffahrt wichtig, denn dann könnten hier Schiffe bis zu 37000 tdw und 11 m Tiefgang verkehren. Für Finnland und Rußland wäre u. U. die Möglichkeit, größere Tankschiffe abzufertigen, von Interesse. Ob auch hier Pläne für eine weitere Vertiefung einzelner Häfen bestehen, ist nicht bekannt. Für die deutschen Ostseehäfen besteht ein Bedürfnis für die Abfertigung größerer Schiffe nicht.

Es sind bereits eine Reihe von Untersuchungen durchgeführt, ob eine weitere Vertiefung des Kanals technisch möglich ist. Bei der Hamburgischen Schiffbauversuchsanstalt ist im Modell geprüft worden, welchen Erfolg eine Vertiefung auf 12, 13 und 14 m hat und ob gleichzeitig mit der Vertiefung auch eine Verbreiterung notwendig wird. Dabei ist von Bedeutung, welche Schiffsgeschwindigkeit zugelassen werden kann, ob sie gegenüber der bisherigen Festsetzung vermindert werden muß oder ob sie bei einer genügenden Kanalverbreiterung sogar erhöht werden kann. Die Untersuchungen sind noch nicht abgeschlossen, doch läßt sich schon jetzt folgendes übersehen:

Eine Vertiefung des Nord-Ostsee-Kanals von 11 auf 12 m ohne gleichzeitige Verbreiterung kostet rund 40 Mio DM, eine Vertiefung auf 13 m rund 70 Mio DM. Stehen 13 m Tiefe zur Verfügung, so kann bei einer auf 12 km/Std reduzierten Geschwindigkeit ein Schiff mit etwa 10 m Tiefgang, bei einer Geschwindigkeit von 10 km/Std ein Schiff mit etwa 11 m Tiefgang verkehren. Höhere Geschwindigkeiten lassen das Heck zu stark absinken und führen zu Bodenberührungen während der Fahrt. Geringere Geschwindigkeiten vermindern die Steuerfähigkeit des Schiffes und damit die Sicherheit während der Fahrt. Eine Vertiefung des Kanals um 2 m erbringt also eine Erhöhung des zuzulassenden Tiefganges um äußerstenfalls 1,5 m. Das entspricht einer Vergrößerung der Schiffe von 20000 auf etwa 35000 tdw. Die Vergrößerung des Wasserquerschnitts läßt insbesondere für die kleineren Schiffe eine erhebliche Verbesserung der Fahrgeschwindigkeiten zu.

Ein besserer Nutzeffekt wird durch eine Vertiefung mit gleichzeitiger Verbreiterung erreicht, da nur so das Verhältnis des eintauchenden Schiffsquerschnittes zum Querschnitt der Wasserfläche günstig gestaltet werden kann. Wenn die Wasserspiegelbreite um etwa 30 m vergrößert wird, könnte bei einer Vertiefung um 1 m ein Schiff von etwa 30000 tdw mit einem Tiefgang von 10,50 m, bei einer Vertiefung um 2 m ein Schiff von 45000 tdw und einem Tiefgang von 11,50 m zugelassen werden. Der erforderliche Grunderwerb, die Herstellung einer neuen Uferböschung auf 100 km Länge und der Bau zweier neuer Hochbrücken, die bei einer Verbreiterung notwendig werden, würden bei einer Vertiefung um 1 m Kosten von rund 690 Mio DM, bei einer Vertiefung um 2 m rund 740 Mio DM erfordern. Bei einer Verbreiterung um 50 m würden die Kosten die Milliardengrenze erreichen.

Man ersieht aus diesen wenigen Angaben, daß die Kosten für reine Vertiefungsmaßnahmen zwar hoch, aber noch in erträglichen Grenzen bleiben. Sollen aber Schiffe mit mehr als 37000 tdw durch den Kanal fahren, ist eine Verbreiterung nicht zu vermeiden. Deren Kosten steigen ungewöhnlich stark an. Ob sich jemals solche Kosten werden rechtfertigen lassen, zumal die Einnahmen für den Kanal nicht wesentlich erhöht werden können, mag dahingestellt bleiben. Die Wahrscheinlichkeit, solche Pläne in absehbarer Zeit zu verwirklichen, ist gering.

Eine andere Frage ist, ob der Kanal noch genügend Leistungsreserven besitzt, um einen weiterhin ansteigenden Verkehr mit Schiffen in der jetzt zugelassenen Größe reibungslos zu bewältigen. Da der Kanal für größere Schiffstypen nur einschiffig befahrbar ist, bilden die Weichen wegen der unvermeidlichen Aufenthalte eine erhebliche Behinderung. Zeitraubend sind ferner die Abfertigung der Schiffe in den Schleusen und die im Kanal vorhandenen Langsam-Strecken bei jeder Fähre, jeder Baustelle und bei der Drehbrücke in Rendsburg. Je schneller die Schiffe durch den Kanal gebracht werden können, desto größer wird auch seine Leistungsfähigkeit sein. Man wird also darauf bedacht sein müssen, die nicht unbedingt notwendigen Aufenthalte auszuschalten und dort, wo Aufenthalte unvermeidbar sind, diese auf das geringste Ausmaß zu beschränken.

Im Jahre 1957 sind die Bauarbeiten zur Herstellung eines Tunnels unter dem Nord-Ostsee-Kanal bei Rendsburg als Ersatz für die Drehbrücke in Angriff genommen. Dadurch wird ein Engpaß, der bisher eine fühlbare Behinderung der Kanalschiffahrt darstellte, für die Zukunft ausgeschaltet. Baustellen und Fähren am Kanal sind unvermeidbar, doch wird versucht werden, die Gesamtzahl der Fähren, gegebenenfalls durch Zusammenlegung, zu vermindern. Die Aufenthalte an den Schleusen zu verringern, ist weniger eine bautechnische Frage als vielmehr eine Frage der Organisation. Abwicklung von Maklergeschäften innerhalb der Schleusen, Warten auf Personal, das an und von Bord geht, Abwicklung des Zolldienstes und andere Tätigkeiten dürfen keinesfalls zu einem längeren Liegen des Schiffes in der Schleuse führen, als es für die Schleusung selbst notwendig ist. Von besonderer Wichtigkeit ist die ausreichende Leistungsfähigkeit der Weichen durch Bereithalten entsprechender Liegeplätze und Festmache-Einrichtungen. Die Weichen müssen genügende Längen und die erforderliche Anzahl von Dalben haben. Hier sind in den nächsten Jahren noch mehrere Maßnahmen durchzuführen. Weiter muß die Übersichtlichkeit in den Kurven durch Abflachen der Ufer verbessert werden, um der Schiffsführung die zügige Durchfahrung dieser Strecken ohne Beeinträchtigung der Sicherheit zu ermöglichen. Ein wesentliches Moment für die reibungslose Abwicklung des Schiffsverkehrs bildet auch eine gute Nachrichtenübermittlung von der Schiffsleitstelle zum fahrenden Schiff und die Signalgebung an Land, um Schiffsführung und Lotsen jederzeit den genauen Überblick über die Verkehrslage auf dem Kanal zu vermitteln und sie über besondere Vorkommnisse und plötzliche Behinderungen zu unterrichten. Auch hier sind in nächster Zeit noch verschiedene Verbesserungen notwendig.

Bevor der Nord-Ostsee-Kanal auf größere Tiefen ausgebaut wird, müssen alle Möglichkeiten ausgeschöpft werden, die die Leistungsfähigkeit des Kanals, ausgerichtet auf den Verkehr mit maximal 9,50 m tiefgehenden Schiffen, erhöhen. Hierfür werden in den nächsten Jahren etwa 50 Mio DM aufzuwenden sein. Erst wenn alle Leistungsreserven aufgezehrt sind, können Vertiefungspläne erörtert und in Angriff genommen werden.

Zusammenfassung

Durch den Nord-Ostsee-Kanal können heute Schiffe bis zu einer Größe von 20000 tdw und bis zu einem Tiefgang von 9,50 m fahren. Die Frage, ob der Kanal für größere Schiffe ausgebaut werden muß, hängt in erster Linie von dem Bedürfnis der Ostsee-Staaten ab. Sund und Großer Belt sind nur bedingt leistungsfähig.

Für die Durchfahrt eines 26000-tdw-Schiffes wird voraussichtlich eine Vertiefung auf 12 m, für das 37000-tdw-Schiff eine Vertiefung auf 13 m genügen. Die Kosten betragen rund 40 bzw. 70 Mio DM. Für Schiffe mit mehr als 37000 tdw muß der Kanal verbreitert und gleichzeitig vertieft werden. Diese Kosten betragen mindestens 700 Mio DM. Untersuchungen über verschiedene Vertiefungsmöglichkeiten sind im Gange. Greifbare Pläne für eine Vertiefung stehen noch nicht zur Debatte.

Um die Leistungsfähigkeit des Kanals im Verkehr der heute zugelassenen Schiffsgrößen zu erhöhen, müssen in den nächsten Jahren bauliche Maßnahmen zur Erweiterung von Weichen und zur Abflachung unübersichtlicher Kurven durchgeführt werden. Die Organisation bei der Abfertigung der Schiffe in den Schleusen ist zu verbessern, das Nachrichten- und Signalwesen zu modernisieren und auszubauen. Die Anzahl der Fähren muß so gering wie möglich gehalten werden. Der Engpaß an der Drehbrücke in Rendsburg wird aufgehoben, sobald der 1957 begonnene Tunnel unter dem Kanal fertiggestellt und die den Verkehr behindernde Drehbrücke beseitigt ist. Der Tunnel soll 1961 dem Verkehr übergeben werden.

7. Trave

Lübeck, Kiel und Flensburg sind die bedeutendsten westdeutschen Häfen an der Ostsee. Die kleineren Häfen Kiel und Flensburg liegen an Meeresarmen, Förden genannt, die ohne künstliche Hilfe die für die Schiffahrt erforderlichen Wassertiefen aufweisen. Anders liegen die Verhältnisse bei dem größten der Ostseehäfen, Lübeck. Er liegt an der Trave, 20 km oberhalb ihrer Einmündung in die Ostsee. Da es eine nennenswerte Tidebewegung auf der Ostsee nicht gibt, fällt hier die Möglichkeit fort, die Flutwelle für den Verkehr tiefgehender Schiffe auszunutzen, wie das bei den Nordseehäfen der Fall ist. In der Trave müssen bei mittlerem Wasserstand ständig diejenigen Wassertiefen vorgehalten werden, die für die auf Lübeck verkehrenden Schiffe erforderlich sind.

Die Trave (Abb. 17 auf Tafel VI und Abb. 18) wurde von Lübeck im vorigen und zu Anfang dieses Jahrhunderts in mehreren Ausbaustufen dem wachsenden Schiffsverkehr und den zunehmenden Schiffstiefgängen angepaßt. So konnten vor dem ersten Weltkrieg bereits Schiffe mit 6,50 m Tiefgang zugelassen werden. Danach wurden weitere Verbesserungsmaßnahmen in Angriff genommen.

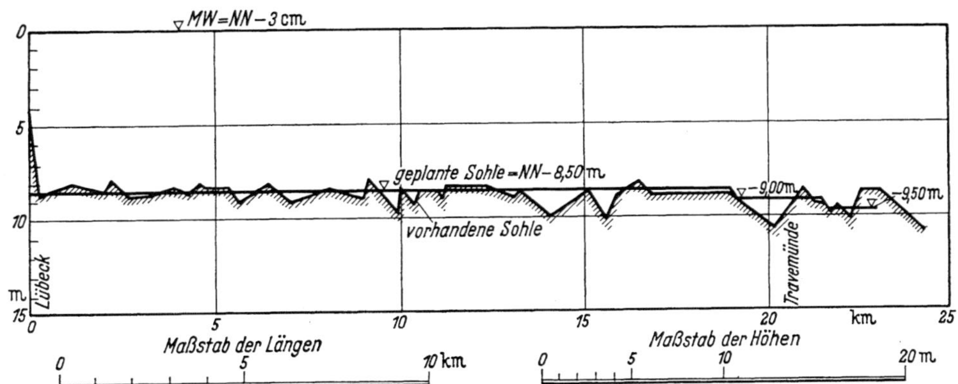

Abb. 18. Längsschnitt der Trave

1935 setzte das Reich, nachdem es kurz vorher die Trave in seine Verwaltung übernommen hatte, als Ausbauziel fest, von den Lübecker Häfen bis zur Siechenbucht (1 km oberhalb Travemünde) eine Fahrwassertiefe von 8,50 m und eine stetig zunehmende Sohlenbreite der Fahrrinne von 60 auf 90 m, ferner von der Siechenbucht bis Travemünde eine Tiefe von 9 m sowie außerhalb der Travemündung bis zur Ansteuerungstonne eine Tiefe von 9,50 m mit einer Breite von 100 m herzustellen. An diesem Ausbauziel ist bis heute je nach hierfür verfügbaren Haushaltsmitteln schneller oder langsamer gearbeitet worden.

Heute beträgt die Tiefe von Lübeck bis zum Kraftwerk Siems (oberhalb der Herrendrehbrücke) 8 m, von dort bis zur Nordermole Travemünde 8,50 m und außerhalb derselben 9 m. Die Sohle des Fahrwassers ist oberhalb der Herrendrehbrücke 60 m, unterhalb derselben 90 m breit. Am Ausbauziel fehlen infolgedessen zwischen Lübeck und Siems 0,5 m der Fahrwassertiefe, unterhalb der Siechenbucht ebenfalls 0,5 m und außerdem 10 m der Fahrwasserbreite. Ferner ist im Trave-Durchstich bei der Herrendrehbrücke die profilmäßige Herstellung der Fahrrinne bisher unterblieben, da in den kommenden Jahren die Brücke durch einen Neubau ersetzt werden soll und die Arbeiten an der Trave dann zweckmäßig zugleich mit dem Brückenbau durchgeführt werden.

Die 1957 zugelassenen Tauchtiefen der Schiffe betragen bei MW bis zum Hochofenwerk Herrenwyk (2 km unterhalb der Herrendrehbrücke) 7,62 m, bis zum Kraftwerk Siems 7,50 m und bis zu den Lübecker Stadthäfen 7 m.

Die jetzt noch erforderlichen Kosten für die Erreichung des 1935 aufgestellten Ausbauziels betragen etwa 4 Mio DM. An diesen Arbeiten soll in den nächsten Jahren zügig weitergearbeitet werden. Vordringlich sind die Arbeiten zur Verbesserung der Einfahrt bei Travemünde und die Vertiefung oberhalb Siems, zumindest bis zur Einfahrt zum Vorwerker Hafen. Darüber hinaus ist die Vertiefung nicht vordringlich, da die Lübecker Stadthäfen selbst nur eine Wassertiefe von 7 bis 7,50 m besitzen.

1958 wird mit der Verlängerung der Nordermole bei Travemünde begonnen werden. Durch ständige Uferabbrüche im Gebiet der Lübecker Bucht nördlich der Travemündung findet eine laufende und durch jährliche Baggerungen nur mit hohen Kosten zu beseitigende Sandeintreibung in die Trave statt. Die alte Mole ist völlig eingesandet und bildet somit für die Fahrrinne keinen genügenden Schutz mehr. Die Kosten für den Bau der Mole betragen rund 750000 DM.

Im Jahre 1959 sollen die Arbeiten für den Neubau der Herrendrehbrücke und den Ausbau der Trave im Herren-Durchstich beginnen.

Das Land Schleswig-Holstein und die Stadt Lübeck fordern darüber hinaus weitere Verbesserungen im Trave-Fahrwasser. Das Kraftwerk Siems und das Hochofenwerk Herrenwyk erhalten Kohle und Erz zunehmend aus Übersee. Hierfür sollen Schiffe bis zu 8,50 m Tiefgang und 14000 tdw eingesetzt werden. Das bedeutet, daß die Zufahrt bis Siems um 1 m, d. h. von 8,50 auf 9,50 m, die Strecke von See bis zur Siechenbucht auf 10 m vertieft werden muß. Außerdem müssen verschiedene Kurvenstrecken durch Abflachungen verbessert werden. Der Bund kann sich dieser Forderung nicht verschließen. Technisch bilden die Arbeiten keine wesentlichen Schwierigkeiten. Die Gesamtkosten der über das bisherige Ausbauziel hinausgehenden Verbesserungen werden auf etwa 20 Mio DM veranschlagt. Zunächst werden jedoch erst die Arbeiten zur Erreichung der alten Solltiefe fortgeführt. Nach ihrer Beendigung soll alsdann mit den weiteren Ausbauarbeiten begonnen werden, die einen Zeitraum von 3 bis 4 Jahren beanspruchen.

Zusammenfassung

Das Ausbauziel für die Trave bis Lübeck sieht eine Fahrwassertiefe seewärts der Travemündung von 9,50 m, bis zur Siechenbucht kurz oberhalb Travemünde von 9 und von dort bis Lübeck von 8,50 m vor. Dieses Ziel ist noch nicht voll erreicht. Es können seit 1957 Schiffe mit einem Tiefgang von 7,50 m bis Siems, bis Lübeck mit einem Tiefgang von 7 m verkehren.

Schleswig-Holstein und Lübeck fordern weitere Vertiefungen und Verbesserungen der Trave-Wasserstraße von See bis Siems. Die Tiefe von See bis zur Siechenbucht soll 10 m, von dort bis Siems 9,50 m betragen, um Schiffen bis zur Größe von 14000 tdw mit einem Tiefgang von 8,50 m das Anlaufen zu ermöglichen. Die Kosten werden auf 20 Mio DM geschätzt.

V. Die Binnenschiffahrtsstraßen im Küstengebiet

1. Allgemeines

Die Binnenschiffahrt, der zweitgrößte deutsche Verkehrsträger, leistete im Jahre 1955 etwa die Hälfte der Tonnenkilometer der Bundesbahn und fast das Doppelte des gesamten Güterfernverkehrs mit Lastkraftwagen auf klassifizierten Straßen, obwohl das Wasserstraßennetz nur ein Siebentel des Eisenbahn- und nur ein Dreißigstel des Straßennetzes beträgt. Die Binnenschiffahrt befördert in der Hauptsache Massengüter, wie Kohle, Steine und Erden, Erze, Mineralöle und dergleichen. Sie ist für den Transport von Massengütern zu und aus den Seehäfen von größter Bedeutung. Die Seehäfen legen deshalb entscheidenden Wert auf einen guten und leistungsfähigen Binnenschiffahrtsstraßenanschluß. Mit Ausnahme von Wilhelmshaven, wo bisher kein nennenswerter

Handelsgüterumschlag stattfand, sind alle größeren Seehäfen seit der Jahrhundertwende mit ihrem Hinterland durch natürliche oder künstliche Binnenschiffahrtsstraßen verbunden (Abb. 19 auf Tafel V.) So ist Emden über den Dortmund-Ems-Kanal an das Ruhrgebiet angeschlossen, die Unterweserhäfen sind sowohl über den Küstenkanal als auch über die Weser und den Mittellandkanal erreichbar. Die Elbe verbindet Hamburg — und durch den Elbe-Lübeck-Kanal auch Lübeck — mit dem mitteldeutschen Raum bis zur Tschechoslowakei.

In Abb. 20 ist die Entwicklung des Güterverkehrs auf den Binnenwasserstraßen zu und von den Seehäfen, gemessen an den letzten vor den Seehäfen gelegenen Schleusen bzw. für Hamburg nach Zählungen in den Binnenschiffshäfen, dargestellt. Im Vergleich zu den Zahlen des Seegüterumschlags (Abb. 3) ergeben sich hier interessante Betrachtungen.

Durch die Schleuse Herbrum, die unterste Schleuse des Dortmund-Ems-Kanals, geht mit kaum wahrnehmbaren Abweichungen der gesamte Schiffsverkehr von und zu den in Emden ladenden und löschenden Seeschiffen. 1936 wurden von dem Gesamt-Seegüterumschlag Emdens in Höhe von fast 8 Mio t rund 87%, das sind rund 7 Mio t, über die Binnenwasserstraße abgefertigt. In den letzten Jahren hat sich dieser Prozentsatz erheblich geändert. Vor dem Kriege und auch in den ersten Jahren nach dem Kriege waren in Emden Empfang und Versand ausgeglichen, ja z. T. war der Versand größer als der Empfang. Infolge des Rückganges der deutschen Kohle-Ausfuhr und des Anwachsens der Übersee-Kohleimporte betrug im Jahre 1956 die Ausfuhr nur etwa 23% des gesamten Umschlages. Diese Entwicklung beeinflußt stark die Binnenschiffahrt, die ihren Kahnraum in Berg- und Talfahrt nicht gleichmäßig ausnutzen kann. Die Eisenbahn mußte daher erhebliche Teile des Umschlags übernehmen, so daß auf die Binnenschiffahrt im Jahre 1956 nur etwas über 50% entfiel.

Die Schleuse Oldenburg ist die östliche Ausgangsschleuse des Küstenkanals, die Schleuse Bremen die unterste Schleuse der kanalisierten Mittelweser. Der Durchgang durch beide Schleusen kann zu dem Gesamt-Seegüterumschlag aller Unterweserhäfen in Beziehung gebracht werden, wobei Ungenauigkeiten durch örtliche Verkehre unberücksichtigt bleiben dürfen. Man ersieht, daß dem in den letzten Jahren steigenden seewärtigen Umschlag der Weserhäfen auch ein stetiger Anstieg des Binnenumschlags auf dem Wasserwege gegenübersteht. Durch die Verkehrsverbesserungen am Küstenkanal und durch die fortschreitende Kanalisierung der Mittelweser ist hier in den nächsten Jahren mit weiterem Ansteigen des Binnenschiffsverkehrs zu rechnen.

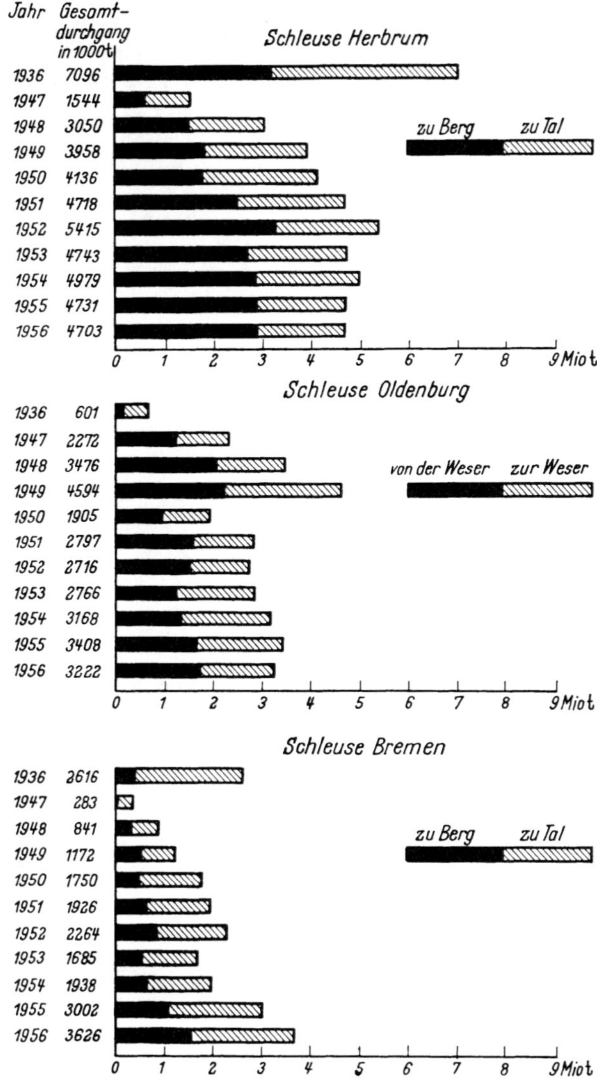

Güterumschlag in den Binnenschiffshäfen Hamburgs

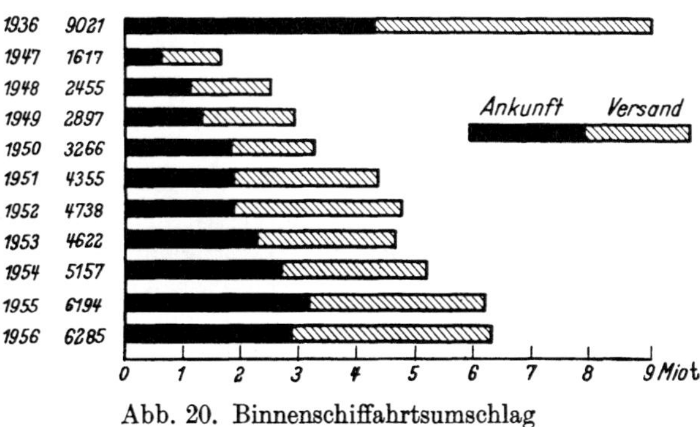

Abb. 20. Binnenschiffahrtsumschlag

Anders liegen die Verhältnisse im Hamburger Hafen. Wenn auch die Zahlen des Güterumschlags in den Hamburger Binnenhäfen heute einen erheblich größeren örtlichen Verkehr als den in den Vorkriegsjahren einschließen, so ist dennoch der Rückgang des Binnenschiffs-Umschlags gegenüber 1936 erheblich. Der unheilvolle Einfluß der Zonengrenze läßt sich kaum deutlicher ausdrücken.

Die vor Jahrzehnten erbauten künstlichen Wasserstraßen entsprechen nicht mehr den größer gewordenen Schiffen. Das selbstfahrende Motorschiff verdrängt mehr und mehr den langen Schleppzug. Die Kanäle waren durchweg für ein auf 2 m abgeladenes Binnenschiff ausgebaut, das im Mittel 700 t tragen konnte. Inzwischen hat sich auf dem deutschen Wasserstraßennetz ein Kahntyp entwickelt und durchgesetzt, der mit 67 m Länge, 8,20 m Breite und 2,50 m Abladetiefe 1000 t tragen kann. Dieser Typ trägt den Namen des früheren Staatssekretärs des Reichsverkehrsministeriums „Gustav Koenigs". Daneben gewinnt auf den westdeutschen Wasserstraßen der Rhein-Herne-Kanal-Kahn, der „Johann-Welker"-Typ, mit 80 m Länge, 9,50 m Breite, 2,50 m Abladetiefe und 1350 t Tragfähigkeit an Bedeutung.

Das Ziel ist deshalb, auch die norddeutschen Binnenschiffskanäle, soweit es technisch möglich ist, allmählich für 2,50 m tiefgehende Schiffe auszubauen. Auf dem Dortmund-Ems-Kanal wird in Kürze das gesteckte Ziel erreicht sein. Die anderen Kanäle lassen bisher nur eine 2-m-Abladung zu.

Elbe und Weser konnten von Binnenschiffen nur unzureichend ausgenutzt werden. Der in den verschiedenen Jahreszeiten schwankende Wasserstand ließ an zahlreichen Tagen im Jahr nur eine geringe Abladetiefe zu. Auch hier war man bemüht, der Schiffahrt bessere Verkehrsmöglichkeiten zu schaffen, um den Mittellandkanal mit den Häfen Hamburg und Bremen für das auf 2 m abgeladene Schiff zu verbinden. Auf der Weser wurde die Mittelweserkanalisierung in Angriff genommen, auf der Elbe die Niedrigwasserregulierung, die das gesteckte Ziel aber noch keineswegs erreichte. Die Forderung der Seehäfen geht aber auf eine weitere Verbesserung der Binnenschiffsverbindungen. Hieran wird in den letzten Jahren in verstärktem Umfang gearbeitet. Über den Stand dieser Ausbauten und über die derzeitigen Planungen berichten die nächsten Abschnitte.

2. Dortmund-Ems-Kanal

Der Dortmund-Ems-Kanal wurde vor 60 Jahren für Schiffe mit 2 m Tiefgang, die im Mittel 700 t tragen konnten, erbaut. Die Ausbauarbeiten sollen durch Verbreiterung und Vertiefung des Kanals, durch Errichtung neuer und durch Umbau vorhandener Schleusen sowie durch Neu- oder Umbau von Brücken, Dükern und anderen Bauwerken den Verkehr mit dem „Gustav Koenigs"-Schiff ermöglichen. Diese Schiffe verkehren heute schon, können aber nur auf 2 m abgeladen werden, so daß sie nur zu etwa 75% ausgenutzt werden. Die Ausbauarbeiten gehen ihrem Ende zu. Zu Beginn des Jahres 1959 wird der Kanal für Schiffe mit 2,50 m Tiefgang freigegeben werden. Es können alsdann Schiffe des Typs „Gustav Koenigs" und im Bedarfsfalle auch Schiffe vom Typ „Johann Welker" voll abgeladen auf dem Kanal fahren. Die Restarbeiten am Kanal werden sich noch bis 1961 hinziehen.

Der Dortmund-Ems-Kanal endet bei der Schleuse Herbrum. Von dort benutzt die Schiffahrt die freie, unter Tideeinwirkung stehende Ems und gelangt durch die Nesserlanderschleuse oder durch die Neue Seeschleuse in den Emder Hafen. Da dieser Schiffahrtsweg (Abb. 22 auf Tafel II) unterhalb Pogum das schützende südliche Ufer verliert und bei ungünstiger Wetterlage starkem Wellengang aus der großen Wasserfläche des Dollarts ausgesetzt ist, wurde bei Erbauung des Dortmund-Ems-Kanals ein besonderer, bei Oldersum abzweigender Seitenkanal hergerichtet, der die gefahrlose Zufahrt zum Emder Hafen auch bei schlechten Wind- und Wetterverhältnissen ermöglichte. Dieser Seitenkanal gestattete die einschiffige Fahrt mit 2 m Abladetiefe. Er wurde von der Schiffahrt nur wenig in Anspruch genommen.

Wenn nun in Kürze der Ausbau des Dortmund-Ems-Kanals abgeschlossen ist und das auf 2,50 m abgeladene Schiff die Fahrt nach Emden aufnimmt, hat es nicht die Möglichkeit, bei ungünstigem Wetter den Seitenkanal zu benutzen, sondern ist auf der Ems dem zeitweilig starken Wellengang ausgesetzt bzw. ist gezwungen, zu ankern und ruhiges Wetter abzuwarten. Es kommt hinzu, daß das heute nur mit 700 t beladene Schiff einen höheren Freibord hat und gegen Schlechtwetter widerstandsfähiger ist als das voll abgeladene Schiff. Dieses wird also auf die geschützte Fahrt im Seitenkanal öfter angewiesen sein. Es ist deshalb geprüft worden, ob der alte Seitenkanal entsprechend den neuen Abmessungen des Dortmund-Ems-Kanals ausgebaut werden kann oder ob eine neue Einfahrt in den Emder Hafen hergestellt werden muß.

Um den alten Seitenkanal für das „Gustav-Koenigs"-Schiff zumindest einschiffig befahrbar zu machen, müßten beide vorhandenen Schleusen umgebaut, das Kanalprofil vertieft und verbreitert, die vorhandenen Brücken umgebaut und die Einfahrt in den Kanal bei Oldersum durch Schaffung eines geräumigen Vorhafens verbessert werden. Durch diesen Ausbau würden aber zwei schwerwiegende Nachteile nicht beseitigt werden. Dies sind die gegensätzlichen Interessen von Schiffahrt und Landeskultur, sowie der größere Zeitaufwand durch Benutzung zweier Schleusen gegenüber

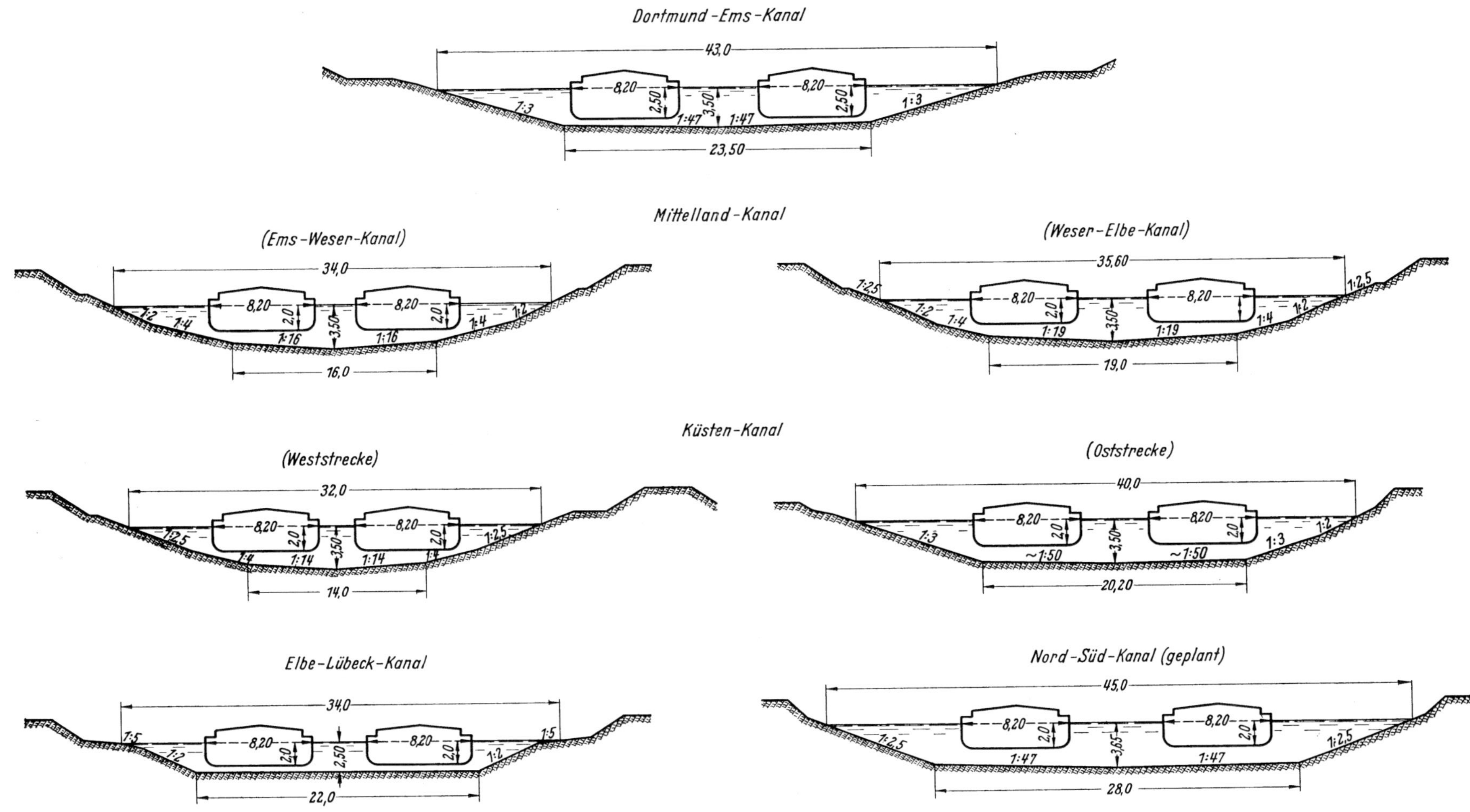

Abb. 21. Querprofile der norddeutschen Binnenschiffskanäle

der Befahrung der freien Ems. Die Interessen der Landeskultur sind dadurch gegeben, daß der Seitenkanal mit dem Wasserzug eines 47000 ha großen Gebietes in offener Verbindung steht und hierfür als Vorfluter dient. Das anfallende Wasser wird bei Ebbe durch Siele der Ems zugeführt. Der zuständige Entwässerungsverband fordert zur Schaffung eines kräftigen Sielzuges ein möglichst tiefes Absenken des Kanalspiegels, während die Schiffahrt an einem hohen und gleichmäßigen Wasserstand interessiert ist. Beide Bestrebungen haben zu erheblichen gegenseitigen Beeinträchtigungen geführt. Wollte man diese Schwierigkeit ausschalten, müßte die Kanalsohle zusätzlich entsprechend vertieft werden.

Um die lange Fahrzeit durch den Kanal zu verkürzen, müßten beide Schleusen zu Schleppzugschleusen verlängert und, wenn sie der übrigen Kanalstrecke angepaßt werden sollen, um 2 m verbreitert werden.

Alle diese Maßnahmen würden aber etwa den gleichen Kostenaufwand erfordern, wie eine neue Zufahrt, die kurz oberhalb Pogum aus der Ems abzweigt und mit einem rund 4,7 km langen Kanal und nur einer Schleppzugschleuse in den Emder Binnenhafen einmündet (Abb. 22 auf Tafel VI). Der neue Kanal hätte den Vorteil, daß die Fahrzeit der Schiffe die gleiche ist, wie über die freie Ems, die Schiffahrt zweischiffig unmittelbar in den neuen Binnenhafen, in dem der Schwerpunkt des Umschlages liegt, geführt wird, durch die neue Schleppzugschleuse eine Entlastung der Emder Seeschleusen erzielt wird und — als besonders schwerwiegendes Moment — der alte Seitenkanal ganz der Entwässerung nutzbar gemacht werden kann. Diese Vorteile führen zu dem Schluß, daß die Herstellung einer neuen Zufahrt in den Emder Hafen verkehrsmäßig, technisch und wasserwirtschaftlich die günstigste Lösung darstellt.

Die Kosten für die neue Zufahrt betragen rund 33 Mio DM. Die Entwurfsarbeiten sind über das erste planerische Stadium noch nicht hinausgegangen. Es wäre wünschenswert, die Bauarbeiten unmittelbar nach dem Ausbau des Dortmund-Ems-Kanals in Angriff zu nehmen, denn die neue Zufahrt bildet, wenn auch kein unmittelbarer räumlicher Zusammenhang besteht, den Abschluß des Dortmund-Ems-Kanals und ermöglicht erst seine volle Ausnutzung. Die Kosten müssen gemeinsam vom Bund und von Niedersachsen getragen werden, da die neue Einfahrt außen eine Bundeswasserstraße und innen ein Teil des Landeshafens ist. Die Klärung der Finanzierung ist Voraussetzung für die Inangriffnahme von Entwurf und Bau.

3. Wilhelmshaven und seine Verbindung zum Binnenwasserstraßennetz

Für Wilhelmshaven sind schon früher verschiedene Pläne für einen Anschluß an das Binnenwasserstraßennetz erwogen worden. Sie standen aber niemals ernsthaft zur Diskussion. Einen nennenswerten Handelsumschlag hat der alte Marinehafen, wie oben schon erwähnt, nicht gehabt. Der Ems-Jade-Kanal dient heute in erster Linie der Wasserwirtschaft. Er entwässert weite Moorgebiete und kann in seinen Abmessungen nur kleine Kähne von 150 bis 200 t Tragfähigkeit aufnehmen. Verkehrlich hat er für das Gebiet zwischen Emden und Wilhelmshaven lediglich eine rein örtliche Bedeutung.

Heute ist die Stadt Wilhelmshaven mit allen Mitteln bestrebt, die guten Seewasserstraßenverhältnisse auf der Jade für einen Massengutumschlag auszunutzen. Außer dem 1958 angelaufenen Ölverkehr möchte die Stadt auch den Verkehr trockener Massengüter an sich ziehen. Für das mit Seeschiffen ankommende Mineralöl ist zwar eine Kanalverbindung nicht erforderlich, da dieses über eine Ölleitung unmittelbar ins Ruhrgebiet gepumpt wird. Sollten aber trockene Massengüter eines Tages in Wilhelmshaven in großen Mengen umgeschlagen werden, so ist ein Binnenschiffahrtsanschluß unerläßlich.

Es liegt auf der Hand, daß für eine Kanalverbindung nur die Linienführung nach Oldenburg in Frage kommt, denn eine Trasse nach Emden (Ausbau des Ems-Jade-Kanals) oder zur Weser würde keine ins Gewicht fallenden Vorteile bieten. Der Weg ins Ruhrgebiet würde über den Küstenkanal am kürzesten sein. Ob der Anschluß bei Oldenburg unmittelbar in den Küstenkanal erfolgt, oder ob die Verbindung unterhalb Oldenburgs besser in die freie Hunte einmündet, bedarf besonderer Untersuchungen. Die erste Lösung ist für den Anschluß zum Westen günstiger, die zweite für den Verkehr zum mitteldeutschen Industriegebiet.

Wie schon im Abschnitt über die Jade ausgeführt wurde, besteht noch kein Anzeichen dafür, daß in kommenden Jahren Kohle und Erze in größerem Umfange in Wilhelmshaven zur Verladung kommen, zumal Hafenanlagen und Lagerplätze dafür nicht eingerichtet sind und erst mit außerordentlich hohen Mitteln ausgebaut werden müssen. Der Bund hat es daher zunächst abgelehnt, Vorarbeiten für die Planung eines solchen Kanals in Angriff zu nehmen. Er hat es einstweilen, wie in verschiedenen anderen Fällen auch, der Initiative der interessierten Kreise überlassen, Untersuchungen und Planungen für ein solches Objekt durchzuführen und entsprechende Vorschläge auszuarbeiten. So ist im Jahre 1957 in Oldenburg auf Betreiben der Stadt Wilhelmshaven, der

Industrie- und Handelskammer und der interessierten Wirtschaftskreise ein Kanalverein gegründet und ins Leben gerufen worden, der die Aufgabe hat, zu prüfen, mit welchem Verkehrsaufkommen gerechnet werden muß, welche technischen Lösungsmöglichkeiten bestehen, und wie hoch die Gesamtkosten zu veranschlagen sind.

Das Ergebnis dieser Untersuchungen bleibt abzuwarten. Vorerst besteht für den Bund keine Veranlassung, den zunächst nur roh umrissenen Plänen für einen Binnenschiffahrtsanschluß des Hafens Wilhelmshaven näherzutreten.

4. Küstenkanal und Mittelweser

Die Weserhäfen besitzen zwei unabhängige Verbindungen zum west- und mitteldeutschen Kanalsystem. Der eine Anschluß führt über die Hunte, ein unter Tideeinwirkung stehender linker Nebenfluß der unteren Weser, und über den Küstenkanal zum Dortmund-Ems-Kanal (Abb. 19 auf Tafel V). Der andere Weg geht über den mittleren Lauf der Weser zum Mittellandkanal. Von den Häfen Bremen, Elsfleth und Brake können die Binnenschiffe ohne nennenswerte Behinderung die Hunte bzw. die Mittelweser erreichen. Von Nordenham aus wird die Binnenschiffahrt zuweilen bei starken nördlichen oder nordöstlichen Winden (Abb. 8 auf Tafel III) behindert und muß kürzere Liegezeiten in Kauf nehmen. Die Binnenschiffsverbindung nach Bremerhaven ist den Wetterbehinderungen noch stärker ausgesetzt. Hier bilden auch die nordwestlichen Winde und die von See hereinstehende Dünung eine Gefahr und zwingen die teilweise nur mit geringem Freibord fahrenden Binnenschiffe zum Warten auf geschützten Liegeplätzen.

Der Küstenkanal, ursprünglich als Entwässerungskanal der Moorgebiete gedacht, später als Verkehrsweg ausgebaut, wurde 1935 in Betrieb genommen. Er war für 2 m tiefgehende Schiffe hergerichtet. Bei der Planung rechnete man mit einem Jahresverkehr von etwa 500000 t. Nach dem letzten Kriege gewann der Kanal aber erheblich an Bedeutung. 1949 hatte er einen Verkehr von $4\frac{1}{2}$ Mio t, in den letzten Jahren bleibt der Verkehr mit reichlich 3 Mio t ziemlich konstant. Der Kanal zeigt sich, insbesondere auf der Oststrecke, dieser hohen Verkehrsbelastung nicht gewachsen, Die Uferböschungen hielten nicht stand, kamen ins Rutschen und verursachten starke Verflachungen im Kanal. Durch Kriegseinwirkungen wurden weitere Schäden hervorgerufen. Fast alle Brücken über den Kanal waren zerstört. Seit 1949 wurde deshalb der Kanal mit einem Gesamtkostenaufwand von rund 25 Mio DM laufend wieder instandgesetzt. Dabei wurde die Oststrecke des Kanals so ausgebaut, daß die Wassertiefe ausreichend ist, um auch den Verkehr mit 2,50 m abgeladenen Schiffen zuzulassen (Abb. 21). Die Arbeiten sind im wesentlichen fertiggestellt. Restarbeiten werden noch bis 1961 andauern.

Die mittlere Weser zwischen Bremen und Minden war bis zum zweiten Weltkrieg ein freifließender Fluß, der nur in Hemelingen bei Bremen und in Dörverden mit einer Staustufe versehen war. Die Staustufe Hemelingen wurde vor dem ersten Weltkrieg im Zusammenhang mit der Korrektion der Unterweser gebaut, um eine nach oben fortschreitende Sohlenerosion zu verhindern. Die Staustufe Döverden war überwiegend aus wasserwirtschaftlichen Gründen zur Hebung des Grundwasserstandes notwendig geworden. Um eine vollschiffige Wasserstraße von Bremen bis zum Anschluß an den Mittellandkanal bei Minden zu schaffen und auch aus Gründen der Energiegewinnung wurde bereits vor dem zweiten Weltkrieg mit der Vollkanalisierung der Mittelweser begonnen. Die Arbeiten, durch den Krieg unterbrochen, wurden 1950 wieder aufgenommen. Außer den beiden vorhandenen Staustufen wurden fünf weitere gebaut. Die Staustufe Petershagen konnte 1953, die Staustufen Drakenburg und Schlüsselburg 1956 und die Staustufe Langwedel 1958 dem Betrieb übergeben werden. Die letzte Staustufe Landesbergen ist noch im Bau und wird 1960 feriggestellt sein. Damit ist die Mittelweserkanalisierung vollendet, die der Binnenschiffahrt eine Abladetiefe von 2,30 m ganzjährig gestattet. Restarbeiten, die für die Wasserwirtschaft und Landeskultur erforderlich sind, werden sich noch auf etwa weitere sechs Jahre hinziehen. Sämtliche Wasserkraftwerke neben den Staustufen baut und betreibt die Preußische Elektrizitäts-AG (Preag). Sie sind bzw. werden gleichzeitig mit der Fertigstellung der Staustufen in Betrieb genommen.

Wenn die laufenden Ausbauarbeiten am Küstenkanal und an der Mittelweser in den nächsten Jahren abgeschlossen sein werden, bleibt zu prüfen, ob damit den modernen Gesichtspunkten einer leistungsfähigen Binnenwasserstraßenverbindung zu den Weserhäfen künftig auf die Dauer Rechnung getragen ist oder ob weitere Verbesserungen erforderlich werden.

Die Mittelweser, die jetzt auf 2,30 m Tauchtiefe ausgebaut ist, wird ohne erheblichen Kostenaufwand in zukünftigen Jahren auch für Schiffe mit 2,50 m Tiefgang nutzbar gemacht werden können. Der in Minden anschließende Mittellandkanal läßt aber auf seinem westlichen Teil nur eine Tauchtiefe von 2 m zu. Diesen auf eine solche von 2,50 m auszubauen, würde erhebliche Mittel und eine lange Bauzeit erfordern, da das Profil verbreitert und infolgedessen Brücken und andere Kunstbauten umgebaut werden müssen. Die andere Möglichkeit besteht darin, den Küstenkanal zu gegebener Zeit den Abmessungen des Dortmund-Ems-Kanals anzupassen, um den hier verkehrenden Schiffen auch die Fahrt mit voller Abladung auf 2,50 m zur Weser zu ermöglichen und damit eine bessere Ausnutzung des Schiffsraumes im Ems- und Wesergebiet zu schaffen.

Wie schon erwähnt, hat die östliche Strecke des Küstenkanals nach den jetzt kurz vor der Vollendung stehenden Wiederherstellungsarbeiten einen Kanalquerschnitt erhalten, der für den vollen zweispurigen Verkehr mit 2,50 m abgeladenen Schiffen ausreicht. Nur die unmittelbar vor Oldenburg liegende Dammstrecke muß durch eine seitliche Spundwandeinfassung erweitert werden. Auch die Oldenburger Schleuse, die einige bauliche Schäden aufweist, und den Verkehrsanforderungen nicht mehr voll gewachsen ist, muß in absehbarer Zeit erneuert werden.

Die westliche Strecke des Küstenkanals (Abb. 21) hat in der Mitte zwar schon eine Wassertiefe von 3,50 m, doch ist die Breite dieser Kanalstrecke zu gering, um zweischiffig mit 2,50 m Abladetiefe fahren zu können. Es ist geplant, zunächst auf dieser Strecke einige Liege- und Ausweichstellen zu schaffen. Dann könnte in Einzelfällen ein auf 2,50 m abgeladenes Schiff im Richtungsverkehr zugelassen werden. Wird der Verkehr mit vollabgeladenen Schiffen stärker, muß der Querschnitt auf der ganzen Weststrecke verbreitert werden.

Die Schaffung von Liege- und Ausweichstellen soll möglichst noch 1959 in Angriff genommen werden. Die übrigen Arbeiten zur Anpassung an den auf dem Dortmund-Ems-Kanal verkehrenden Schiffstyp werden aber voraussichtlich nicht vor 1961 begonnen werden können, d. h. nicht eher, als bis die jetzt laufenden Arbeiten am Küstenkanal und an der Mittelweser beendet sind.

5. Anschluß Hamburgs an das mitteldeutsche Kanalsystem

Hamburg hat vor dem Kriege einen beträchtlichen Anteil seines Seeumschlags — fast 40% — über die Elbe transportiert. Durch den Eisernen Vorhang und den dadurch bedingten Fortfall eines großen Teiles seines Hinterlandes hat es bedeutende Einbußen in seinen Umschlagsleistungen erlitten. Es konnte nur mit großen Anstrengungen die Leistungshöhe der Vorkriegszeit wieder erreichen und blieb in seiner Entwicklungskurve stark hinter Rotterdam und Antwerpen, ja sogar hinter Bremen zurück, die prozentual erheblich höhere Umschlagziffern erreichen konnten. Hamburg ist deshalb bestrebt, andere Möglichkeiten zum Ausgleich seiner durch die politischen Verhältnisse gegebenen Schwierigkeiten zu finden. So fordert es mit Nachdruck den Anschluß an das west- und mitteldeutsche Kanalnetz, da die Fahrt über die Elbe bis Rothensee bei Magdeburg und von dort über den Mittellandkanal wegen der großen Entfernung und wegen der unzureichenden Wasserstände schwierig ist. Eine andere unmittelbare Verbindung — es sei denn über See — ist nicht vorhanden. Die Forderungen Hamburgs sind dem Grunde nach anzuerkennen, die Verwirklichung dieser Pläne stößt aber auf erhebliche Schwierigkeiten.

Die Elbe ist bis heute ein nicht kanalisierter Strom. Die Schiffahrt kann frei verkehren, doch sinkt in trockenen Jahren bei niedrigen Wasserständen die Ausnutzbarkeit des Kahnraumes erheblich, da die mögliche Tauchtiefe in diesen Zeiten nur gering ist. Schon lange vor dem letzten Kriege wurden vom Reich Untersuchungen für eine Verbesserung der Schiffahrtsverhältnisse der Elbe angestellt. Man entschloß sich, von einer Kanalisierung abzusehen, da man hoffte, durch Zuschußwasser aus Talsperren und durch eine Niedrigwasserregulierung zwar keine ganzjährige Vollschiffigkeit, wohl aber eine fühlbare Verbesserung der bis dahin herrschenden Verhältnisse zu erzielen. Die Arbeit an der Niedrigwasserregulierung, die schon ziemlich weit vorgeschritten war, wurde durch den Krieg unterbrochen und nach dem Kriege infolge der Zonenteilung nur unvollkommen weitergeführt. Außer den Saaletalsperren wurde weiterer Stauraum für Zuschußwasser nicht mehr geschaffen. Aber auch das Wasser aus den Saaletalsperren wird heute nicht zur Aufhöhung niedriger Wasserstände, sondern ausschließlich nach energiewirtschaftlichen Erfordernissen abgelassen. Das Ziel der Niedrigwasserregulierung, den 700-t-Kahn mit einer Tauchtiefe von 1,75 m ganzjährig mit mindestens drei Viertel Abladung verkehren zu lassen, wurde nicht erreicht. Aber selbst wenn dieses Ziel erreicht würde, könnte die Elbe den heutigen Verkehrsforderungen nicht gerecht werden. Der Mittellandkanal läßt eine Tauchtiefe von 2 m zu. Er kann auf der östlichen Strecke zwischen Anderten und Magdeburg heute schon von 2,50 m tiefgehenden Schiffen, allerdings nur im Richtungsverkehr, befahren werden. Ein Ausbau des Mittellandkanals für das 2,50 m tiefgehende Schiff erfordert zwar erhebliche Mittel, ist aber nicht unmöglich. Auf jeden Fall müßte die Elbe zwischen Hamburg und Magdeburg auf eine entsprechende Tiefe ausgebaut werden. Hierfür reicht die Niedrigwasserregulierung nicht aus. Dieses Ziel läßt sich nur durch eine Kanalisierung erreichen. Eine solche Maßnahme erfordert zwar erhebliche Kosten, sie wird aber technisch durchführbar sein.

Auf der westdeutschen Elbestrecke hat man im Jahre 1955 mit dem Bau einer Staustufe bei Geesthacht begonnen (Abb. 23 auf Tafel V). Hierfür lagen besondere Gründe vor. Durch die bisherige Vertiefung der Unterelbe wurde auf der Strecke oberhalb Hamburgs im Raume Geesthacht—Lauenburg eine erhebliche Sohlenerosion verursacht, welche die Schiffahrt infolge niedriger Wasserstände in zunehmendem Maße behinderte. Ebenso wie an der Weser bei Hemelingen mußte auch hier eine Trennung von Unter- und Mittellauf vorgenommen werden. Die Trennung war zeitlich dringend geworden, da in der Unterelbe weitere Vertiefungsarbeiten in Angriff genommen werden sollten, die eine weitere Verstärkung der Erosionserscheinungen zur Folge gehabt hätten. Gleichzeitig planten die Hamburger Elektrizitätswerke die Errichtung eines Pumpspeicherwerkes auf dem Geestrücken bei Geesthacht, das nur in Verbindung mit einem angestauten Wasserbecken der Elbe betrieben werden kann. Die Kosten der Staustufe belaufen sich auf rund 60 Mio DM. Die Arbeiten werden 1960 beendet sein. Die Staustufe Geesthacht wird, falls die Kanalisierung der Elbe einmal Wirklichkeit werden sollte, das erste und unterste Glied einer solchen Maßnahme sein. Schon jetzt wird der vollschiffige Anschluß der Binnenschiffahrt Hamburgs an den bei Lauenburg in die Elbe einmündenden Elbe-Lübeck-Kanal erreicht.

Da eine volle Elbekanalisierung, solange der Eiserne Vorhang besteht, nur schwer zu verwirklichen ist, und da Hamburg größten Wert auf die kürzeste Verbindung mit dem mitteldeutschen Industriegebiet und dem Ruhrgebiet legt, fordert es den Bau eines Nord-Süd-Kanals, der aus der Stauhaltung bei Geesthacht abzweigt und zum Mittellandkanal östlich Braunschweig führt (Abb. 19 auf Tafel V). Als besonderer Vorteil dieser Linienführung wird der kürzere und vollschiffige Weg nach Magdeburg angegeben. Gleichzeitig könnte der Nord-Süd-Kanal für Transporte von und zum Ruhrgebiet herangezogen werden. Die Isolierung Hamburgs auf dem Gebiete der Binnenschiffahrt wäre behoben.

Auf die Initiative Hamburgs wurde in Lüneburg der Nord-Süd-Kanal-Verein gegründet, der in besonderen Gutachten die verkehrswirtschaftliche Notwendigkeit und die technische Durchführbarkeit untersuchte. Der dem technischen Gutachten zugrunde gelegte Kanalquerschnitt ist in Abb. 21 mit dargestellt.

Der Bund glaubt, dem vorgelegten Gutachten nicht ohne weiteres folgen zu können. Insbesondere ist zu prüfen, ob die von Hamburg und vom Kanalverein vorgeschlagene Linienführung sowohl für die jetzigen Verhältnisse als auch für den Fall der Wiedervereinigung zweckmäßig ist oder ob eine andere Linienführung das gesteckte Ziel, nämlich den Anschluß Hamburgs an das deutsche Kanalsystem, leichter und einfacher erreicht. Es müßten folgende Möglichkeiten untersucht und miteinander verglichen werden:

a) Vollkanalisierung der Elbe zwischen Hamburg und Magdeburg,
b) Nord-Süd-Kanal,
c) Kanalverbindung zwischen der Elbe bei Geesthacht und der Mittelweser (Elbe-Weser-Kanal),
d) Kanalverbindung zwischen der Unterelbe und der Unterweser (Hansa-Kanal).

Dabei ist von besonderer Wichtigkeit, ob eine der genannten Kanaltrassen die Elbekanalisierung voll ersetzt oder ob im Falle der Wiedervereinigung trotz eines inzwischen gebauten Kanals die Elbe mit Staustufen ausgebaut werden muß. Hierfür ist eine klare Antwort noch nicht gefunden worden.

Hamburg und der Bund haben miteinander vereinbart, daß innerhalb der Wasser- und Schiffahrtsverwaltung eine Untersuchungsstelle eingerichtet wird, die im Laufe von zwei Jahren diese Fragen eingehend prüfen soll. Die Prüfung soll sich auf die technischen und verkehrlichen Probleme erstrecken.

VI. Schlußbetrachtung

In vorstehenden Abschnitten konnte nur ein allgemeiner Überblick über die Verkehrslage, über ihre Entwicklungstendenzen und über die dieser Entwicklung Rechnung tragenden Ausbaumaßnahmen an den Seeschiffahrtsstraßen und an den binnenwärtigen Wasserstraßenanschlüssen gegeben werden. Bewußt ist auf die Darstellung von Einzelheiten und auf die Schilderung von in diesem Zusammenhang untergeordneten Problemen verzichtet worden. Es sollte vielmehr dargestellt werden, welche großen Probleme die augenblicklich besonders stark dynamische Entwicklung im Seeschiffsverkehr aufwirft und welche großen Anstrengungen der Bund unternimmt, um See- und Binnenschiffahrtsstraßen im deutschen Küstengebiet den derzeitigen Forderungen anzupassen. Dabei ist besonderer Wert auf die Erörterung von Planungen gelegt, auch wenn diese noch nicht ausgereift und geklärt sind.

Schrifttum

[1] Plate: „Der Ausbau der Unterweser." Jahrbuch der HTG 1924.
[2] Plate: „Der Ausbau und die Vertiefung der Außenweser." Hansa 1927.
[3] Schmidt: „Die deutschen Seewasserstraßen an der Nordsee als Verkehrsträger." Zentralblatt der Bauverwaltung 1934, Heft 48.
[4] Arp und Hirsch: „Die Verbesserung der Elbwasserstraße." Zentralblatt der Bauverwaltung 1936, Heft 5.
[5] Schätzler: „Die Fürsorge des Reiches für die Schiffbarkeit der Unterelbe." Jahrbuch der HTG 1936/37.

[6] Schätzler und Meisel: „Stromregulierungsarbeiten in der Unterelbe bei der Ostebank und bei Pagensand." Bautechnik 1937, Heft 27/28.

[7] Schätzler: „Der Ausbau der Unterelbe zur Seewasserstraße unter besonderer Betrachtung der Wandlungen des Stromverlaufs zweier Strecken in den letzten hundert Jahren." Festschrift zur Hundertjahrfeier des Naturwissenschaftlichen Vereins in Hamburg.

[8] Dr.-Ing. Hensen: „Der Entwurf für die Niedrigwasserregulierung der Elbe im oberen Tidegebiet." Wasserwirtschaft 1937, Heft 3.

[9] Dr.-Ing. Hensen: „Die Entwicklung der Fahrwasserverhältnisse in der Außenelbe." Jahrbuch der HTG 1939/40.

[10] Dr.-Ing. Walther: „Die deutschen Seewasserstraßen in ihrem jetzigen Zustand." Hansa 1948, Heft 2.

[11] Dr.-Ing. Hensen: „Zustand und Entwicklungsmöglichkeiten der deutschen Seewasserstraßen." Schiff und Hafen 1949, Heft 6.

[12] Tode: „Der Ausbau des Dortmund-Ems-Kanals." Hansa 1951, Heft 19.

[13] Wegner: „Die Zufahrten für See- und Binnenschiffe zu den großen deutschen Nordseehäfen." Hansa 1951, Heft 46/47.

[14] Dr.-Ing. Walther: „Die Verbesserung des Fahrwassers der Unterweser für den Verkehr von Seeschiffen mit 8,70 m Tiefgang." Die Weser, 1953, Heft 11.

[15] Lorenzen: „Suez-, Panama- und Nord-Ostsee-Kanal, ihre weltwirtschaftliche Bedeutung und Betriebsform." Hansa 1954, Heft 31/32.

[16] Dr.-Ing. Walther: „Entwicklung der Schiffsabmessungen im Vergleich zu den Möglichkeiten der Seehäfen und ihrer Zufahrten." Hansa 1954, Heft 46/48.

[17] Wetzel: „Wasserbauliche Aufgaben an der Trave und in der Lübecker Bucht." Wasserwirtschaft 1954, Heft 10.

[18] Limann und Schutte: „Der Küstenkanal." Jahrbuch des Oldenburger Landesvereins für Geschichte, Natur- und Heimatkunde, Jahrgang 1955.

[19] Schumacher: „Die Mittelweser-Kanalisierung." Schriftenreihe des Seeverkehrsbeirates 1955, Heft 7.

[20] Dr.-Ing. Laucht: „Das 8. Ausbauprogramm des Suez-Kanals." Hansa 1955, Heft 41/42.

[21] Krause und Moseke: „Geesthacht, die erste Staustufe in der deutschen Elbe." Hansa 1956, Heft 17/18.

[22] Krause und Dr.-Ing. Klein: „Schiffbarkeit der Unterelbe unter Ausnutzung der Tide." Hansa 1956, Heft 19/20.

[23] Wetzel: „Die Ems und der Emder Hafen." Hansa 1956, Heft 44/45.

[24] Dr.-Ing. Naumann: „Anpassung der Seehäfen an die Wandlungen des Weltverkehrs." Internationales Archiv für Verkehrswesen 1957, Heft 13.

[25] Dr.-Ing. Walther: „Die Schiffbarkeit der Unterweser unter Ausnutzung der Tide." Hansa 1957, Heft 20/21.

[26] Dr.-Ing. Agatz: „Die Entwicklung der Seehäfen des mitteleuropäischen Festlandskontinents." Hansa 1958, Heft 23/24.

[27] Krawczynski: „Die Planungen der Wasser- und Schiffahrtsverwaltung für den Ausbau der Jade." Hansa 1958, Heft 37.

Additional information of this book

(Jahrbuch der Hafenbautechnischen Gesellschaft; 978-3-662-22679-7; 978-3-662-22679-7_OSFO1) is provided:

http://Extras.Springer.com

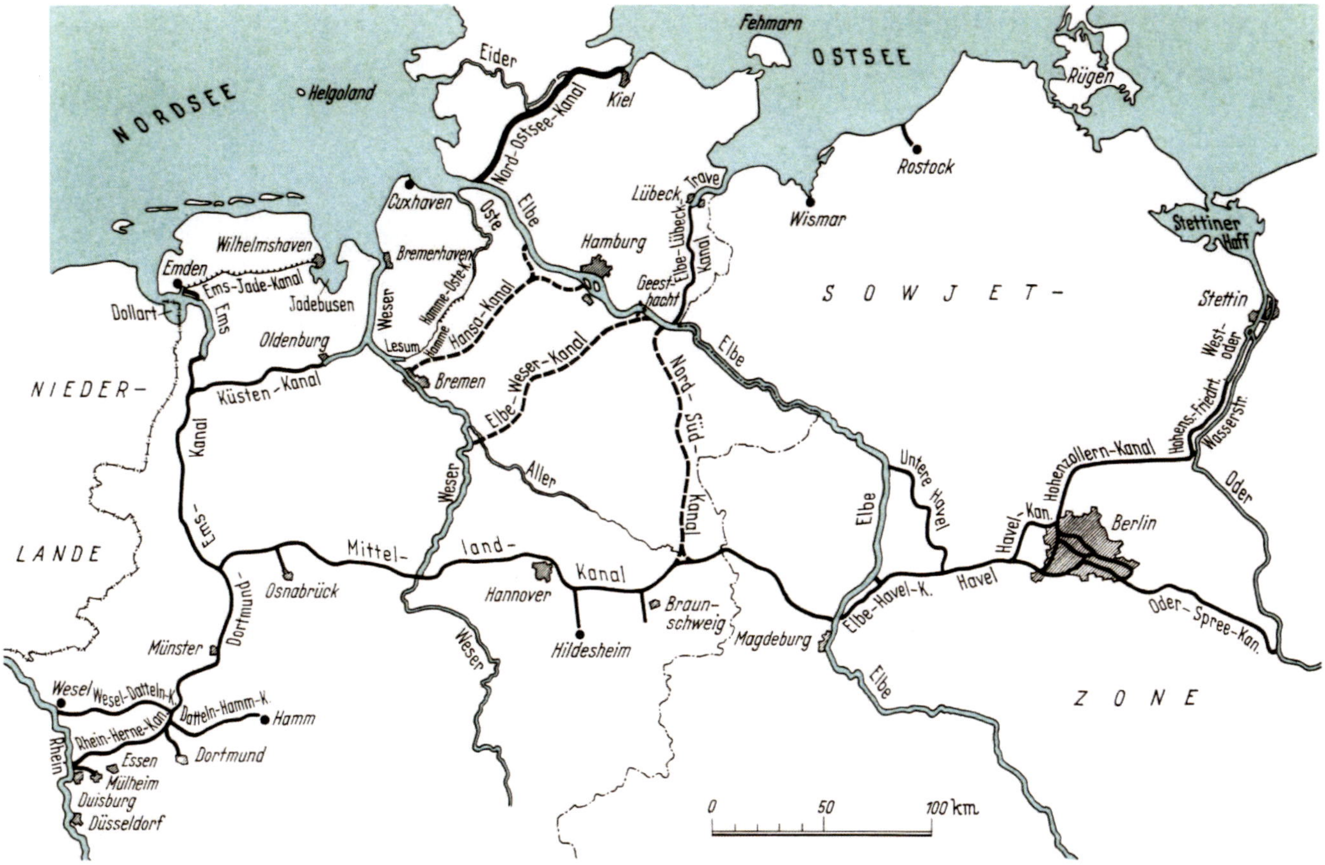

Abb. 19. Norddeutsche Binnenschiffahrtsstraßen

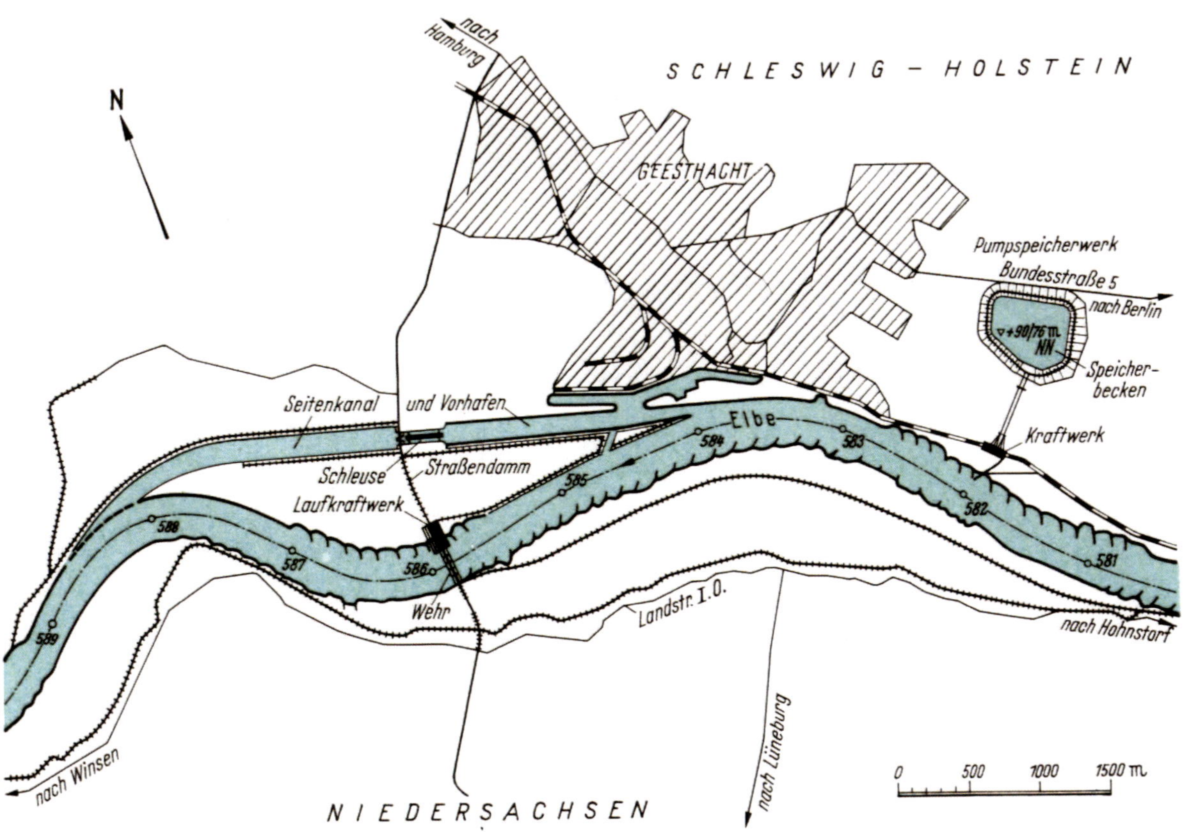

Abb. 23. Staustufe Geesthacht

Springer-Verlag, Berlin/Göttingen/Heidelberg

Additional information of this book

(Jahrbuch der Hafenbautechnischen Gesellschaft; 978-3-662-22679-7; 978-3-662-22679-7_OSFO2) is provided:

http://Extras.Springer.com

Der Ausbau des Fischereihafens Büsum

Von Oberregierungsrat i. R. Dr.-Ing. **Martin Bahr,** Helgoland

Inhalt

Einleitung

Wer eine Landkarte der reichgegliederten schleswig-holsteinischen Westküste mit ihren zahlreichen Inseln und Buchten betrachtet, wird zu der im Binnenland allgemein herrschenden Anschauung gelangen, daß hier eine lebhafte Schiffahrt und Seefischerei zu Hause sein müsse. Die Seekarte aber läßt erkennen, daß diese Küste ausgesprochen schiffahrtsfeindlich ist (Abb. 1). Ein bis zu 20 km breiter Gürtel von Watten und Sänden ist ihr vorgelagert. Die Stromrinnen, die den Gürtel durchschneiden, sind stark veränderlich und nautisch schwierig. Dazu haben sie an der Mündung in die offene See fast durchweg eine Barre. Bei auflandigem Sturm, der infolge des Vorherrschens der Westwinde häufig ist, steht auf den Barren eine Grundsee, die von kleinen Schiffen und Fischkuttern nur mit großer Gefahr passiert werden kann. Gegen das Land zu verlaufen sich die Stromrinnen und fallen bei Niedrigwasser meistens trocken, weil große Binnenzuflüsse fehlen. Außerdem werden sie im Winter leicht durch Eis gesperrt, da die ausgedehnten Wattflächen die Eisbildung begünstigen. Ebenso wenig ist die Landseite der Entwicklung von Schiffahrt und Fischerei förderlich. Die Halbinsel Schleswig-Holstein ist nur 70 bis 100 km breit, und der größte Teil dieses schmalen Streifens wird von den Häfen der Ostseeküste beherrscht, die an tief einschneidenden Buchten liegen. Das geringe der Westküste verbleibende Hinterland ist rein landwirtschaftlich genutzt und dünn besiedelt. Lediglich Husum hat bis in das 18. Jahrhundert einen bescheidenen Seehandel betrieben, der aber dem Wettbewerb Flensburgs erlag. Tönning vermochte als Mündungshafen der Eider, die zusammen mit dem 1786 eröffneten Eiderkanal die erste Verbindung zwischen Nord- und Ostsee bildete, nur eine Rolle zu spielen, bis mit dem Nordostseekanal ein ungleich besserer Schiffahrtsweg zwischen beiden Meeren geschaffen war. Die schlechten Wegeverhältnisse der Marsch ließen zwar bis in die zweite Hälfte des 19. Jahrhunderts hinein einen gewissen lokalen Küstenverkehr gedeihen. Der Ausbau des Eisenbahnnetzes

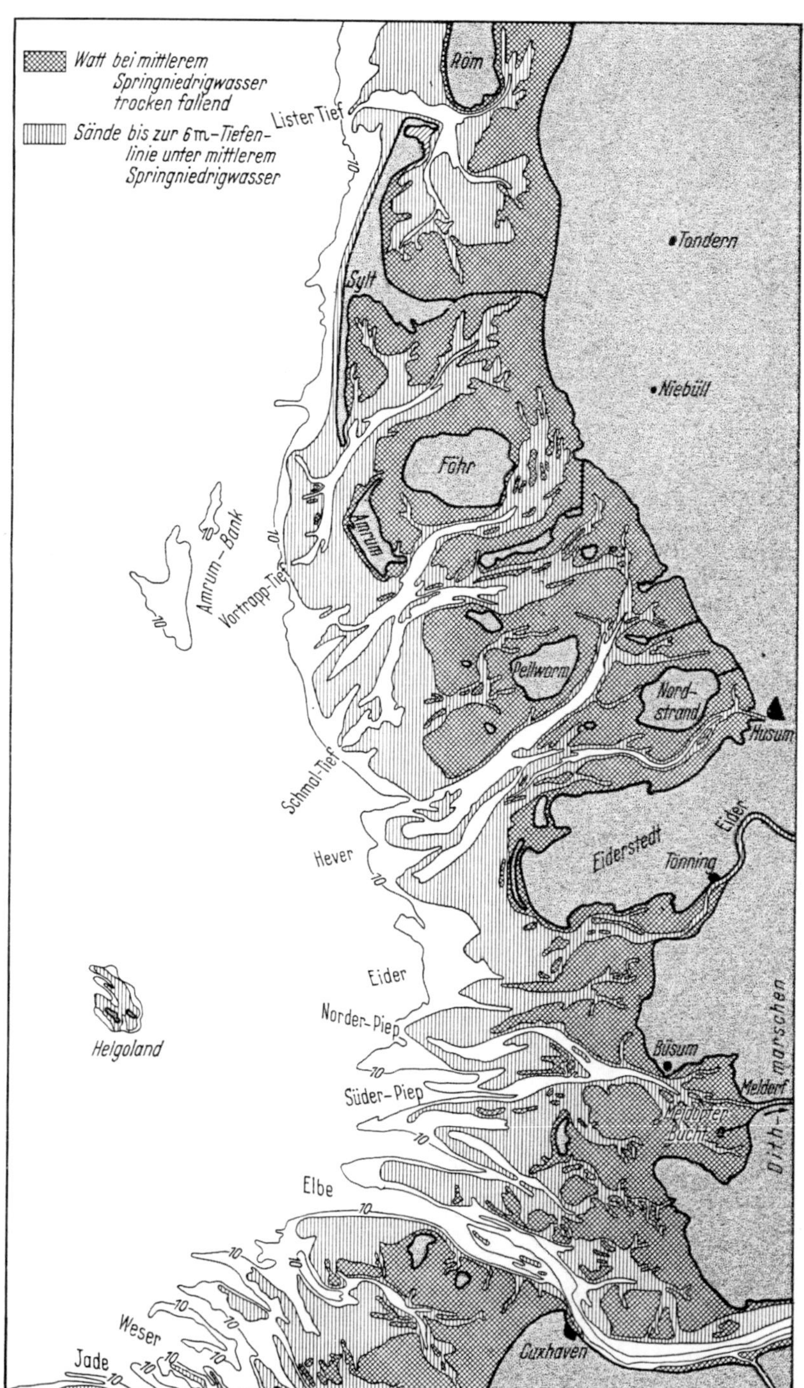

Abb. 1. Die Westküste Schleswig-Holsteins

und zuletzt das Aufkommen des Lastkraftwagens haben auch ihn fast ganz zum Erliegen gebracht.

Während der Bäderverkehr ständig wächst, beschränkt der Güterumschlag der Westküstenhäfen, abgesehen von der Versorgung der nordfriesischen Inseln über Husum, sich heute auf eine geringe Kornausfuhr in den Erntemonaten und eine ebenso geringe Einfuhr von Futtermitteln und skandinavischem Holz.

Etwas günstiger ist die Entwicklung der Fischerei verlaufen. Im Gegensatz zu den Elborten Finkenwärder, Blankenese, Schulau, deren Fischerei durch den großen Absatzmarkt Hamburg schon früh sich entfaltete, gab es zwar an der Westküste bis etwa 1870 eine gewerbsmäßige Fischerei überhaupt noch nicht. Der geringe Bedarf der kleinen Küstenorte konnte durch nebenberufliche und Gelegenheitsfischerei gedeckt werden; einen Absatz ins Binnenland ließen die schlechten Wege nicht zu. Erst der Ausbau des Eisenbahnnetzes schuf die Voraussetzung für das Entstehen einer hauptberuflichen Fischerei. Aber die nautischen Schwierigkeiten der Küstengewässer einerseits, die Verkehrsferne des Landes andererseits machten den Fang und Versand von Seefischen auch jetzt noch nicht rentabel. Man legte sich auf den Fang von Krabben, die in den Wattgewässern innerhalb der Barren gefischt, leicht konserviert und mit relativ hohen Transportkosten belastet werden können. Unter den gegebenen Verhältnissen ist es bei dieser Beschränkung auf die Küstenfischerei und auf die Krabbe als einziges Fangobjekt bis heute geblieben. Nur gelegentlich werden in den Wintermonaten Jungheringe und Sprotten gefangen, wenn deren Schwärme in den Wattgewässern auftauchen. Mit etwa 400 Kuttern stellt die Krabbenfischerei im Wirtschaftsleben der Westküste und der zugehörigen Verarbeitungsindustrie einen beachtlichen Faktor dar. Aber die Beschränkung auf die Krabbe bedeutet zugleich Beschränkung der Fanggebiete. Diese werden jetzt bis zur Grenze ihrer Ertragsfähigkeit ausgebeutet und sind stellenweise schon übersetzt. Ausdehnungsfähig ist diese Fischerei nicht mehr. Sie ist auch zwangsläufig extensiv und wenig krisenfest. Vier Monate im Jahr liegt die Kutterflotte still; denn im Winter ziehen sich die Krabben in das tiefe, wärmere Wasser seewärts und zerstreuen sich dort. In guten Fangjahren fehlt es, besonders seit der Abschnürung der Ostgebiete, oft an Absatz; in Jahren mit geringeren Krabbenvorkommen oder häufigen Stürmen decken die Erträge kaum das Existenzminimum der Fischer. Ein Ausweichen auf andere Fischarten und Fanggebiete ist ihnen aber infolge ihrer Spezialisierung nicht möglich.

I. Grundlagen der Entwicklung Büsums zum Seefischereiplatz

Lediglich Büsum hebt sich in dem Bild der Fischerei der Westküste heraus. Es verdankt seine Ausnahmestellung einer Verbindung mit der offenen See, die im Raume der Westküste ebenso einzig ist. Büsum liegt an der Nordwestecke des 75 km² großen Tidebeckens der Meldorfer Bucht. Beobachtungen, auf die hier nicht näher eingegangen werden kann, lassen darauf schließen, daß die Sandwanderung an der Seefront der Bucht über die Linie Friedrichskoog—Trischen hinweg nach Nordosten gerichtet ist. Hierauf ist es wahrscheinlich zurückzuführen, daß die Hauptstromrinne der Bucht, die Norder-Piep, an deren Nordrand gedrängt ist. Sie zieht sich mit Wassertiefen bis 17 m in nur 800 m Abstand an der Büsumer Ecke vorbei. An keiner anderen Stelle der Westküste kommen so große Wassertiefen dem Festlandsufer so nahe. Kurz seewärts von Büsum zweigt von der Norder-Piep die Süder-Piep ab. Die Gabelung im Verein mit der Rechtsablenkung der Strömungen bewirkt, daß die Norder-Piep überwiegend Ebbstrom-, die Süder-Piep Flutstromrinne ist. Infolgedessen hat die Süder-Piep als einzige Stromrinne der Westküste keine ausgeprägte Barre. Erst querab der Mitte des Tertiussandes besitzt sie eine Schwelle, auf der wegen ihrer Tiefe, des flachen Ansteigens des Grundes von See her und der geschützten Lage weit innerhalb des äußeren Randes der Sände keine Grundsee mehr entstehen kann. Die geringste Fahrwassertiefe von See bis Büsum beträgt eben auf dieser Schwelle 7,5 bis 8 m bei MSpTnw. Zudem zeichnet die Süder-Piep sich durch relativ geringe Veränderlichkeit aus. Seit mehreren Jahrzehnten hat sie einen gestreckten Verlauf, der mit nur einer Ansteuerungs- und drei Fahrwasserleuchttonnen die Nachtfahrt zwischen See und Büsum ermöglicht. Kein anderes Fahrwasser der deutschen Nordseeküste kommt mit einem so geringen Befeuerungsaufwand aus. Auch die Eisverhältnisse sind ungewöhnlich günstig. Die Wasserscheide zwischen Ost- und Nordsee verläuft in Schleswig-Holstein nahe der Ostseeküste. Infolgedessen hat die Westküste einen auf zahlreiche Entwässerungspunkte verteilten, aber relativ großen Süßwasserzufluß. Die Meldorfer Bucht bildet wieder eine Ausnahme; ihr Entwässerungsgebiet umfaßt nur einen schmalen Küstensaum, weil es landwärts durch das Einzugsgebiet der Eider begrenzt wird. Dadurch ist der Salzgehalt in der Bucht höher; die Vereisung setzt hier stets am spätesten ein und ist schwächer als im übrigen Wattenraum. In den Pieps mit ihren großen Wassertiefen bildet sich Eis überhaupt erst bei starker Kälte, und ihr gestreckter ostwestlich gerichteter Verlauf sorgt dafür, daß es von den Ostwinden, die mit solchen Wetterlagen regelmäßig verbunden sind, seewärts getrieben wird. Büsum bleibt infolgedessen auch in strengen Wintern für Fischkutter zugänglich, jedenfalls länger als Cuxhaven, das für schwachmotorige Schiffe häufig von dem Treibeis blockiert wird, welches der Ostwind gegen das Westufer der Unterelbe drängt.

Die günstige Verbindung mit der See hat das Fehlen des Hinterlandes nicht wettmachen können; der Frachtverkehr Büsums ist im gleichen Maße zurückgegangen und heute ebenso gering wie in allen Häfen der Westküste. Aber sie verwies von selbst auf die Seefischerei. Büsum brachte hierfür noch eine zweite Voraussetzung mit: Den rührigen, wagemutigen und aufgeschlossenen Menschenschlag, der auch die Landwirtschaft Dithmarschens auf einen hohen Stand gebracht hat.

II. Entwicklung der Fischerei in Büsum bis 1905

Freilich hat das Fehlen großer Verbrauchszentren in der Nähe und die Verkehrsferne des Landes den Übergang zur Seefischerei in Büsum noch bis in den Anfang des 20. Jahrhunderts verhindert. Bis dahin kannte auch Büsum nur die Krabbenfischerei, die hier die gleiche Entwicklung nahm wie in den übrigen Orten der Westküste. Eine Ortschronik von Büsum verzeichnet im Jahre 1840 unter 1797 Einwohnern 85 Seeleute einschließlich der Familienangehörigen, aber noch keinen einzigen Berufsfischer. Man fing für den eigenen Verbrauch Plattfische in Stellnetzen, die bei Niedrigwasser auf dem Watt ausgebracht wurden. Der Krabbenfang war Sache von Frauen und alten Männern, die bei Niedrigwasser mit dem Schiebehamen, einem an einer Stange befestigten Handnetz, an den Prielen entlang gingen, um für den Ortsbedarf zu fischen (Abb. 2). Erst der Bau fester Straßen zwischen Büsum und den Nachbarorten in den siebziger Jahren machte die gewerbsmäßige Fischerei möglich. 1882 wurde der erste, etwa 6 m lange Kutter in Fahrt gesetzt. Als Büsum 1887 über Heide Anschluß an die Marschbahn Hamburg—Tondern erhielt, nahm die Kutterflotte schnell zu. 1890 zählte sie drei, 1900 bereits 33 Fahrzeuge. Der Hafen wurde trotz des Rückganges des Frachtverkehrs zu eng.

Abb. 2. Krabbenfischerei um 1880

III. Erster Ausbau 1905 bis 1920

1. Übernahme des Hafens auf die Preußische Staatsbauverwaltung

Eigentümerin des Hafens war die Gemeinde Büsum. Der Hafen hatte einen eigenen Etat, die „Hafenkasse". Die Unterhaltungs- und Betriebsausgaben überstiegen die Einnahmen wie überall beträchtlich. Die Fehlbeträge wurden teils durch Zuschüsse der Gemeindekasse gedeckt, teils durch Wechsel, für die die Gemeinde bürgte. Sie war außerstande, dazu noch Mittel für die Erweiterung des Hafens aufzubringen, zumal sie infolge der exponierten Lage Büsums besonders hohe Deichlasten zu tragen hatte. Deshalb beantragte sie 1900 die Übernahme des Hafens durch die Preußische Staatsbauverwaltung.

Preußen verhielt sich gegenüber der allerorts angestrebten Verstaatlichung der kleinen Häfen grundsätzlich ablehnend und machte zunächst auch hier keine Ausnahme, war auch nicht bereit, zur Erweiterung des Hafens einen Zuschuß zu leisten. Aber in den vielfachen Verhandlungen erkannte das Preußische Ministerium der öffentlichen Arbeiten die Entwicklungsmöglichkeiten Büsums, und so kam 1903 ein Vertrag zustande, nach welchem die Gemeinde unter Übernahme der damals rd. 42000 Mark betragenden Schulden den Hafen an den Staat übereignete gegen die Verpflichtung, ihn auszubauen.

2. Zustand des Hafens 1905

Der Hafen, der Preußen zufiel, hatte die gleiche Form wie alle Kleinsthäfen der Nordseeküste: Er bestand aus den verlängerten Außenflügeln einer Entwässerungsschleuse. Gegen unmittelbaren Seegang bei Sturmfluten war er an der Westseite durch einen vom Seedeich ausgehenden Schirmdeich geschützt, der in der „Horst", einem ausgedeichten Warftrest des untergegangenen Teiles der früheren Insel Büsum, endete (Abb. 3 und 4). Das Spülvermögen der Schleuse, die

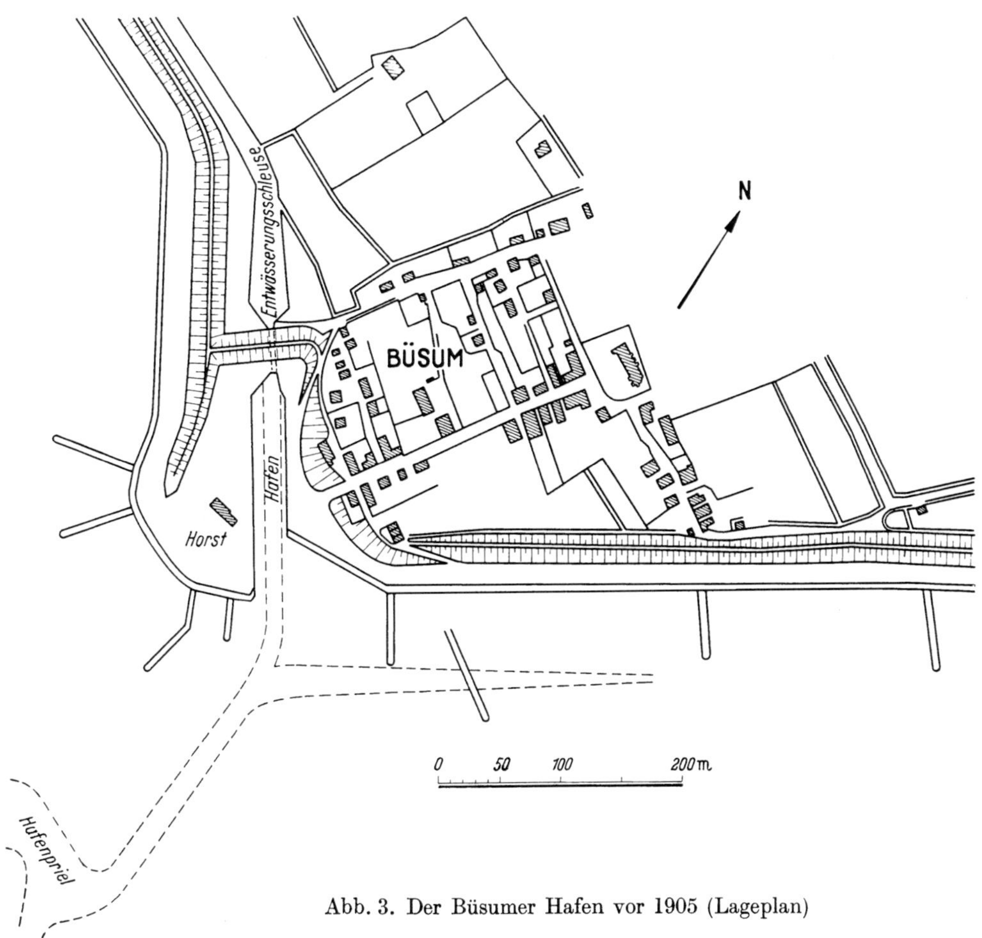

Abb. 3. Der Büsumer Hafen vor 1905 (Lageplan)

nur ein Gebiet von etwa 1400 ha entwässert, ist gering. Der Hafen fiel bei Niedrigwasser trocken ebenso der durch das Watt bis zur Norder-Piep führende Schleusenpriel, der überdies seine Lage dauernd änderte. Das störte die Krabbenfischerei kaum; denn bedingt durch die leichte Verderblichkeit der Rohware ist die Krabbenfischerei reiner Tidebetrieb; die Kutter laufen kurz nach Hochwasser aus und kehren mit der nächsten Flut zurück. Unangenehm war aber neben der Überfüllung des Hafens die Dünung, die bei Sturm in die Mündung hereinstand und an den dicht gedrängt liegenden Kuttern viele Havarien verursachte.

Abb. 4. Der Büsumer Hafen um 1885

3. Technische Grundlagen des Ausbauentwurfes

Seeangriff. In der bis 20 m tiefen, etwa 1 km breiten, von Ostsüdost nach Westnordwest verlaufenden Norder-Piep herrscht bei westlichen Stürmen ein Seegang, wie er im Wattenmeer in so großer Landnähe sonst kaum vorkommt. Er wird durch den 800 m breiten, bis 2 m über Niedrigwasser liegenden Wattstreifen, der den Hafen vom tiefen Wasser trennt, nur wenig gedämpft und ist am Ufer noch ungewöhnlich schwer. Der Büsumer Seedeich war derzeit der stärkste der deutschen Nordseeküste.

Baugrund. Das Watt besteht aus reinem Sand. Nur bei ruhigem Wetter bildet sich gelegentlich eine Schlickschicht von 1 bis 2 cm Dicke, die aber in der exponierten Lage schon bei mäßigem Westwind wieder fortgespült wird. Die östlich setzende Sandwanderung der südlichen Nordseeküste und die nach Süden gerichtete der östlichen Küste finden in dem Raum zwischen Elbe und Norder-Piep ihr Ende. Der Sand ist infolgedessen hier am stärksten aufbereitet. Er ist mit 15 % Korngrößenanteil unter 0,014 mm, mit 0,08 mm mittlerer und 0,2 mm maximaler Korngröße fast schluffartig. Bei ruhigem Wetter so fest gelagert, daß bei Büsum regelmäßig Pferderennen auf dem Watt abgehalten werden, wird er bei Sturm schnell „lebendig". Wie leicht und bis zu welcher Tiefe er in Bewegung geraten kann, zeigt das Bild einer gesunkenen und versandeten Schute, das zwar nicht bei Büsum, sondern vor einem Nachbarhafen (Friedrichskoog) mit gleicher Beschaffenheit des Watts aufgenommen ist (Abb. 5). Die gekenterte Bauschute ist mit dem Bug etwa 3 m tief in der Lotrechten gemessen eingesandet, obwohl zur Zeit des Unfalls das Watt hier nur 3 m hoch mit Wasser bedeckt war und nur Windstärke 8 herrschte.

Abb. 5. Im Sturm gesunkene und versandete Bauschute

Räumliche Situation. Trotz dieser für das Wattenmeer recht schwierigen Angriffs- und Baugrundverhältnisse konnte die Erweiterung des Hafens nicht anders als seewärts erfolgen. Eine Verlängerung landein war wegen der angrenzenden dicht bebauten Ortslage nicht möglich.

4. Bauausführung 1905 bis 1906

Der Ausbau des Hafens begann 1905. Die Erweiterung lehnte sich an den östlichen Deich an (Abb. 6). Zum Schutze des alten und des neuen Hafens wurde eine an die „Horst" anschließende 73 m lange Westmole und die 142 m messende Ostmole erbaut. Auf dem östlich angrenzenden Watt wurde ein 128 ha großes Spülbecken angelegt, um den neuen Hafen auf Tiefe zu halten und den zur Norder-Piep führenden Hafenpriel zu räumen. Die Ecke zwischen dem alten und dem neuen Hafen wurde aufgeschüttet und mit Bohlwerken eingefaßt, wodurch insgesamt 150 m Kajelänge geschaffen wurden.

Die Wahl der Bauweise für die Molen muß unter dem Gesichtspunkt der damaligen technischen Mittel und Möglichkeiten betrachtet werden. Sie als gepflasterte Erddämme auszuführen, die man derzeit kaum anders als mit Handschacht und Gleisbetrieb hätte aufschütten können, erschien wegen der exponierten Lage nicht ratsam. Massivmolen aus Beton hätten eine Verblendung erhalten müssen, weil man einen zuverlässig seewasserbeständigen Beton noch kaum herstellen konnte. Dadurch wurden sie für den kleinen Hafen zu aufwendig, obwohl ihre Ausführung im Tidebetrieb auf dem hochliegenden Watt nicht schwierig gewesen wäre. So wählte die Preußische Bauverwaltung die ihr von den Küstenhäfen der Ostsee geläufige „Ostseebauweise", die eigentlich für tiefes Wasser entwickelt war, hier aber den Vorteil bot, durch Sturm während der Ausführung kaum gefährdet zu sein, und die außerdem die billigste war: Zwei dichte Pfahlreihen, die mit gefischten Ostseefindlingen auf Faschinen-Unterlage ausgefüllt wurden (Abb. 7). Die Kajen bestanden ebenfalls aus Holz in üblicher Bauweise, die Lahnung des Spülbeckens an der Westseite aus einer Holzspundwand mit beiderseitiger Ziegelbrockenschüttung, an der Süd- und Ostseite aus einer Findlingspackung auf Faschinen. Das verwendete Kiefernholz war noch nicht getränkt. Der Bohrwurm tritt in Büsum nur zeitweise, dann aber recht stark auf. Doch glaubte man ihn nicht in Rechnung stellen zu müssen, weil die Bauwerke größtenteils von halber Ebbe an trocken fielen.

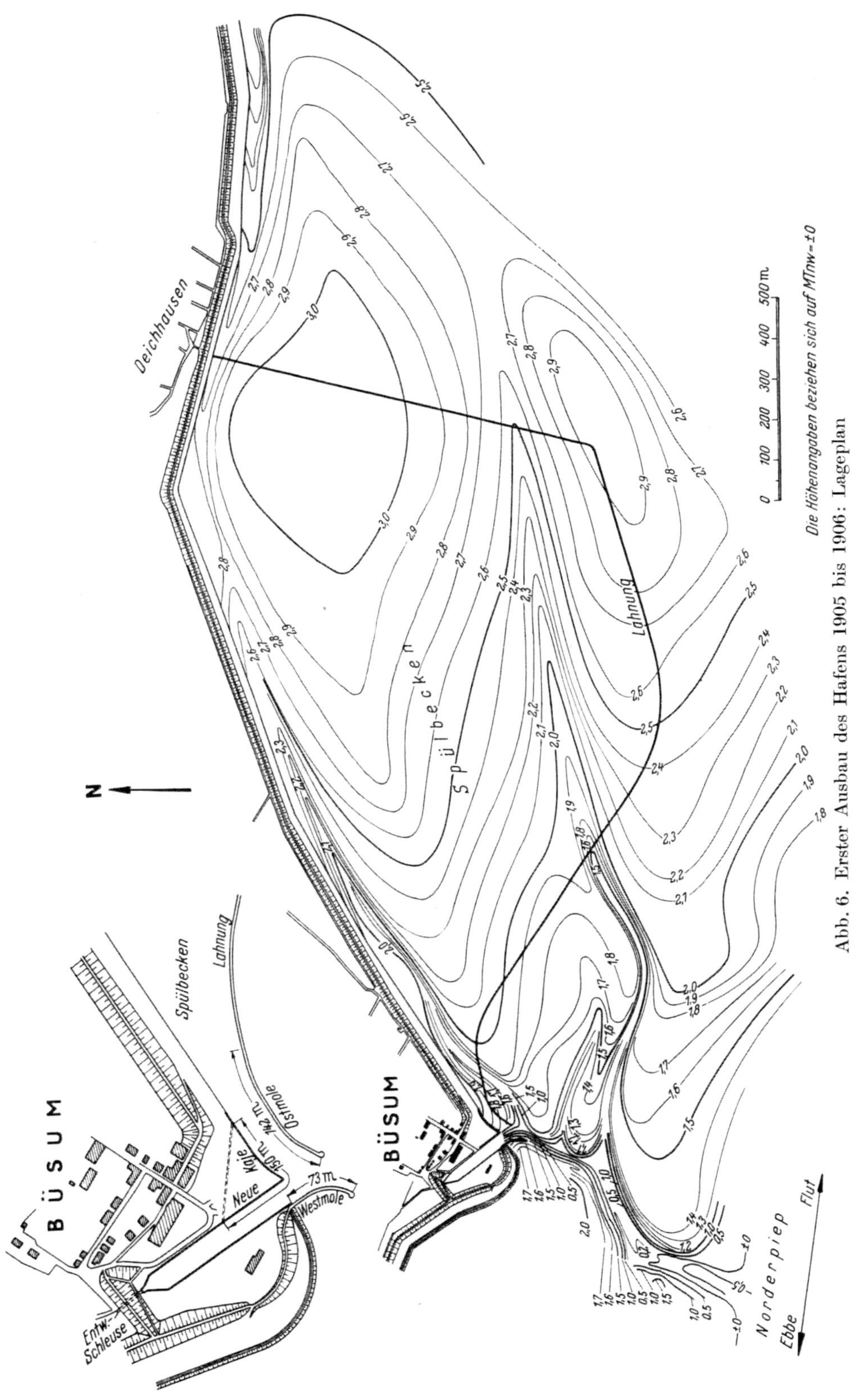

Abb. 6. Erster Ausbau des Hafens 1905 bis 1906: Lageplan

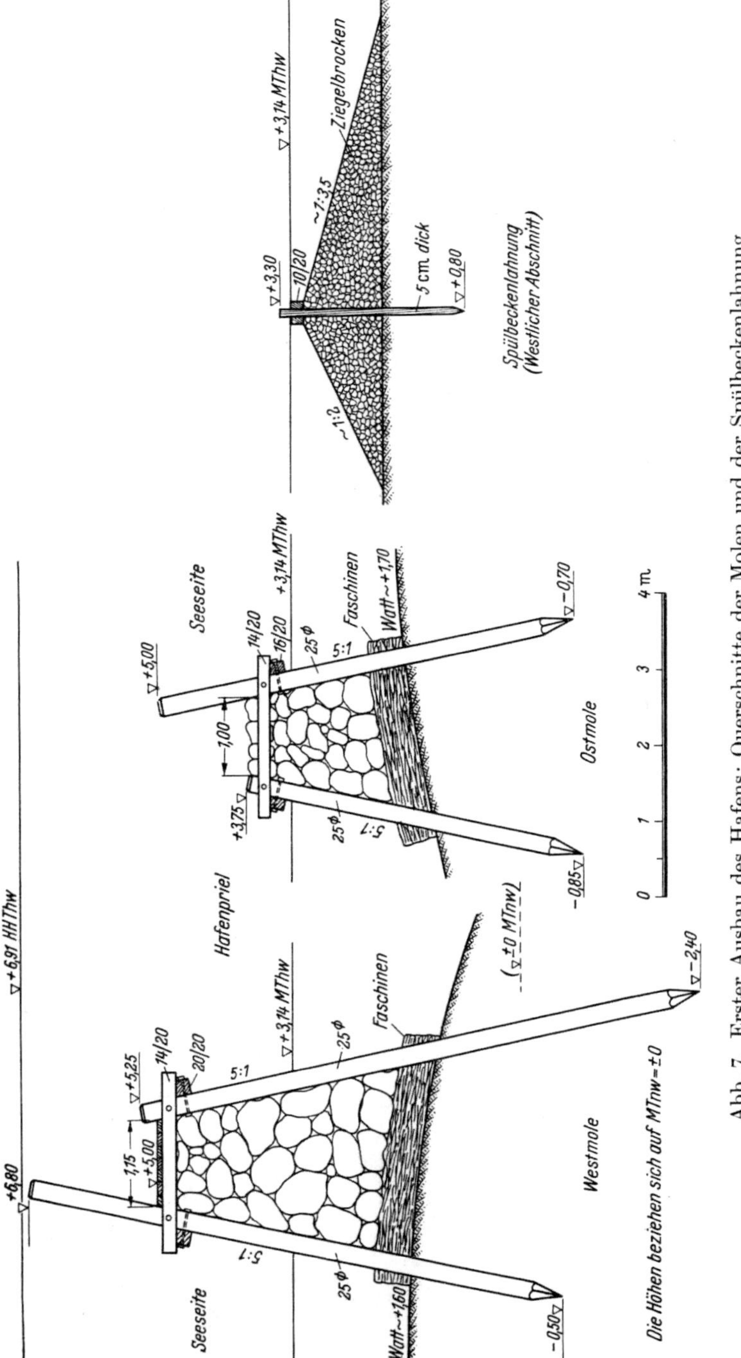

Abb. 7. Erster Ausbau des Hafens: Querschnitte der Molen und der Spülbeckenlahnung

5. Technische Erfahrungen

Die Molen erfüllten ihren Zweck nur, solange die Wasserstände nicht mehr als etwa 1,0 bis 1,5 m über MThw lagen. Bei höheren Tiden, also verhältnismäßig häufig verursachte aber die über sie hinweg brechende und die um den Westmolenkopf herumlaufende See im Hafen immer noch eine große Unruhe. Der neue Hafen mußte dann geräumt werden; aber auch im alten Hafen hörten die Havarien nicht auf. Schon im ersten Herbst nach der Fertigstellung der Molen 1906 erwies sich ihre Wirkung als so unzulänglich, daß Anfang 1907 auf Drängen der Fischer ein Entwurf für eine Verlängerung der Westmole mit höherer Kronenlage aufgestellt wurde, der aber der Ablehnung verfiel. Die Ostseebauweise hat sich hier also im Prinzip bewährt, doch waren die Bauwerke zu niedrig und zu kurz bemessen. Auch zeigte sich, daß alles Holzwerk, selbst die Faschinen der Steinfüllung der Molen, doch vom Bohrwurm angegriffen wurden, die Spundwand der Spülbeckenlahnung sogar bis fast zur Oberkante in Höhe des MThw.

Das Spülbecken erlitt nicht das Schicksal der meisten derartigen Anlagen, selbst zu verschlicken; infolge seiner exponierten Lage hielt sich der Schlick hier nicht. Im Gegenteil nahm sein Nutzinhalt durch geringe Abtragung des Watts im östlichen und Ausräumung von Prielen im westlichen Teil langsam zu, von 728000 cbm bei seiner Erbauung auf 863000 cbm 30 Jahre später. Dennoch entsprach seine Wirkung den Erwartungen durchaus nicht. Der zur Norder-Piep führende Hafenpriel vertiefte sich nicht und blieb stark veränderlich. Strömungsuntersuchungen im Rahmen von Vorarbeiten für eine Planung so geringen Umfanges waren derzeit im Seebau noch nicht üblich (für die „Vorarbeiten" zum Entwurf des Hafens waren 500 Mark bereitgestellt worden, die gerade zu einer Aufnahme des Geländes und des Wattgebietes ausreichten). Sonst hätte sich die Ursache des Versagens schon damals mit einem Aufwand von wenigen vom Hundert der Baukosten feststellen lassen. Die Untersuchungen wurden erst 15 Jahre später gelegentlich der Entwurfsbearbeitung für den zweiten Hafenausbau durchgeführt und gaben die Erklärung: Das Spülbecken mußte unwirksam bleiben, weil es eine zu hohe Sohlenlage hatte und schon leerlief, bevor das Watt beiderseits des Priels trocken fiel. Die Strömungsverhältnisse sind in der Darstellung der Untersuchungsergebnisse auf Seite 129 näher beschrieben. Nur den engsten Querschnitt des Osthafens vermochte das Spülbecken leidlich freizuhalten und ersparte hier wenigstens Unterhaltungsbaggerungen. Andererseits wurde der Flutstrom, der während der beiden letzten Stunden vor HW die große Spülbeckenfläche plötzlich füllen mußte, für die einlaufenden Kutter, die damals noch ausschließlich Segelkutter waren und denen es in der Hafeneinfahrt an Raum zum Aufdrehen fehlte, außerordentlich lästig. Es kam häufig zu Kollisionen mit der vorspringenden Bohlwerksecke zwischen dem alten und dem neuen Hafen, so daß man sich schon während der Ausführung der Spülbeckenlahnung genötigt sah, in ihr eine 30 m breite Lücke offen zu lassen, um die Flutströmung durch den Hafen zu vermindern.

1906 waren die Arbeiten beendet. In den Krabbenfischerhäfen werden die Fahrzeuge üblicherweise zu je zwei nebeneinander gelegt. Der Hafen bot daher neben den sonstigen hier stationierten Fahrzeugen rd. 40 Kuttern Platz. Aber deren Zahl war inzwischen schon auf 44 gestiegen und wuchs schnell weiter; die Überfüllung des Hafens war nicht behoben. Trotzdem mußte in den folgenden Jahren die Erneuerung der verfallenen Bohlwerke des alten Hafens vorangestellt werden.

6. Erfahrungen mit Ersatzbauten 1910 bis 1911

Unter den Ersatzbauten sind zwei Ausführungen von Interesse: An der Ostseite des Hafens wurde 1910 eine 120 m lange Holzwand durch eine Kaje aus Stahlbeton-Spundbohlen ersetzt (Abb. 8). Die Einwirkung des Seewassers auf Beton war derzeit noch sehr gefürchtet. Die eisernen Schwimmkästen, die den Unterbau der Molen des 1908 begonnenen Helgoländer Marinehafens bildeten, erhielten vor der Ausfüllung mit Beton innen eine Schale aus Klinkern, der über Niedrig-

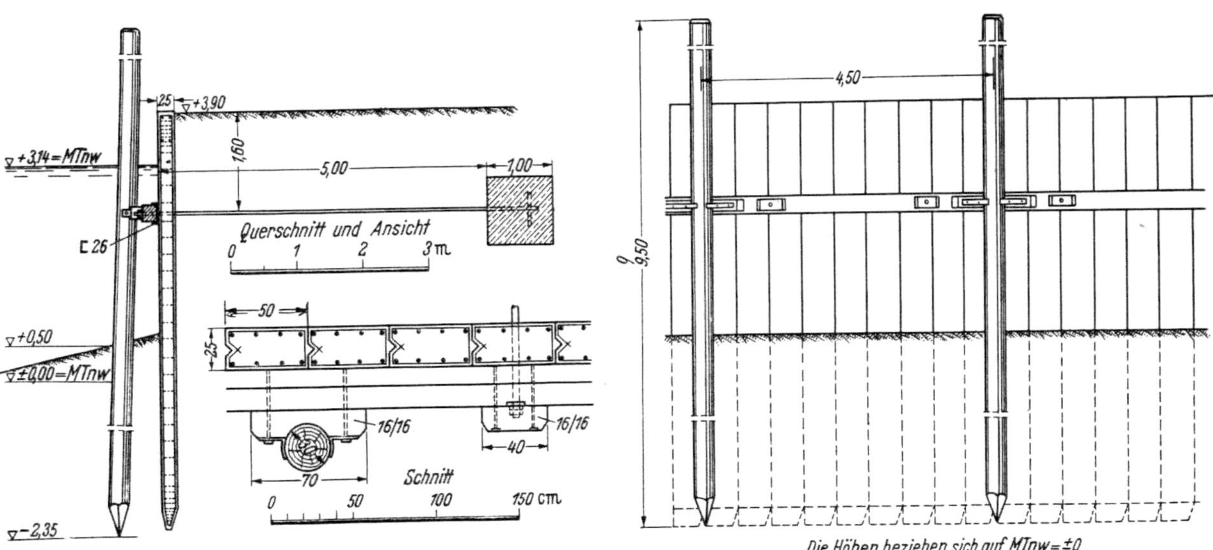

Abb. 8. Kaje aus Stahlbetonspundbohlen, erbaut 1910

wasser liegende Teil eine Verblendung aus Granitwerksteinen; die gleichzeitig in Angriff genommene Uferschutzmauer der Insel wurde auf volle Höhe mit Granit und Basalt verblendet. Als noch bedenklicher galt die Verwendung von ungeschütztem Stahlbeton, weil das durch Haarrisse bis zur Bewehrung durchdringende Seewasser die Betondeckung durch Rost absprengte. Andererseits war aber auch schon bekannt, daß die Widerstandsfähigkeit des Betons gegen Seewassser mit seiner Dichtigkeit und mit der Dauer seiner Erhärtung an der Luft vor der Benetzung durch Seewasser steigt. Obwohl eine im Jahre 1905 großenteils aus Ortbeton hergestellte Stahlbetonkaje im Hafen Husum schon nach wenigen Jahren bedenkliche Zerfallserscheinungen zeigte, entschloß man sich, die neue Kaje aus Fertigbohlen auszuführen. Es wurde dafür das Mischungsverhältnis 1 RT Portlandzement zu 2½ RT Kies, entsprechend einem Zementgehalt von 400 kg je Kubikmeter Fertigbeton, gewählt. Die Zusammensetzung der Zuschlagstoffe nach Siebkurven war noch unbekannt. Die Herstellung der Bohlen erfolgte in ganz primitiver Weise, indem auf einer Pritsche vier Sack Zement und sieben Karren Kies mit der Hand gemischt und die Bohlen mit der Hand gestampft wurden. Bis zum Einrammen lagerten sie durchschnittlich 2½ Monate. Dem hohen Zementgehalt und der langen Dauer der Erhärtung an der Luft ist es wohl zuzuschreiben, daß die Spundwand sich bis heute ausgezeichnet erhalten und noch keinerlei Instandsetzungsarbeiten erfordert hat.

1911 wurde an der Westseite des Hafens eine 30 m lange hölzerne Kaje durch eine Wand aus Larssen-Bohlen Profil I ersetzt (Abb. 9). die mit Rücksicht auf den Rostangriff stärker ausge-

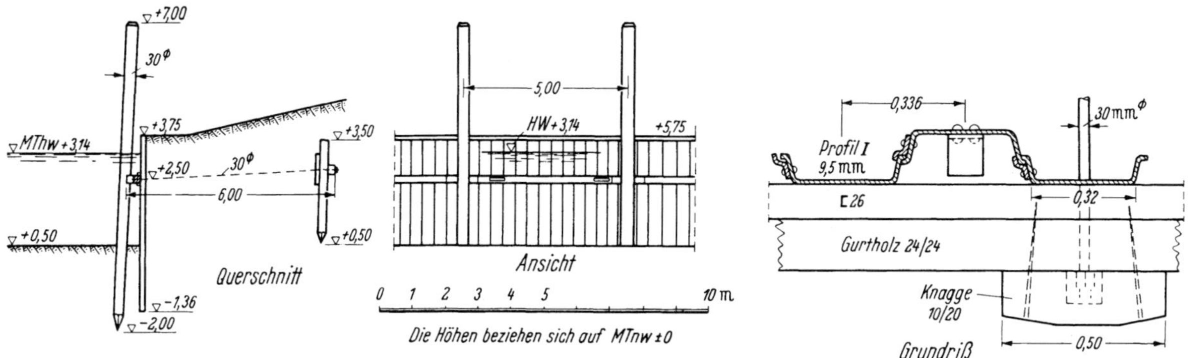

Abb. 9. Kaje aus Stahlspundbohlen System Larssen, erbaut 1911

walzt waren (Bohlenstärke im Rücken 9,5 mm statt 8 mm des Normalprofils). Zur Erprobung von Konservierungsmitteln blieben 20 Bohlen ungestrichen, je zehn weitere wurden mit Mennige und Ölfarbe, Steinkohlenteer und anderen Rostschutzmitteln behandelt. Doch wurden die Versuche nicht weitergeführt. Im ersten und zweiten Weltkrieg unterblieb die Unterhaltung ganz. In der übrigen Zeit wurde der Anstrich in Abständen von einigen Jahren unter Verwendung von

Standort	Baujahr	Standdauer z. Z. der Untersuchung Jahre	Profil	Anfangsstärke (Walzstärke) mm	Abrostung in Höhe von	Gesamtbetrag mm	im Durchschnitt jährlich mm
Alter Hafen	1911	41	Larssen I	9,3	MThw	1,9	0,045
					MTnw + 0,70 m = Hafensohle	1,5	0,035
Desgl.	1931	21	Hoesch II	9,5	MThw	3,6	0,071
					MTnw + 1,10 m = Hafensohle	1,3	0,063
Osthafen	1937/38	14,5 i. M.	Krupp u. Klöckner IIIa	10	MThw	1,2	0,082
					MTnw + 1,60 m = halbe Tidenhöhe	0,6	0,042
Seezeichenhafen Wittdün	1912	40	Rothe Erde	14	MThw	3,1	0,077
					MTnw	5,4 (max. 6,5)	0,314

Steinkohlenteer und Kaltbitumenmitteln erneuert. Im Jahre 1952, nach 41jährigem Bestehen der Wand, wurde das Maß der Abrostung durch Anbohren einiger Bohlen im Rücken ermittelt. Gleichzeitig wurden eine benachbarte 1931 erbaute Wand und einige neuere Kajestrecken im Osthafen untersucht. Die Ergebnisse sind umstehend aufgeführt, wobei zum Vergleich noch eine ebenfalls 40 Jahre alte Spundwand im Seezeichenhafen Wittdün auf Amrum herangezogen ist.

Bei den Spundwandkajen in Büsum ist hiernach die Abrostung in Höhe des MThw am größten und nimmt nach der Tiefe ab. Bei der ältesten Wand ist sie bemerkenswert gering; die Kaje ist noch nicht als gefährdet anzusehen. Die Abrostungsgeschwindigkeit der neueren Wände liegt wesentlich höher. Die Kaje im Seezeichenhafen Wittdün zeigt ganz abweichende Erscheinungen: Die Schwächung der Bohlen durch Rost wächst nach der Tiefe und erreichte in Höhe des MTnw 1952 stellenweise schon die halbe Walzstärke. Die Abrostungsgeschwindigkeit hielt sich in der Größenordnung der neueren Büsumer Kajen. Auf welchen Ursachen das unterschiedliche Verhalten der einzelnen Wände beruht, läßt sich nicht mehr aufklären, weil die Zusammensetzung und das Verfahren der Herstellung des Eisens für die ältesten Spundbohlen nicht mehr, die Daten der Erneuerung der Anstriche und die verwendeten Anstrichmittel nur aus den letzten Jahren ermittelt werden konnten. Wahrscheinlich spielt seit der Motorisierung der Kutterfischerei auch die Bildung einer Schutzschicht aus Diesel- und Schmierölrückständen, die sich mit fallendem Wasser an den Spundbohlen absetzen und haften bleiben, eine nicht zu unterschätzende Rolle. Die stärkere Abrostung der Kaje im Seezeichenhafen Wittdün wird zum Teil darauf zurückzuführen sein, daß der Verkehr von Motorfahrzeugen dort bedeutend geringer ist als in Büsum. Die übliche Annahme einer 60- bis 80jährigen Lebensdauer eiserner Spundwandkajen ist nach diesen Ergebnissen in der Regel wohl zu hoch gegriffen.

7. Aufnahme der Seefischerei in Büsum 1911

Schon bald nach der Eröffnung des Nordostseekanals 1895 hatten einzelne Büsumer Fischer die neue Verbindung benutzt, um in den ruhigen Gewässern der westlichen Ostsee zu fischen, wenn der Krabbenabsatz stockte. In die offene Nordsee konnten sie sich mit ihren 10 bis 11 m langen Fahrzeugen nicht hinauswagen. Schwerem Wetter auf freier See waren die kleinen Segelkutter nicht gewachsen. Bei auflandigem Sturm die heimatliche Küste anzusteuern war zu gefährlich. Abgesehen von der Grundsee auf den Barren genügte eine geringe bei Segelfahrzeugen

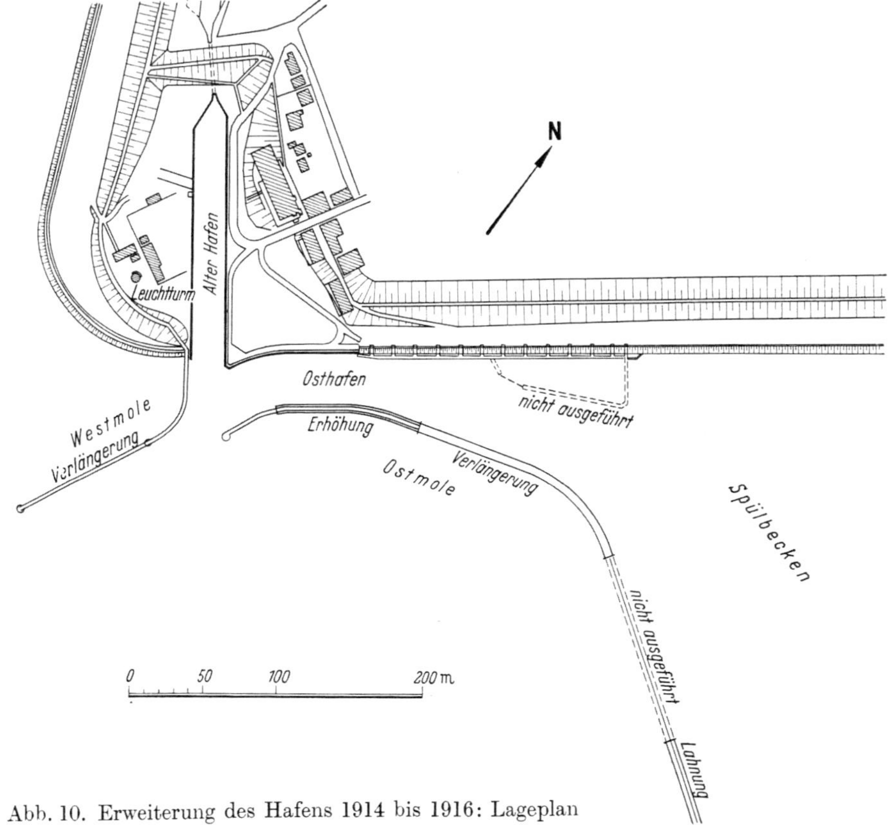

Abb. 10. Erweiterung des Hafens 1914 bis 1916: Lageplan

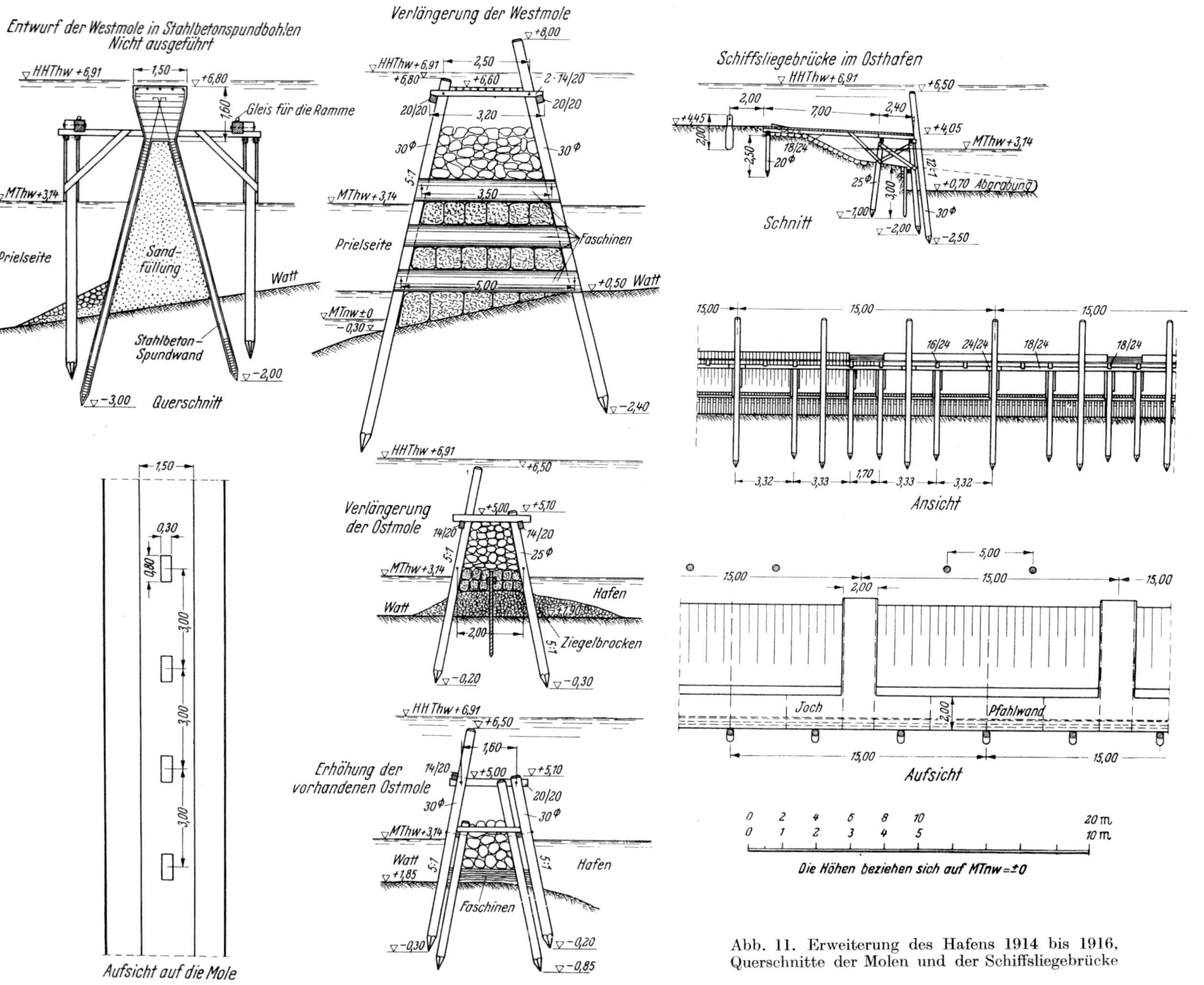

Abb. 11. Erweiterung des Hafens 1914 bis 1916, Querschnitte der Molen und der Schiffsliegebrücke

im Sturm unvermeidliche Abtrift, um die schmalen Einfahrten der Stromrinnen zu verfehlen und auf die Sände zu geraten, was mit dem Totalverlust von Schiff und Besatzung gleichbedeutend war. Es waren zwei Umstände, die den größten Büsumer Krabbenkuttern den Zugang zur Seefischerei in der Nordsee öffneten: Die Einführung des Motors in der Kutterfischerei — in Büsum seit 1909 — und der 1908 begonnene Bau des Helgoländer Marinehafens, der nebenher als Zufluchtshafen für Fischkutter bestimmt war. So nahmen 1911 einige Krabbenkutter während der Sommermonate den Schollenfang im Raum von Helgoland auf. Er war um so lohnender, als er in die Jahreszeit fiel, in der die Krabbenfischerei fast regelmäßig an Absatzmangel litt. Bald beteiligten sich alle seefähigen Kutter daran. Jetzt nahm nicht nur die Zahl der Kutter weiter zu, sondern auch die Größe der Neubauten. Es entwickelte sich ein besonderer Kuttertyp als Mittelding zwischen Krabben- und Hochseekutter, der etwa 12 bis 15 m lange „Schollenkutter", der im Frühjahr und Herbst den Krabbenfang in den Küstengewässern und während des Sommers die Schollenfischerei im küstennahen Seegebiet betrieb. 1912 wurde im Anschluß an die Kaje des Osthafens vor der Steindecke des Deiches eine 92 m lange hölzerne Liegebrücke erbaut, die aber nur die Hälfte der seit 1906 hinzugekommenen Kutter aufnehmen konnte. Eine Erweiterung in größerem Umfange wurde unaufschiebbar.

8. Erweiterung des Hafens 1914 bis 1916

Im Entwurf wurde die bisherige räumliche Anordnung beibehalten (Abb. 10). Die Westmole erfuhr eine Verlängerung um 100 m in einem stärkeren und höheren Querschnitt. Die vorhandene Ostmole wurde durch Pfahljoche auf 99 m Länge in einer wenig wirksamen Form erhöht. Ferner sollte sie, ebenfalls mit recht knapp gehaltenem Querschnitt, durch Überbauung der Spülbeckenlahnung um 250 m verlängert werden. Im neuen Hafen waren die Verlängerung der Schiffsliegebrücke um 105 m und der Bau von zwei quer in den Hafen ragenden Schutzbrücken, die hauptsächlich der Abwehr des Treibeises dienen sollten, geplant. Die beiden Schutzbrücken sollten durch eine dem Ufer parallel laufende Mittelbrücke miteinander verbunden werden, um mehr Schiffsliegestellen zu erhalten; die Einfahrtsöffnung sollte bei Eistreiben durch Schwimmbalken geschlossen werden. Endlich war die Schließung der 1905 in der Spülbeckenlahnung verbliebenen Lücke beabsichtigt, da inzwischen nahezu sämtliche Kutter mit Motoren ausgerüstet waren und wegen ihrer besseren Manövrierfähigkeit die Flutströmung im Hafen nicht mehr zu fürchten brauchten.

Für die Molen wurden vergleichsweise Querschnitte in der bisher angewandten Holzbauweise und in Stahl- und Massivbeton untersucht. Eine für die Westmole vorgeschlagene Konstruktion ist in Abb. 11 enthalten. So einfach und leicht sie ausgebildet ist, stellte sie sich doch um 100%, die Massivquerschnitte um 200% teurer als Pfahlmolen. Man blieb also beim Holzbau. Jedoch wurden nunmehr mit Teeröl voll getränkte Kiefernpfähle verwendet — die Spartränkung nach dem Rüping-Verfahren gab es noch nicht.

Abb. 12. Osthafen und Ostmole 1920

Der Beginn der Arbeiten fiel mit dem Kriegsbeginn 1914 zusammen. 1916 wurde der Bau wegen zunehmenden Material- und Arbeitermangels stillgelegt, nachdem die Verlängerung der Westmole, die Erhöhung der alten und 160 m der neuen Ostmole sowie die Schiffsliegebrücke am Ufer fertiggestellt waren. Auf die Ausführung der restlichen 90 m der Ostmole wurde endgültig verzichtet, weil das bereits geschaffene Stück den Osthafen ausreichend sicherte. Die hierdurch erzielte Einsparung sollte nach dem Krieg zur Erhöhung der alten Westmole verwendet werden. Doch ist es hierzu wie zur Ausführung der Schutzbrücken im Osthafen infolge der Inflation nicht mehr gekommen. Die neue Westmole, die endlich hinreichend hoch bemessen war, hat sich durchaus bewährt. Weil aber die alte Westmole nicht erhöht und die alte Ostmole nur unzureichend verstärkt war, blieb der Schutz des Hafens bei hohen Tiden mangelhaft (Abb. 12). In der schweren Sturmflut vom 13. Januar 1916 wurden infolge der Unruhe im Hafen mehrere Kutter losgerissen, trieben mit dem Nordweststurm ab und strandeten auf den Deichen. Sämtliche übrigen erlitten mehr oder minder große Havarien.

IV. Zweiter Ausbau 1920 bis 1937

Wie schon jedes Mal war die Erweiterung des Hafens bei ihrem Abschluß durch das Wachstum der Flotte überholt. Die Lebensmittelknappheit der letzten Kriegsjahre und der ersten Nachkriegszeit gaben der Schollenfischerei besonderen Auftrieb. 1919 waren in Büsum 74 Kutter registriert. Die Schaffung neuer Liegeplätze wurde abermals dringend.

1. Ziele der Planung

Neben der Raumnot machte sich ein weiterer Mißstand mehr und mehr geltend. Der Hafen war am Deich entlang gebaut und bot keinen Platz für Anlagen des Fischumschlages und der Verarbeitungsindustrie. Die Krabbenkonservenfabriken, in den Anfängen zumeist aus Schuppen entstanden, lagen in den Wohn- und Badevierteln des Ortes verstreut. Ihr Betrieb, die Anfuhr der Fänge und die Abfuhr des „Gammels", d. h. der Abfälle, der für Speisezwecke nicht verwendbaren kleinen Krabben und der nicht absetzbaren Fangüberschüsse, verursachte immer größere Belästigungen.

Diese Übelstände: der ungenügende Schutz, die dauernde Überfüllung des Hafens und der Mangel an Gelände veranlaßten die Preußische Bauverwaltung 1919 zu einer Neuplanung größeren Stiles. Hierbei wurde zum ersten Male die Hochseekutterfischerei berücksichtigt. Der damalige Reichskommissar für die Fischversorgung hatte kurz nach Kriegsende ein Programm zum Bau von Hochseekuttern mit 17 m Länge und 2 m Tiefgang herausgebracht, von denen in Büsum alsbald dreizehn in Auftrag gegeben wurden, nachdem drei von ähnlichen Abmessungen bereits in Fahrt gesetzt waren. Da die Büsumer Fischer erklärten, größere Kutter nicht verwenden zu wollen, wurde die Planung auf diesen verhältnismäßig kleinen Kuttertyp abgestellt.

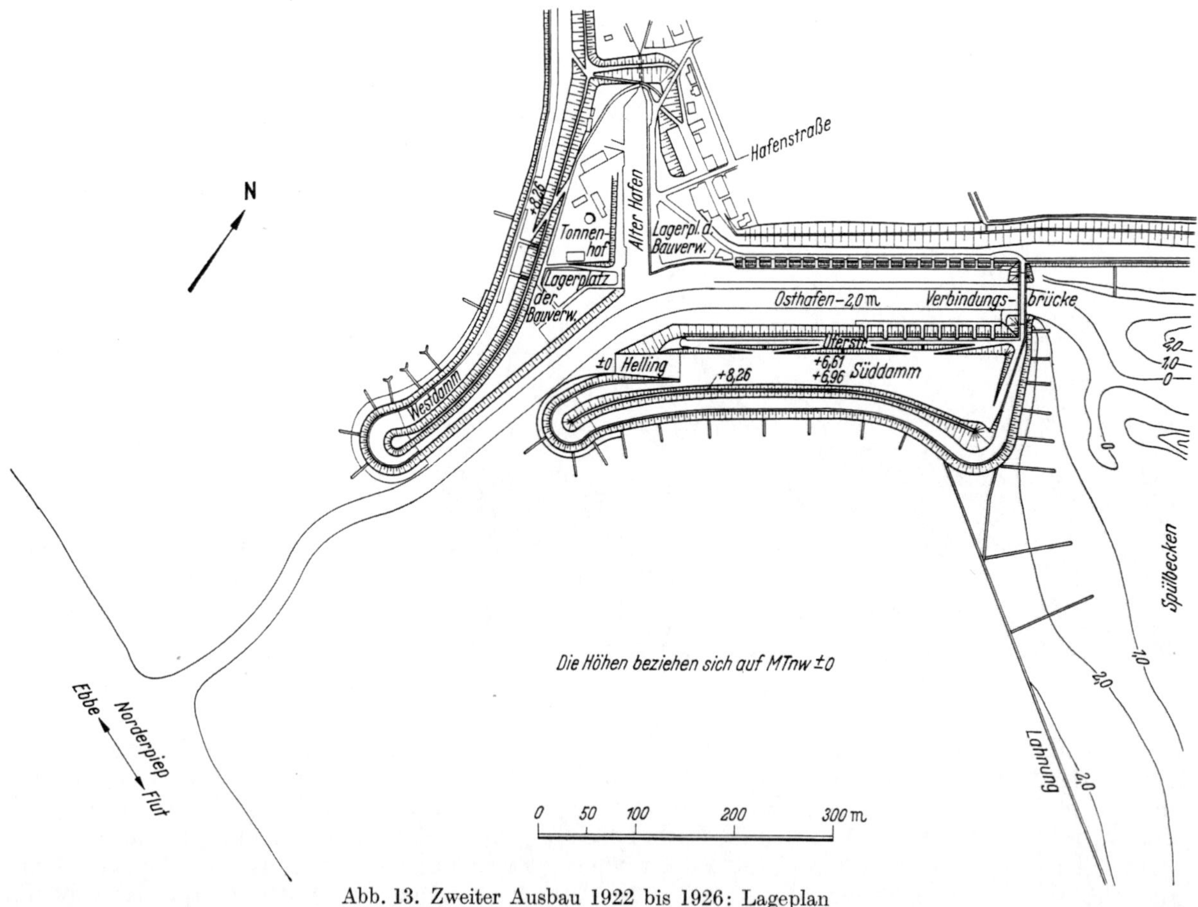

Abb. 13. Zweiter Ausbau 1922 bis 1926: Lageplan

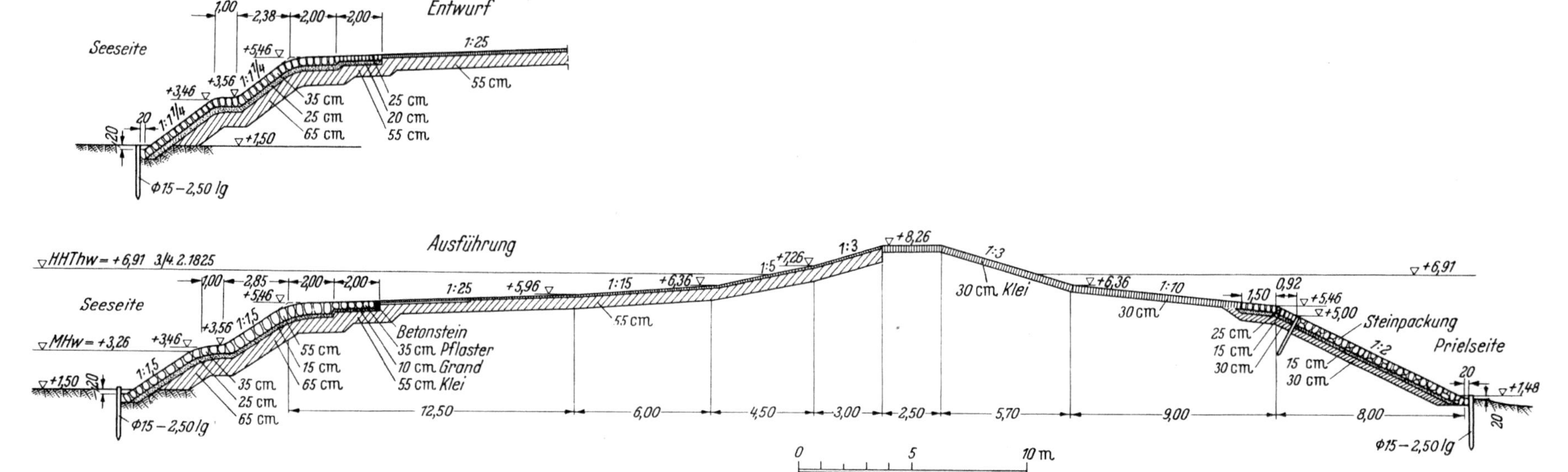

Abb. 14. Zweiter Ausbau: Querschnitt des Westdammes

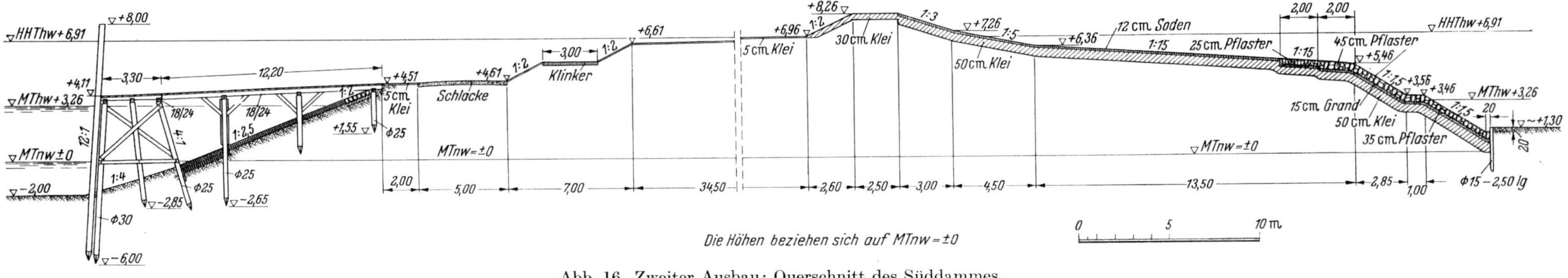

Abb. 16. Zweiter Ausbau: Querschnitt des Süddammes

2. Der Ausbauentwurf 1920

Die Grundanordnung, Ausdehnung des Hafens nach Osten hin, wurde auch jetzt beibehalten. Aber mit der Erweiterung des Osthafens zu einem 330 m langen und 50 m breiten Becken wurde eine Kajelänge ermöglicht, die nicht nach wenigen Jahren schon wieder ungenügend war (Abb. 13). Die Nordseite des neuen Beckens, deren Vertiefung der vorhandenen Schiffsliegebrücken wegen nicht angängig war, sollte zusammen mit dem Alten Hafen weiter der Krabbenfischerei dienen, die Südseite dagegen für eine Wassertiefe von 2 m unter MTnw ausgebaut werden. Für die Anlagen des Fischumschlages und der Fischverarbeitung war an der Südseite des neuen Hafens ein 7 ha großes sturmflutfreies Gelände vorgesehen. Hier sollte auch die Bootswerft, die am Alten Hafen nicht sturmflutfrei und zu beengt lag, Platz finden. Schließlich sollte durch abermalige Verlängerung der Westmole und größere Höhe aller Außenwerke ein wirklicher Schutz des ganzen Hafenserreicht werden.

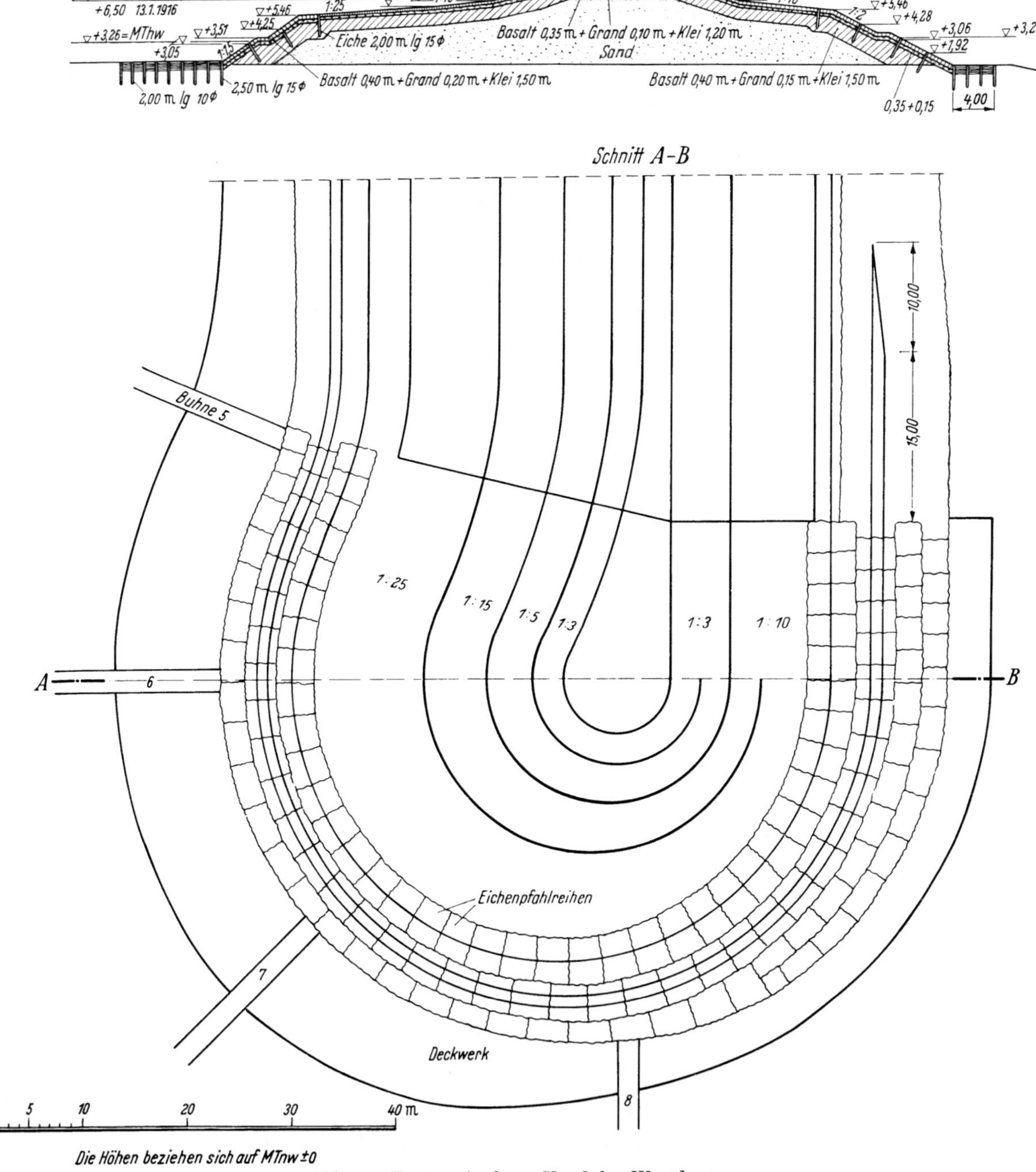

Abb. 15. Zweiter Ausbau: Kopf des Westdammes

Eine grundlegende Änderung erfuhr die Bauweise mit dem Übergang vom Holzbau zum aufgespülten Erddamm (Abb. 14). Der Seedeich Emden-Knock, der damals kurz vor der Vollendung stand, hatte gezeigt, daß die Errichtung von Erddämmen im Spülverfahren auf offenem Watt möglich war. Die Bauweise empfahl sich hier besonders durch ihre geringen Kosten. Ein großer Teil des aufzuspülenden Bodens fiel bei dem Aushub des Hafenbeckens und der Hafenzufahrt an. Hochwertige Baustoffe wie Rammpfähle, Eisen, Zement wurden nicht benötigt, der Arbeitsaufwand auf der Baustelle war verhältnismäßig groß, zwei Vorteile, die in jenen Jahren der Inflation und der starken Arbeitslosigkeit doppelt wogen. Für das Böschungspflaster wurden gefischte Ostseefindlinge verwendet. Nur der Kopf des Westdammes, der im schwersten Angriff lag, erhielt eine 40 cm starke Basaltsäulendecke, die zur Begrenzung etwaiger Einbrüche durch Reihen von Eichenpfählen in kleine Felder unterteilt war (Abb. 15). Für die Verbindungsbrücke vom Deich zum neuen Süddamm (Abb. 16) sollte das teerölgetränkte Holz der abzubrechenden Pfahlmolen verwertet werden.

3. Bauausführung 1922 bis 1926

Die Arbeit begann 1922 mit dem Bau des Westdammes. Wie es bei der Bauverwaltung seit je meistens der Fall ist, standen die Geldmittel so spät zur Verfügung, daß die günstigsten Baumonate der Nordseeküste, Mai und Juni, versäumt werden mußten. Bei der Neuartigkeit der Bauweise und der exponierten Lage der Baustelle war es nicht sicher, daß die Ausführung des ganzen Dammes bis zum Herbst noch gelingen würde. Den Winterstürmen war aber nur ein geschlossenes, fertiges Dammprofil gewachsen. Deshalb wurde zunächst nur die landseitige Hälfte in Angriff genommen, obwohl die insgesamt aufzuspülende Bodenmenge nicht mehr als 100000 cbm betrug.

Die ersten Faschinendämme, die zur Abgrenzung des Spülfeldes auf dem Watt angelegt wurden, verschwanden nach wenigen Tagen in einer Sturmnacht. Sie waren vom Seegang aus dem Sand herausgepumpt, aufgeschwommen und abgetrieben. Ein zweiter Versuch endete mit dem gleichen Mißerfolg. Es zeigte sich, daß in dem schlickfreien losen Sand bei dem herrschenden Seeangriff weder mit Faschinendämmen noch mit Spültafeln etwas anzufangen war. Nun wurde ein anderer Weg eingeschlagen, der diesen Verhältnissen Rechnung trug: Nachdem die Fußpfahlreihe eingespült war, wurde bei ruhigem Wetter über Niedrigwasser auf eine kurze Strecke ein etwa 0,7 m hoher Wall, dessen Außenseite dem Profil des Dammkernes entsprach, aus dem Watt aufgeworfen, ein Baugleis darauf verlegt und die Klaiabdeckung aufgebracht (Abb. 17). In den folgenden Tiden

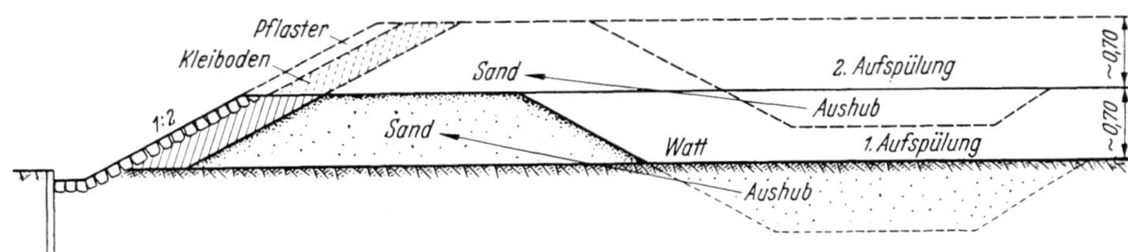

Abb. 17. Zweiter Ausbau: Aufspülung der Hafendämme unter Vorwegziehen der Pflasterböschung (Prinzipskizze)

wurde das Pflaster hergestellt. Zwischen die Wälle auf beiden Dammseiten wurde nun der Boden bis zur Oberkante des Pflasters eingespült. Dann wurde der Spülbetrieb in einen angrenzenden Dammabschnitt verlegt. Nach zwei Tagen war das Spülfeld betretbar und stichfest geworden. Nunmehr wurden aus dem Spülfeld heraus wiederum beiderseits Wälle von 0,7 bis 1,0 m Höhe hergestellt, an der Außenseite mit Klai und Pflaster gedeckt und eine neue Lage eingespült. Eine besondere Erschwernis lag darin, daß wegen der Feinkörnigkeit des Sandes und der geringen Länge der Baustrecken das Spülfeld unter Stau gehalten werden mußte, um nicht mit dem abfließenden Spülwasser zu viel Boden zu verlieren; das Wasser wurde über einen Mönch abgeleitet. Indem aber auf die beschriebene Weise die Steindecke vor der Aufspülung hochgezogen wurde, blieben größere Bodenverluste durch den Seegang aus, obwohl der Sommer 1922 schon im August und September mit Tiden von 1,64 und 1,74 m über MThw für die Jahreszeit ungewöhnlich hohe Wasserstände brachte. An solchen Tagen wurde nur die Oberkante des Pflasters durch Hinterpacken mit Steinen auf einer Faschinenlage gestützt.

Für die Bodengewinnung wurden zwei Eimerbagger benutzt, die den Sand unmittelbar durch schwimmende Rohrleitungen spülten. Die Schwimmleitungen wurden vom Seegang oft beschädigt oder zerrissen, trieben bei schwerem Sturm auch ab und mußten von den Deichen der Meldorfer Bucht wieder geborgen werden. Die Empfindlichkeit der Schwimmrohrleitungen bildete die größte Erschwerung der Bauausführung. Spülerbetrieb war aber nicht möglich, weil der Liegeplatz des Spülers und die Zubringerrinne in dem beweglichen Wattgrund stets innerhalb weniger Tage versandet wären. Der Boden wurde aus dem Hafenpriel längs des Dammes, dann aus dem östlich angrenzenden Watt bis zu einer Tiefe von 6 m unter Wattoberfläche gewonnen.

Da in der näheren Umgebung von Büsum kein Deichvorland mehr vorhanden ist, mußte der Klai von einer 5 km östlich gelegenen Entnahmestelle mit einer auf der Außendeichsberme verlegten Feldbahn herangebracht werden. Anhaltender Regen zwang zur Einstellung der Förderung, weil die Deichberme dann unbefahrbar wurde. Die Soden wurden am Ostufer der Meldorfer Bucht gewonnen und 17 km weit mit Schuten herangeschleppt. Die starke Wetterabhängigkeit aller Arbeiten, besonders aber die zahlreichen Störungen an den Schwimmrohrleitungen in dem sehr unruhigen Sommer und Herbst 1922 führten dann auch neben dem späten Baubeginn dazu, daß der Westdamm nur zur Hälfte fertiggestellt werden konnte. Die Stirnseite wurde durch eine Steinpackung auf Faschinenunterlage und Klaidecke gesichert und die Arbeit Ende Oktober eingestellt.

1923 folgte die Ausführung der seeseitigen Hälfte und des Kopfes nach dem nun eingespielten Verfahren (Abb. 18). Dieses bestand seine Probe, als am 30. August bei anhaltendem Sturm aus

Abb. 18. Zweiter Ausbau: Bau des Westdammes, seeseitige Hälfte. Bauzustand Juli 1923

Westsüdwest, der für die Baustelle gefährlichsten Richtung, mit einem Wasserstand von 2,30 m über MThw die höchste bisher an der Westküste verzeichnete Sommersturmflut eintrat. Die Baustrecke war in zwei Spülfelder unterteilt. Die Oberkante der vorweg hochgezogenen Pflasterung lag im seeseitigen Spülfeld etwa 2,50 bis 3,0 m, im landseitigen etwa 2,0 m über MThw. Der schwere von der Norder-Piep her stehende Seegang zerstörte die obersten Pflasterreihen und wusch aus dem landseitigen Abschnitt den Boden 1 bis 1,5 m tief heraus. Die Verluste hielten sich also in mäßigen Grenzen und konnten, nachdem die zerrissenen und abgetriebenen Schwimmrohrleitungen geborgen und instandgesetzt waren, alsbald wieder aufgeholt werden, während am Hindenburgdamm, mit dessen Bau im Frühjahr 1923 begonnen worden war, fast die gesamte bis dahin geleistete Arbeit vernichtet wurde.

Die Einführung der Rentenmark Ende 1923, die zunächst zu äußerster Beschränkung der Staatsausgaben zwang, bedingte die Stillegung des Baues für das Rechnungsjahr 1924. Erst im Frühjahr 1925 konnte der Bau des Süddammes aufgenommen werden (Abb. 19). Er begann mit der Herstellung der Verbindungsbrücke am Ostende des Osthafens mit einer anschließenden Rampenbrücke zur Anfuhr der Baustoffe. Für die Brücke wurden die Pfähle des neueren Teiles der Westmole verwendet, die mit einem eigenen Gatter nach Bedarf zu Kantholz und Bohlen geschnitten wurden.

Abb. 19. Zweiter Ausbau: Bau des Süddammes, Bauzustand September 1925

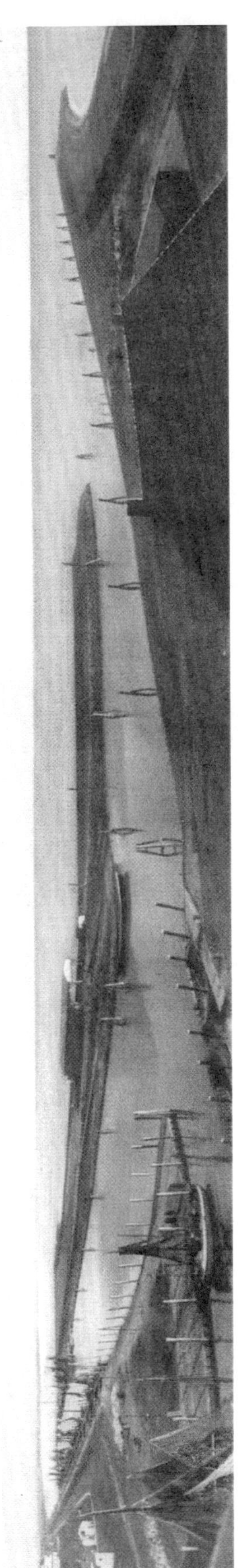

Abb. 20. Gesamtbild des Hafens 1926

Abb. 21. Der Kopf des Westdammes bei Niedrigwasser 1926

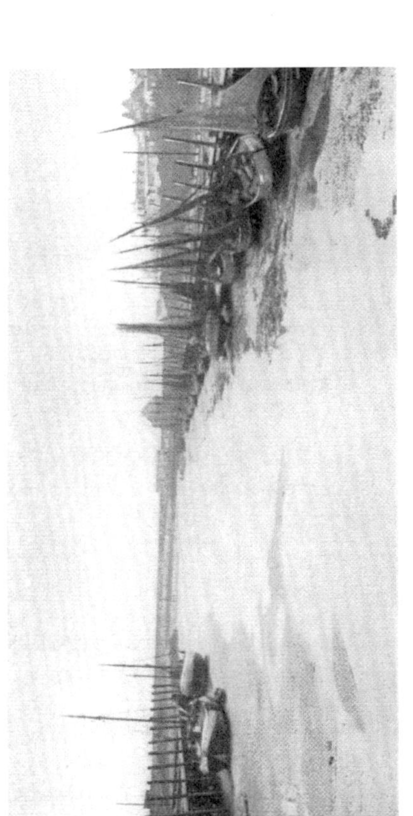

Abb. 22. Der Osthafen 1926: a) bei Niedrigwasser

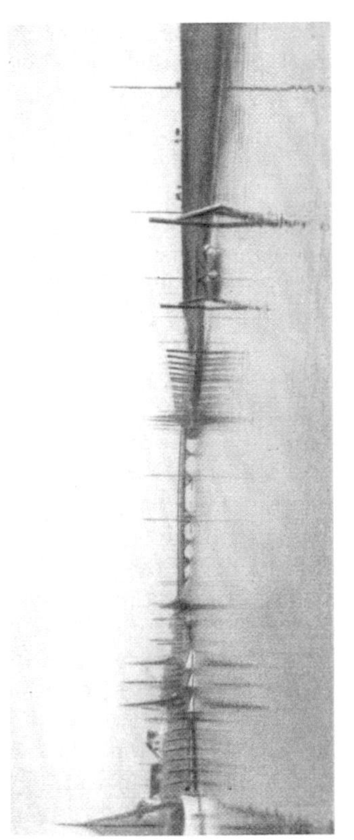

b) bei mittlerem Hochwasser

c) bei Sturmflut

Bei günstiger Witterung und im Schutz des Westdammes konnte die Arbeit im Dezember 1925 beendet werden. Den Abschluß bildete der Bau der Schiffsliegebrücke an der Südseite des Osthafens aus dem getränkten Holz der alten Ostmole. Im März 1926 wurde der neue Hafen dem Verkehr übergeben (Abb. 20 bis 22).

4. Erfahrungen

Holzbauwerke. Die letzten aus den getränkten Pfählen der alten Molen errichteten Bauwerke sind 1954/55 abgebrochen worden, also 40 Jahre nach dem erstmaligen Einbau der Pfähle. Die daraus geschnittenen Kanthölzer waren stark abgängig, die Bohlen hatten inzwischen größtenteils erneuert werden müssen. Die Pfähle waren dagegen noch gut erhalten und nicht vom Bohrwurm befallen.

Hafendämme. Große Kosten verursachte in den ersten Jahren die Unterhaltung der seeseitigen Böschungen der Hafendämme.

Das Vorbild für das Profil der Dämme, wie auch für den gleichzeitig entstandenen Hindenburgdamm und den bei der Einschleusung des Fischereihafens Geestemünde ausgeführten Luneweserdeich, war der schon erwähnte Seedeich Emden-Knock, der einen wenig glücklichen Kompromiß zwischen der holländischen und der deutschen Deichbauweise darstellt.

Die holländischen Deiche besitzen in der Regel an der Seeseite eine vom Fuß bzw. vom Watt bis über HHW reichende Pflasterdecke, deren Ausbildung dem theoretisch zu fordernden, mit der Höhe wechselnden Maß an Widerstandskraft entspricht. Da die Stärke des Seeganges mit steigender Wassertiefe wächst und der Schwerpunkt des Wellenstoßes stets etwa in Höhe des ruhenden Wasserspiegels liegt, wird die Böschung nach oben immer flacher, also im ganzen konvex gehalten. Die Pflasterstärke wird vom Fuß bis etwa zur Höhe des HHW, wo der schwerste vorkommende Angriff auftritt, vergrößert, um weiter nach oben, wo der Deich nur noch gegen hin- und herströmendes Wasser zu sichern ist, wieder abzunehmen. Als Beispiel eines solchen Deiches ist hier der Querschnitt des Zuidersee-Dammes wiedergegeben (Abb. 23a). Die Entwicklung dieser Deichform ist zur Hauptsache wirtschaftlich bedingt gewesen. Eine wellenbrechende breite Außenberme bzw. ein Vorlandstreifen beanspruchen bei der Bodenknappheit Hollands zu viel Fläche; andererseits ist das Pflastermaterial, das zumeist von den Steinbrüchen auf dem Wasserwege bis unmittelbar zur Baustelle gebracht werden kann, billig.

An der deutschen Nordseeküste wurden alle neuen Deiche früher grundsätzlich hinter einem breiten, schützenden Vorlandstreifen angelegt. Begann das Vorland zu schwinden, so wurde es durch eine Steindecke gesichert, sobald der Abbruch dem Deich zu nahe rückte (Abb. 23b). Aus

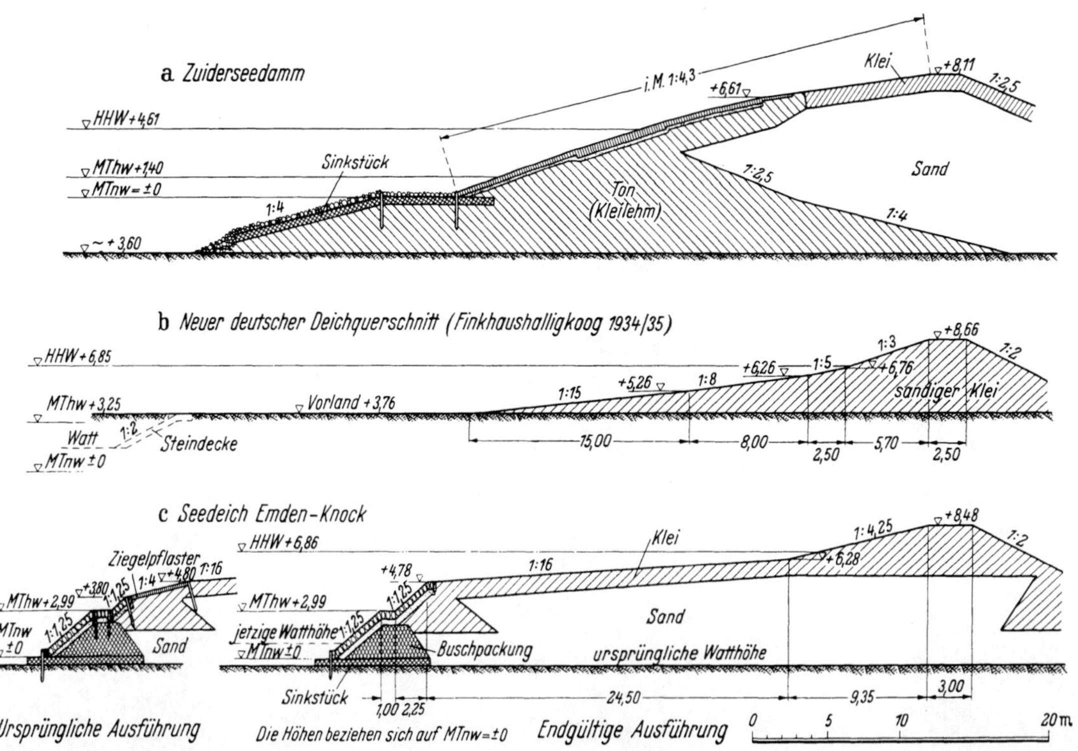

Abb. 23. Vergleichsquerschnitte: a) Zuiderseedamm, b) Deutscher Deichquerschnitt, c) Seedeich an der Knock bei Emden

der normalen Höhenlage der Vorlandes folgte zwangsläufig die Höhenlage des Pflasteroberkante mit etwa 1 m über MThw. Die Steindecke konnte verhältnismäßig schwach und steil (in der Regel 1 : 2) gehalten werden, weil sie eben nur die Aufgabe hatte, die Vorlandskante bei gewöhnlichen Wasserständen zu schützen, während sie bei hohen Sturmfluten tief unter Wasser lag und dann selbst dem Angriff entzogen war. Die Aufgabe, den Seegang vor dem Deich zu brechen, fiel auch dann noch dem Vorlandstreifen bzw. der grasbewachsenen Berme zu. Der Deich mußte vom Vorland oder der Berme her einen gut ausgerundeten Übergang erhalten, womit sich von selbst eine konkave Form der Deichböschung ergab. Sie widerspricht freilich den theoretischen Forderungen und würde vielleicht besser durch eine geradlinige Böschung wenigstens bis HHW ersetzt. Im ganzen hat sich aber auch die deutsche Deichform bewährt. Ihre Entwicklung ist ebenfalls mit wirtschaftlichen Überlegungen verknüpft. Der Grund und Boden ist nicht so kostbar wie in Holland, das Pflastermaterial — früher ausschließlich Findlinge, heute zumeist Basalt — stellt sich dagegen am Bauplatz teuer.

Der Seedeich Emden-Knock (Abb. 23c) hatte ursprünglich oberhalb der auf 0,25 m über MThw angeordneten Zwischenberme gleichfalls eine flacher geneigte Pflasterung erhalten. Diese setzte aber mit einem scharfen Knick an die untere Böschung an und bestand nur aus einer Klinkerrollschicht. Sie war also nach Dicke und Steingewicht sehr schwach bemessen, gerade im Bereich des schwersten Angriffs, der dadurch noch verstärkt wurde, daß die See an der steilen Unterböschung brandete und mit großer Wucht über die scharfe Kante kippte. Die Sturmschäden nahmen einen solchen Umfang an, daß man sich während des ersten Weltkrieges gezwungen sah, das Profil zu ändern. Weil der Oberdeich schon festlag und Pflastermaterial damals knapp war, wurde nun das Bruchsteinpflaster oberhalb der Zwischenberme in der Neigung 1 : 1,25 bis zum Schnittpunkt mit der Grasberme hochgezogen. So entstand ein Mittelding zwischen der holländischen und der deutschen Deichbauweise, das nun, offenbar wegen der Materialersparnis, zum Vorbild für die weiteren oben genannten Bauten wurde. Es ist aber mit allen Nachteilen eines Kompromisses behaftet. Sie haben sich schon bei dem nach Südwest kehrenden Seedeich Emden—Knock gezeigt, traten jedoch unter dem ungleich schwereren Seeangriff in Büsum noch stärker in Erscheinung.

Die steile Böschung ist bis 2,20 m über MThw hochgezogen. Bei Sturmfluten, die diese Höhe ganz oder annähernd erreichen, steht daher vor der Böschung eine große Wassertiefe mit entsprechend schwerem Seegang. Dieser kann sich aber auf der steilen Böschung nicht totlaufen, sondern wird annähernd wie vor einer lotrechten Wand reflektiert. So ruft die steile Böschung selbst einen Angriff von einer Stärke hervor, der eine Pflasterdecke nach Baustoff und Bauweise nicht gewachsen ist.

Die an der Böschung hochschlagende Brandungswelle versickert zum Teil in den Fugen des Pflasters; das Wasser läuft in der Grandunterbettung abwärts und übt auf die Steine einen Druck von innen her aus. Dieser ist verhältnisgleich der lotrechten Höhe der jeweils in der Grandschicht stehenden Wassersäule. Er wird vermindert durch die Reibung des Wassers an den Grandkörnern. Der Gesamtbetrag der Reibung ist verhältnisgleich der Länge des Weges, den das Wasser in der Grandschicht zurückzulegen hat, das heißt der Länge der Grandschicht in der Böschungsrichtung gemessen. Je steiler die Böschung, desto kleiner ist der druckvermindernde Betrag der Reibung. Der Innendruck steigt ferner, wenn sich vor der Böschung gerade ein Wellental bildet, und zwar wird er um so größer, je tiefer das Wellental und je höher die innenstehende Wassersäule, das heißt je kürzer die Zeitspanne zwischen dem Aufprall der Welle und der Bildung des Wellentales ist. Nun ist die Amplitude der Welle vor einer steilen Fläche, an der sie reflektiert wird, größer und sie sinkt schneller wieder ab als auf einer geneigten Böschung, auf der sie herauf- und herunterläuft. Wahrscheinlich wird der Innendruck noch durch die Sogwirkung der absinkenden Welle verstärkt. Der Sog wächst ebenfalls mit der Amplitude der lotrechten Wellenbewegung. So erreicht der gesamte Unterdruck vor einer steilen Böschung besonders hohe Werte. Diesem Unterdruck hat das Pflaster nur die Gewichtskomponente des einzelnen Steines senkrecht zur Böschungsneigung gemessen und seine Reibung an den benachbarten Steinen entgegenzusetzen. Die Gewichtskomponente ist um so kleiner, je steiler die Böschung ist. Die Belastung des Steines durch die höher liegenden und damit seine Reibung an den zunächst darüber und darunter liegenden Steinen nimmt zwar theoretisch mit dem Böschungswinkel zu. Es ist aber praktisch nicht möglich, bei der Herstellung des Pflasters jeden einzelnen Stein so zu versetzen, daß er durch alle darüberliegenden Steine belastet wird. Es wird immer den einen oder anderen geben, der zur Hauptsache auf sein eigenes Gewicht angewiesen ist. Solche Steine werden durch den hohen Innendruck leicht herausgepreßt. Durch die Lücke rutscht mit dem innen herabrieselnden Wasser der Grand hinterher, und es bildet sich ein förmlicher Schacht, der schließlich das Pflaster bis zur Böschungsoberkante zusammenbrechen läßt. Zu starke Bemessung der Grandschicht begünstigt den Vorgang. Diese Zerstörungen treten natürlich nicht auf, wenn bei sehr hohen Tiden die Pflasterböschung ganz unter Wasser ist, sondern am ehesten, wenn die Amplitude der Wellen vor der Böschung am größten ist, also gerade bei den häufiger vorkommenden Sturmfluten. In Büsum kamen die meisten Schäden bei Wasserständen von 1,5 bis 2 m über MThw vor, und zwar nahmen sie fast stets in der zweiten Steinreihe über die Zwischenberme ihren Anfang. Leider lassen sich diese Vorgänge rechnerisch nicht verfolgen, weil sie weitgehend von einem zahlenmäßig nicht erfaßbaren Faktor, der Geschicklichkeit und Sorgfalt der Pflasterarbeiter, mitbestimmt werden.

Ein weiterer Übelstand ist der durch die steile Böschungsneigung bedingte scharfe Knick im Übergang zur Horizontalen an der Zwischenberme und an der Böschungsoberkante. Abgesehen davon, daß seine Herstellung sowohl mit Findlingen wie mit Basaltsäulen schwierig und teuer ist, fällt die gegenseitige Stützung der Steine hier weg. Der Angriff aber wird verstärkt, weil die Böschung sich annähernd wie eine lotrechte Wand verhält. Bei Wasserständen etwas unterhalb des Knickpunktes stürzt die emporgeschleuderte Welle von oben auf die Kante nieder, bei Wasserständen in Höhe oder eben oberhalb des Knicks kippt sie gerade an dieser Stelle mit starker Stoßwirkung über. An der Zwischenberme, die bei hohen Fluten unter Wasser liegt, ist die Gefährdung gering. Die obere Böschungskante bildet dagegen einen besonders empfindlichen Punkt. Sackt ferner der Boden unter dem Pflaster, so führt der scharfe Knick zu einer gewölbeartigen Verspannung der Steine, und es können sich große Hohlräume bilden, die zunächst unbemerkt bleiben.

Schließlich verursacht die steile Böschung auch große Schäden in der angrenzenden Grasnarbe, deren Anschluß an das Pflaster bekanntlich ohnehin einen schwachen Punkt aller durch eine Steindecke gesicherten Deiche bildet. Die Grasnarbe wird nicht von hin- und herflutendem Wasser überströmt, sondern von dem herabstürzenden Gischt der Brecher bzw. von der überkippenden Welle selbst getroffen.

Die seeseitige Böschung des Westdammes in Büsum erhielt anstatt der Neigung 1 : 1,25, die ursprünglich nach dem Muster des Deiches Emden—Knock vorgesehen war, von Anfang an eine solche von 1 : 1,5. Trotzdem traten die Schäden, die auf die oben beschriebene Weise entstanden,

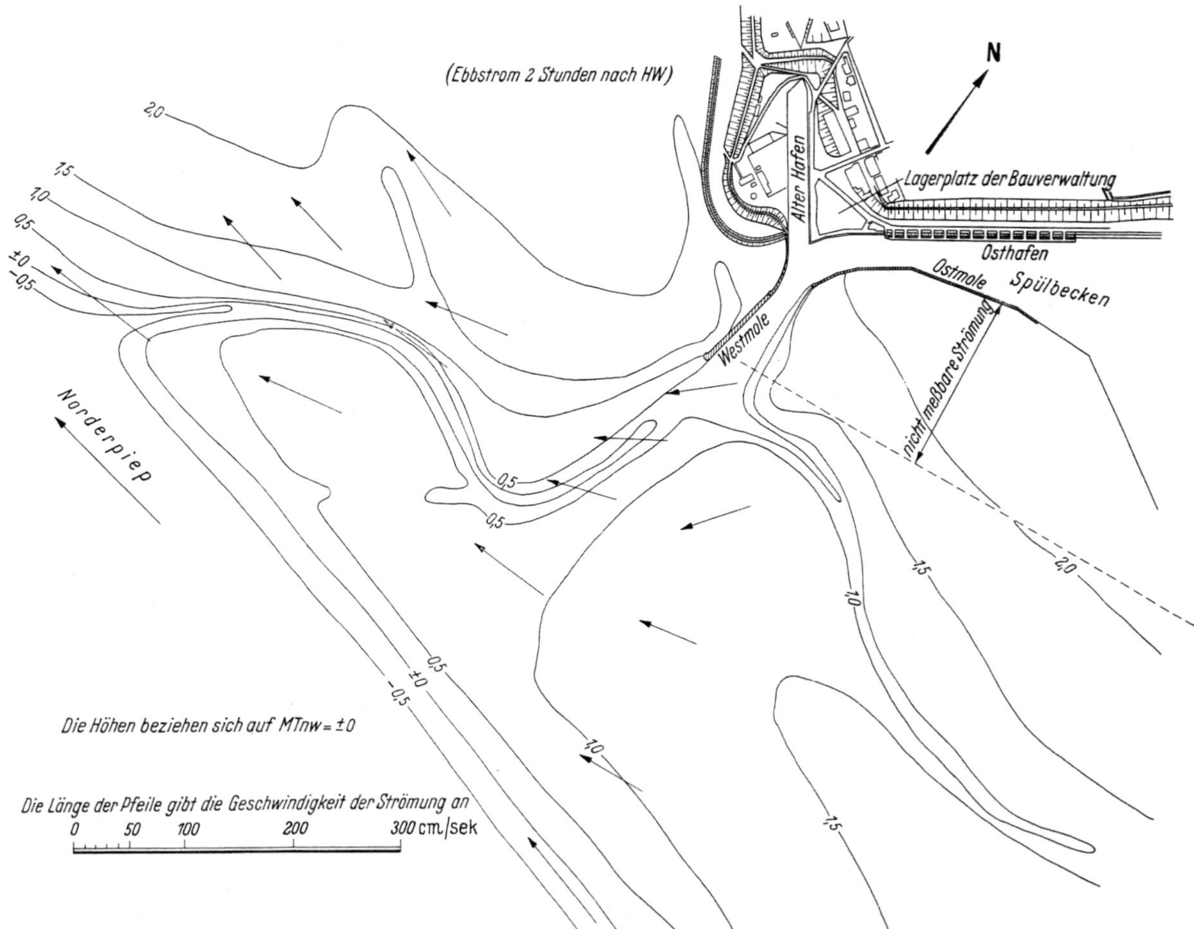

Abb. 24. Ebbeströmung zwischen Hafen und Norder-Piep 1920

an dem ersten 1922 erbauten Dammabschnitt schon im folgenden Winter auf und wurden in der Sturmflut am 30. 8. 1923 so umfangreich, daß die gesamte Pflasterdecke oberhalb der Zwischenberme umgelegt werden mußte. Sie wurde dabei von 35 auf 55 cm verstärkt, die Grandunterbettung von 25 auf 15 cm vermindert, der obere Böschungsknickpunkt unter Verwendung von Findlingen mit 500 bis 4000 kg Einzelgewicht möglichst ausgerundet. Der zweite Bauabschnitt 1923 wurde von vornherein in dieser Form angelegt. Aber es waren noch jahrelang verstärkte Unterhaltungsarbeiten nötig, bis alle schwachen Punkte ausgemerzt waren, und eine sorgfältige Überwachung muß noch jetzt geübt werden.

Auch die Sicherung der Pflasterdecke des Dammkopfes durch Eichenpfahlreihen, die sich an holländische Vorbilder anlehnte, schlug bald in das Gegenteil um. Die Verwendung vergänglicher und unvergänglicher Baustoffe im Verband miteinander rächte sich. Die Pfähle begannen zu faulen, das Pflaster wurde lose. Die im luftdicht abschließenden Klai steckenden Pfahlenden blieben aber gesund. Ein einfaches Nachrammen neuer Pfähle war deshalb nicht möglich, ebensowenig ein Zwischenflicken von Basaltsäulen. Schon 1937 mußte das ganze Pflaster aufgenommen werden. Die Pfahlreste oberhalb der Klaidecke wurden beseitigt und die neue Pflasterung als geschlossene Decke verlegt.

Recht gut war die Schutzwirkung der neuen Hafendämme. In zwei besonders schweren Sturmfluten, die bald nach Fertigstellung des Hafens am 10. und 12. Oktober 1926 eintraten, gab es an den im Hafen liegenden Fahrzeugen keinen Schäden.

Tiefenverhältnisse. Die Entwicklung der Tiefen im Hafen und in der Hafenzufahrt gestaltete sich dagegen recht unerfreulich. Wie schon erwähnt waren im Rahmen der Vorarbeiten für den Hafenbau 1920 Strömungsuntersuchungen durchgeführt worden, deren Ergebnisse wie folgt zusammengefaßt waren:

1. Über das Watt vor dem Hafen setzt von Osten her ein Ebbstrom, der kurz nach HW der Norder-Piep parallel gerichtet ist. Er wird im Verlauf der Ebbe durch das Trockenfallen des hohen Wattrückens, der westlich vom Hafen liegt, in südwestliche Richtung gedrängt und hört bei halber Tide mit dem Trockenfallen der Watten auf (Abb. 24). Dagegen bildet der Winkel zwischen Westmole und Spülbeckenlahnung bis zur Linie Westmolenkopf—Südwestecke der Lahnung einen toten Raum. In diesem herrscht keine Ebbströmung, sondern das Wasser tritt ohne meßbare Geschwindigkeit nach Süden aus. Ein Auffangen des Ebbstromes durch die Westmole findet nicht statt.

2. Die Offenhaltung des Hafenpriels ist daher nur der in den Alten Hafen mündenden Entwässerungsschleuse und dem Spülbecken zuzuschreiben.

Der Boden des Spülbeckens liegt i. M. auf MTnw $+2{,}7$ m, das Watt beiderseits des Priels dagegen auf MTnw $+1{,}5$ m abnehmend bis auf ± 0 m. Nahezu der ganze Spülbeckeninhalt fließt also ab, solange auf dem Watt beiderseits des Priels noch Wasser steht, und geht durch seitliche Ausbreitung für die Räumung verloren. Längs der Westmole ist wenigstens noch eine einseitige Führung vorhanden, so daß der Priel hier eine Tiefe bis 0,5 m unter MTnw und eine feste Lage angenommen hat. Vom Westmolenkopf bis zur Norder-Piep kann der Spülstrom sich nicht nur nach beiden Seiten ausbreiten, sondern er wird überdies durch die von Osten setzende, quer über den Priel fallende Ebbströmung mitgenommen und aus der Prielrichtung abgedrängt. Der Priel wird daher nur durch den Spülstrom während des letzten Drittels der Ebbe, nach Trockenfallen des angrenzenden Watts, offen gehalten. Die Wassermenge, die dann noch in den Prielen des Spülbeckens vorhanden ist und den einzigen für die Räumung nutzbaren Beckeninhalt darstellt, erzeugt nur noch eine Wasserführung von $\leqq 6$ m³/sek mit einer Geschwindigkeit von $\leqq 0{,}46$ m/sek. Am meisten trägt gegen Schluß der Ebbe der mit i. M. 1 m³/sek geringe, aber wirksam zusammengefaßte Abfluß der Entwässerungsschleuse zur Räumung des Priels bei.

3. Bei einer Verlängerung der Westmole wird der Priel längs der neuen Molenstrecke sich in demselben Maße vertiefen wie neben der vorhandenen Mole, und zwar nur durch die einseitige Führung des Spülstromes. Mit einem Auffangen des von Osten setzenden Ebbstromes ist auch bei Verlängerung der Mole nicht zu rechnen. Vielmehr wird der tote Raum sich bis zur Linie Südwestecke der Spülbeckenlahnung — neuer Molenkopf vergrößern, weil das in diesem Raum stehende Wasser Austritt nach Süden hat. Auf der Strecke zwischen dem neuen Molenkopf und der Norder-Piep wird der Priel sich nicht vertiefen (Abb. 25).

Auf Grund dieser Ergebnisse wurde alsbald nach Beendigung der Untersuchungen in einem Nachtragsentwurf die Verlängerung des geplanten Westdammes durch einen mit der Krone auf MThw liegenden Leitdamm bis zur Norder-Piep vorgeschlagen. Der Entwurf wurde aber abgelehnt. Die aus den Messungen gezogenen Schlüsse erschienen nicht genügend sicher, um sofort die Mehrkosten für den Leitdamm aufzuwenden. Es sollte zunächst die Wirkung der neuen Hafenbauten abgewartet werden. Sie entsprach aber den Schlußfolgerungen durchaus. Zur Gewinnung des Spülbodens für den Westdamm war die Baggerung in den Jahren 1922/23 viermal an derselben Stelle angesetzt worden, um den Hafenpriel auf die Solltiefe von 2 m unter MTnw zu bringen; er war stets, ebenso wie die angrenzende Entnahmestelle, in wenigen Monaten wieder versandet (Abb. 26). Längs des Westdammes, der den Strom des Spülbeckens wenigstens einseitig führte, hielt sich auf geringe Breite eine Tiefe von durchschnittlich 1 m unter MTnw. Außerhalb des Dammkopfes kam sie über einige Dezimeter nicht hinaus. Die 2 bis 3 m tief gehenden Seekutter waren an die Hochwasserzeiten gebunden. Bei Ostwind mit niedrigen Wasserständen konnten sie aber den Hafen oft überhaupt nicht verlassen bzw. sie konnten nicht einlaufen und mußten ihre Fänge anderweitig absetzen. Noch schneller als der Hafenpriel versandete der Osthafen, der beim Bau des Süddammes zweimal nacheinander auf 1 m unter Solltiefe ausgebaggert worden war. Der Querschnitt des

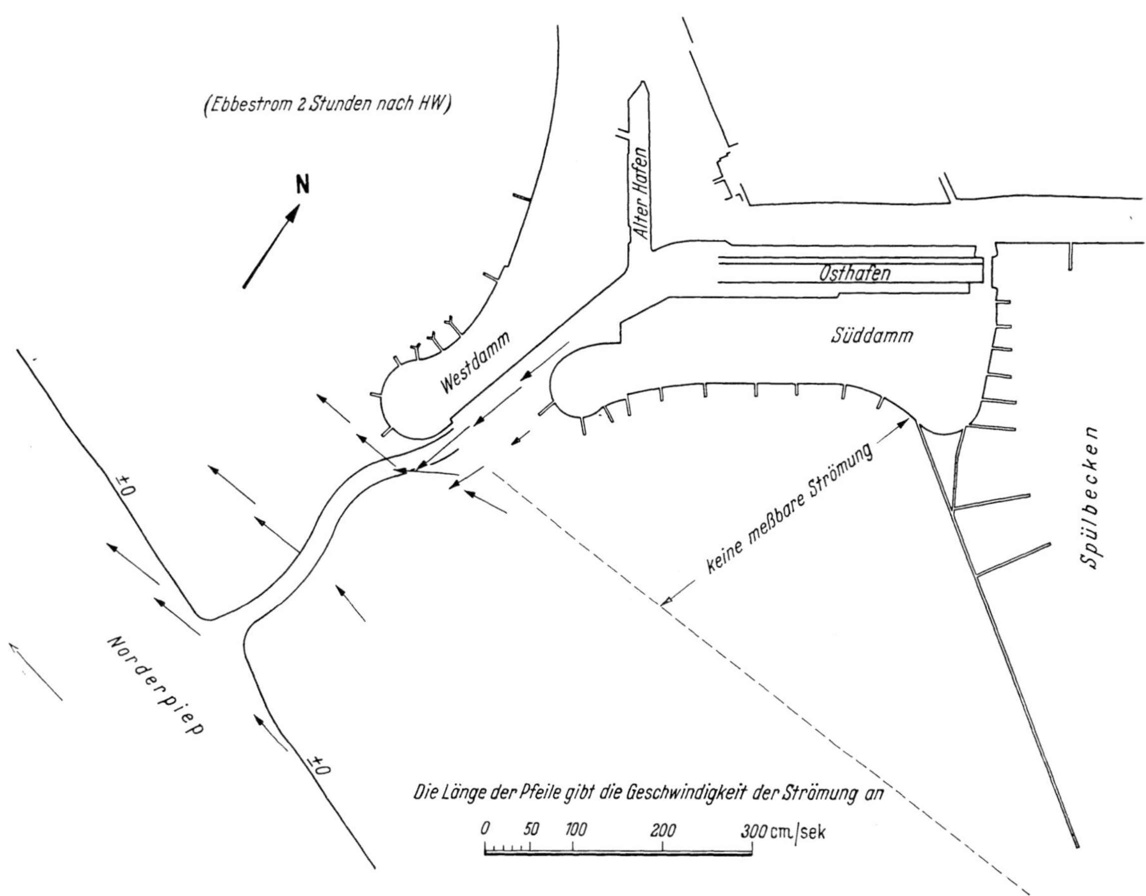

Abb. 25. Ebbeströmung zwischen Hafen und Norder-Piep 1926

Hafens während der Zeit des Leerlaufens des Spülbeckens alsbald nach Hochwasser war für dessen Räumvermögen zu groß. Bei dem bedeutenden Höhenunterschied zwischen der Hafensohle einerseits, dem Watt im Spülbecken und vor der Hafeneinfahrt andererseits wurde der leicht bewegliche Sand vom Ebb- wie vom Flutstrom eingeschleppt. Unterhaltungsbaggerungen waren unter diesen Umständen zwecklos. Es wurde erwogen, das Spülbecken durch einen Damm an der Stelle der Verbindungsbrücke abzuriegeln. Aber das Eintreiben von Sand mit dem Flutstrom wäre dadurch nicht verhindert worden. Überdies hat Büsum zwar fast keinen Schlickfall, aber bei unruhigem Wetter ist das eintreibende Flutwasser mit dem sehr feinen, auf dem Watt vom Seegang aufgewirbelten Sand gesättigt, der sich im ruhigen Hafenwasser absetzt. Die Wirkung kommt der Verschlickung gleich. Der Spülstrom hielt wenigstens den Sandfall in Grenzen. Der Plan, am Ostende des Hafens eine Spülschleuse einzubauen, scheiterte an den Kosten. Um den Inhalt des Spülbeckens bis kurz vor Niedrigwasser zu stauen, hätte es ringsum eine wasserdichte Einfassung erhalten müssen.

5. Entwicklung der Fischerei und des Fischumschlages

Trotz dieser Unzulänglichkeiten begannen Fischerei und Fischhandel in Büsum schon 1925 mit großer Energie, die Hochseefischerei zu intensivieren. Die Flotte war inzwischen auf 80 Fahrzeuge angewachsen, unter denen sich neben einer Anzahl von Schollenkuttern und einigen kleinen Hochseekuttern des Reichsprogramms 1919 auch schon größere mit 20 bis 22 m Länge und 2,5 bis 3 m Tiefgang befanden. Die Schollen- und Hochseekutter wandten sich einem speziellen Zweig der Seefischerei zu, der zwischen den beiden Weltkriegen in der Kutterflotte der Nordsee eine wichtige Rolle gespielt hat und für den Büsum besonders günstige Voraussetzungen bot: Dem Lebendschollenfang. Die widerstandsfähige Scholle kann, wenn sie nach dem Fang sogleich wieder ins Wasser gesetzt wird, noch lange Zeit am Leben gehalten werden. Die Kutter bewahrten die Schollen in abgeschotteten, mit dem Außenwasser in Verbindung stehenden Abteilungen, den Bünns, auf und brachten sie lebend an den Markt. Diese Schollen waren namentlich in den Küstenorten begehrt. Die deutsche Kutterflotte vermochte der Nachfrage bei weitem nicht zu genügen, obwohl sie mehr als drei Viertel ihres Gesamtschollenfangs als Lebendschollen anlieferte. Der größte Teil des Bedarfes — selbst in Schleswig-Holstein rund 90% — wurde durch Einfuhr aus Dänemark

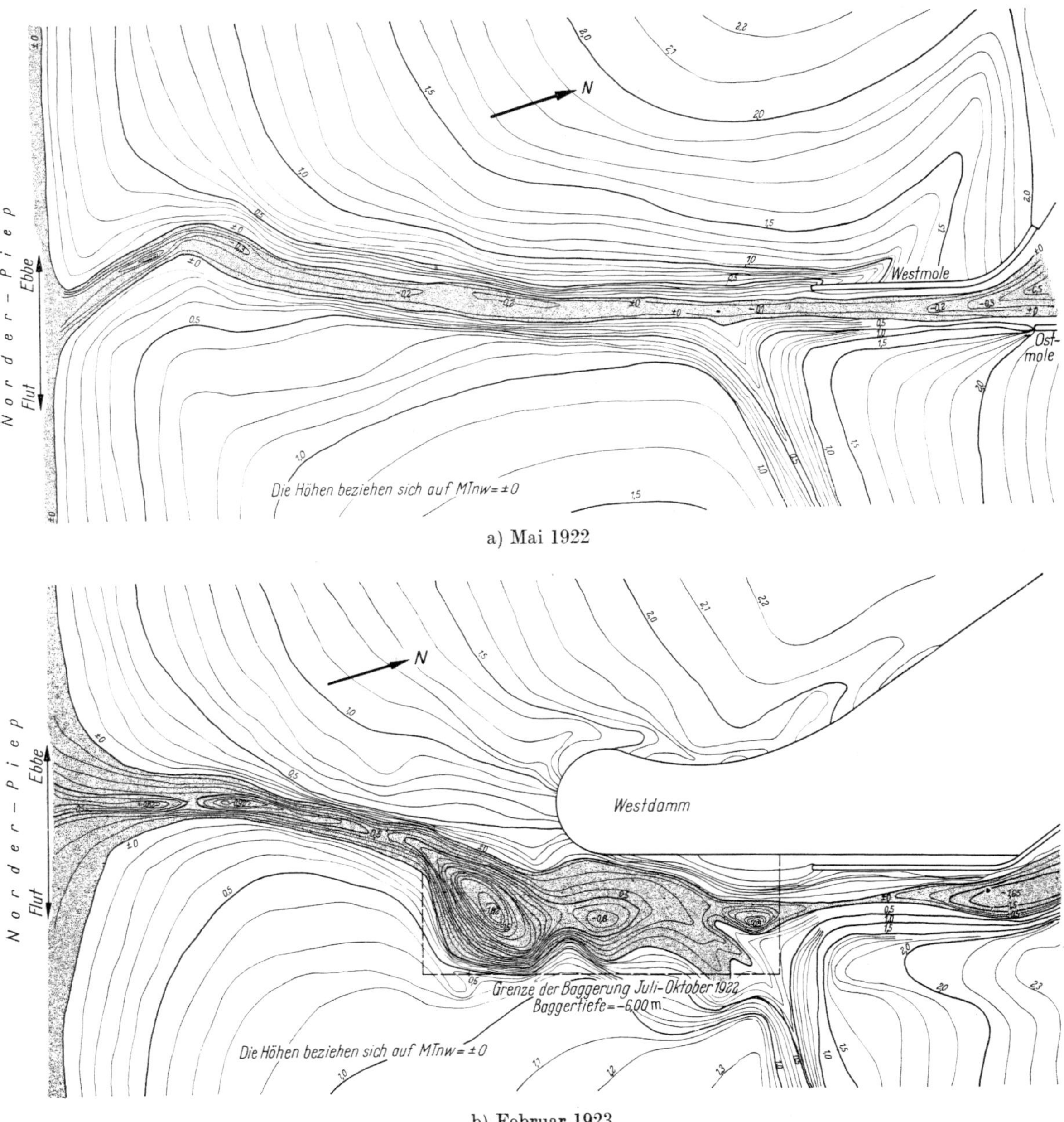

a) Mai 1922

b) Februar 1923

Abb. 26a und b. Entwicklung des Hafenpriels 1922 bis 1927

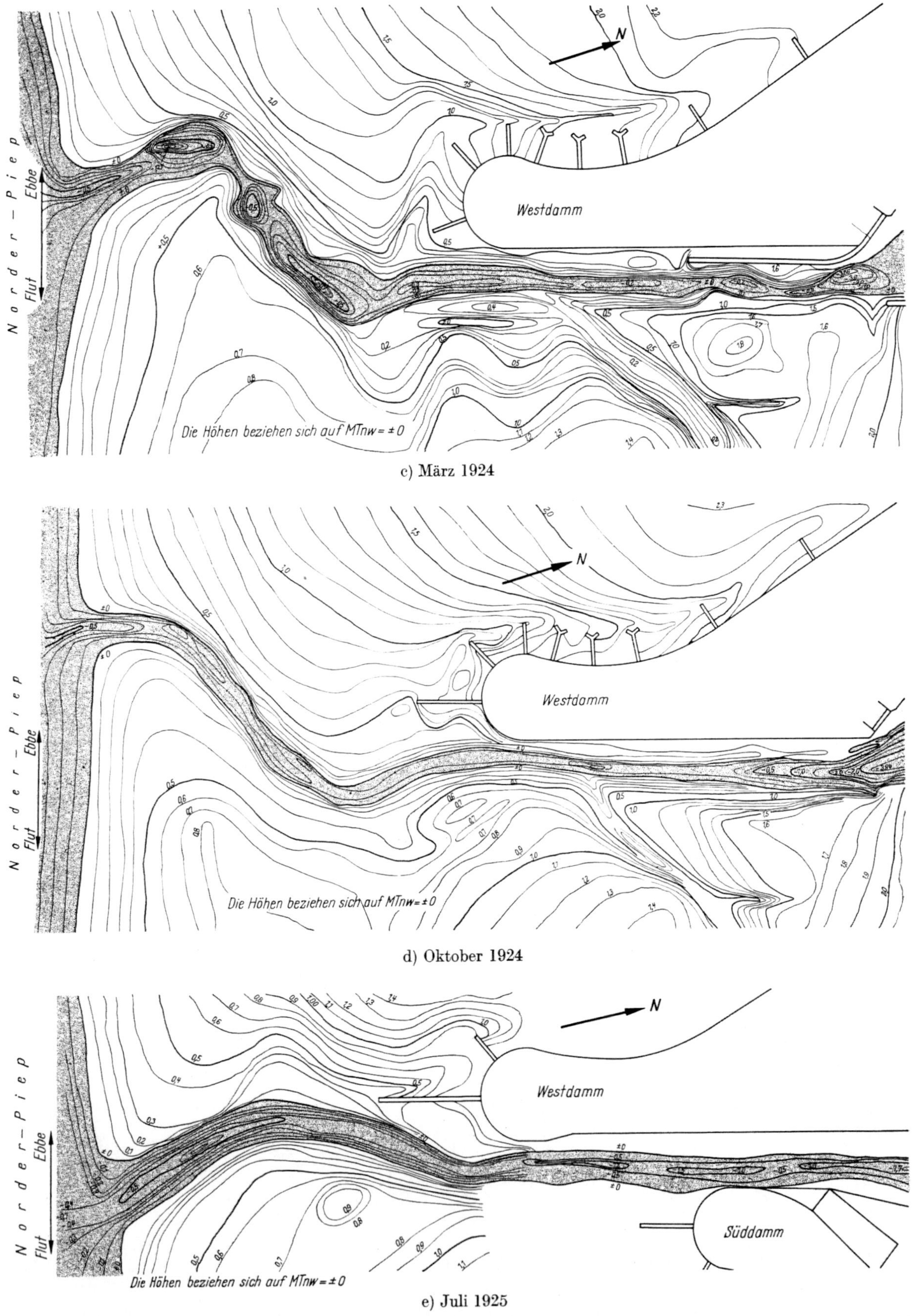

c) März 1924

d) Oktober 1924

e) Juli 1925

Abb. 26. c, d u. c Entwicklung des Hafenpriels 1923 bis 1927

gedeckt. Zwischen Eis gepackt bleiben die Schollen noch 24 Stunden am Leben und können so über große Entfernungen befördert werden. Für den Versand wurden in den dänischen Häfen die lebenden Schollen in schwimmenden Kästen (Hüttfässern) gehältert. Dadurch waren die dänischen Fischer in der Lage, gute Fangzeiten auszunutzen, ohne daß durch Überangebot die Preise abglitten, andererseits dem Handel eine Belieferung auch in Sturmzeiten, in denen der Fang nicht möglich war, zu gewährleisten. In den deutschen Fischereihäfen an der Elbe und Weser konnte der Lebendschollenumschlag in dieser Form nicht betrieben werden; denn keiner erfüllte die Vorbedingung für die Hälterung der Schollen: schlickfreies Wasser von hohem Salzgehalt. Erst der neue Büsumer Hafen genügte dieser Forderung. Die Hüttfässer wurden im östlichen, nicht trockenfallenden Teil des Osthafens untergebracht. Der Umschlag erfuhr zunächst einen schnellen Aufschwung. Aber die ungenügende Tiefe des Hafens und seiner Zufahrt erwies sich bald als schweres Hindernis, um so mehr als die Hauptfangzeit in den Frühjahrsmonaten lag, in denen östliche Winde mit niedrigen Wasserständen vorherrschen. Dazu ging mehrere Male der gesamte Vorrat an gehälterten Schollen zugrunde, wenn über Niedrigwasser starker Regen fiel und von dem dann trocken liegenden Spülbecken Süßwasser durch den Hüttfaßliegeplatz strömte. Die Verluste wurden untragbar, der Lebendschollenfang mußte aufgegeben werden. Die Büsumer Kutter landeten ihre Fänge wieder unmittelbar in Hamburg oder Bremerhaven, wo sie auf sofortigen Absatz angewiesen waren; Büsum blieb lediglich ihr Heimathafen. So verfehlte der Ausbau des Hafens, weil eine an sich richtige Planung mit unzureichenden Mitteln durchgeführt war, insoweit seinen Zweck und kam fast nur der Krabbenfischerei zugute, für die er andererseits reichlich aufwendig war. Während die Hochseekutter sich nicht vermehrten, nahm die Krabben- und Schollenkutterflotte denn auch bis 1935 auf 108 Fahrzeuge zu. Damit war aber die Grenze der Ertragsfähigkeit der von Büsum aus befischbaren Krabbengründe erreicht, weil auch die Schollenkutter überwiegend Krabbenfang betreiben mußten.

1935 wurde die bislang in Reserve gehaltene westliche Hälfte der Südseite des Osthafens ausgebaut, und zwar mit einer Stahlspundwandkaje, die für das Löschen der Fänge und die Ausrüstung der Kutter bequemer war als die Liegebrücken mit ihren schmalen Zugangsstegen. Dennoch war der Hafen wieder überfüllt.

V. Dritter Ausbau 1938 bis 1957

1. Ziele der Planung

Die Preußische Bauverwaltung stand abermals vor der Entscheidung, ob sie bei der notwendig gewordenen Erweiterung nunmehr Büsum zum wirklichen Hochseekutterhafen ausbauen sollte. Die Fischerei und der Fischhandel drängten darauf und wollten bei dieser Gelegenheit vor allem brauchbare Einrichtungen für den Lebendschollenfang erhalten. Das Streben nach Autarkie, das die wirtschaftlichen Zielsetzungen jener Jahre beherrschte, kam diesen Bemühungen entgegen. Bekanntlich hat die Dampferfischerei, die in Deutschland 1885 begann, sehr bald die südliche Nordsee überfischt. Schon vor dem ersten Weltkrieg fing sie an aus diesem Raum abzuwandern, weil der Bestand an Fischen so dünn geworden war, daß er den Einsatz großer Fahrzeuge nicht mehr lohnte. Seit etwa 1930 wurde die südliche Nordsee von Dampfern außer zum Trawlheringsfang kaum mehr aufgesucht, und sie wurde zum Feld des Hochseekutters, der mit seinen geringen Betriebskosten immer noch sein Auskommen fand. In den deutschen Fischereihäfen entfielen die Anlandungen an Plattfischen, den wichtigsten und hochwertigsten Fischarten der südlichen Nordsee, damals bereits zu 90 bis 100% auf Hochseekutter. Während aber in der Dampferfischerei Deutschland neben England an der Spitze lag, war bei der Hochseekutterfischerei das Gegenteil der Fall. Am Fang der Scholle, des „Brotfisches" der Kutterfischerei im südlichen Nordseeraum, waren 1935 beteiligt: England mit 33, Holland mit 30, Dänemark mit 32, Deutschland mit 4,5%. Dabei war Dänemark für den größten Teil seiner Schollenfänge auf die Ausfuhr nach England und Deutschland angewiesen und hatte eine hohe Vorfracht zu tragen, während Deutschland selbst für Schollen fast unbegrenzt aufnahmefähig war und mehr als 60% seines Verbrauches durch Einfuhr eben aus Dänemark decken mußte. Es gingen dafür ansehnliche Devisenbeträge ins Ausland, und obendrein lastete der Preisdruck der Einfuhr schwer auf der deutschen Kutterfischerei. Der dänische Handel hatte den Absatz von Lebendschollen mit Speziallastzügen bis nach Sachsen und in die Schweiz ausgedehnt. Er brachte dabei auf den deutschen Markt hauptsächlich kleine Schollen, die in England nicht absetzbar waren, in Dänemark selbst als untermaßig nicht verkauft werden durften, und konnte sie zu niedrigen Preisen anbieten. So lag der Gedanke recht nahe, die eigene deutsche Hochseekutterfischerei in großem Maßstab auszubauen.

Einen leistungsfähigen Kuttertyp mit guten See-Eigenschaften — den späteren „K. F. K." (Kriegsfischkutter) — hatte der Reichsverband der Deutschen Fischerei in mehrjährigen Vorarbeiten und Modellversuchen bereits entwickelt. In Zusammenarbeit mit dem Beauftragten für den Vierjahresplan beschäftigte der Reichsverband sich mit einem Finanzierungsprogramm für den Serienbau dieses Typs. Nach dem Umfang der Anlandungen wäre es ohne weiteres möglich gewesen, eine große Hochseekutterflotte auf die vorhandenen Dampferfischereihäfen zu stützen, ohne diese erweitern zu müssen. Aber die Kutter kamen in den Dampferhäfen nicht zu ihrem Recht. Sie erzielten für ihre Fänge, die wegen der kürzeren Reisedauer und der pfleglicheren Behandlung an Bord eine ausgesprochene Qualitätsware gegenüber der Massenware der Dampfer sind, keine angemessenen Preise. Von einem eigenen Kutter-Seefischmarkt erhoffte man eine wirtschaftliche Förderung der Kutterbetriebe. Weil nun der Lebendschollenfang derzeit den einträglichsten Zweig der Kutterfischerei bildete und für den Lebendschollenumschlag nur Büsum in Betracht kam, wurde beschlossen, die künftige Hochseekutterflotte auf Büsum zu stützen. Infolge der Entwicklung der Tiefgefrier- und Kühlverfahren war der Lebendschollenfang derzeit zwar schon im Rückgang. Aber es konnte angenommen werden, daß er Büsum noch den Start zu einem selbständigen Seefischmarkt ermöglichen würde.

Damit der Ausbau des Hafens nicht, wie bisher stets, in kurzer Zeit von dem Wachsen der Flotte überholt wurde, sollte er in Anlehnung an das erwähnte Finanzierungsprogramm sogleich für 250 Hochseekutter bemessen werden. Im Vergleich zum Umfang der dänischen Kutterflotte, die allein in Esbjerg etwa 500 Fahrzeuge zählte, hielt das Programm sich also in bescheidenen Grenzen. Neben den Hochseekuttern blieben in dem Hafen die vorhandenen 100 Krabbenkutter unterzubringen, deren Zahl als nicht mehr steigerungsfähig angesehen wurde.

2. Der Ausbauentwurf 1938

Gesamtanordnung. Eine größere Ausdehnung des Hafens in der bisher verfolgten Richtung nach Osten hin war nicht mehr möglich. Der Weg von der Ortschaft um das Ostende des Beckens herum wäre zu lang geworden. Die Erweiterung konnte also nur durch Zuschaltung paralleler Becken nach Süden erreicht werden. Die Seefischerei erforderte ferner wie in den Dampferhäfen die in der Krabbenfischerei nicht nötige Trennung zwischen Umschlags- und Liegekajen. Unter diesen beiden Gesichtspunkten entstand 1938 der in Abb. 27 wiedergegebene Ausbauentwurf. Da es in Deutschland an einem Vorbild für Kuttergroßhäfen fehlt, fußte er weitgehend auf den Erkenntnissen und Erfahrungen, die Dänemark im Betrieb von Kutterhäfen und von Einrichtungen für den Umschlag lebender Schollen gesammelt und beim Ausbau der Fischereihäfen Esbjerg, Hvide Sande und Thyborön verwertet hatte.

Der Entwurf sah vor, den trockenfallenden Alten Hafen (Becken I) unverändert als Liegehafen für einen Teil der Krabbenkutter beizubehalten. Seine Vertiefung wäre wegen der geringen Breite von nur 24 m schwierig gewesen und war für die Ansprüche der Krabbenfischerei nicht nötig. Der bisherige Osthafen (Becken II) sollte unter Ersatz der abgängigen Liegebrücken durch Kajen, auf eine Tiefe von 3 m unter MTnw gebracht werden. Er konnte neben dem Rest der Krabbenkutter noch 16 Hochseekuttern als Liege- und Ausrüstungshafen dienen. An seinem Ostende war eine Aufschleppe geplant, die 16 Kuttern gleichzeitig Platz bot. In einem dritten Becken mit 4 m Tiefe unter MTnw und 120 m Breite sollte die Nordseite für den Umschlag ausgebaut werden, ein Mittelstreifen die schwimmenden Hüttfässer aufnehmen, während die Südseite später nach Bedarf als Liegekaje für weitere Hochseekutter einzurichten war. Für alle übrigen Bedürfnisse war ein Becken IV mit gleichfalls 4 m Wassertiefe vorgesehen. Wenn auch der Frachtverkehr in Büsum gering und eine größere Ausweitung nicht zu erwarten war, so beabsichtigten doch einige Unternehmen, den Hafen wegen seiner günstigen Zufahrt von See für die Einfuhr englischer Kohle, die derzeit an der Westküste noch eine Rolle spielte, und skandinavischen Holzes heranzuziehen. Die Wasserwirtschaftsverwaltung plante die Errichtung eines zentralen Stützpunktes für die Landgewinnungsarbeiten an der Dithmarscher Küste. Schließlich bot der neue Hafen die schon lange angestrebte Möglichkeit, den vom Wasserstraßenamt Tönning wahrgenommenen Leuchttonnendienst an der schleswig-holsteinischen Küste und mit diesem seinem wichtigsten Betrieb das ganze Amt nach Büsum zu verlegen. Mit den steigenden Anforderungen der Schiffahrt und Fischerei an die Befeuerung der Fahrwasser, der wachsenden Versandung und den schlechten Eisverhältnissen der Eider wurde es immer schwieriger, den Dienst von Tönning aus aufrechtzuerhalten. Die Verlegung, die sich durch das vorzügliche, fast stets eisfreie Fahrwasser der Süder- und Norder-Piep von selbst anbot, war bisher nur unterblieben, weil der Hafen für die Seezeichendampfer zu beengt und nicht tief genug war.

Größe und Freibord der Kutter lassen eine Kajehöhe von mehr als 1,20 m über MThw, das sind 2,40 m unter HHW in Büsum, unbequem werden. Die Unterbringung der umfangreichen zu dem neuen Hafen gehörenden Landanlagen auf sturmflutfreien Anschüttungen wie auf dem bisherigen Süddamm rund 2,50 m über den Kajen hätte den Umschlag und den gesamten Landbetrieb zu

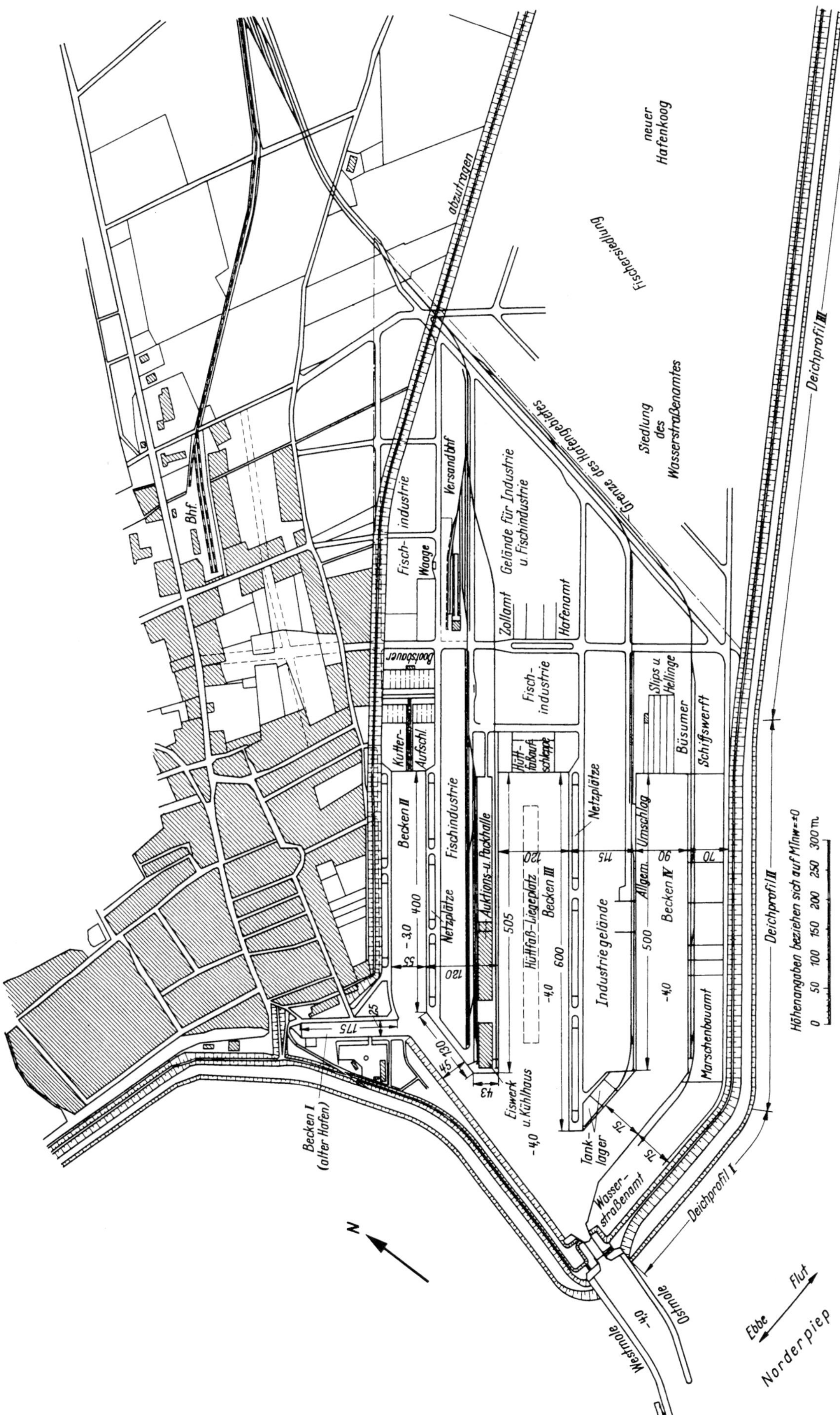

Abb. 27. Dritter Ausbau: Ausbauplan 1938

sehr behindert und große Schwierigkeiten in der Führung der Hafengleise mit sich gebracht. Der Hafen mußte deshalb sturmflutfrei eingedeicht werden. Indem der neue Deich an der Südseite des Hafengebietes über das hochliegende Watt bis zu dem Nachbarort Deichhauen gezogen wurde, konnte ein 100 ha großer „Hafenkoog“ gewonnen werden, der reichlich Platz für eine Ausweitung der Fischverarbeitungs- und Nebenindustrie, für eine Fischersiedlung und für die Unterbringung der Belegschaft des Wasserstraßenamtes bot. Das Spülbecken, das für die Aufrechterhaltung der geplanten größeren Tiefen vollends unzulänglich war, wurde damit aufgegeben.

Um die Baukosten für die Kajen zu verringern, wurde erwogen, den Hafen mit einer Kammerschleuse auszustatten und den Hafenwasserstand annähernd auf MThw ständig zu halten. Dem standen zwei Gründe entgegen: Die Krabbenkutter laufen täglich kurz nach Hochwasser geschlossen zum Fang aus und kehren mit steigendem Wasser innerhalb von ein bis zwei Stunden zurück. Wegen der leichten Verderblichkeit der Krabben darf das Einlaufen nicht verzögert werden. Um 100 Kutter ohne Zeitverlust in Gruppen durchschleusen zu können, hätte eine Kammerschleuse große Abmessungen erhalten müssen und wäre unverhältnismäßig teuer geworden. Zum anderen mündet in den Alten Hafen das Entwässerungssiel des Büsumer Bereichs, das nach Nordwesten außerhalb des Hafengebietes hätte verlegt werden müssen. Von den zusätzlichen Baukosten abgesehen war die Offenhaltung des Entwässerungspriels dort aber wegen der geringen Spülkraft des Sieles und der hohen Lage des Watts kaum möglich. Wegen dieser Schwierigkeiten war das Siel 1851 gerade von Nordwesten her an die jetzige Stelle umgelegt worden. Die Umstellung auf Schöpfwerksbetrieb hätte die Hafenbetriebskosten zu stark belastet. Der Hafen blieb also offen und erhielt nur eine Sturmflut-Schutzschleuse, die bei Wasserständen von mehr als 0,5 m über MThw geschlossen wird. Um in solchen Fällen von See kommende Hochseekutter nicht warten zu lassen, wurden das Haupt- und das Reservetor um 25 m auseinandergezogen; damit war eine für Kutter ausreichende Kammerlänge geschaffen. Die lichte Weite wurde wegen der Zusammendrängung des Krabbenkutterverkehrs auf 14 m bemessen.

Hafeneinfahrt. Wegen der auf S. 129 bis 130 geschilderten Strömungsverhältnisse mußte die Hafeneinfahrt bis an das tiefe Wasser der Norder-Piep beiderseits mit Molen eingefaßt werden. Besondere Überlegungen erforderte dabei die Ausgestaltung der Moleneinfahrt. Die Kutter und sonstigen Fahrzeuge laufen fast ausnahmslos mit der Ebbe aus und kommen nach Möglichkeit, die Krabbenkutter stets, mit der Flut auf. Um weder die Aus- noch die Einfahrt besonders zu erschweren, hätten die Molenenden senkrecht zur Flut- und Ebbstromrichtung und beide Molenköpfe auf gleiche Höhe gelegt werden müssen. Doch bestand dann die Gefahr, daß ankommende Fahrzeuge, wenn sie mit dem Bug schon innerhalb der Molen, mit dem Heck noch im Strom waren, aus dem Ruder und gegen die Westmole liefen, ausgehende Fahrzeuge dagegen umgekehrt gegen den Westmolenkopf gedrückt wurden. Überdies war es mit Rücksicht auf den schwersten Seegang, der bei West- und Südweststurm auftritt, erwünscht, die westliche Mole über die östliche vorspringen zu lassen. Dadurch wurde die Gefahr in beiden Fahrtrichtungen vergrößert. Außerdem war zu erwarten, daß eine Einfahrt mit vorgezogenem Westmolenkopf, die senkrecht zur Tidestromrichtung oder gegen den Ebbstrom, also nach Südost mündete, stärkere Sandablagerungen zwischen den Molenköpfen hervorrufen würde als eine nach Südwest gerichtete. Auch mußte befürchtet werden, daß sie dann die Eisschollen, die bei Südostwind und Ebbstrom aus der Meldorfer Bucht an der Wattkante entlang treiben, auffangen würde. Dadurch wären möglicherweise Eisverstopfungen entstanden, die von Kuttern nicht durchbrochen werden konnten. Zur Klärung dieser Fragen wurde in der Preußischen Versuchsanstalt für Wasserbau und Schiffbau in Berlin ein Modellversuch durchgeführt. Die Eisschollen wurden durch Holzplättchen dargestellt. Es ergab sich, daß die Sandablagerungen zwischen den Molenköpfen in jedem Falle auftraten, bei südwestlicher Richtung der Einfahrt jedoch etwas geringer waren als bei den anderen Richtungen. Die Versuche, das Eistreiben nachzubilden, mißlangen infolge der Adhäsion der Holzplättchen. Da aber die Einfahrtsrichtung nach Südwest für die Abführung des Eises ohne Zweifel die günstigste war, wurde sie endgültig gewählt. Für diese Lösung wurden weiter Seegangsversuche angestellt. Wie zu erwarten, zeigte sich, daß der Seegang um so stärker in die Einfahrt eindrang, je weiter sie nach Westen gedreht wurde. Für die schließlich angenommene Richtung ergaben die Modellversuche bei Südweststurm keine nennenswerte Wellendämpfung. Für Weststurm, der den schwersten Seegang bringt, betrug die Dämpfung dagegen 50 bis 60% der ursprünglichen Wellenhöhe, und zwar schon querab vom Westmolenkopf bis zur Schleuse hin.

Die zweite Überlegung galt der Frage, wie weit die Molen und namentlich die Westmole als die weiterreichende in das Fahrwasser vorgeschoben werden sollten. Ein Vergleich der ältesten auf genauer Vermessung beruhenden Seekarte von 1867 mit neueren Aufnahmen zeigte, daß die Stromrinne der Norder-Piep sich stetig, jedoch mit abnehmender Geschwindigkeit nach Nordnordost gegen Büsum hin verlagert hatte, und daß diese Bewegung um die Mitte der zwanziger

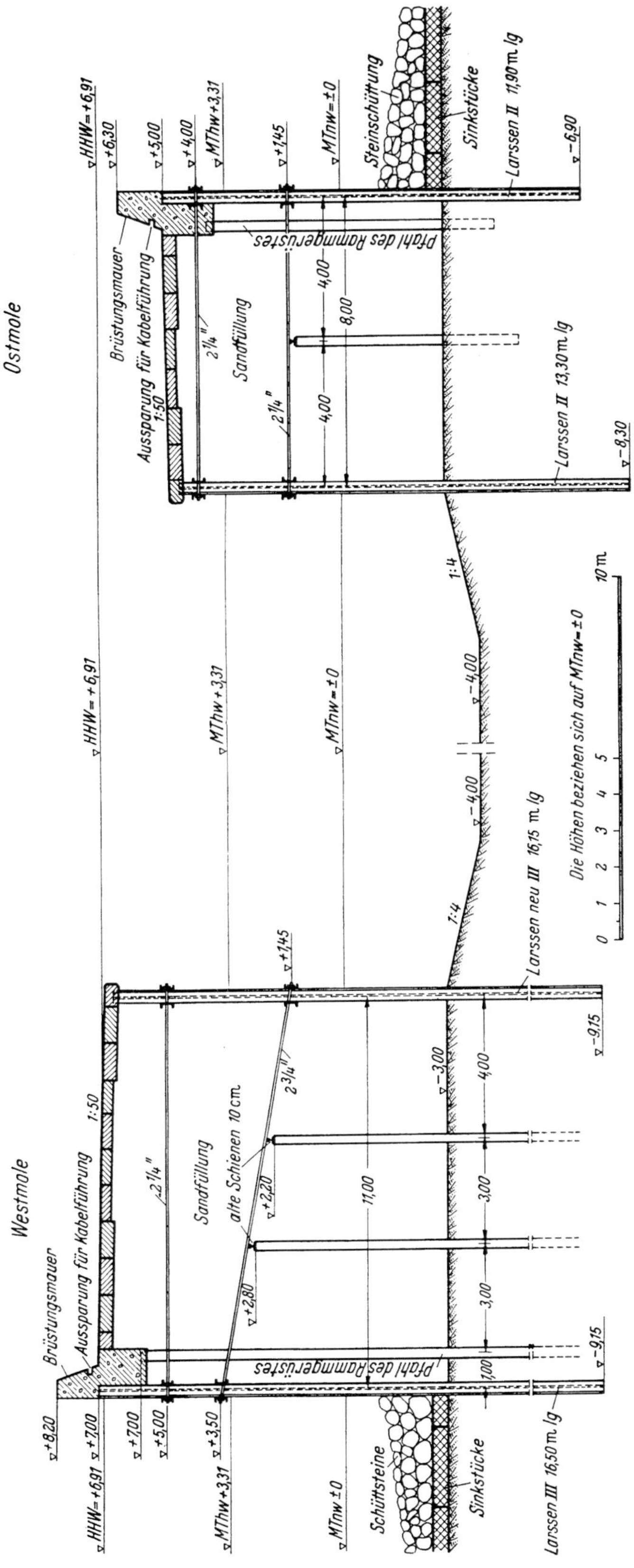

Abb. 28. Dritter Ausbau: Querschnitt der West- und der Ostmole

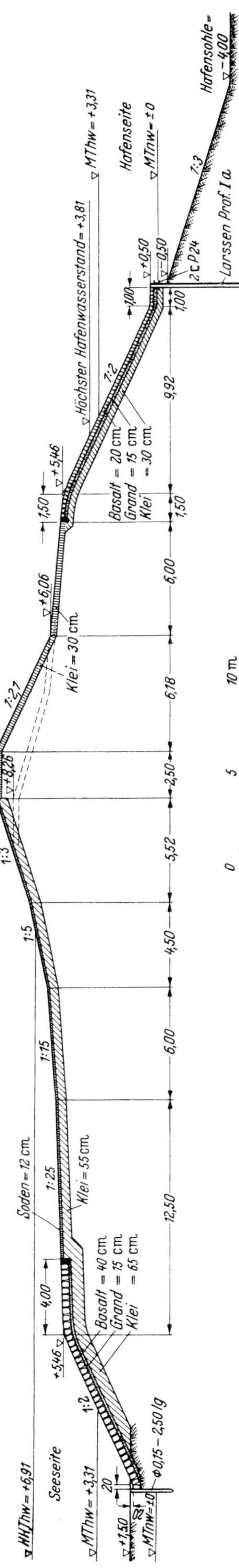

Abb. 29. Dritter Ausbau: Querschnitt der Verlängerung des Westdammes

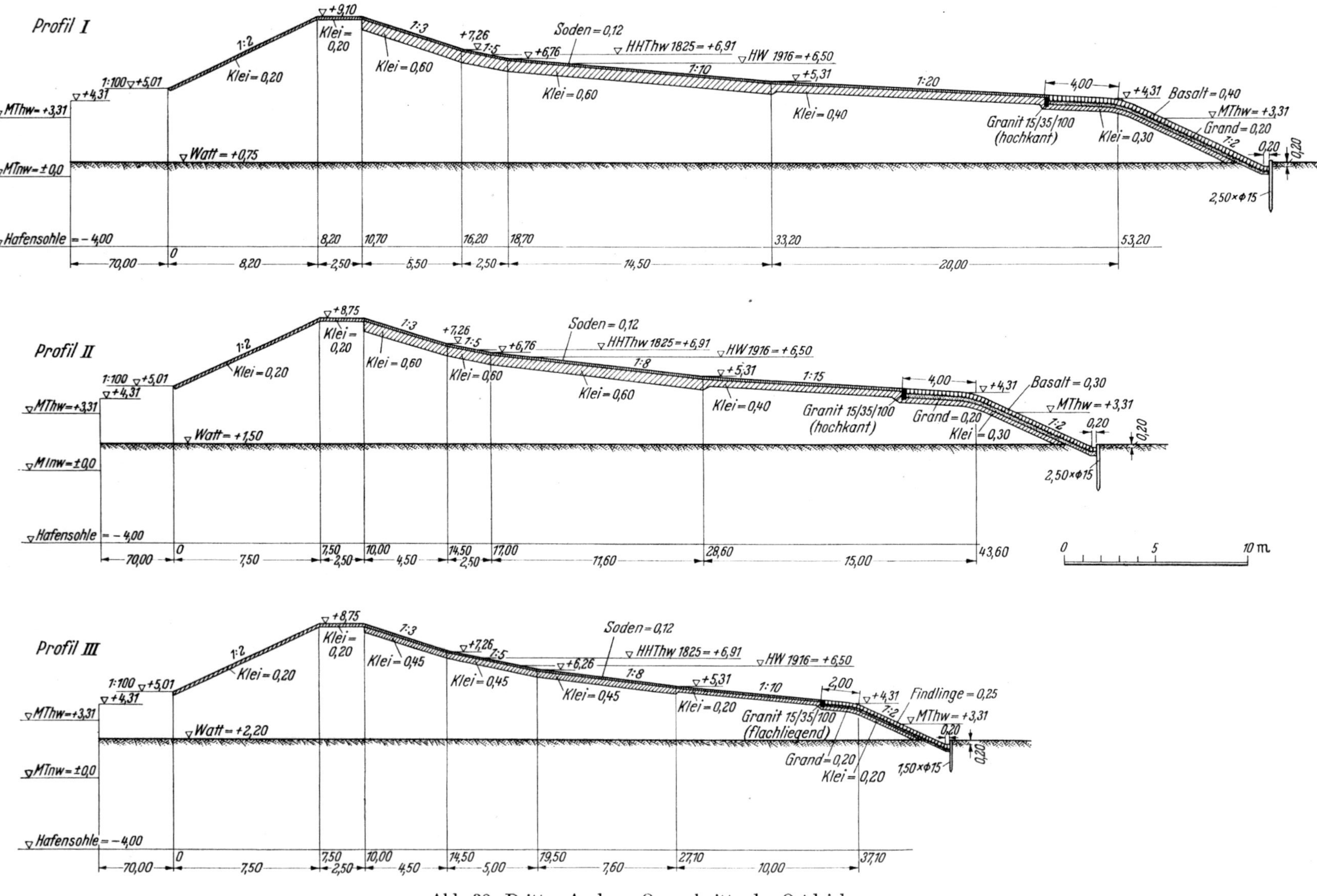

Abb. 30. Dritter Ausbau: Querschnitte des Ostdeiches

Jahre abgeklungen war. Wenn auch die Norder- und die Süder-Piep sich durch eine für das Wattenmeer ungewöhnliche Stabilität auszeichnen, so kommt doch ein absoluter Beharrungszustand im Gürtel der Sände praktisch nicht vor. Es mußte damit gerechnet werden, daß die Bewegung sich einmal umkehren und das Fahrwasser von den Molen fortrücken würde. Um für diesen Fall eine Tiefenreserve zu haben, wurde der Kopf der Westmole auf die Tiefenlinie MTnw 7,0 m gelegt. Damit sollte zugleich erreicht werden, daß die Mole wie eine Strombuhne wirkte; die von der Wattkante abgedrängte Tideströmung konnte über den Kolk hinaus, der unmittelbar am Molenkopf unvermeidlich entstand, auch weiter seewärts eine Verflachung wenigstens verzögern. In den seither verflossenen 20 Jahren ist denn auch keine merkliche Tiefenänderung eingetreten.

Die Molen konnten in der Nähe der Norder-Piep nicht mehr als Erddämme ausgeführt werden. Die Ostsee-Bauweise kam gleichfalls nicht in Betracht, weil Holzpfähle besonders in den Molenköpfen von dem im scharfen Tidestrom der Norder-Piep hin- und hertreibenden Eis durchgescheuert worden wären. Auch waren Rammpfähle bis zu 22 m Länge in größerer Menge derzeit kaum erhältlich. Zur Wahl stand die Ausführung entweder mit Stahlbeton-Schwimmkästen, die auf eine ausgebaggerte Sohle abzusenken und mit Sand zu füllen waren, oder mit doppelten Spundwänden ebenfalls mit Sandverfüllung (Abb. 28). Die Spundwand-Bauweise war mit einem höheren Sturmschadenrisiko während der Ausführung verbunden. Sie blieb aber die billigste, besonders weil ein Teil der Spundbohlen zunächst für den Fangedamm zum Bau der Schleuse benutzt werden konnte. Es mußte allerdings damit gerechnet werden, daß der zur Verfügung stehende feine Sand durch die kleinste Undichtigkeit der Spundwand herausrieseln würde. Die Bohlenschlösser wurden deshalb vor dem Rammen mit Bitumen ausgegossen. Außerdem sollte mit der Abdeckung gewartet werden, bis anzunehmen war, daß die Schlösser dichtgerostet waren. Vorsichtshalber wurde überdies die Abdeckung nicht als geschlossene freitragende Betondecke angeordnet, unter der sich große Hohlräume unbemerkt bilden können. Sie besteht vielmehr aus einzeln verlegten 1 × 1 m großen Betonplatten, die jede Undichtigkeit durch Nachsacken anzeigen, bequem angehoben und nach Verfüllung des Hohlraumes wieder eingelegt werden können. Sie haben hierfür einen versenkten, mit Magerbeton abgedeckten Aufnahmebügel erhalten.

Deiche. Da die Spundwandmolen sich immer noch teurer stellten als Erddämme, wurde ihre Reichweite landwärts möglichst eingeschränkt. Der Westdamm, nunmehr zugleich westlicher Seedeich des Hafenkooges, wurde um 150 m verlängert, d. h. so weit, wie die Bauweise mit Rücksicht auf die Watthöhe und den von der Norder-Piep her stehenden Seegang noch ausführbar erschien. Der Querschnitt des vorhandenen Westdammes wurde dabei trotz der beschriebenen Mängel beibehalten, da ein Wechsel für die kurze Zusatzstrecke nicht lohnte (Abb. 29). Doch wurde das seeseitige Böschungspflaster unter Weglassung der Zwischenberme durchgehend in die Neigung 1 : 2 gelegt, am Übergang zur Deichberme gut ausgerundet und ganz aus Basalt hergestellt. Weil der Damm jetzt die Aufgabe eines Deiches übernehmen mußte, wurde seine Krone um 0,8 m höher gelegt. Der alte Dammabschnitt wurde auf die gleiche Höhe gebracht, indem die hafenseitige Böschung, die fortab dem Seeangriff entzogen war, eine steilere Neigung erhielt. Für den neuen Ostdeich wurde dagegen der „deutsche" Deichquerschnitt gewählt. Die an die östliche Mole anschließende, mit der Norder-Piep parallel laufende recht exponierte Strecke erhielt eine besonders breite Berme und eine Steindecke aus Basalt (Abb. 30). Der nach Süden kehrende, auf hohem Watt liegende restliche Abschnitt konnte schwächer bemessen werden. Für die Steindecke wurden hier die Findlinge verwendet, die aus der Pflasterböschung des Süddammes und des nunmehr zum Schlafdeich gewordenen Landesdeiches zwischen Büsum und Deichhausen gewonnen wurden.

Schleuse. Der Übergang von den Deichen zu den Spundwandmolen war der gegebene Platz für die Schleuse (Abb. 31 und 32). Sie erhielt als Haupttor ein Schiebetor, als Reserve ein Stemmtor. Hohe Außenwasserstände, bei denen die Schleuse geschlossen wird, sind stets mit heftigen westlichen Winden verbunden, die einen starken Seegang in der Einfahrt erwarten ließen. Hiergegen ist ein Schiebetor unempfindlicher als Stemmtore, die beim Schließen leicht schlagen und Beschädigungen erleiden, solange der Außenwasserstand erst wenig über dem Binnenstande liegt. Als Reservetor wurde dagegen ein Stemmtor gewählt, weil es sich um die Hälfte billiger stellte als das Schiebetor mit Kammer. Das Schiebetor wird, durch Schwimmkästen entlastet, an einer Rollbrücke hängend gefahren, ohne bewegliche Teile oder Gleitkufen unter Wasser. Es hat beiderseits Anschläge, so daß es notfalls auch als Ebbetor benutzt werden kann.

Die Häupter einschließlich der Schiebetorkammer bestehen aus Stahlbeton, die Kammer aus Stahlspundbohlen, die Sohle aus Beton mit ausgepflasterten Sickerschlitzen zur Verhinderung des Auftriebs im Falle einer Trockenlegung. Auf eine Verblendung des Betons wurde der Kosten wegen

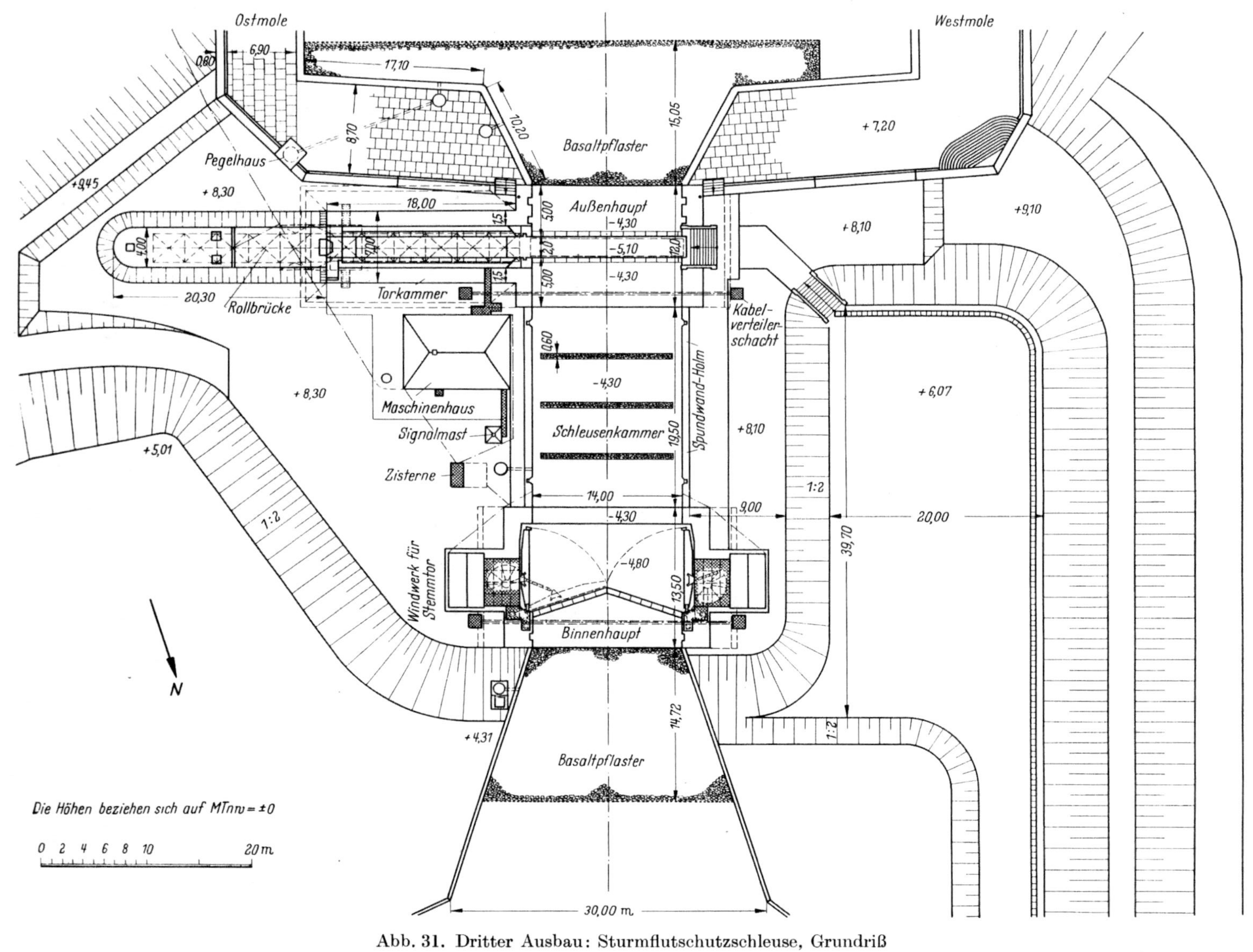

Abb. 31. Dritter Ausbau: Sturmflutschutzschleuse, Grundriß

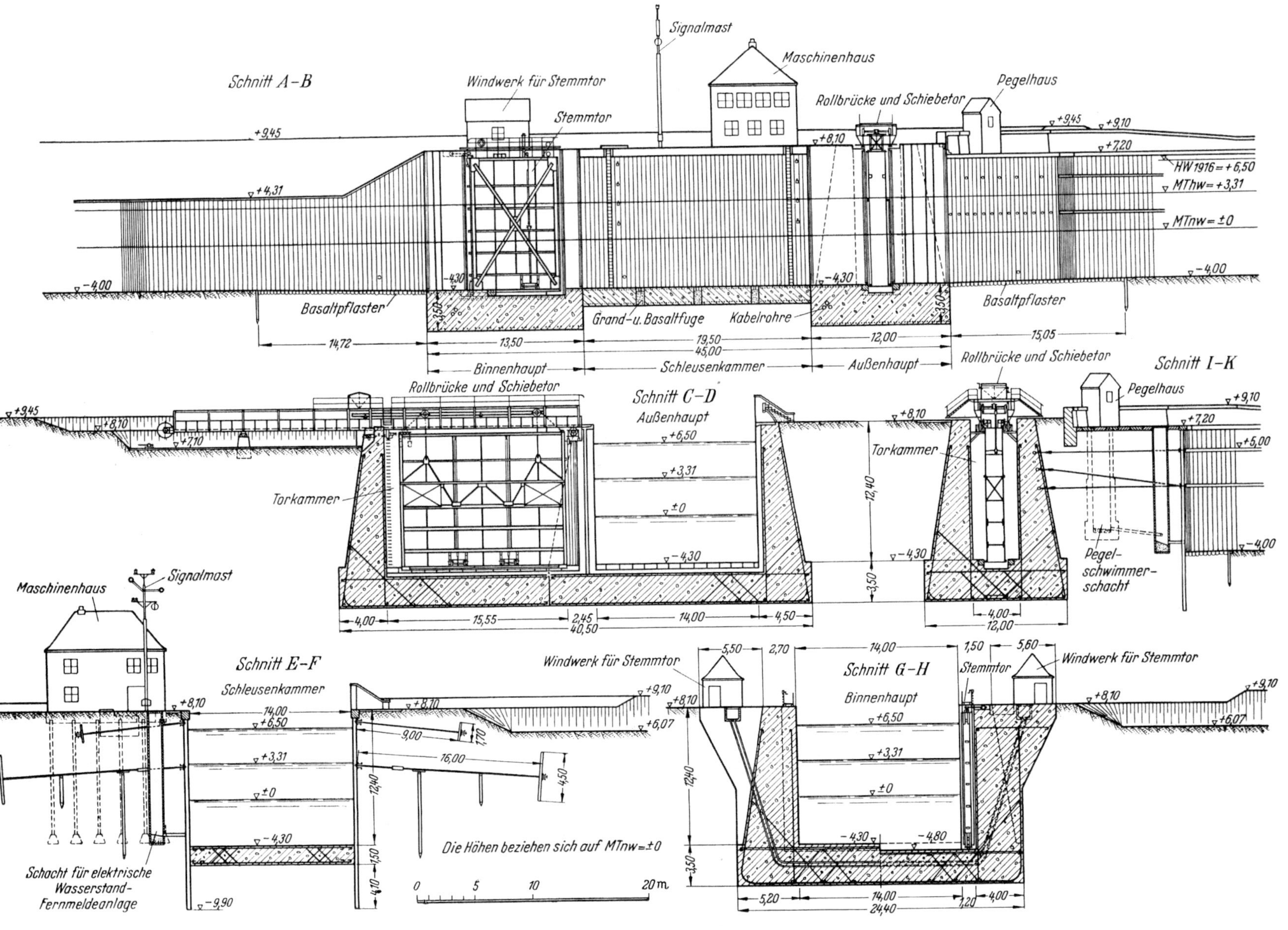

Abb. 32. Dritter Ausbau: Sturmflutschutzschleuse, Querschnitte

trotz gewisser Bedenken verzichtet. Gerade damals ließen in einem Nachbarhafen zwei erst 1933/34 mit großer Sorgfalt erbaute Entwässerungssiele aus Stahlbeton eine beginnende Zersetzung erkennen. Sie zeigten besonders deutlich, daß das Brackwasser des Küstenraumes sehr viel aggressiver ist als reines Seewasser, vermutlich durch seinen Gehalt an organischen Säuren, die sich aus dem in der Mischzone absterbenden Seewasser- und Süßwasserplankton bilden. Andererseits bewies die Erfahrung an dem 1910 erbauten Spundwandbohlwerk in Büsum selbst, daß Beton und Stahlbeton auch gegen solche Angriffe genügend widerstandsfähig ist, wenn er eine hohe Dichte besitzt und lange an der Luft erhärten kann. Um die Dichtigkeit zu erhöhen, wurde für die Ausführung das Einbringen des Betons im Pumpverfahren, das eine zusätzliche Durchmischung mit sich bringt, vorgeschrieben. Eine lange Erhärtungsdauer an der Luft ergab sich von selbst, da die Montage der Tore nach Abschluß des Betonierens mehrere Monate in Anspruch nehmen mußte. Für den Beton wurde folgende Mischung gewählt: 350 kg/m³ Eisenportlandzement, 44 kg/m³ Traß, Kornzusammensetzung der Zuschlagstoffe zwischen den Sieblinien E und F (DIN 1045), jedoch mit etwas kleinerem Feinstsandanteil.

a) Blick von Süden

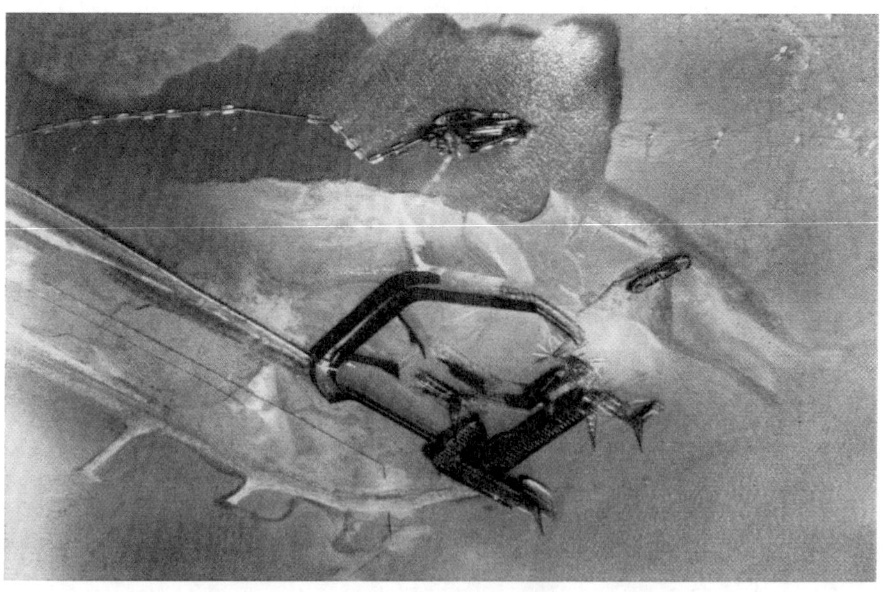

b) Blick von Nordosten

Abb. 33 a und b. Dritter Ausbau: Verlängerung des Westdammes und Schleusenbaustelle. Bauzustand 5. Aug. 1938.

3. Teilweise Bauausführung 1938 bis 1941

Die Bauausführung begann im Frühjahr 1938 mit dem Vortrieb des Westdammes. Gleichzeitig wurde die Schleuse, die die längste Bauzeit erforderte, in Angriff genommen. Nachdem der Verkehr durch eine östlich vom vorhandenen Priel gebaggerte behelfsmäßige Einfahrt umgeleitet war, wurde im Watt ein Ringkastenfangedamm aus Spundbohlen, die später für die Molen und Kajen verwendet werden sollten, geschlagen. Ein kleiner direkt spülender Saugbagger hob während der Rammarbeit die Baugrube aus und spülte den Fangedamm voll; er wurde kurz vor der Schließung des Ringes herausgezogen und entnahm den restlichen Füllboden aus der künftigen Hafeneinfahrt. Inzwischen hatte die Sandaufspülung des Westdammes die Schleusenbaustelle erreicht und bot Platz für die Betonieranlage und die Baustofflager. Anschließend wurde mit der Rammung der Molenspundwände begonnen. Der Sommer verlief recht unruhig, so daß das Bauprogramm nicht innegehalten werden konnte. Doch gelang es, den Westdamm fertigzustellen (Abb. 33).

1939 wurde innerhalb des Fangedammes eine Grundwasserabsenkungsanlage eingebaut. Rechnungsmäßig sollten zwei Staffeln in 8 und 12 bis 14 m Tiefe unter Baugrubensohle mit je 40 Brunnen und je 120 m^3 stündlicher Wasserförderung auf eine Baugrubenfläche von 3600 m^2 für die Absenkung genügen. Trotz der hohen Brunnendichte gelang die Trockenlegung der Baugrube in dem feinen, das Wasser festhaltenden Sande aber erst, nachdem die Flachstaffeln noch durch sechs Tiefbrunnen mit 360 m^3 stündlicher Förderung auf 30 m unter der Sohle ergänzt waren. Die relative Undurchlässigkeit des Sandes wurde nun vorteilhaft. Obwohl der Außenwasserstand bei MThw auf kurzem Abstand 10 m über der Baugrubensohle lag, blieb der Wasserandrang mäßig. Im Spätherbst waren die Betonarbeiten beendet. Die Fangedammwände konnten bis auf die Abschlüsse der Schleusenhäupter gezogen und für die Flügelwände der Schleuse und die Molen verwendet werden.

Abb. 34. Dritter Ausbau: Molen, Schleuse, westlicher Abschnitt des Ostdeiches. Bauzustand August 1939

Im Frühjahr 1939 wurde gleichzeitig der Bau des Ostdeiches begonnen. Östlich der Schleusenbaustelle wurde eine 200 m breite Lücke gelassen, um die Tideströmung zwischen der großen miteinzudeichenden Wattfläche und dem offenen Wasser gering zu halten. Die angrenzende Stirnseite des Deiches wurde durch eine Findlingspackung auf Faschinenmatte gesichert.

Auch dieser Deich, der in seiner ganzen Länge von 2,7 km über Watt führt, wurde unter Vorwegziehen der seeseitigen Steindecke mit direkt spülenden Baggern aufgeschüttet, der Boden gleichlaufend mit dem Deich in 70 m Abstand aus dem Watt entnommen. Der Ausbruch des Krieges hemmte den Fortschritt der Arbeiten empfindlich. Bis zum Herbst gelang es nur, etwa die Hälfte der Deichstrecke eben sturmflutfrei hochzuziehen (Abb. 34). Glücklicherweise brachte der Winter bei anhaltendem Frost keine hohen Fluten.

Im dritten Baujahr 1940 wurden an der Schleuse die Tore, ihre Antriebsvorrichtungen und die Rollbrücke montiert. Nach Beseitigung der Schlußstücke des Fangedammes wurde die Schleuse im Herbst 1940 für den Verkehr freigegeben (Abb. 35 bis 37). Inzwischen wurden auf den Molen, deren Sandfüllung sich ein Jahr lang gesetzt hatte, die Abdeckplatten aufgebracht und die Brüstungsmauern hergestellt. Der Ostdeich erreichte im Herbst den Anschluß an den alten Seedeich bei Deichhausen. Weil die Innenböschung des Deiches bei hohen Sturmfluten sehr gefährdet war, wurde versucht, die Lücke bis zur Schleuse noch vor Eintritt des Winters zu schließen. Es war beabsichtigt, den Deich noch 125 m in Richtung auf die Schleuse vorzustrecken. Die verbleibende Lücke von 75 m fiel mit Ausnahme der Baggerrinne der provisorischen Hafeneinfahrt für kurze Zeit über Niedrigwasser trocken. Die Baggerrinne konnte ohne Schwierigkeiten bis zur Watthöhe zugespült werden, weil das letzte Ebbewasser und die erste Flut schon durch die neue Einfahrt strömten. Darnach konnte die ganze Lücke bereits während des Vortriebs des Deiches mit einer Faschinenmatte abgedeckt werden. Alsdann sollte in Tidearbeit die seeseitige Fußpfahlreihe des Deiches eingespült und auch hier die Steindecke auf die ganze Lückenbreite gleichmäßig vorweg hochgezogen werden, um neben der Abwehr des Seeganges die Strömung zu brechen. Wegen anhaltenden Sturmwetters mußte der Versuch aber aufgegeben werden. Der Winter 1940/41 blieb wiederum ruhig. Im Frühjahr 1941 gelang die Schließung dann in der geplanten Weise (Abb. 36). Große Schwierigkeiten bereitete bei dem Deichbau das Fehlen guter Klai- und Sodenquellen in erreichbarer Nähe. Zunächst wurden die Klaidecke des abgebauten Westdammkopfes und die Klai- und Sodendecke der Seeseite des alten Süddammes sorgfältig aufgenommen und in erster Linie für die Verlängerung des am stärksten angegriffenen Westdammes, der Rest für die Anfangsstrecke des Ostdammes wiederverwendet. Alsdann mußte auf ein Vorkommen mageren, mit Schluffsand durchsetzten Klaibodens in einer Ackerparzelle binnendeichs zurückgegriffen werden. Die Soden wurden von den Bermen des Süddammes und des bisherigen Seedeiches entnommen. Sie reichten aber nur aus, um die Seeseite des neuen Deiches etwa bis zur Höhe des HHW zu decken. Darüber, also noch im Bereich des Wellenauflaufes hoher Fluten, mußte die Grasnarbe trotz der Minderwertigkeit der Klai-

Abb. 35a. Sturmschaden an der Fangedammspundwand (ausgespülte Pfähle des Rammgerüstes und umgestürzte Ramme). 7. Oktober 1938.

Abb. 35b. Blick vom seeseitigen Fangedamm auf äußere Flügelwände, Kammerwände, Spundwände der Häupter und des seeseitigen Sohlenabschlusses. 15. Juli 1939.

Abb. 35c. Schiebetorkammer ausgeschalt, Teil des Fangedammes und Ansatz der Ostmole. 17. Mai 1940.

Abb. 35 d. Kammerspundwände, Binnenhaupt mit Stemmtor, Teil des Fangedammes. Im Hintergrund Ostdeich im Bau. 17. Mai 1940.

Abb. 35 e. Beginn des Ziehens der seeseitigen Fangedammspundwände bei hoher Tide. 22. Aug. 1940.

Abb. 35. Dritter Ausbau: Bau der Schleuse.

Abb. 36. Die Hafeneinfahrt 1952

Abb. 37. Die Sturmflutschutzschleuse von der Seeseite, 1952.

decke durch Ansaat geschaffen werden. Es kam hinzu, daß die Klai-, Soden- und Pflasterarbeiten zum großen Teil mit Kriegsgefangenen und Zwangsarbeitern, die nicht damit vertraut waren, unter unzulänglicher Aufsicht und Anleitung ausgeführt werden mußten. Im Spätsommer 1941 wurde der Hafenbau wegen Mangels an Arbeitskräften und Baustoffen stillgelegt.

4. Technische Erfahrungen

Deiche. In den folgenden Jahren zeigten sich am Ostdeich, soweit er mit minderwertigem Klai gebaut war, erhebliche Schäden. Die Steindecke versackte auf längeren Strecken und brach stellenweise ein, weil der sandige Klai vom Seegang durch die Grand- und Pflasterdecke hindurch herausgesogen wurde. Sie mußte von 1949 ab großenteils umgelegt und die Klaidecke erneuert werden. Zum Glück fand sich noch ein kleines Vorkommen guten Klaibodens im neuen Hafenkoog östlich von Büsum, in dem verschlickten Außenpriel einer zu Beginn des 19. Jahrhunderts beseitigten Entwässerungsschleuse.

Die Ansaat der Deichböschungen kümmerte anfänglich stark, weil der Klai, der binnendeichs in einer Tiefe bis zu 3 m entnommen war, keine Bodengare besaß und gänzlich steril war. Auch hier gelang es erst nach dem Kriege, durch Aufbringen von Komposterde, die in einer eigens eingerichteten Kompostierungsanlage zubereitet wurde, durch reichliche Verwendung von nun wieder erhältlichem Kunstdünger und durch ständiges Beweiden mit Schafen eine widerstandsfähige Grasnarbe zu erzielen. Es muß als sehr glücklicher Umstand bezeichnet werden, daß nach Erbauung des Deiches in einer ungewöhnlich langen Ruhepause noch 13 Jahre hindurch bis zum Januar 1954 keine schwere Sturmflut eingetreten ist. Die hohen Fluten vom 16. 1. und 22. 12. 1954 hat der Deich dann ohne Schaden überstanden. Auch die Änderung des Profils der seeseitigen Steindecke bei der Verlängerung des Westdeiches hat sich bewährt. Die Unterhaltungsarbeiten haben das gewöhnliche Maß nicht überschritten.

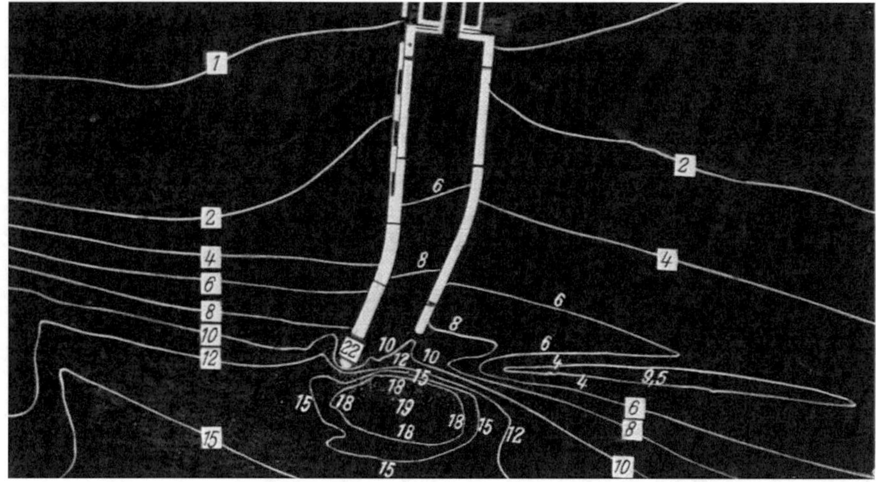

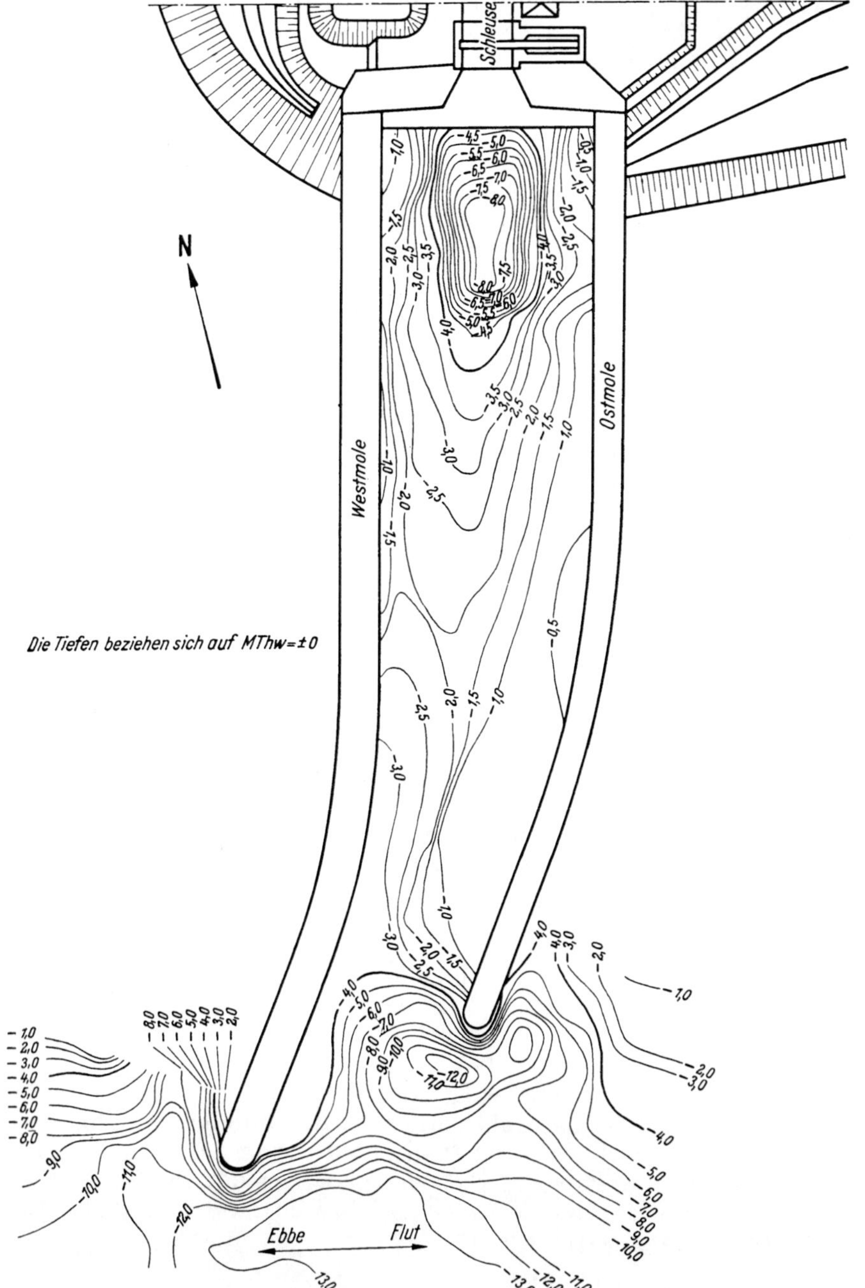

Abb. 38. Tiefenänderungen i. d. Hafeneinfahrt: a) Modellversuch, b) Wirklichkeit (Peilplan)

Hafeneinfahrt. Als unbefriedigende Lösung hat sich dagegen die Form der Hafeneinfahrt erwiesen. Zwar bleibt die Sandablagerung innerhalb der Einfahrt in erträglichen Grenzen. Es zeigt sich für diesen Bereich eine recht gute Übereinstimmung mit dem Modellversuch. (Abb. 38 — der Kolk vor der Schleuse und die vermutlich mit ihm zusammenhängende Ablagerung längs der Ostmole, die im Modellversuch beide nicht erschienen, sind dadurch entstanden, daß es wegen der Stillegung des Hafenbaues 1941 zur Aufschüttung des Kajegeländes an den Becken III und IV nicht mehr gekommen ist. Infolgedessen ist im Hafenkoog ein größerer Tideraum verblieben und die Strömung in der Schleuse ist stärker als für den Versuch angenommen war.) Die Solltiefe kann durch normale Baggerungen gehalten werden. Verstopfungen durch Treibeis sind nicht aufgetreten. Auch haben die Krabben- und Hochseekutter, die zwischen 10 und 25 m lang sind, bei einer kleinsten Breite der Einfahrt von 40 m querab vom Ostmolenkopf mit dem Ein- und Auslaufen zu jeder Tidezeit keine Schwierigkeiten. Aber längere Fahrzeuge, die in Büsum allerdings nur selten verkehren, sind mehrfach durch Ausscheren mit der Westmole in Kollision geraten, wenn sie im schärfsten Flutstrom einzulaufen versuchten

(Abb. 39). Solche Schiffe müssen, wenn ihre Führer mit den Strömungen nicht genau vertraut sind, zum Einlaufen Stauwasser abwarten. Störender als diese Behinderung ist aber die große Unruhe in der Einfahrt bei Südwest bis Westsüdweststurm. Die Dämpfung des Seeganges, die von der Erweiterung der Einfahrt durch Auseinanderziehen der Molen zur Schleuse hin erwartet wurde, ist kaum spürbar. Die See läuft vorzugsweise an der Innenseite der Ostmole entlang und wird an den Flügelwänden der Schleuse und an der Westmole reflektiert. Dadurch entsteht eine heftige Kabbelsee. Müssen einlaufende Kutter bei stürmischem Wetter und hohen Wasserständen, bei denen die Schleuse geschlossen ist, auf das Öffnen der Tore warten, so können sie an den

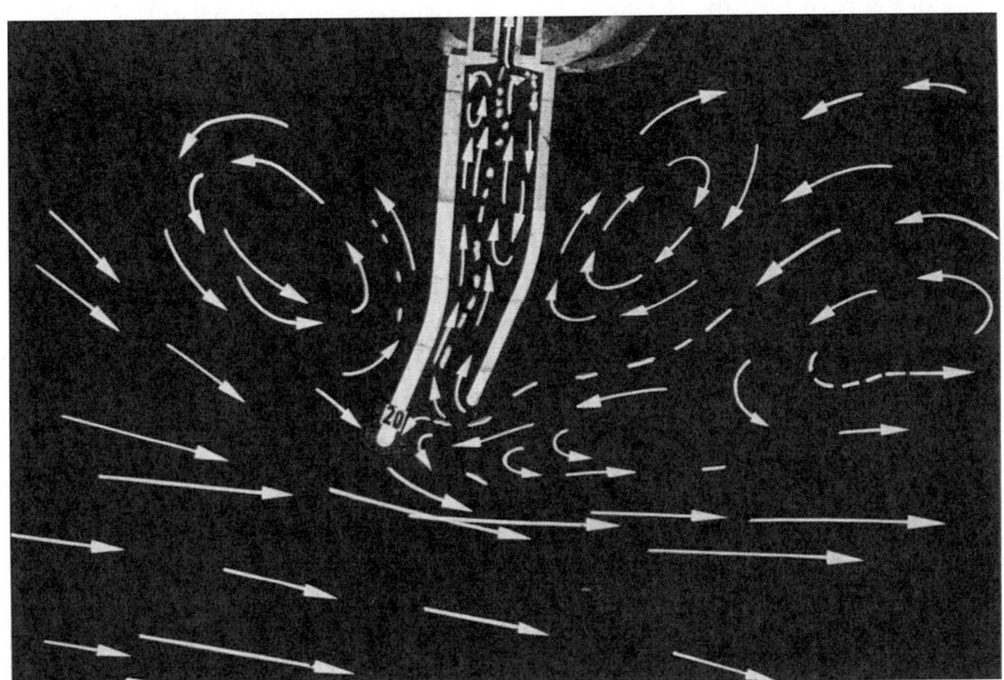

Abb. 39. Strömung in der Hafeneinfahrt bei Flut nach Modellversuch

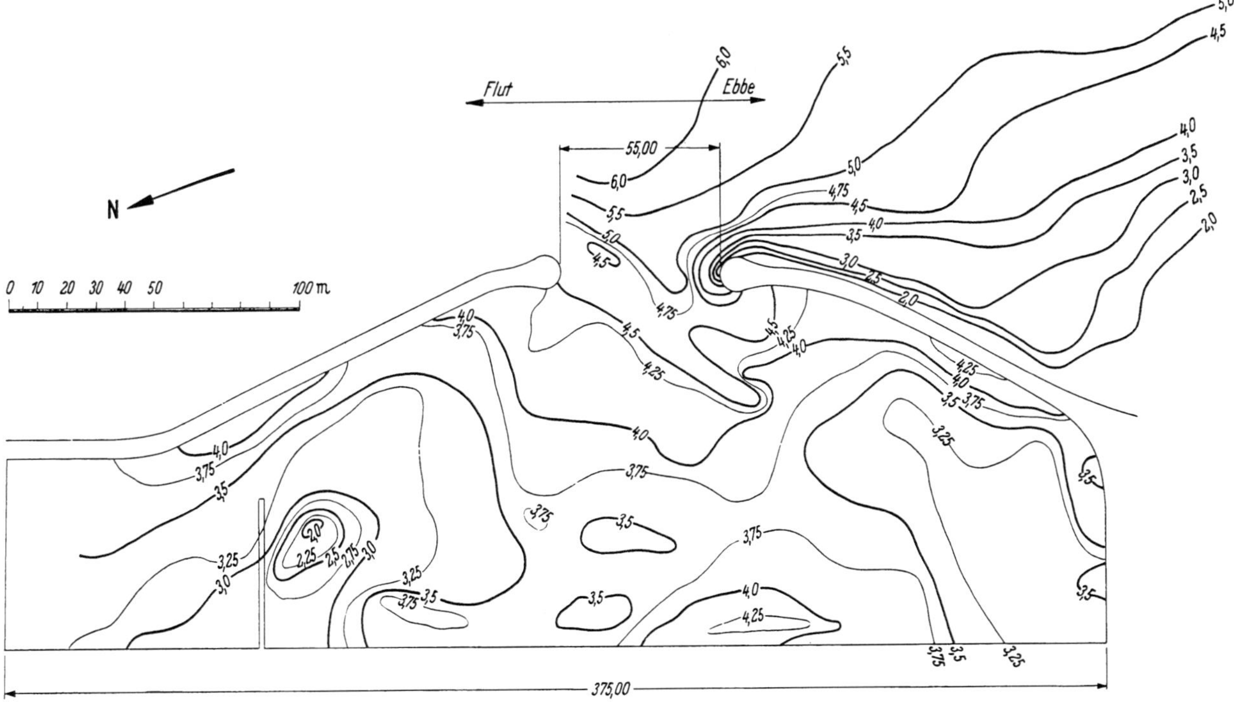

Abb. 40. Der Hafen Hörnum, Peilung Sommer 1955 (Peilplan)

äußeren Dalben weder zu Luv noch zu Lee festmachen, weil sie in der Kreuzsee die Stöße nicht durch Fender abfangen können. Sie müssen sich durch Maschinenmanöver auf der Stelle halten, was bei dem beengten Raum in dem kabbeligen Wasser sehr schwierig ist. Auch innerhalb der Schleuse herrscht nach Öffnen des Außentores starke Unruhe.

Eine geringe Verbesserung ist vielleicht zu erreichen, wenn die Innenseite der Ostmole einige spornartige Ansätze aus Spundbohlen erhält, die das Entlanglaufen der See an der Molenwand abschwächen. Diese Lösung ist bereits bei dem Modellversuch geprüft worden und ließ dort keine Wirkung erkennen. Doch wird eine Probe mit einem solchen Sporn sich lohnen, da der Modellversuch bezüglich der Unruhe in der Einfahrt kein zuverlässiges Ergebnis gezeitigt hat. Im ganzen gesehen wird aber die Schiffahrt sich mit den Übelständen abfinden müssen.

Zum Vergleich sei hier ein Hafen herangezogen, der unter sehr ähnlichen Strömungs-, Seegangs- und Eisverhältnissen, jedoch unmittelbar am tiefen Wasser angelegt ist: Der vor dem Kriege von der Luftwaffe erbaute Hafen von Hörnum (Abb. 40). Die Molen sind hier gleichlaufend mit der Richtung der Tideströmungen und mit der Richtung des schwersten Seeganges geführt, der bei Südsüdweststurm als Dünung von See her über die Sände hinweg und durch das Vortrapp-Tief heraufkommt. Die Einfahrt ist 55 m breit. Die Sandablagerung im Bereich der Einfahrt ist gering. Eis treibt nicht in solchen Mengen in den Hafen hinein, daß es hinderlich wird, obwohl der bei Frostwetterlagen vorherrschende Ostwind auflandig weht. Schiffe, deren Länge nicht größer als die Breite der Einfahrt ist, können bei jedem Tidestand ohne sonderliche Schwierigkeit einlaufen, weil sie innen Raum zum Aufdrehen haben, wenn sie durch die Strömung ausscheren. Noch längere Schiffe vermeiden das Einlaufen bei scharfer Strömung jedoch auch hier. Überaus lästig ist aber die Unruhe im Hafen. Nicht nur Seegang aus Nordost bis Südost, sondern auch der bei Süd- bis Südweststurm mit den Molen gleichlaufende Schwell pflanzt sich durch die Einfahrt fort, ohne durch die starke Querschnittserweiterung nennenswert an Höhe zu verlieren. Er wird von der Westkaje und wieder von den Molen reflektiert, und die entstehende Kreuzsee ist so heftig, daß kleinere Fahrzeuge den Hafen dann oft verlassen und lieber auf der Reede ankern. In einem Falle ist sogar in der äußersten Nordostecke des Hafens ein dort festgemachter Fischkutter leckgeschlagen und gesunken. Seit längerer Zeit wird erwogen, die Einfahrt an das Nordende des Hafens zu verlegen.

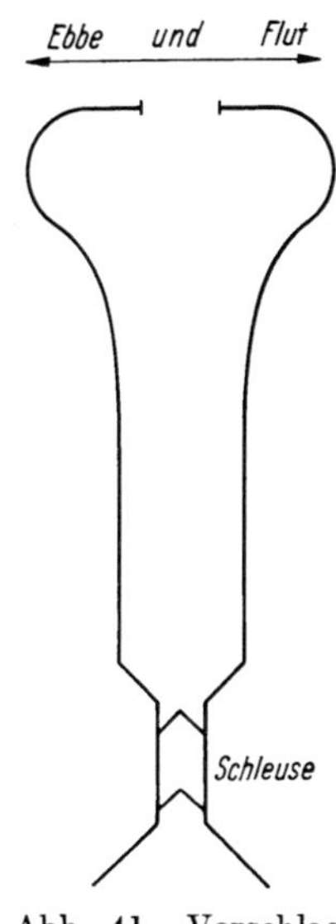

Abb. 41. Vorschlag der Ausbildung einer Hafeneinfahrt bei quersetzendem Tidestrom (Prinzipskizze)

Faßt man die in Büsum und Hörnum gesammelten Erfahrungen zusammen, so wird sich, wenn die Aufgabe unter gleichartigen oder ähnlichen örtlichen und nautischen Bedingungen wie in Büsum von neuem gestellt wird, als Lösung mit den kleinsten Nachteilen wahrscheinlich die in Abb. 41 skizzierte empfehlen: Die Molen in geringem Abstand voneinander senkrecht zur Stromrichtung zu führen, sie vor der Einfahrt auseinanderzuziehen und die Molenenden in die Tidestromrichtung zu legen. Die Sandablagerung und die Eistrift werden sich nach den Beobachtungen in Hörnum gegenüber den jetzigen Verhältnissen in Büsum mindestens nicht verschärfen. Die Einfahrt bei starker Strömung wird wenigstens längeren Schiffen möglich sein als es jetzt in Büsum der Fall ist. In dem kleinen Vorhafen wird zwar eine starke Kabbelsee entstehen; aber sie kann schnell durchfahren werden, und es ist zu erwarten, daß sie sich wegen der uneinheitlichen Richtung nur mit einem unschädlichen Betrag in den schmalen Einfahrtskanal fortpflanzt. Natürlich müßte diese Anordnung im Modell untersucht werden. Eine in jedem Punkte befriedigende Lösung wird sich aber wohl nie finden lassen.

5. Wandlungen der Fischerei nach 1938

Hatte der Ausbau des Hafens 1941 stillgelegt werden müssen, so war doch wenigstens erreicht worden, daß die Außenwerke, die in einem Zuge geschaffen werden mußten, nämlich Deiche, Schleuse und Molen, fertig waren. Der Innenausbau konnte, dem Schrumpfen der staatlichen Mittel in der Nachkriegszeit Rechnung tragend, beliebig unterteilt und mit kleinen Bauraten durchgeführt werden. Aber die Fortsetzung der Arbeit war nun von der fischwirtschaftlichen Seite her in Frage gestellt. Die Vervollkommnung der Frischhalteverfahren hatte den Lebendschollenfang seit 1938 stark zurückgehen lassen, selbst in der dänischen Fischerei, deren Schollenfanggründe zum Teil in Sichtweite der Küste liegen. Die deutsche Hochseekutterflotte, die unter viel ungünstigeren Bedingungen arbeitet, hatte ihn fast ganz aufgegeben. Die Bünns, die ohnehin die hölzernen Fahrzeuge bohrwurmanfällig machen und ihre Stabilität vermindern, waren zumeist ausgebaut worden. An eine Wiederaufnahme des Lebendschollenfanges war nicht mehr zu denken. Damit hatte aber Büsum seine Monopolstellung unter den deutschen Fischereihäfen, die

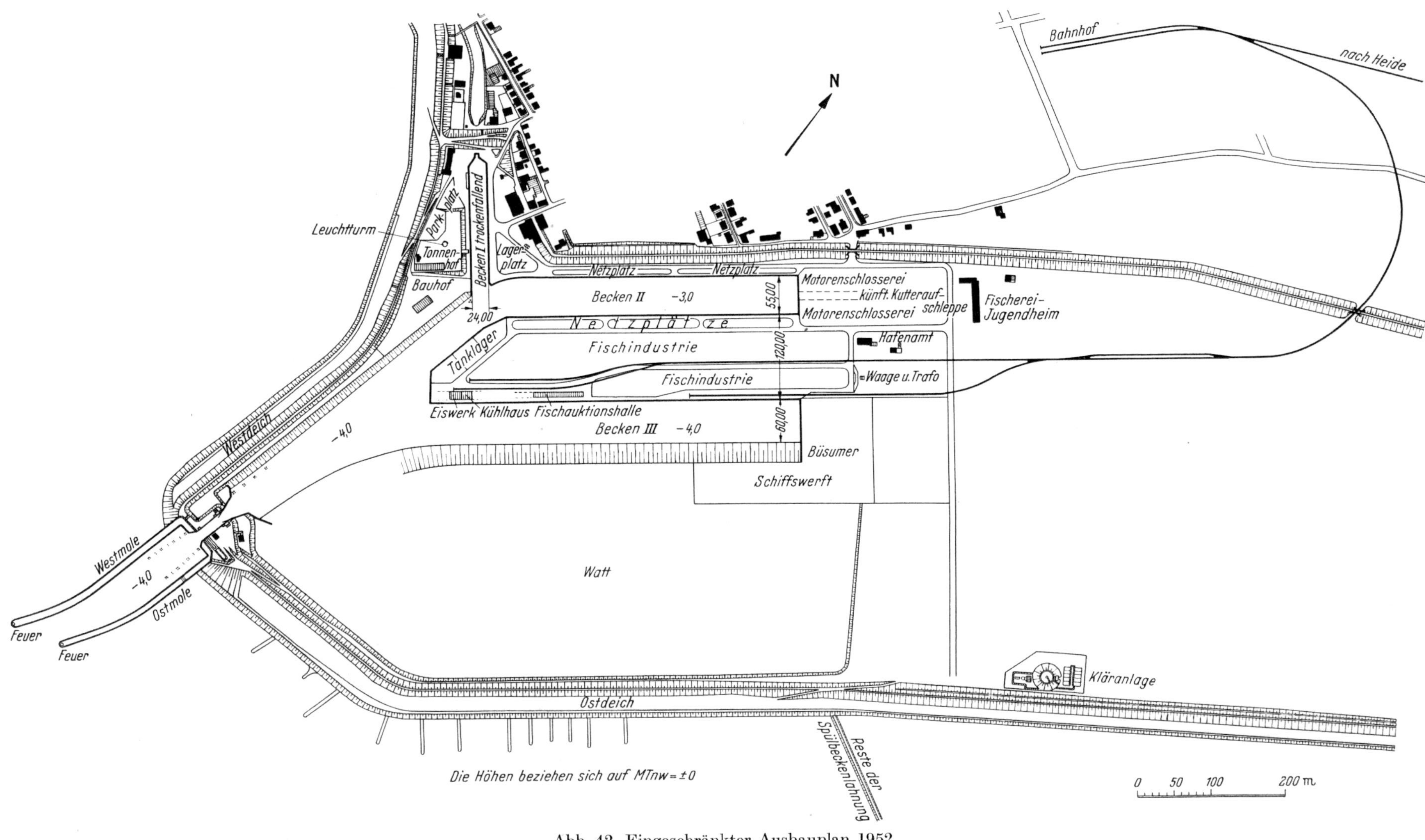

Abb. 42. Eingeschränkter Ausbauplan 1952

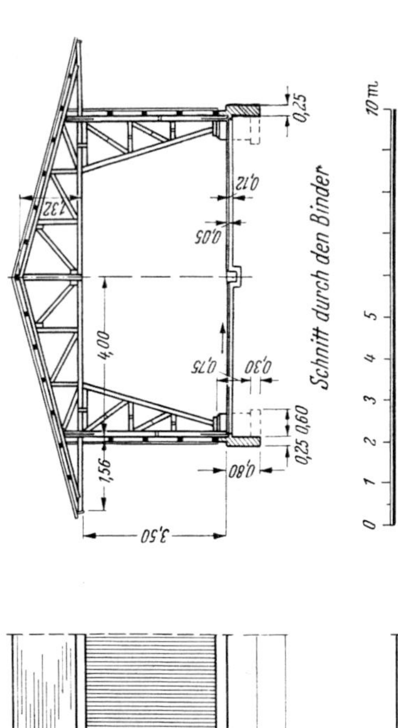

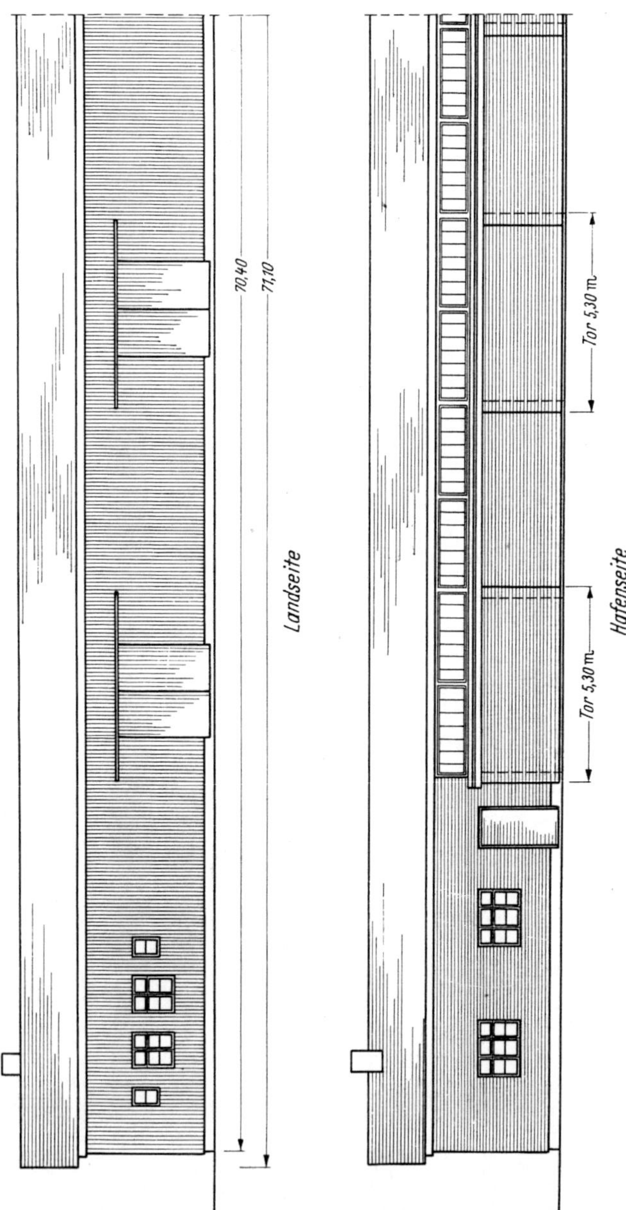

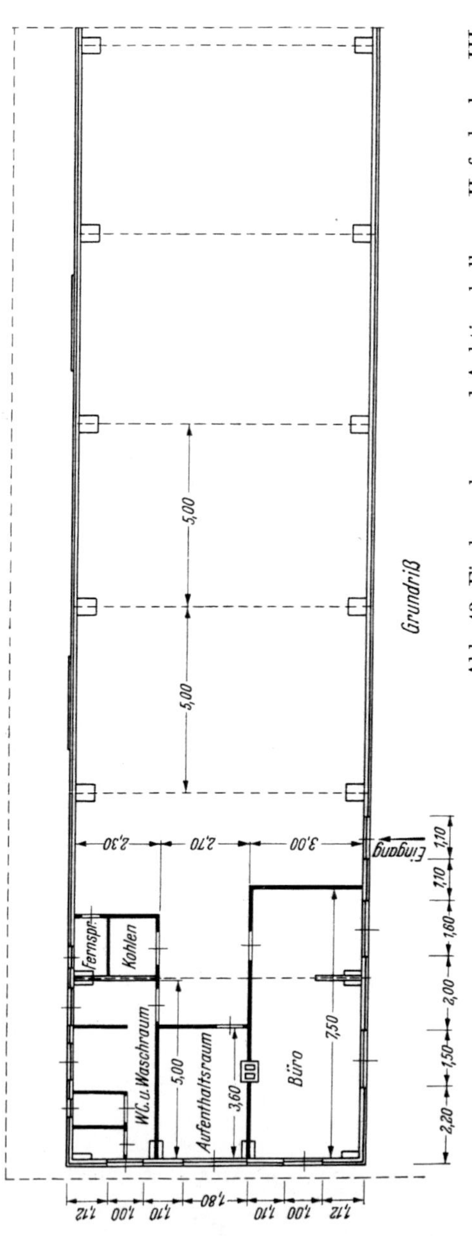

Abb. 43. Fischannahme- und Auktionshalle am Hafenbecken III

den Anstoß zu seinem großzügigen Ausbau gegeben hatte, verloren. Die Anlaufschwierigkeiten für die Schaffung eines eigenen Seefischmarktes wurden nun unüberwindlich. Der Einzelhändler verlangt vom Fischgroßhandel regelmäßige Belieferung an festen Tagen mit festen Mengen. Die Hälterung der lebenden Schollen hätte dies auch für die geringen Anlandungen eines sich erst entwickelnden Hafens ermöglicht. Bestehen die Fänge aber aus geeisten Fischen, die sofort abgesetzt werden müssen, so kann der Großhandel keine Verpflichtungen eingehen, solange die Zahl der anliefernden Fahrzeuge noch gering ist und die Anlandungen zu stark schwanken. Der Großhandel ist solange auf Gelegenheitsgeschäfte angewiesen. Dadurch werden die Preise gedrückt, die er dem Fischer zahlen kann. Dieser sieht sich veranlaßt, andere Fischmärkte aufzusuchen. Infolgedessen sinken die Anlandungen noch mehr, und so drehen sich die Schwierigkeiten im Kreise. Die Büsumer Hochseekutterflotte, die der Krieg überdies stark dezimiert hatte, war in der Tat viel zu klein, um eine ausreichende Belieferung zu sichern. Dazu kam als weitere Erschwernis, daß die Großfischmärkte infolge der ständig steigenden Qualitätsansprüche jetzt mehr Interesse für die Kutterfänge zeigten, die eine willkommene „Ergänzung des Sortiments" der von den Dampfern gelieferten Massenware bilden. Sie richteten z. T. eigene Auktionen für die Kutteranlandungen ein und wiesen ihnen besonderen Hallenraum zu.

Auch die Verlegung des Wasserstraßenamtes Tönning nach Büsum mußte aus grenzpolitischen Gründen aufgegeben werden. Die wirtschaftliche Schädigung, die der Kreis Eiderstedt durch den Abzug seines größten Arbeits- und Auftraggebers erlitten hätte, wurde als nicht tragbar angesehen. Die Wasserwirtschaftsverwaltung hatte ihren zentralen Stützpunkt für die Land-

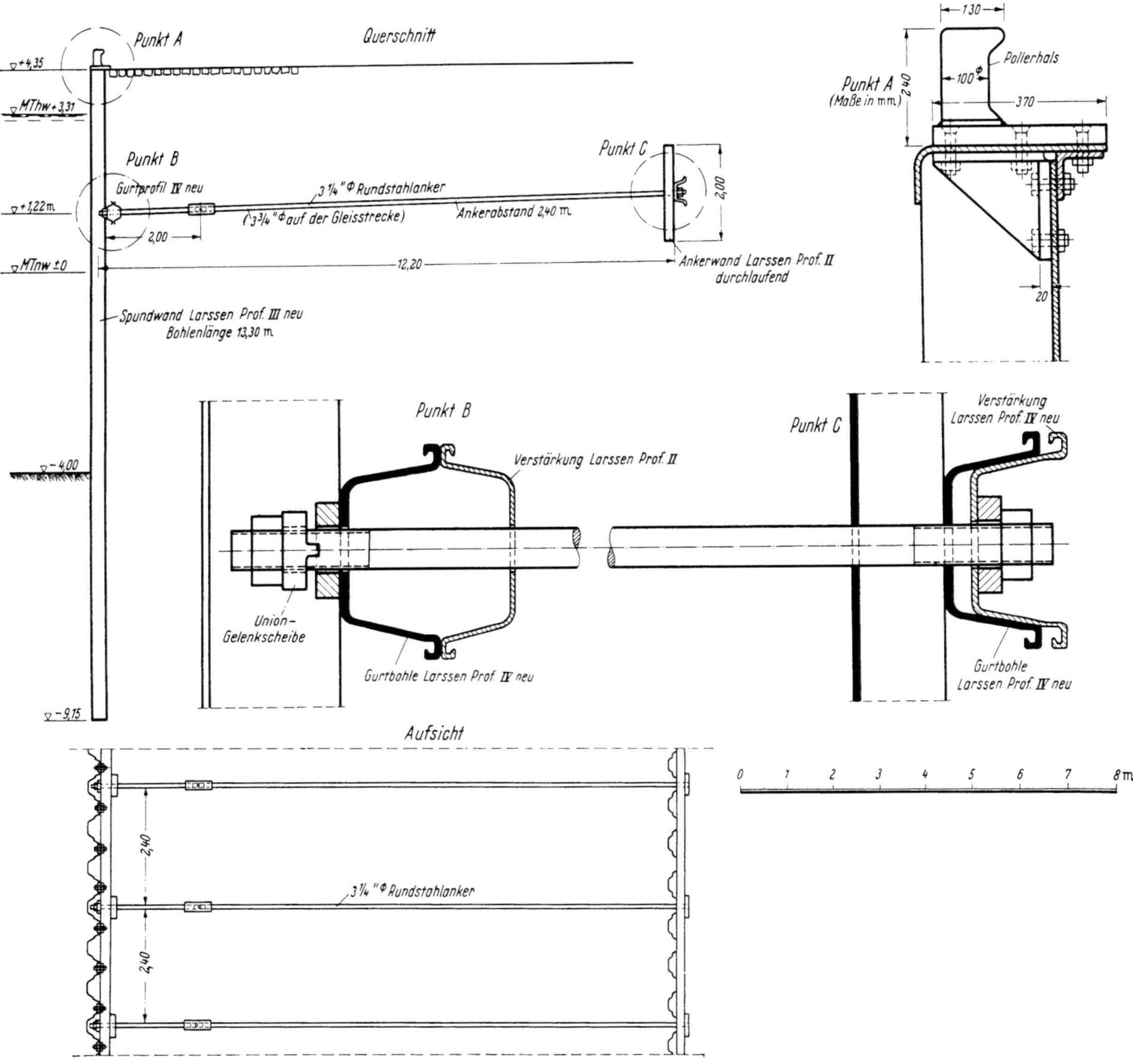

Abb. 44. Stahlspundwandkaje im Hafenbecken III

gewinnungsarbeiten inzwischen im Meldorfer Hafen eingerichtet. Die Anfuhr englischer Kohle kam nach dem Kriege in den kleineren Häfen nicht wieder in Gang.

So waren fast sämtliche Voraussetzungen, die 1937 für den Großausbau Büsums maßgebend gewesen waren, hinfällig geworden. Das Land Schleswig-Holstein, das den Hafen als preußisches Erbe übernommen hatte, stand vor der Entscheidung, ob es ihn fortab nicht als reinen Krabbenkutterhafen, d. h. Küstenfischerhafen behandeln sollte, der nebenher für die vorhandenen Hochseekutter nur noch Heimathafen war. Damit wäre zwar ein Anlagekapital von rd. 20 Millionen DM (bezogen auf die Baupreise von 1950), das in den vorhandenen Anlagen investiert war, zum größten Teil entwertet worden. Denn für die Krabbenfischerei, die selbst nicht mehr ausdehnungsfähig ist, waren so umfangreiche und aufwendige Anlagen nicht nötig. Sie bildeten dann nur noch kostspielige Unterhaltungsobjekte. Doch wäre es richtiger gewesen, selbst diese Verluste in Kauf zu nehmen, statt weitere Mittel in den Ausbau zu stecken, wenn man Büsum jede Entwicklungsmöglichkeit zum Seefischereihafen hätte absprechen müssen. Für den einzigen Hafen an der Nordseeküste Schleswig-Holsteins, von dem aus die Seefischerei betrieben werden kann, mußte die Antwort auf diese entscheidende Frage aber positiv ausfallen. Es ist in Büsum eine der wenigen Gelegenheiten gegeben, das Wirtschaftsleben der so ungünstig gestellten Küste zu fördern.

6. Eingeschränkter Ausbau 1952 bis 1957

Der veränderten Lage wurde aber Rechnung getragen, indem der Ausbau gegenüber der ursprünglichen Planung stark eingeschränkt wurde (Abb. 42). Der Ausbau des Beckens IV und der Südseite des Beckens III wurde aufgegeben, die Breite des Beckens III wegen des Wegfalls der Lebendschollenhälterung von 120 auf 60 m vermindert. Auf die Kutteraufschleppe am Becken II wurde verzichtet, der Umfang der Gleis-, Straßen- und Versorgungsanlagen entsprechend gekürzt, statt der geplanten 120 m langen Fischauktions- und Packhalle eine einfache Auktionshalle vorgesehen. Daneben konnte aber der Ersatz der abgängigen hölzernen Schiffsliegebrücken des Beckens II durch Spundwandkajen nicht mehr aufgeschoben werden.

Abb. 45. Nordkaje des Hafenbeckens III 1957

In diesem Umfange wurde der Ausbau 1952 wiederaufgenommen und war im Frühjahr 1957 zur Hauptsache beendet. Die neuen Anlagen halten sich im Rahmen der üblichen Bauweisen (Abb. 43 bis 45). Ein Querschnitt der Fischauktionshalle und der Kaje des Beckens III ist als Beispiel für die Ausstattung eines Kutterfischereihafens hier wiedergegeben.

7. Entwicklung der Fischerei und des Fischumschlages seit 1952 und ihre weiteren Aussichten

Der erste schon 1952 unternommene Schritt, wieder Seefischanlandungen nach Büsum zu ziehen, brachte keinen Erfolg. Es wurde versucht, Büsum mit dem nach dem Kriege gegründeten Kieler Seefischmarkt zu koppeln, dem die Ergänzung des Sortiments durch Nordseekutterware fehlte. In Büsum wurde ein Kühlhaus von 125 qm Nutzfläche gebaut, in dem die unregelmäßigen Anlandungen eingelagert wurden, um nachts mit Lastkraftwagen an den Kieler Markt befördert zu werden. Obwohl von der Koppelung beide Häfen Nutzen hatten, wurden die Transportkosten infolge Mangels an Rückfracht zu hoch.

Aber die letzten Jahre haben gezeigt, daß der Entschluß, Büsum als Hochseekutterhafen nicht aufzugeben, dennoch richtig war. Die Entwicklung der Fischereitechnik hat neue, kaum vorauszusehende Wege erschlossen. Für Büsum ist zuerst die Wandlung in der Sprottenfischerei bedeutungsvoll geworden. Früher waren nur die Sprottenschwärme bekannt, die in den Wintermonaten sporadisch und auch nicht in jedem Jahr vor den Mündungen der Weser, Elbe oder der schleswigholsteinischen Wattströme auftauchen. Es war Glückssache, sie zu finden. Da sie nach wenigen Tagen wieder verschwanden oder sich bei Sturm zerstreuten, brachten die Kutter, um keine Fangzeit zu verlieren, ihre Fänge in den nächstgelegenen Hafen, der vielfach für den Fischumschlag überhaupt nicht eingerichtet war. Die Schwierigkeiten des Löschens und der Abfuhr drückten dann auf die Preise. Die moderne Fischortung mit Hilfe eines Spezial-Echolotes, der Fischlupe, ermöglichte es nun, die Sprottenschwärme in der offenen See aufzuspüren. Die Industrie hat Kleingeräte entwickelt, die auf den Kuttern eingebaut werden können und für die Kutterfischer erschwinglich sind. So ist die Zufallsfischerei durch einen systematischen und ständig betriebenen Fang abgelöst, der von September bis April ausgeübt wird. Ebenso konnte die Anlandung planmäßig organisiert werden. Die ertragreichsten Sprottenfanggründe finden sich im Raum von Helgoland, und Büsum liegt zu ihnen als Landehafen am günstigsten. In der Fangsaison 1956/57 betrieben etwa 50 Büsumer Kutter die Sprottenfischerei. Auf den in Büsum veranstalteten Auktionen decken nicht nur die Hauptorte der Fischverarbeitungsindustrie, wie Eckernförde, Kiel, Lübeck-Schlutup und Hamburg-Altona, ihren Bedarf, sondern es erscheinen auch Aufkäufer aus Dänemark, Belgien und Italien.

Die seit einigen Jahren aufgenommene Verarbeitung von Heringsöl in der Margarineindustrie eröffnete dem Hochseekutter ein weiteres Feld. Konnte der Hering früher nur auf See gesalzen oder in begrenztem Umfang von der Konservenindustrie aufgenommen werden, so wurden durch die Verarbeitung auf Öl und die Verwertung der Rückstände zu Futtermehl Fänge beliebigen Umfanges absetzbar. An der einträglichen Ölheringsfischerei, die in den Monaten Juli bis September in der südlichen und mittleren Nordsee betrieben wird, beteiligt sich jetzt neben zahlreichen Dampfern die ganze Hochseekutterflotte der Bundesrepublik. Bei gutem Fangwetter sind aber die Verarbeitungswerke in den großen Fischereihäfen zeitweise nicht in der Lage, die Stoßanlandungen zu bewältigen. Da diese Werke stark mit der Dampferfischerei liiert sind, nehmen sie vorzugsweise deren Fänge ab. Die Kutter müssen lange Wartezeiten bis zum Löschen in Kauf nehmen, die an Fangzeit verlorengehen, und sind oft sogar gezwungen gewesen, die nach einigen Tagen verdorbenen Fänge über Bord zu werfen. Speziell für die Hochseekutter der Nord- und Ostsee ist deshalb in Büsum eine Heringsölanlage mit einer Verarbeitungskapazität von 70 t Heringen täglich errichtet. So wird Büsum, wenn auch in anderer Weise als ursprünglich geplant, doch zum Rückhalt der Kutterfischerei. Neben dem Hering beginnt in jüngster Zeit der Sandspierling (Tobiasfisch) wichtig zu werden. Er ist in der Nordsee häufig, wurde aber bislang, weil unverwertbar, nicht gefischt. Jetzt kann er gleichfalls auf Öl und Futtermehl verarbeitet werden. Die deutschen Hochseekutter haben sich dem Sandspierlingsfang erst 1956 mit einigen Fahrzeugen zugewandt. Welche Aussichten er aber bietet, zeigt das Beispiel der dänischen Kutterflotte, die ihn 1954 aufnahm und ihre Anlandungen 1956 bereits auf 87000 t steigerte.

Schließlich ist der Thunfischfang zu nennen. Bekanntlich ist dieser Mittelmeerfisch infolge der zunehmenden Erwärmung der nördlichen Meere vor etwa 30 Jahren in der Nordsee erschienen. Er wird hier immer häufiger und dringt stetig weiter nordwärts vor. Für seinen planmäßigen Fang, der mit der Angel ausgeübt werden muß, ist der Hochseekutter das allein geeignete Fahrzeug. Die dänische und neuerdings die südnorwegische Kutterflotte betreibt ihn mit großem Erfolg. die deutsche erst mit wenigen Fahrzeugen aus Finkenwärder und Büsum und auch nur gelegentlich. Durch die Entwicklung der elektrischen Angel erscheint dieser Zweig der Hochseekutterfischerei noch sehr ausbaufähig.

So zeichnen sich für Büsum neue Entwicklungsmöglichkeiten ab. Noch vor 25 Jahren kam keine der vier genannten Fangarten für die Kutterfischerei in Betracht. Heute kann ein Hochseekutter in ihnen das ganze Jahr hindurch Beschäftigung finden, ohne auf die Platt- und Rundfische zurückgreifen zu müssen, auf die er früher ausschließlich angewiesen war und deren Absatz von Büsum aus so großen Schwierigkeiten begegnete.

Abb. 46. Das Fischerei-Jugendheim

Zum Schluß soll eines Gebietes gedacht werden, auf dem Büsum bereits zum Vorort der deutschen Kutterfischerei geworden ist. Es ist die Ausbildung des Nachwuchses. 1952 wurde in Büsum ein Fischerei-Jugendheim errichtet, das in erster Linie als Fischerei-Fachschule dient (Abb. 46). Hier finden Ausbildungs- und Fortbildungslehrgäge statt, auf denen die Fischer den Fischermeisterbrief und die in der Kutterfischerei geforderten nautischen und Maschinistenpatente erwerben können. Die Lehrgänge werden auch von Fischern der niedersächsischen und namentlich der Ostseeküste stark besucht. Sobald die Erklärung des Fischerberufes zum Lehrberuf mit obligatorischer Lehrzeit ausgesprochen ist, soll das Büsumer Heim die Berufsschule für den Nachwuchs der gesamten Küsten- und Hochseekutterfischerei der Bundesrepublik werden.

Zusammenfassung

Der Aufstieg Büsums zum größten deutschen Kutterhafen ist gekennzeichnet durch ein wechselvolles, vor Enttäuschungen und Rückschlägen nicht bewahrt gebliebenes Ringen mit den Schwierigkeiten, in denen die Probleme des Landes Schleswig-Holstein überhaupt zu suchen sind: Seiner Verkehrsferne und seiner geringen Besiedlungsdichte. Mehr als alles andere haben die großen Absatzentfernungen den Aufstieg gehemmt. Ohne die stetige Erweiterung und Verbesserung der Hafenanlagen ist die Entwicklung der Büsumer Fischerei nicht denkbar; aber viele Jahre hindurch hat der Ausbau des Hafens die Fischerei nicht so gefördert, wie es möglich und nötig gewesen wäre. Er hat, weil mit unzulänglichen Mitteln ausgeführt, in keiner der früheren Phasen die bei der Planung gesteckten Ziele erreicht, und er blieb stets hinter dem Wachstum der Kutterflotte zurück. Was die Büsumer Fischerei bis zum Beginn des zweiten Weltkrieges erreicht hat, darf sie vor allem dem eigenen Unternehmungsgeist zuschreiben, der sich durch Fehlschläge nicht entmutigen ließ. Erst der jetzt abgeschlossene dritte Ausbau bietet einem weiteren Aufstieg genügend Spielraum. Mehr als bisher können auf dieser Basis die fördernden Elemente zur Geltung kommen: Die Gunst der Verbindung Büsums mit der See und die Vielseitigkeit des Hochseekutters, der seefähig und tragfähig genug ist, um sich alle modernen Fanggeräte und Methoden zunutze zu machen. Die ständige Vervollkommnung der Verkehrsmittel und der Frischhalteverfahren für Fische, die die Entfernungen schrumpfen läßt, wird aber auch die Hindernisse abbauen.

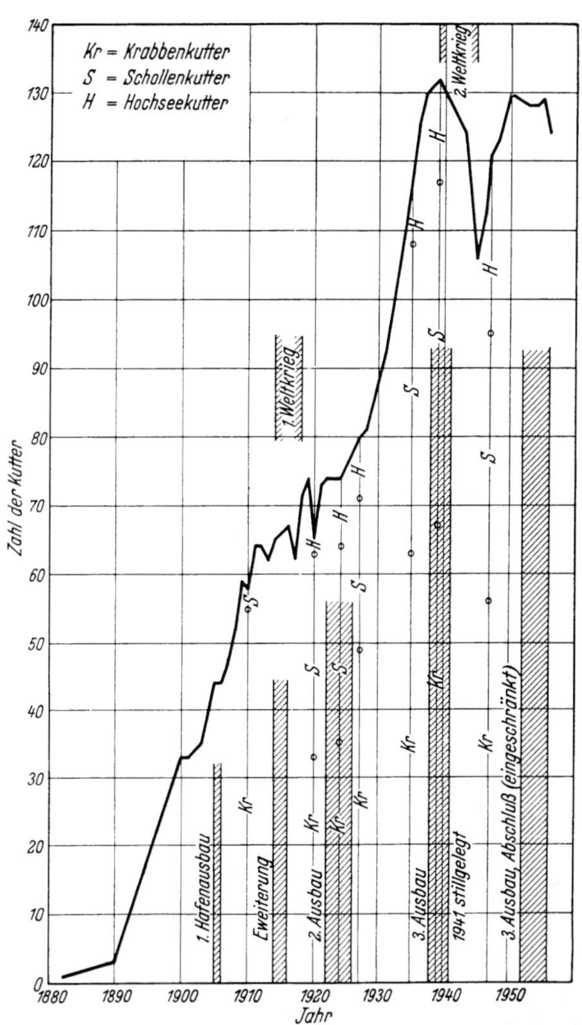

Abb. 47. In Büsum registrierte Fischkutter

In hafenbautechnischer Beziehung hat Büsum keine Bauwerke aufzuweisen, die sich durch große Abmessungen, ungewöhnliche Lösungen oder schwierige Ausführung hervorheben, es sei denn die Aufspülung der Dämme und Deiche des zweiten und dritten Ausbauabschnittes in exponierter Lage. Doch bietet der Hafen insofern Interesse, als hier im Laufe eines halben Jahrhunderts nacheinander sämtliche für Hafenaußenwerke möglichen Bauweisen mit Ausnahme des Massivbaues Anwendung gefunden haben. Wie in allen kleinen und mittleren Häfen hat sich schließlich die Stahlspundwand als bequemstes und am vielseitigsten verwendbares Bauelement durchgesetzt. Keine der anderen Bauweisen ist aber darum als überholt anzusehen, auch nicht die steingefüllte Pfahlwerksmole nach Ostseebauart. Sie ist nach Baustoff-, Ausführungs- und Unterhaltungskosten die billigste Form und ist, wenn aus getränktem Holz hergestellt, an Lebensdauer der Stahlspundwand kaum unterlegen. Für kleine Fischerei- und Zufluchtshäfen, deren Finanzierung oft besondere Schwierigkeiten bereitet, sollte sie durchaus noch in Betracht gezogen werden.

Anhang

Berechnungen und Erläuterungen zum Ausbauentwurf 1938 für den Fischereihafen Büsum

Vorbemerkung. In dem vorliegenden Bebauungsplan sind die Aufteilung der Hafenbecken und des Geländes für Fischumschlag, Fischindustrie und Frachtverkehr, das Straßen- und Gleisnetz, Gebäudegruppen usw. so weit in den Grundzügen festgelegt, wie sie bei dem allmählichen Ausbau von Anfang an berücksichtigt werden müssen. Die weitere Aufteilung des Geländes einschließlich Straßen- und Gleisanschlüsse und seine Zuweisung an Fischerei- oder Güterverkehr kann sich innerhalb dieses Rahmens nach der späteren Entwicklung richten. An Einzelanlagen sind nur solche aufgenommen, die entweder schon in der ersten Ausbaustufe eingerichtet werden müssen oder deren Platz von vornherein feststeht.

I. Gesamteinteilung des Hafens

Es ist vorgesehen:

Hafenbecken I: Die Südwestseite für Vergnügungs- und Verkehrsboote und kleine fiskalische Fahrzeuge, die Nordostseite als Liegehafen für Krabbenkutter.

Hafenbecken II: Als Liegehafen, und zwar die Nordwestseite und die Hälfte der Südostseite für die restlichen Krabbenkutter, die zweite Hälfte der Südostseite für Hochseekutter.

Hafenbecken III: Als Fischereihafen, und zwar die Nordwestseite für den Fischumschlag, die Mitte zur Unterbringung der Hüttfässer, die Südostseite als Liegehafen für Hochseekutter.

Hafenbecken IV: Für den Frachtverkehr und für staatliche Betriebe.

Dementsprechend ist die Kaizunge zwischen den Becken II und III für Fischumschlag und -industrie, die Kaifläche beiderseits des Beckens IV für Güterumschlag bestimmt. Ob die Restfläche der Zunge zwischen Becken III und IV der Fischerei oder dem Güterverkehr zuzuweisen ist, muß von der weiteren Entwicklung abhängig gemacht werden.

II. Anlagen für die Fischerei

1. Unterbringung der Fischkutter. a) Krabbenkutter. Es ist mit 100 Krabbenkuttern zu rechnen. Die Kutter laufen täglich kurz nach Hochwasser zum Fang aus und kehren mit steigendem Wasser zurück. Daher ist die ganze Krabbenfischerflotte täglich im Hafen vereinigt und muß in voller Zahl untergebracht werden. Die Kutter beanspruchen bei 13 bis 14 m Länge je 15 m Kajelänge und können zu zweit nebeneinander liegen. Demnach sind $\frac{100 \cdot 15}{2} = 750$ m Kajelänge erforderlich, die wie folgt zur Verfügung stehen:

Becken	I	Nordostseite	175 m
,,	II	Nordwestseite	360 m
,,	II	Südostseite	210 m
			745 m

b) Hochseekutter. Es sind 250 in Büsum beheimatete Hochseekutter anzunehmen, davon 50 Kutter mit Bünn für Lebendschollenfang und 200 ohne Bünn. Ferner ist mit auswärtigen Kuttern zu rechnen, die ihre Fänge in Büsum landen. Ihre Zahl soll, um bezüglich der Unterbringungsmöglichkeit sicher zu gehen, mit einem Drittel des gegenwärtigen Bestandes der deutschen Hochseekutterflotte = 50 Kuttern angesetzt werden, davon wie in Büsum ein Fünftel oder zehn mit Bünn, 40 ohne Bünn.

Jeder Kutter muß jährlich mit zwei bis drei Wochen Liegezeit auf der Werft zur Instandsetzung und auf der Kutteraufschleppe zum Austrocknen (um den Bohrwurm zum Absterben zu bringen), zum Streichen und zur Vornahme kleiner Ausbesserungen rechnen. Etwa 4% = 10 Kutter der Büsumer Flotte brauchen also nicht im Hafen untergebracht zu werden.

Für die Kutter mit Bünn ist in den Sommermonaten, wenn sie auf lebende Schollen fischen, eine mittlere Reisedauer von fünf Tagen anzusetzen, wovon auf Liegezeit im Hafen zum Löschen, Wiederausrüsten und wegen schlechten Wetters im Mittel zwei Tage entfallen. Für die Hochseekutter ohne Bünn sind hierfür bei einer mittleren Reisedauer von zehn Tagen ebenfalls zwei Tage zu rechnen. Demnach befinden sich zwei Fünftel der Kutter mit Bünn und zwei Zehntel der Kutter ohne Bünn immer gleichzeitig im Hafen, das sind von den Büsumer Kuttern $(50-2) \cdot \frac{2}{5} + (200 - 8) \cdot \frac{2}{10} = 58$ Kutter, von den auswärtigen $10 \cdot \frac{2}{5} + 40 \cdot \frac{2}{10} = 12$ Kutter, zusammen 70 Kutter. Davon werden zum Löschen des Fanges und zur Übernahme von Eis jeweils ein Zehntel = 7 Kutter vor der Fischpackhalle und vor dem Eiswerk liegen. Für 63 Kutter sind demnach Liegekajen bereitzuhalten. Bei 20 bis 22 m Schiffslänge in zwei Reihen nebeneinander beansprucht jeder Kutter $\frac{1}{2} \cdot 25$ m Kajelänge, 63 Kutter also $\frac{63 \cdot 25}{2} = 788$ m. Diese stehen mit 190 m + 600 m an der Südostseite des Beckens II und des Beckens III zur Verfügung.

Zum Vergleich seien die Platzverhältnisse in dänischen Fischereihäfen angeführt. In Esbjerg sind rund 550 Kutter von 15 bis 22 m Länge beheimatet, für die in vier Hafenbecken 1285 m Liegekaje vorhanden sind. Auf jeden in Esbjerg beheimateten Kutter entfallen also $\frac{1285}{550} = 2{,}3$ m Kajelänge. Die Zahl der auswärtigen auf Esbjerg fahrenden Kutter ist im Verhältnis geringer als für Büsum angenommen wurde, und die Esbjerger Kutter fischen selbst in erheblichem Umfang auf fremde Häfen. Andererseits wurde bei Besichtigungen des Esbjerger Hafens mehrfach festgestellt, daß das neueste Hafenbecken mit 350 m Liegeplatzlänge noch kaum als Liegehafen benutzt wird. In Thyborön sind für rund 200 durchschnittlich dort verkehrende Kutter 400 m Liegekaje oder 2,0 m je Kutter in Benutzung. Die Liegekajen in Büsum sind demnach mit $\frac{790}{250}$ = rund 3,2 m auf jeden in Büsum beheimateten und mit $\frac{790}{300} = 2{,}6$ m auf jeden in Büsum verkehrenden Kutter ausreichend bemessen.

Wenn in längeren Sturmzeiten oder schweren Eiswintern gelegentlich die ganze Flotte in Büsum versammelt ist, müssen die Hafenbecken dichter belegt werden. Neben den Krabbenkuttern im Hafenbecken II können dann Hochseekutter in einer dritten und vierten Reihe festmachen; die Liegekajen der Hochseekutter selbst in den Becken II und III können gleichfalls mit vier Reihen belegt werden, ebenso die Löschkaje an der Nordwestseite des Beckens III, weil dann keine Fänge gelandet werden. Der Hafen bietet dann Platz für $\frac{2 \cdot (360 + 210) + 4 \cdot (190 + 505 + 500)}{25} = 252$ Kutter.

Da in solchen Zeiten die einheimischen Kutter nach Möglichkeit ihre Werftarbeiten vornehmen und die auswärtigen ihre Heimathäfen aufsuchen werden, reicht der Platz aus. Der Esbjerger Hafen ist in derartigen Fällen bedeutend dichter belegt, die Kutter liegen dort vielfach zu sechs bis acht nebeneinander.

Eine so enge Häufung durchweg hölzerner Fahrzeuge kann bei Ausbruch eines Brandes, namentlich bei anhaltendem Frost, gefährlich werden. Deshalb muß für reichliche Feuerlöscheinrichtungen gesorgt werden.

2. Anlagen für den Fischumschlag. a) Krabben. Die Krabben werden sogleich nach dem Fang in Körbe zu 40 kg Inhalt gefüllt. Die Körbe stehen beim Einlaufen der Kutter klar zum Löschen an Deck. Versteigerung oder Zuteilung der Fänge findet nicht statt und ist auch nicht beabsichtigt, da Festpreise bestehen und jeder Fischer für das Fangjahr seinen festen Abnehmer hat. Die Speisekrabben werden in den Körben (auf Handkarren, später Elektrokarren) von der Kaje unmittelbar zu den Großhändlern und Konservenfabrikanten, künftig zum Teil auch wohl unmittelbar in das Kühlhaus gebracht, der Gammel in Lastkraftwagen geschüttet und abgefahren. Überdachter Aufstellraum ist daher nicht nötig, wenn auch wegen der großen Empfindlichkeit der Krabben für den nur wenige Minuten dauernden Aufenthalt an der Kaje erwünscht. Er steht, wenn das Bedürfnis sich geltend machen sollte, in der Versteigerungshalle zur Verfügung (vgl. den übernächsten Absatz).

Der Durchschnittsfang eines Kutters beträgt 100 kg Speisekrabben und 175 kg Gammel, das sind sieben Körbe; der Höchstfang 250 kg Speisekrabben und 250 kg Gammel oder zwölf Körbe. Für Festmachen an der Löschkaje, Absetzen der Körbe und Ablegen des Kutters sind zwölf (Durchschnittsfang) bis 15 (Höchstfang) Minuten zu rechnen. Die Krabbenfischerflotte läuft im Durchschnitt innerhalb zwei Stunden ein. In dieser Zeit können also auf eine Kutterlänge acht bis zehn Kutter löschen. Für 100 Kutter sind $\frac{100}{10}$ bis $\frac{100}{8} = 10$ bis 13 Kutterlängen oder, da ein Kutter 15 m Kajelänge beansprucht, 150 bis 195 m Kaje erforderlich, die vor dem ersten Bauabschnitt der Fischpackhalle, dem Platz zwischen Packhalle und Kühlhaus und dem Kühlhaus mit $135 + 42 + 28 = 205$ m zur Verfügung stehen. Das Löschen der Hochseekutterfänge wird durch das Löschen der Krabbenfänge nicht behindert, da zum Übernehmen der lebenden Schollen die Kaje nordöstlich der Packhalle benutzt werden kann und die Eisfischfänge stets in der Nacht, die Krabben aber nur bei Tage (zwischen 10 und 19 Uhr) gelöscht werden. Wenn die Packhalle später mit dem Anwachsen der Hochseekutterflotte verlängert wird, kann aber der Löschbetrieb für Krabben und Eisfische auch nebeneinander abgewickelt werden.

Sollte eine anderweitige Regelung der Verteilung der Krabben später die vorübergehende Aufstellung der Fänge in der Pack- und Versteigerungshalle nötig machen, so sind dafür bei einem Höchstfang vön 25000 kg Speisekrabben $\frac{25000}{40} = 625$ Körbe nötig, die mit 72 cm Durchmesser und 100% Zuschlag für Zwischenräume und Gänge $625 \cdot 0{,}72 \cdot 0{,}72 \cdot 2 = 648$ rd. 650 m² Platz beanspruchen. Die Versteigerungshalle umfaßt bereits im ersten Ausbauabschnitt $7{,}5 \cdot 135 =$ rd. 1000 m² Aufstellplatz (vgl. Abschnitt b).

Der gesamte Aushub des Hafenbeckens in Büsum reicht noch nicht aus, um das in der ersten Ausbaustufe benötigte Gelände aufzuspülen; vielmehr muß noch zusätzlich Boden aus dem Watt außerhalb des Hafengebietes gebaggert werden. Da nun die Gewinnung des Bodens aus den Hafenbecken billiger ist als aus dem entfernter liegenden, dem Seegang ausgesetzten Wattgebiet, sind die Hafenbecken auf jeden Fall sogleich in vollem Umfang auszuheben. Unterhaltungsbaggerungen brauchen in den vorerst nicht benutzten Teilen der Hafenbecken nicht zu erfolgen. Sobald diese Teile in Betrieb genommen werden sollen, ist dann nur eine inzwischen angesammelte Schlickschicht zu beseitigen, die zur Überspülung des miteingedeichten, aus sterilem Sand bestehenden Koogsgeländes willkommen ist. Für die ersten Anlagekosten des Hafens und den weiteren Ausbau des Geländes ist also die große Breite des Beckens nur vorteilhaft. Es muß aber schon jetzt grundsätzlich klargestellt sein, daß die Beckenbreite auch dann ausgenutzt werden kann, wenn die Fischerei auf lebende Schollen einmal ganz oder fast ganz aufgegeben werden sollte. Es sind dafür zwei Lösungen möglich. Entweder kann man von der Hafenzunge zwischen Becken III und IV 10 bis 20 m hinzunehmen, so daß im ganzen 130 bis 140 m Breite zur Verfügung stehen, einen etwa 10 m breiten, rd. 500 m langen Mittelpier erbauen und so aus dem einen Hafenbecken zwei von je 60 bis 65 m lichter Breite schaffen. An dem Mittelpier können 80 Hochseekutter zusätzlich untergebracht werden. Oder wenn die Hafenzunge inzwischen bebaut und die Südostseite des Beckens III mit fester Kaje versehen ist, so können senkrecht zu dieser Kaje Anlegestege von 50 m Länge = zwei Kutterlängen errichtet werden, an denen (zu zweit nebeneinander) je acht Kutter liegen können. Mit 50 m Abstand der Stege lassen sich dann also auf 50 m Kajelänge acht Kutter unterbringen statt vier an der Kaje selbst; die Zahl der hinzugewonnenen Liegeplätze auf 600 m Kajelänge beträgt $\frac{600}{50} \cdot 4 = 48$. Für das Becken bleibt eine Nutzbreite von 70 m.

b) Eisfische. Es ist mit einer größten Tagesanlandung von $20000 + 120000 = 140000$ kg aus $10 + 40 = 50$ Hochseekuttern mit und ohne Bünn zu rechnen. Die Fänge werden in $0{,}85 \times 0{,}50$ m großen Kisten zu 50 kg aufgestellt. Um den größten Fang eines Hochseekutters ohne Bünn (3000 kg) aufzunehmen, ist mit 80% Zuschlag für Zwischenräume und Gänge eine Fläche von $\frac{3000}{50} \cdot 0{,}85 \cdot 0{,}50 \cdot 1{,}8 = 45{,}9$ qm erforderlich, für den größten Fang eines Hochseekutters mit Bünn (2000 kg) $45{,}9 \cdot \frac{2}{3} = 30{,}6$ m². Soll der Fang in der Versteigerungshalle auf eine Hallenlänge, die der vom Kutter beanspruchten Kajelänge = 25 m entspricht, untergebracht werden, so ist dafür eine Hallentiefe von $\frac{45{,}9}{25{,}0} =$ rd. 1,85 m bzw. $\frac{30{,}6}{25{,}0} = 1{,}22$ m nötig. Rechnet man, daß während der Nachtzeit vor der des Morgens stattfindenden Versteigerung oder Zuteilung vier Kutter ohne oder fünf Kutter mit Bünn nacheinander an derselben Kajestrecke löschen können, so ergibt sich eine Tiefe der Versteigerungshalle von $4 \times 1{,}85 = 7{,}40$ oder $5 \cdot 1{,}22 = 6{,}10$ m. Die Tiefe soll hiernach zu 7,50 m bemessen werden. Für die größte Tagesanlandung von 40 Kuttern ohne und zehn Kuttern mit Bünn wird also eine gesamte Hallenlänge von $\left(\frac{40}{4} + \frac{10}{5}\right) \cdot 25{,}0 = 300$ m erforderlich werden. Mit einer Aufstellfläche von $300 \cdot 7{,}50 = 2250$ qm für einen Jahresfang von 16 Millionen kg Eisfischen entspricht die Halle dann etwa derjenigen in Esbjerg, die mit einer Aufstellfläche von etwa 1000 m² zur Zeit einen Jahresfang von 6,5 bis 7 Millionen kg bewältigt.

Es ist ersichtlich, daß ein Hochseekutterhafen im Vergleich zu einem Dampferhafen verhältnismäßig wenig Kajelänge für den Löschbetrieb und eine große Kajelänge für Liege- und Ausrüstungszwecke erfordert, was in dem geringen Fassungsvermögen der Kutter begründet ist. Ein Fischdampfer von 50 m Länge landet im Mittel alle 25 Tage einen Fang von 100000 bis 150000 kg und benötigt in diesem Zeitraum für etwa vier Liege- und Ausrüstungstage 50 m Kajelänge. Auf die gleiche Kajelänge können (zu zweit nebeneinanderliegend) vier Hochseekutter untergebracht werden, bei denen vier Liege- und Ausrüstungstage auf zwei Reisen kommen, in denen sie $4 \cdot 2 \cdot 3000 = 24000$ kg Fische landen, d. h. nur ein Viertel bis ein Sechstel eines Dampferfanges.

Für den Fischumschlag steht die Nordwestkaje des Beckens III mit 505 m Länge zur Verfügung. Außerhalb der Versteigerungshalle bleiben $505 - 300 = 205$ m für andere Zwecke frei. An die Löschkaje kann daher ein Tiefkühlhaus verbunden mit einem Eiswerk gelegt werden, das einschließlich des Zwischenraumes bis zur Versteigerungshalle und 10 m Länge für spätere Erweiterung 117 m Kajelänge in Anspruch nimmt. Die Lage dieses Gebäudes an der Kaje hat den Vorteil, daß Fänge, die tiefgekühlt gelagert werden sollen, namentlich die empfindlichen Krabben, unmittelbar vom Kutter in das Kühlhaus gelöscht und daß die Kutter ohne Zwischenförderung mit Eis versorgt werden können. Es bleiben dann noch rd. 80 m Kajelänge verfügbar.

Der erste Bauabschnitt der Versteigerungshalle soll für 100 Kutter (zwei Fünftel der endgültigen Zahl), also auf $^2/_5 \cdot 300 = 120$ m Länge bemessen werden. Mit der Versteigerungshalle ist eine Packhalle zu verbinden. Bei der Bemessung der einzelnen Abteilungen ist zu berücksichtigen, daß es sich in Büsum nicht um Massenumschlag in der Größenordnung der Dampferhäfen und nur um mittlere und kleine Firmen handelt. In Verhandlungen mit den Interessenten ist die zweckmäßigste Größe der Packabteilungen zu 120 m^2 ermittelt, einschließlich eines Kühlraumes, der sehr klein gehalten werden kann, weil für längere Lagerung das Tiefkühlhaus zur Verfügung steht. Die Abteilungsgröße von 120 m^2 entspricht etwa der ältesten Wesermünder Packhalle. Die Esbjerger Packhalle hat bei 10 m Tiefe abwechselnd Abteilungen von 8,4 und 5,6 m Breite; namentlich die letzteren sind aber zu klein und ihre geringe Breite für den Betrieb sehr hinderlich. Da das kleine Ladevermögen der Kutter eine langgestreckte Versteigerungshalle von geringer Tiefe bedingt, kann auch die Breite der Packabteilungen im Verhältnis zu ihrer Tiefe groß gehalten werden, zu Gunsten der Ausnutzbarkeit und der Belichtung. Die Abteilungen sollen bei 12 m Tiefe 10 m breit werden. Bisher liegen Anmeldungen auf acht Abteilungen (einschließlich Doppelabteilungen) vor, womit alle zur Zeit in Büsum ansässigen Fischhandelsfirmen untergebracht sind. Da weitere Firmen erst gegründet werden oder nach Büsum übersiedeln müssen, genügt eine Reserve von vier Abteilungen voraussichtlich für längere Zeit. Die Packhalle wird damit $(8 + 4) \cdot 10{,}0 = 120$ m lang. Hierzu tritt ein 15 m langer Gebäudeabschnitt zur Aufnahme des Aufenthalts- und Waschraumes für die Hallenarbeiter, eines Luftschutzraumes für das gesamte in dem Gebäude beschäftigte Personal und eines Unterstellraumes für Löschwinden, Elektrokarren usw. Da alle diese Räumlichkeiten im Erd- und Kellergeschoß liegen müssen, bleibt im Obergeschoß noch Platz verfügbar, der am zweckmäßigsten zur Unterbringung des Büros der Fischereihafen-Betriebsgesellschaft ausgenutzt wird. Die Gesellschaft legt Wert darauf, ihre Geschäftsräume in der Versteigerungshalle, und zwar möglichst an dieser Stelle zu haben, weil sie hier nach endgültigem Ausbau der Halle zentral liegen. Die Versteigerungshalle wird vor diesem Gebäudeteil entlanggeführt, also im ganzen 135 m lang, und erhält so eine Platzreserve für Anlandungsspitzen. Mit einer 4,50 m breiten Fahrbahn in der Versteigerungshalle hat das ganze Gebäude dann die Abmessungen $24{,}0 \times 135$ m. — Für die Versteigerungs- und Packhalle wird ein Sonderentwurf aufgestellt, dem die Festlegung der endgültigen Abmessungen vorbehalten bleibt.

Neben dem ersten Bauabschnitt der Halle und dem Eiswerk und Kühlhaus bleiben an der Nordwestseite des Beckens III vorläufig rund 250 m Kajelänge verfügbar, die im ersten Entwicklungsabschnitt als Liegekaje dienen sollen. Zusammen mit 190 m Kaje im Becken II sind das 440 m Liegekaje, an der 100 Kutter bequem untergebracht werden können, da nach Absatz 1b 3,2 m Kaje je Kutter genügen. Macht ein weiteres Anwachsen der Kutterflotte die Verlängerung der Versteigerungshalle nötig, so muß die Südostseite des Beckens III als Liegeplatz ausgebaut werden.

c) Heringe und Sprotten. Es ist künftig mit Jahresfängen zwischen 0 und 10 Millionen kg und Tagesfängen bis zu 1 Million kg zu rechnen. — Die Küsten- und Heringsfischerei drängt sich auf wenige Winterwochen zusammen. Die Krabbenfischerei ruht dann ohnehin, die Hochseefischerei wird zu Gunsten des lohnenderen Heringsfanges eingestellt. Die Löschkaje steht also zum Löschen der Heringsfänge uneingeschränkt zur Verfügung.

An der Heringsfischerei beteiligen sich die Hochseekutter und die größeren Krabbenkutter in gleicher Weise. In guten Fangjahren können die Hochseekutter mit Fangreisen zu 5000 bis 15000 kg, die Krabbenkutter zu 4000 bis 7000 kg rechnen. An einer Tagesanlandung von 1 Million kg werden etwa 85 Hochseekutter mit Durchschnittsfängen von 10000 kg und 30 Krabbenkutter mit durchschnittlich 5000 kg beteiligt sein. Bei zwei Stunden Löschzeit je Kutter und 20 Stunden täglicher Löscharbeit können je Kutterlänge täglich zehn Kutter abgefertigt werden; es sind also $\frac{85}{10} \cdot 25{,}0 + \frac{30}{10} \cdot 15{,}0 = 257{,}5$ m Kajelänge erforderlich, die vor der Versteigerungshalle reichlich zur Verfügung stehen. Für den Anfang genügt bei einer größten Tagesanlandung von 0,5 Millionen kg der erste Bauabschnitt der Halle mit 135 m Kajestrecke.

Von den Sprotten wird ein Teil in Büsum selbst geräuchert, von den Heringen ein kleiner Teil (Höchstmenge bisher 100000 kg/Jahr) in Büsum zu sogenannten Kronsardinen zerschnitten und zur Weiterverarbeitung an auswärtige Konservenfabriken geschickt. Die Hauptmasse der Fänge wird unmittelbar versandt, und zwar fast ausschließlich an die leistungsfähige Konservenindustrie in Altona und Lübeck. Wenn auch die Begründung einer eigenen Fischindustrie in Büsum zu erwarten ist, so wird diese sich doch niemals auf die Verarbeitung der Gesamtfänge einstellen können, weil die Schwankungen zu stark und die Höchstfänge im Verhältnis zu den gleichmäßigen Anlandungen anderer Fische zu groß sind; in so kleinen Orten fehlt es dafür an Arbeitskräften. Selbst wenn in Büsum die Heringslogger-Fischerei aufgenommen wird, die der Heringskonservenindustrie eine stetigere Grundlage geben würde, werden immer beträchtliche Teile der Küstenheringsfänge, und gerade die größten Tagesfänge, nach auswärts versandt werden müssen. Der Versand geschieht überwiegend in gedeckten Güterwagen, in welche die Heringe lose eingeschüttet werden. Es ist nun notwendig, die Heringe unmittelbar vom Kutter in die Bahn verladen zu können. Die bis jetzt erforderliche Abfuhr zum Bahnhof beansprucht zahlreiche Arbeitskräfte und Fahrzeuge, die für die Spitzenfänge nicht mehr zu beschaffen sind, und bringt erhebliche Verluste an Heringen, die beim Umladen von den Fuhrwerken herunterfallen und zertreten werden. Vor der Versteigerungshalle soll deshalb ein Kajegleis verlegt werden. Dieses bedingt zwar einen Abstand von 7 m zwischen Kaje und Versteigerungshalle, der für das Löschen der Eisfische etwas unbequem ist, aber bei den verhältnismäßig geringen Fangmengen in Kauf genommen werden kann. Andererseits ergibt sich der Vorteil, daß der Krabbengammel ebenfalls unmittelbar von den Kuttern in Lastkraftwagen verladen und zur Fischmehlfabrik abgefahren werden kann, ohne die sonstigen Anlagen berühren zu müssen.

Zur Verladung von 1 Million kg Heringen sind 67 Bahnwagen zu 15 t erforderlich. Sie können bei täglich viermaliger Zustellung, die für die Spitzenanlandungen durchgeführt werden muß, mit je 17 Wagen auf dem Kajegleis gut untergebracht werden.

3. Fischindustrie. Für die Fischindustrie ist zunächst ein 45 m breiter Geländestreifen hinter der Packhalle vorgesehen. — Bislang sind in Büsum nur fünf Krabbenkonservenfabriken ansässig. Da die Krabbenkonservenherstellung wenig Platz braucht, wird von dem Industriegelände vorerst ein geringer Teil in Anspruch genommen werden.

4. Ausrüstung und Betrieb der Kutter. a) Ausstattung der Liegekajen. Ein großer Übelstand in dem jetzigen Hafen ist das Fehlen von Plätzen zum Bearbeiten und Teeren der Netze und Auslegen von Netzleinen. Die Fischer benutzen dafür die Kajestraßen, wodurch der Verkehr oft behindert wird. Hinter allen Liegekajen der Hafenbecken II und III sind deshalb besondere, 10 m breite Geländestreifen als Netzplätze vorgesehen. Da die Netzplätze das Hintergelände von den Uferwegen abschneiden, werden die Hauptverkehrsstraßen hinter die Netzplätze gelegt. Längs der Kajen genügen dann schmale Wege mit leichter Decke, die nur für den Verkehr leichter Lieferwagen und der von den Fischern benutzten Handkarren zur Verproviantierung und Ausrüstung der Kutter zu dienen haben.

Die Netzplätze sollen versuchsweise eine Grasnarbe erhalten. Erweist sich diese als nicht widerstandsfähig, ist sie durch eine leichte Bitumen- oder Schlackendecke zu ersetzen. Nach Bedarf können die Interessenten — einzelne Fischer oder Organisationen — für das Arbeiten bei schlechtem Wetter offene hölzerne Schuppen errichten. Die weitere Ausrüstung der Liegekajen beschränkt sich auf einige Trinkwasserzapfstellen, Aborte und Abstellplätze für Handkarren.

b) Netzlagerräume. Die Kutterfischerei bedingt einen im Verhältnis zur Fangmenge großen Aufwand an Netzen und Leinen, zumal alle Kutter neben dem Krabben- und Hochseefang noch die Küstenheringsfischerei betreiben, für die besondere Netze benutzt werden. Zur Lagerung der Netze außerhalb der Fangsaison und der Reservenetze haben die Fischer, die nicht wie Dampferreedereien über eigene Betriebsanlagen verfügen, vielfach überhaupt keinen Raum, allenfalls Hausböden, die dafür zu eng sind. Infolgedessen besteht eine große Nachfrage nach Netzlagerraum. Deshalb soll das Dachgeschoß der Fischpackhalle — wie in Esbjerg — zu Netzböden ausgebaut werden, die in Abteilungen an die Fischer vermietet werden. Der sonst schlecht verwertbare Dachraum der Halle wird hierdurch vorteilhaft ausgenutzt. Bei Bedarf kann ein weiterer besonderer Netzschuppen errichtet werden, etwa am Ende des Beckens III auf dem Gelände östlich der Hüttfaßaufschleppe.

c) Versorgung mit Rohöl und Eis. Die Versorgung der Kutter mit Rohöl erfolgt zur Zeit von drei Tanklagern aus durch Fässer. Diese Art Beförderung des Röhols soll künftig mit Rücksicht auf die in einem Fischereihafen zu fordernde Sauberkeit verboten werden. Die Einrichtung von Zapfanschlüssen an den Liegekajen kommt gleichfalls nicht in Betracht. Sie erfordert die Freihaltung bestimmter Kajeplätze, das Verholen der Kutter und einen großen Aufwand an Rohrleitungen. Dazu bringt sie die Gefahr der Verschmutzung des Hafenwassers bei Undichtwerden der Verschlüsse mit sich, weil die von den Tanklagern getrennt liegenden, an den Kajen verstreuten Zapfstellen vom Tanklagerpersonal nicht zuverlässig überwacht werden können.

Die sauberste und für die Fischerei bequemste Art der Versorgung ist die mit Tankbooten. Solche können aus nicht mehr seefähigen Kuttern mit geringen Kosten hergerichtet werden und erfordern nur einen Mann zur Bedienung. Die Möglichkeit der Versorgung unmittelbar vom Tanklager muß außerdem gegeben sein. Die drei vorhandenen Tanklager befinden sich auf dem sturmflutfreien Gelände des Süddammes. Sie müssen von dort wegen der Abtragung des Geländes auf Kajehöhe verlegt werden und sollen ihren Platz auf der Spitze der Kaizunge zwischen den Becken III und IV finden. Sie liegen hier gleich günstig für die Versorgung der Frachtschiffe und der Fischkutter, die ohne besonderes Verholen vor dem Auslaufen tanken können.

Das Eiswerk soll an die Kaje gerückt werden, um die Fischkutter durch Schüttrinnen unmittelbar mit Eis beschicken zu können. Da täglich 25 bis 50 Kutter zu versorgen sind, die nach Möglichkeit mit der Ebbe auslaufen, müssen drei Schüttrinnen angeordnet werden. Dies wird durch die Verlegung des Eiswerkes an die Spitze der Kaizunge ermöglicht. Das Eiswerk liegt hier auch am günstigsten, weil die Kutter das Eis stets als Letztes vor der Ausfahrt übernehmen. Zugleich wird bei dieser Lage die sonst schlecht verwertbare Stirnseite der Kaizunge gut ausgenutzt.

d) Instandhaltung und Ausbesserung der Kutter. Zur Verhütung von Anwuchs und vor allem zur Bekämpfung des Bohrwurms müssen die Kutter ein- bis zweimal jährlich aufgeschleppt werden, um gründlich auszutrocknen und gestrichen zu werden. Damit die Kutter hierzu und zur Ausführung kleiner Ausbesserungen nicht die Werft aufzusuchen brauchen, ist nach dem Vorbild von Esbjerg eine besondere Aufschleppe geplant, die gegen geringe Gebühr tageweise benutzt werden kann. (In Esbjerg wird die Aufschleppe von der staatlichen Hafenverwaltung betrieben. Hier kann das etwa durch die Fischerei-Hafenbetriebsgesellschaft geschehen.)

Der günstigste Standort der Aufschleppe ist am Ende des Liegehafens. Der Platz reicht aus, um 16 Kutter gleichzeitig aufzusetzen. Bei einer durchschnittlichen Benutzungsdauer von 14 Tagen jährlich für jeden Kutter können $16 \cdot 25 = 400$ Kutter aufgeschleppt werden, also außer 350 Hochsee- und Krabbenkuttern noch einige Vergnügungsboote und sonstige kleine Fahrzeuge.

Beiderseits der Aufzugsbahn bietet die Aufschleppe Raum für zwei Motorenschlossereien, die jetzt abseits vom Hafen im Wohnviertel des Ortes liegen und bereits die Zuweisung eines Platzes beantragt haben. Jedem dieser Betriebe kann dazu eine Kajestrecke von einer Kutterlänge an der Stirnseite des Hafenbeckens als Arbeitsplatz zugeteilt werden. Ferner können noch eine Bootszimmerei und unter Umständen eine Segelmacherei hinter der Aufschleppe untergebracht werden.

Für größere Instandsetzungen und Neubauten ist bereits eine Werft vorhanden, die jetzt auf dem Süddamm liegt und wegen der Abtragung des Geländes verlegt werden muß. Der gegebene neue Platz für die Werft ist am Ende des Hafenbeckens IV, wo sie wegen der großen Breite des Beckens reichlich Raum zur Anlage von Hellingen und zur Erweiterung hat. Der Werft ist an der Nordwestseite des Beckens IV noch eine Ausrüstungskaje für zwei Kutter oder ein Motorfrachtschiff mit 50 m Länge zuzuweisen.

III. Anlagen für den Frachtverkehr und für staatliche Betriebe

Das Hinterland des Hafens Büsum als Frachtverkehrshafen wird durch die benachbarten Wasserstraßen und Häfen (Eider mit Tönning und Kaiser-Wilhelm-Kanal mit Brunsbüttelkoog und Rendsburg) auf den Kreis Norderdithmarschen und die nördliche Hälfte des Kreises Süderdithmarschen beschränkt. Der Entwicklung des Frachtverkehrs sind damit ziemlich enge Grenzen gesetzt. Büsum ist aber der einzige gute und mit reichlich Gelände ausgestattete Hafen der schleswig-holsteinischen Westküste; diese Vorzüge und die Bedürfnisse der Fischindustrie machen immerhin das Entstehen einer gewissen, auf dem Frachtverkehr beruhenden Industrie (z. B. Sägewerke mit Kistenfabrikation) wahrscheinlich. Da die Entwicklung einer derartigen Industrie einerseits, der Fischindustrie und der dem Fischereiverkehr dienenden

Anlagen andererseits aber noch schwer zu übersehen ist, muß das Gelände der Hafenzunge zwischen dem Fischereibecken III und dem Frachtverkehrsbecken IV vorläufig möglichst frei gehalten werden, um es nach Bedarf später dem einen oder anderen Verkehrszweig zuweisen zu können. Wird nun mit dem Ausbau des Beckens IV auf der Nordwestseite begonnen und die Hafenzunge gleich im Anfang für Industrie- und Frachtumschlagsbetriebe in Anspruch genommen, und erweist es sich dann später infolge starker Entwicklung der Fischerei als notwendig, das Becken IV für den Fischereiverkehr mit heranzuziehen, so muß dieser an der Südostseite des Beckens untergebracht werden. Dadurch werden Fracht- und Fischereiverkehr ineinander verschachtelt, und zugleich wird ein Teil der Fischerei auf das am weitesten von der Ortschaft entfernt gelegene Hafengebiet verwiesen, obwohl der Kutterbetrieb einen starken Fußgänger- und Handkarrenverkehr zwischen den Wohnungen der Fischer und den Liegeplätzen der Kutter bedingt. Es ist daher richtiger, wie mit der Aufschließung des Hafengebietes für die Fischerei von Nordwesten her (bis jetzt Becken II und Nordwestseite des Beckens III), so mit der Aufschließung für den Frachtverkehr von Südosten her zu beginnen, um den dazwischen verbleibenden, allmählich schmaler werdenden Streifen je nach den späteren Bedürfnissen für den Fischerei- oder den Frachtverkehr verwenden zu können.

Diese grundsätzliche Überlegung ist durch die tatsächliche Entwicklung schon überholt und zwangsläufig geworden. Der bisher vorliegende bzw. angemeldete Bedarf an Kajelänge für staatliche und Umschlagsbetriebe beträgt 965 m. An der Nordwestseite des Beckens IV stehen nach Abzug von 50 m für den Ausrüstungsbetrieb der Werft noch 450 m Kaje zur Verfügung. Wird zuerst die Nordwestseite ganz ausgenutzt, so müssen also trotzdem schon 965 — 450 = 515 m Kaje an der Südostseite geschaffen werden. D. h. das eigentliche Becken IV müßte bereits beiderseitig auf volle Länge ausgebaut werden. Für weiteren Bedarf des Frachtverkehrs und der Fischerei bliebe dann das Gelände zunächst der Schleuse, an der Südseite der Zufahrt zum Becken IV, übrig, also der entlegenste und namentlich für die Fischerei ungünstigste Teil des Hafengebietes, während die beiden mit unterzubringenden staatlichen Betriebe (Tonnenhof des Wasserstraßenamtes und Bauhof nebst Umschlagsplatz des Marschenbauamtes Heide), die nur geringen Landverkehr haben, die wertvolleren zu den Anschlußstraßen günstiger liegenden Flächen am Ostende des Beckens IV in Anspruch nehmen würden.

Aus diesen Gründen ist mit der Aufschließung des Geländes für den Umschlagsverkehr von Südosten her zu beginnen. Dadurch ergibt sich zugleich die Gelegenheit, diejenigen Umschlagsbetriebe, die Staub und lästige Gerüche entwickeln, möglichst weit von dem Fischereigelände entfernt anzusiedeln.

Hierbei reicht die Uferlänge an der Südostseite des Beckens IV von seinem inneren Ende bis zur Schleuse auch noch nicht ganz aus, um den vorliegenden bzw. angemeldeten Bedarf zu decken; es muß auch schon ein kurzes Stück der Nordwestseite ausgebaut werden. Die sofortige Ausbaggerung des Beckens in vollem Umfange wäre jedoch mit Rücksicht auf den Verkehr nicht notwendig (wie es gerade bei dem Vorgehen in umgekehrter Richtung, d. h. Aufschließung von Nordwesten her der Fall wäre, weil dann beide Seiten des Beckens sogleich voll besetzt wurden); sie ist aber zur Gewinnung billigen Spülbodens durchzuführen (vgl. S. 156). Nur der Straßen- und Gleisanschluß der drei Tanklager auf der Spitze der Kaizunge zwuischen den Becken III und IV ist z. T. über vorläufig unbebautes Gelände zu legen. Insoweit hierdurch einstweilen verlorene Kosten entstehen, kann der Kapitaldienst dafür den Tanklagerfirmen aufgebürdet werden.

Hiernach sind an der Südostseite des Beckens IV zunächst der Schleuse die beiden staatlichen Betriebe unterzubringen, die lebhaften Seeverkehr, aber nur geringen Landverkehr haben; Der Tonnenhof des Wasserstraßenamtes mit 300 m und ein Betriebs- und Lagerplatz für die Landgewinnungsarbeiten des Marschenbauamtes Heide mit 175 m Kajelänge. Nordöstlich anschließend sind die Umschlagsbetriebe mit starker Staub- und Geruchsentwicklung anzusiedeln. Nach den vorliegenden Anträgen sind das zwei Betriebe für Umschlag von Muschelschalen (Schill) und deren Vermahlung zu Dünge- und Futterkalk, zwei Kohlenhandelsfirmen und die Deutsche Petroleum-AG., die hier Erzeugnisse des Hemmingstedter Erdölgebietes verladen will. Der Umschlag der Petroleum-AG. wird auf alle Fälle Düngekalk und Kalksandsteine, Nebenerzeugnisse der Erdölgewinnung, umfassen. Ob die ursprünglich ebenfalls geplante Verschiffung von Erdöl noch durchgeführt wird, ist neuerdings zweifelhaft geworden. Sollte sie noch in Frage kommen, so muß die Wasserfläche vor der Verladestelle durch Schwimmpontons gegen die Ausbreitung etwa überfließenden Öls gesichert werden. Weil die Absperrung am inneren Ende des Hafenbeckens am leichtesten zu bewerkstelligen ist, wird die Umschlagstelle der Petroleum-AG. dorthin gelegt.

Da die Südostseite des Beckens IV hiermit voll besetzt ist, muß die Nordwestseite ebenfalls schon herangezogen werden, und zwar zunächst für den allgemeinen Umschlagsverkehr. Hierfür wird bislang die Kaje an der Ecke zwischen den Becken I und II benutzt, die ganz ungenügend ist und nicht mit Gleisanschluß versehen werden kann.

Infolge seiner Unzulänglichkeit hat der Büsumer Hafen bisher nur geringen Güterverkehr. Dieser beschränkt sich fast ganz auf Getreide (Höchstmenge 8000 t), das von August bis November in see- und flußgehenden Motorschiffen von 200 bis 400 t Ladefähigkeit hauptsächlich nach Elb- und Rheinhäfen verfrachtet wird. Für die Zukunft ist neben Zunahme des Getreideumschlages ein Anwachsen der Einfuhr von Bau- und Wegebaustoffen zu erwarten. Da das Getreide weiterhin die Hauptmasse des Umschlagsgutes ausmachen wird und die Kohlverladung gleichfalls in den Herbst fällt, wird eine jahreszeitliche Häufung des Verkehrs in den Monaten August bis November bleiben. Um die Schiffe dann ohne Verzögerung abfertigen zu können, soll die Kaje für vier Schiffe bis 40 m Länge (etwa 500 t Ladefähigkeit) bemessen werden. An- und Abfuhr wird überwiegend mit Lastkraftwagen erfolgen, der Bahnverkehr dagegen bei dem geringen Umfang des Hinterlandes nicht bedeutend sein. Die Kaje braucht deshalb nur zur Hälfte mit eingepflasterten Gleisen versehen zu werden. Kran- und Schuppenausstattung ist vorerst nicht erforderlich. Später wird vielleicht ein elektrischer Zweitonnenkran aufzustellen sein.

Im Anschluß an die Kaje für den allgemeinen Umschlag ist eine Holzhandelsfirma anzusiedeln. (Anfrage wegen Platzzuteilung liegt vor.) Ferner ist mit dem Bau eines Getreidespeichers zu rechnen.

Entwurf und Baudurchführung der großen neuen Ölumschlagsbrücke in Wilhelmshaven

Von Dr.-Ing. **Erich Lackner**, Beratender Ingenieur, Bremen

Inhalt

1. Allgemeines

In den letzten Jahren ist der Bedarf an Mineralöl in der Bundesrepublik Deutschland und vor allem im Ruhrgebiet beachtlich angestiegen. So hat sich der Gesamtverbrauch von 1950 bis 1956 verdreifacht. Der gesamte westdeutsche Bedarf an Mineralölprodukten betrug im Jahre 1957 rd. 17,3 Mill. t. Nach Schätzungen wird er im Jahre 1960 rd. 26 Mill. t und im Jahre 1965 rd. 39 Mill. t betragen. Hierzu sei auf den wachsenden Bedarf auf dem Heizölsektor sowie für die Herstellung von Treibstoffen, Bitumen, Schmierölen und der Produkte der petro-chemischen Industrie usw. hingewiesen.

Der überwiegende Teil des Rohöls kommt aus überseeischen Gebieten. Es muß von den Seehäfen zu den in den Verbrauchszentren liegenden Raffinerien befördert werden. Hierbei spielt das Ruhrgebiet als wirtschaftliches Zentrum der Bundesrepublik eine ausschlaggebende Rolle. Um

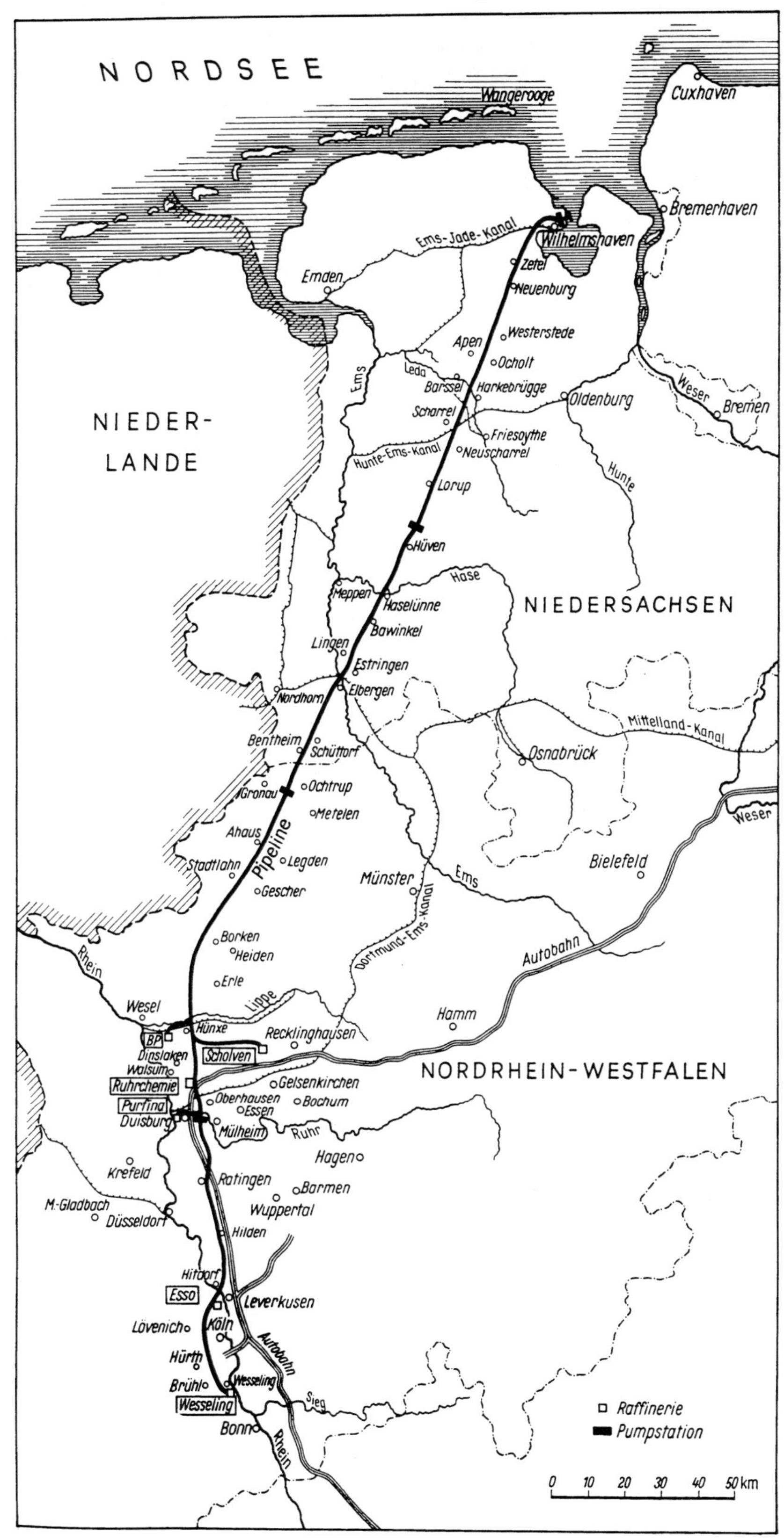

Abb. 1. Pipeline Wilhelmshaven—Wesseling, Übersicht

Rohöl von der Nordseeküste in dieses Gebiet wirtschaftlich befördern zu können, wurde beschlossen, eine Rohölleitung von der Nordsee ins Ruhrgebiet und weiter bis nach Wesseling am Rhein zu errichten. Hierzu wurde am 15. 11. 1956 die Nord-West Oelleitung GmbH (Kurzbezeichnung NWO) gegründet. An diesem Unternehmen sind folgende Mineralöl-Gesellschaften beteiligt:

a) Esso Aktiengesellschaft, Hamburg 47,2%
b) BP Benzin- und Petroleum AG, Hamburg 26,3%
c) Purfina Mineralölraffinerie Aktiengesellschaft, Duisburg 8,3%
d) Scholven-Chemie AG, Gelsenkirchen-Buer 7,7%
e) Union Rheinische Braunkohlen-Kraftstoff AG, Wesseling ... 6,8%
f) Ruhrchemie AG, Oberhausen/Rhein 3,7%

Da die Seetransportkosten des Rohöls mit steigender Schiffsgröße abnehmen, mußte die Ölleitung (Pipeline) in ein Küstengebiet geführt werden, das in Zukunft die für größte Tankschiffe notwendige Wassertiefe aufweist. Außerdem mußte es die Voraussetzungen für die Errichtung des erforderlichen Tanklagers und der Umschlagsbrücke bieten, ohne dabei die Baukosten für die Pipeline zu hoch anwachsen zu lassen.

Die Standortfrage wurde sorgfältigst untersucht. Hierbei ergab sich der am tiefen Wasser der Jade gelegene Heppenser Groden bei Wilhelmshaven als besonders geeignet (s. Abb. 1 u. 2). Dieser Standort entsprach auch den sonstigen übergeordneten wirtschaftlichen und verkehrstechnischen Belangen in jeder Weise.

Die gesamte Linienführung der Pipeline mit den angeschlossenen Raffinerien und den später noch einzuschaltenden weiteren Pumpstationen geht aus Abb. 1 hervor.

Die Pipeline ist einschließlich der zugehörigen Abzweigungen rd. 390 km lang. Sie besteht aus einem expandierten Rohr ∅ 28″ = rd. 71 cm aus hochwertigem Stahl. Die Wanddicke beträgt 11,9 bis 7,9 mm. Sie richtet sich nach dem Druckabfall, also nach der Entfernung vom jeweiligen Pumpwerk. Der höchste Betriebsdruck der Pumpen beträgt etwa 70 atü.

Das Rohöl fließt in dieser Leitung Tag und Nacht, wobei vorerst nur mit einer Pumpstation in Wilhelmshaven gearbeitet wird. In diesem Stadium können pro Jahr 9 Mill. t Rohöl vom Tanklager Wilhelmshaven zur entferntesten Raffinerie des Systems befördert werden. Durch die spätere Einschaltung von drei weiteren Pumpstationen kann die Leistung auf 20 Millionen Jahrestonnen gesteigert werden.

Die Anlage ist so ausgebildet und gesteuert, daß jede Raffinerie das für sie aus Übersee angelieferte Rohöl tatsächlich erhält.

Das Tanklager dient als Puffer zwischen der kontinuierlich arbeitenden Pipeline und der stoßweisen Rohölanfuhr in Großschiffsladungen mit kurzer Entladezeit. Hierzu wurde von der Nord-West Ölleitung GmbH. ein 1,5 Mill. m² großes Gelände erworben und hierauf in der ersten Ausbaustufe 441 000 m³ Tankraum errichtet (s. Abb. 2 u. 3). Das Rohöltanklager besitzt zur Zeit 14 Rohöltanks ∅ 55 m, 13 m hoch, mit je 31 500 m³ Inhalt. Der weitere Ausbau richtet sich nach dem Bedarf.

Zur Versorgung der Schiffe mit Bunkeröl mußten auf dem Heppenser Groden auch leistungsfähige Bunkeranlagen errichtet werden.

Nach der Inbetriebnahme der Pipeline wird zunächst mit etwa 300 Tankern pro Jahr gerechnet, mit einem späteren Anstieg auf 700 und mehr Tankern bis zu 100 000 dwt. Letztere erfordern eine Wassertiefe von rd. 15 m unter SKN. Für alle Tankergrößen werden einwandfreie Anlege-, Liege- und Ablegemöglichkeiten, gute Verkehrswege und leistungsfähige Rohrleitungssysteme benötigt, die das Löschen in das Tanklager in kürzester Zeit ermöglichen.

Die Öllöschbrücke wurde vorerst für drei Großschiffsliegeplätze ausgebaut und wird in einer zweiten Ausbaustufe auf sechs Großschiffsliegeplätze erweitert (s. Abb. 4). Zusätzliche Erweiterungen für kleinere Tanker sind durch Fingerpiers zwischen der Hauptlöschbrücke und dem Ufer möglich.

Für die Verwirklichung dieses großen und schwierigen Projektes wurden vom Bauherrn bis zum Frühjahr 1957 umfangreiche Vorarbeiten geleistet. Die weitere Bearbeitung übertrug die NWO Ingenieur-Beratungsfirmen und zwar:

a) die eigentliche Pipeline der Ruhrgas AG. Essen;

b) das Tanklager in Wilhelmshaven mit seiner Ausrüstung an Rohöl- und Versorgungsleitungen — auch auf der Ölumschlagsbrücke — sowie die Schlauchgerüste, Pumpstationen, und die Abzweig- und Übergabestationen von der Pipeline zu den Raffinerien einschließlich Fernmessung und Fernsteuerung dem Ingenieurbüro Dorsch-Gehrmann Wiesbaden;

c) die Ölumschlagsbrücke mit den Anlege- und Festmacheeinrichtungen dem Ingenieurbüro Prof. Dr. Agatz Nachf., Bremen.

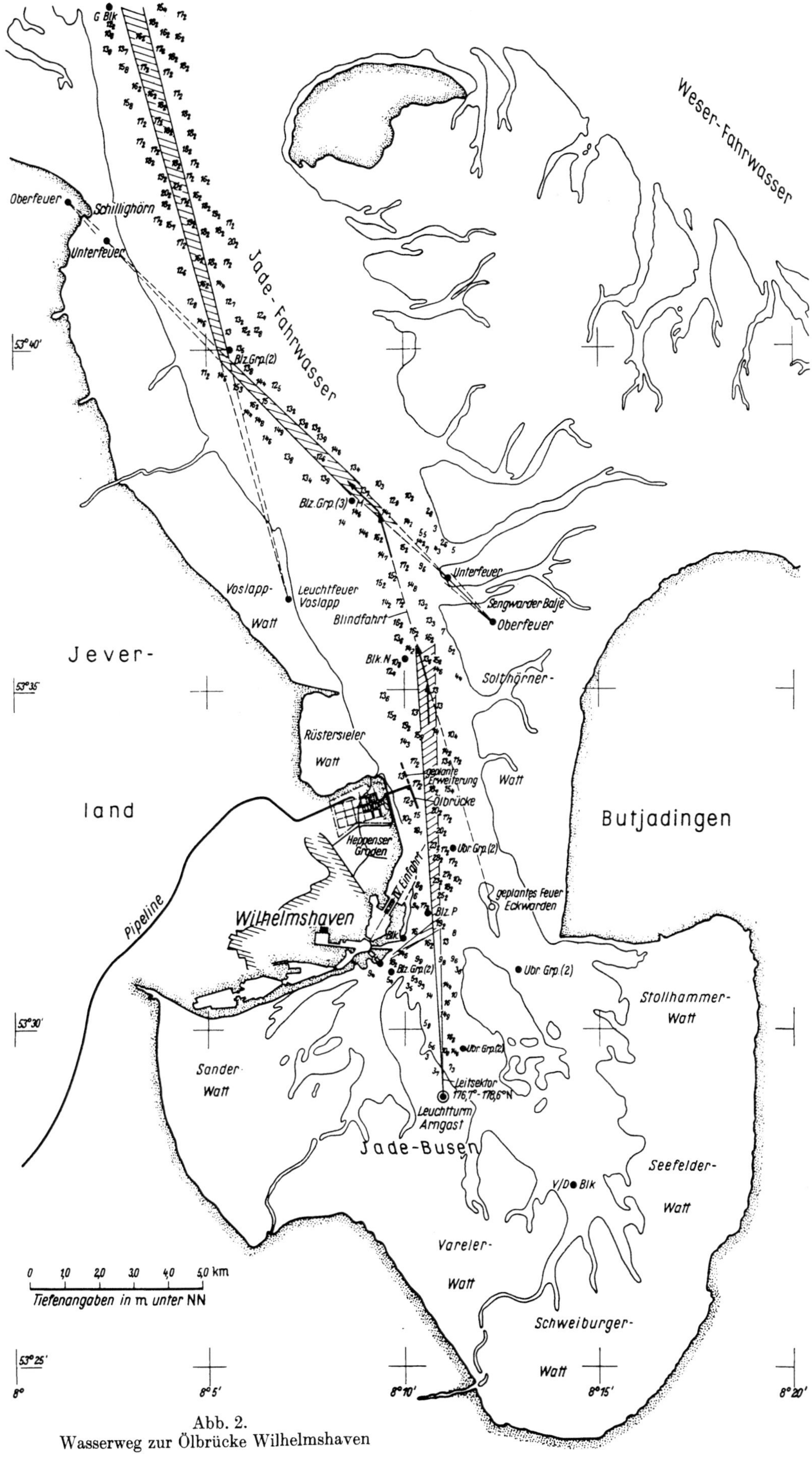

Abb. 2.
Wasserweg zur Ölbrücke Wilhelmshaven

Diesen Beratungsfirmen oblag jeweils für ihr Aufgabengebiet die gesamte Entwurfsbearbeitung, Ausschreibung, Beratung bei der Vergabe, Bauoberleitung und örtliche Bauleitung. Die Arbeiten wurden in engster Fühlungnahme mit dem Ingenieur- und Verwaltungsstab der NWO durchgeführt.

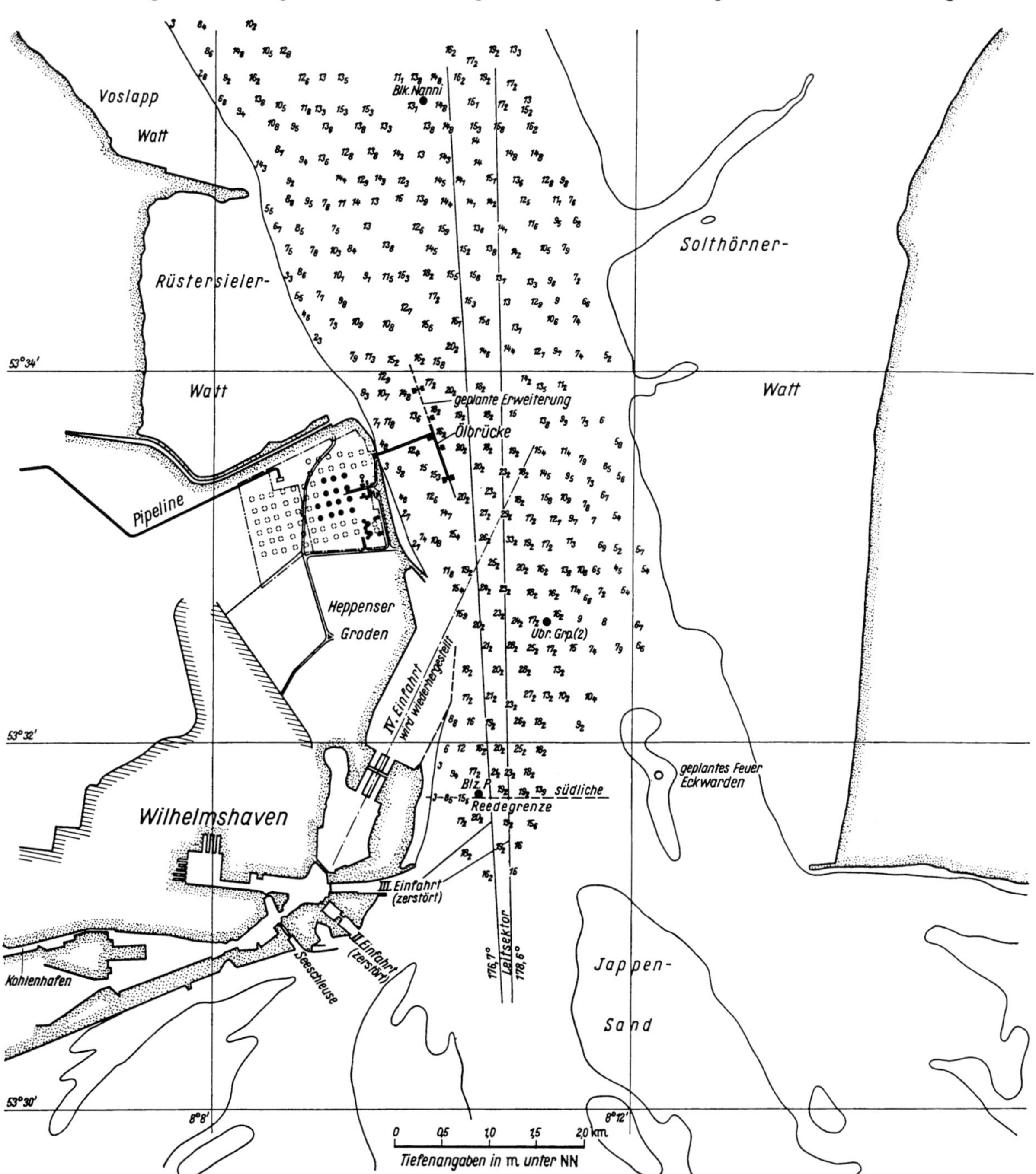

Abb. 3. Lage der Ölbrücke im Raum Wilhelmshaven

2. Grundsätzliche Ausbildung der Ölumschlagsbrücke und ihre Lage in der Jade

Vor Beginn der eigentlichen Planungs- und Entwurfsarbeiten sind vom Franziusinstitut der Technischen Hochschule Hannover, Prof. Dr.-Ing. Hensen, eingehende Strömungs- und Modelluntersuchungen durchgeführt worden, die zum Entwurf der Brücke herangezogen wurden.

Auf Grund allgemeiner Erfahrungen, der Bodenaufschlüsse und der sonstigen besonderen örtlichen Bedingungen stand fest, daß hier nur eine offene Pierkonstruktion auf verhältnismäßig schlanken, keine tiefen Kolke verursachenden Pfählen in Frage kam. Die Pfähle mußten allerdings stark genug sein, um neben den Beanspruchungen aus den Brückenüberbauten, Rohrlasten, Winddruck und Strömungsdruck, vor allem Eisdruck und Eisstoß sowohl im Bau- als auch im Betriebszustand sicher aufnehmen zu können.

Um ein einfaches An- und Ablegen und ein ruhiges Liegen der Tanker sicherzustellen, mußte die Löschbrücke möglichst in die Stromrichtung der Jade gelegt werden (s. Abb. 3 u. 4). Wenn umfangreiche Baggerungen vermieden werden sollten, mußte die Löschbrücke bis zu einer natürlichen Wassertiefe von rd. 15 m unter SKN hinaus verlegt werden. Um den späteren Betrieb der IV. Einfahrt Wilhelmshaven nicht zu behindern, mußte der südlichste Punkt der Öllöschbrücke mindestens 500 m von der Schleusenachse entfernt angeordnet werden.

Für Planung und Entwurf der Anlage wurden vom Wasser- und Schiffahrtsamt Wilhelmshaven langjährige Beobachtungen der Wind- und Wetterverhältnisse, Wasserstände, Sturmfluten usw. zur Verfügung gestellt. Die örtlichen Strömungsmessungen und die Modellversuche des Franzinstitutes zeigten, daß im Bereich der Brücke Flut- und Ebbstromrichtung um einen Winkel von

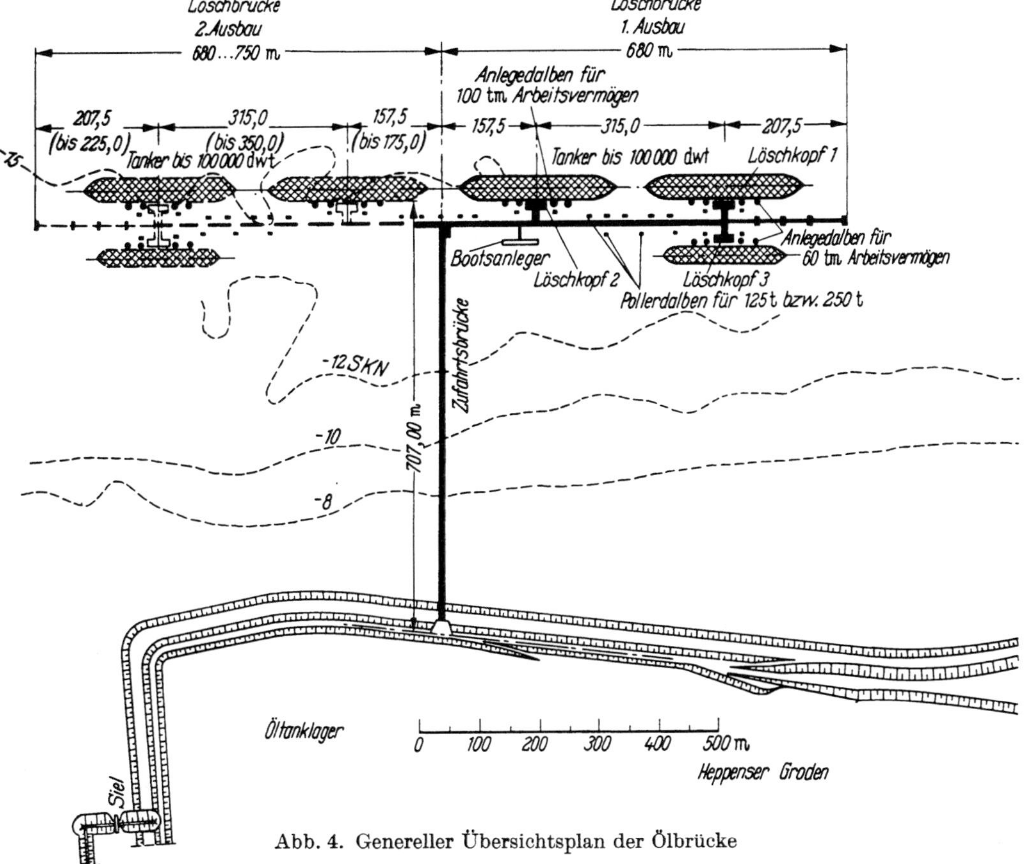

Abb. 4. Genereller Übersichtsplan der Ölbrücke

6° voneinander abweichen. Da beide Ströme etwa gleich stark sind, wurde die Löschbrückenachse in der Winkelhalbierenden, also unter 3° zum Flut- bzw. Ebbstrom, angeordnet.

Um die natürliche Wassertiefe von rd. 15 m unter SKN möglichst gut zu erreichen, wurde bauseitig ein Abstand von 750 m zwischen Uferkante und Vorderkante der seeseitigen Liegeplätze angestrebt. Dieses Maß mußte aber auf Wunsch des Bundesministeriums für Verkehr mit Rücksicht auf die Fahrwasserverhältnisse nach Wilhelmshaven auf rd. 705 m verkleinert werden. Örtliche geringe Glättungen von Sohlenriffeln müssen hierbei in Kauf genommen werden. Größere Baggerungen, die bei der vorhandenen Bodenformation gefährliche Folgen haben konnten, werden jedoch vermieden. Sie hätten die diluvialen Kies-, Grobsand- und verkitteten Feinsandschichten, die als Deckschichten über den vorwiegend tertiären, schluffigen Mittel- und Feinsanden liegen und die Sohle stabilisieren, beseitigt und damit die Sohle in Bewegung gebracht.

Die nunmehr vorhandenen Fahrwasserverhältnisse in der Jade sind aus Abb. 2 ersichtlich. Der Leitsektor des Leuchtturms Arngast mußte hierzu um einige Grade verschwenkt werden. Die Fahrwasserbegrenzung ist nun soweit von der Ölbrücke entfernt, daß die an der Brücke liegenden Schiffe bei langsamem Verkehr im Fahrwasser nicht mehr gestört werden. Gleichzeitig blieb das öffentliche Interesse an einer aufnahmefähigen Reede vor Wilhelmshaven gewahrt.

Die örtlichen Verhältnisse und die Lage der Brücke und des Tanklagers im Wilhelmshavener Raum zeigt Abb. 3, die generelle Übersicht der Brückenanlage mit erstem und zweitem Ausbau Abb. 4.

3. Allgemeine Bearbeitungsgrundlagen

Voraussetzung für eine einwandfreie Planungs-, Entwurfs-, Ausschreibungs- und Angebotsbearbeitung und eine sinnvolle Bauausführung ist die genaue Kenntnis der örtlichen Verhältnisse betreffend Wind, Wetter, Sicht, Tide, Wasserstände, Sturmfluten, Strömung, Eisgang, Bodenaufbau und Bodenwerte usw.

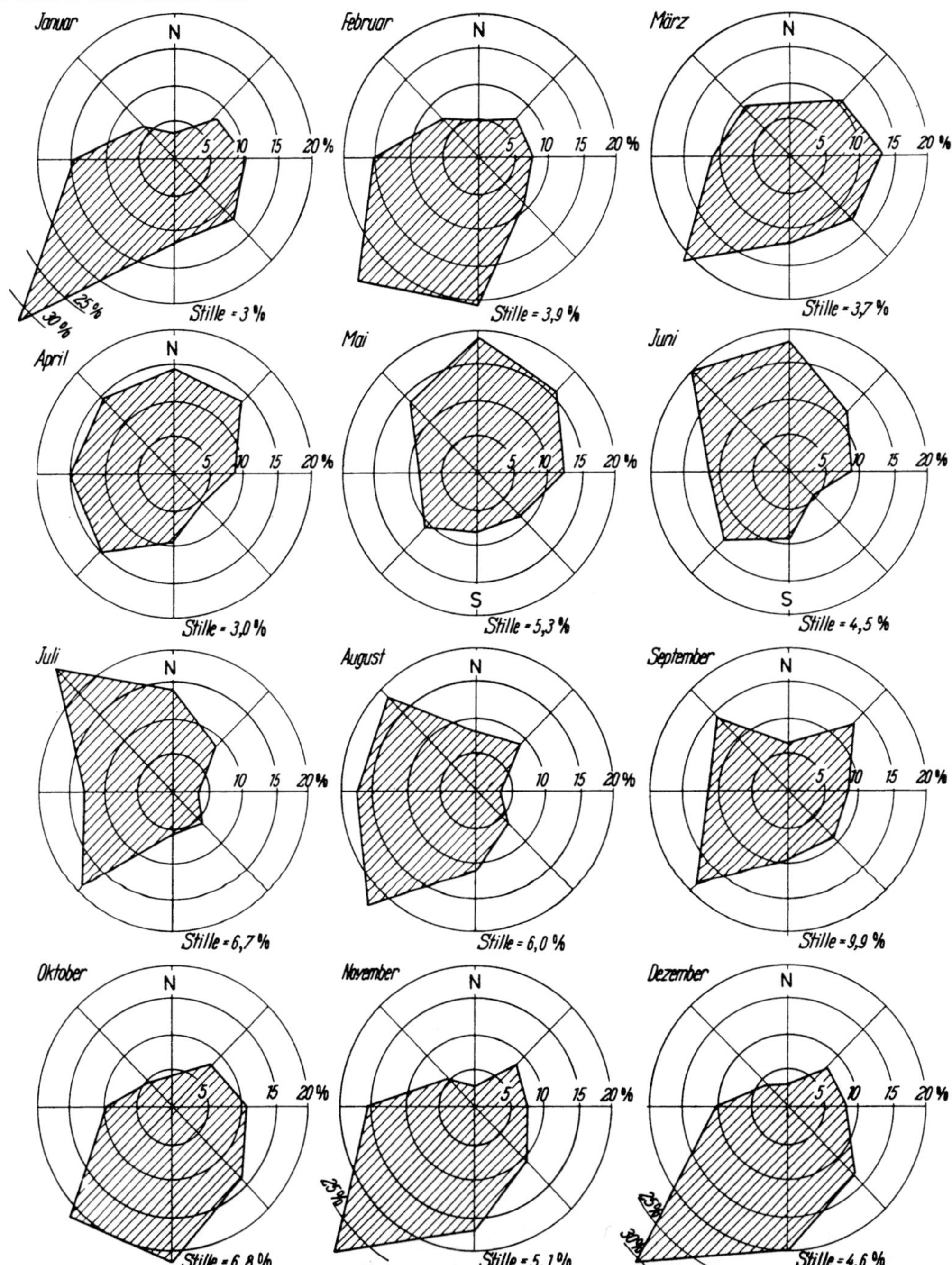

Abb. 5. Monats-Windrosen für Wilhelmshaven (Mittelwerte von 1903 bis 1918)

Abgesehen von den Bodenaufschlüssen wurden fast alle erforderlichen Unterlagen vom Wasser- und Schiffahrtsamt Wilhelmshaven in entgegenkommender Weise zur Verfügung gestellt (vgl. Abb. 5 bis 14).

3.1 Windverhältnisse

Abb. 5 zeigt die mittleren Monats-Windrosen für Wilhelmshaven für den Zeitraum 1903 bis 1918. Abb. 6 die Jahreswindrose für den gleichen Zeitraum.

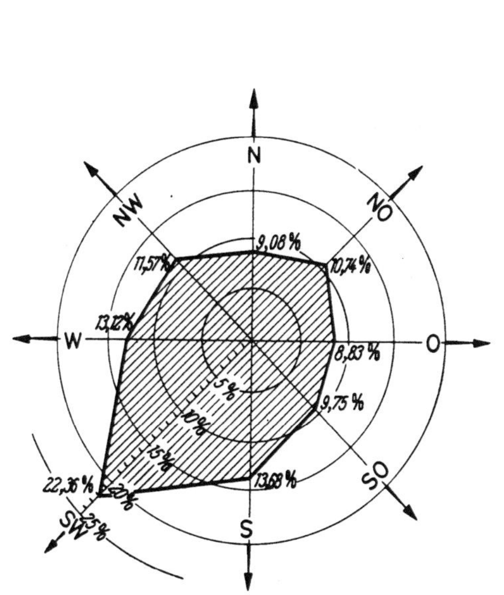

Abb. 6. Jahres-Windrose für Wilhelmshaven (Mittelwerte von 1903 bis 1918)

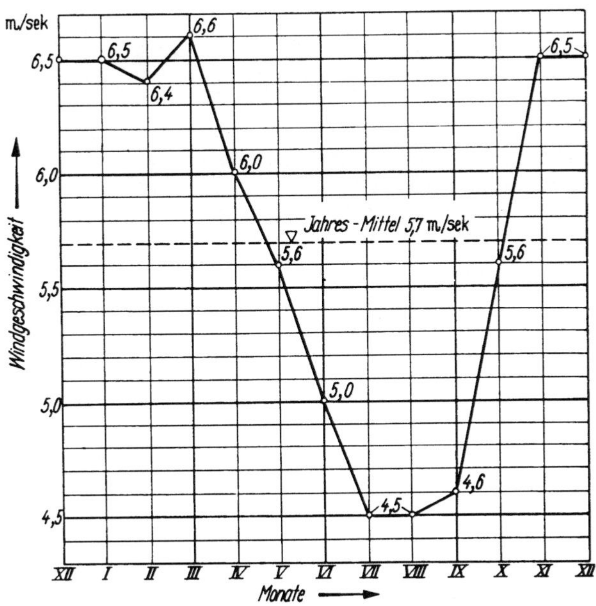

Abb. 7. Jahres- und Monatsmittel der Windgeschwindigkeiten in Wilhelmshaven

Das Jahres- und die Monatsmittel der Windgeschwindigkeiten gehen aus Abb. 7 hervor.
Die größte stündliche Windgeschwindigkeit = 26 m/sec.
Windschwache Tage mit einer mittleren Windgeschwindigkeit = 3 m/sec = 45 Tage/Jahr.
Windschwache Stunden mit einer mittleren Windgeschwindigkeit = 3 m/sec = 135 h/Monat

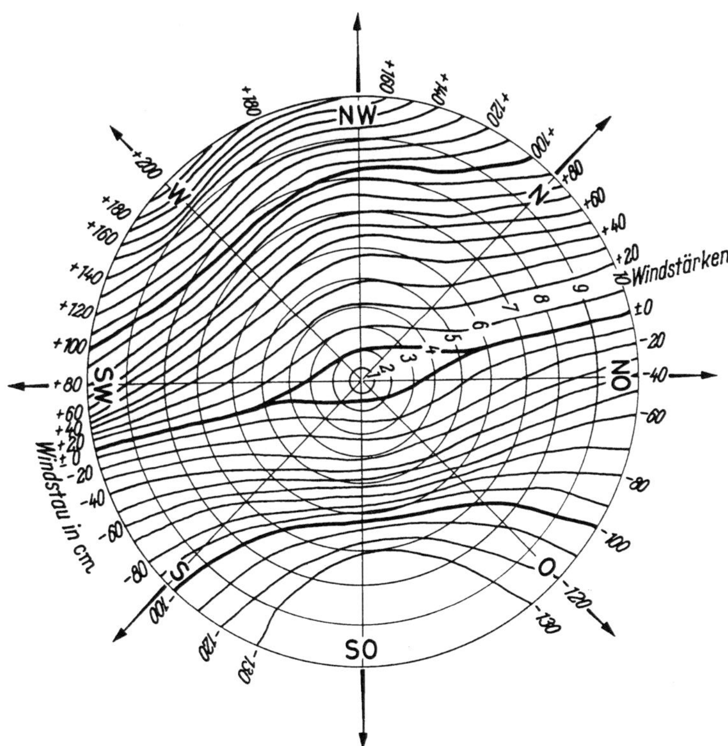

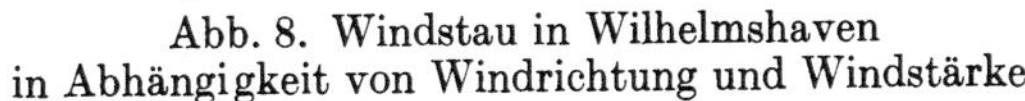
Abb. 8. Windstau in Wilhelmshaven in Abhängigkeit von Windrichtung und Windstärke

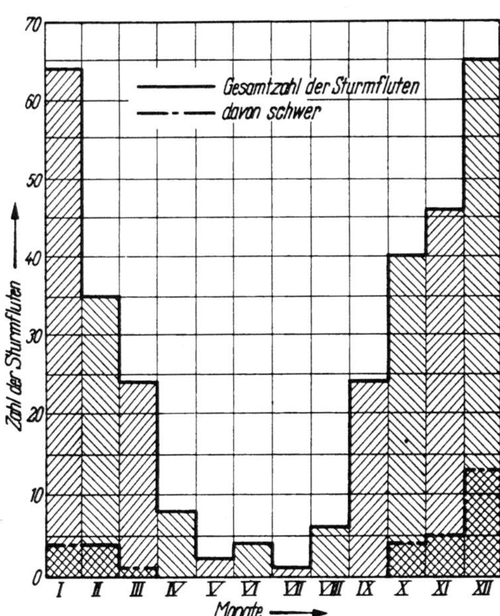

Abb. 9. Zahl der Sturmfluten in Wilhelmshaven im Zeitraum 1875 bis 1934

3.2 Windstau

Je nach Windrichtung und Windstärke wird der Wasserstand der Jade in Wilhelmshaven gegenüber dem Zustand bei Windstille erhöht oder abgesenkt. Die zahlenmäßigen Zusammenhänge sind aus Abb. 8 zu ersehen.

3.3 Sturmfluten

Durch Überlagerung von Tidehochwasser und Windstau ergeben sich die Sturmfluten, die für das Gebiet von Wilhelmshaven wie folgt definiert sind:

„Sturmflut" = MThw + $\frac{1}{3}$ Tidenhub als Windstau = +5,00 SKN = +2,82 NN.

„Schwere Sturmflut" = MThw + 2,20 m Windstau = +6,00 SKN = +3,82 NN.

„Sehr schwere Sturmflut" = MThw + 3,20 m Windstau = +7,00 SKN = +4,82 NN.

In den 60 Jahren von 1875 bis 1934 wurden insgesamt 319 Sturmfluten, im Mittel also 5,3 pro Jahr, beobachtet. Davon waren 29 „Schwere Sturmfluten" und nur 2 „Sehr schwere Sturmfluten".

Die Häufigkeit der Sturmfluten in den einzelnen Monaten ist aus Abb. 9 zu ersehen.

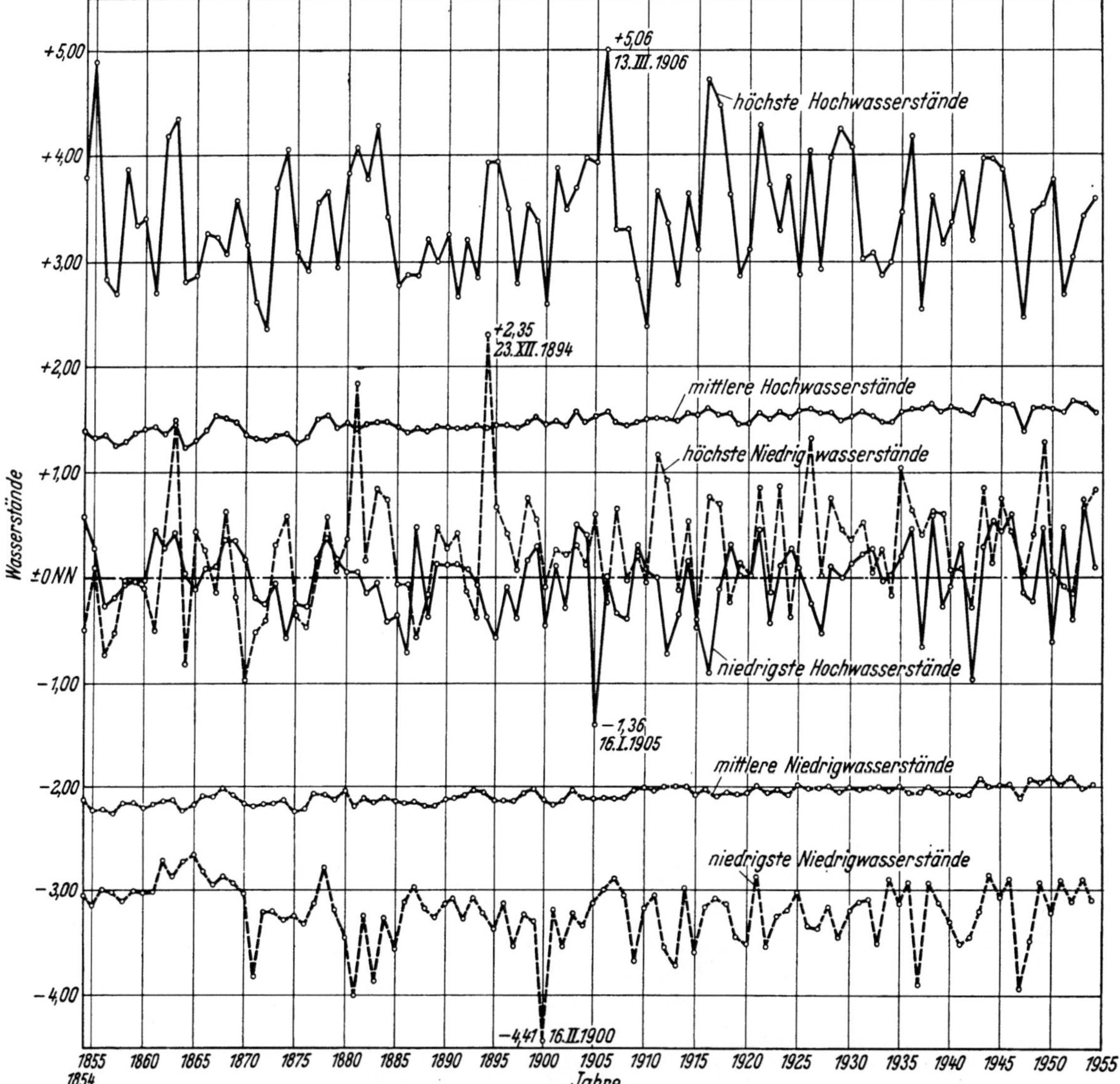

Abb. 10. Mittlere und extreme Wasserstände der Jahre 1854 bis 1954 an der I. Einfahrt Wilhelmshaven

3.4 Größte Wellenhöhe, größte Strömung

Infolge geschützter Lage sind die größten Wellen in der Jade vor dem Heppenser Groden nur etwa 1,30 m hoch. Wellen geringer Höhe treten als auslaufende Nordseedünung zeitweise auch ohne nennenswerten Wind auf.

Als größte Strömungsgeschwindigkeit wurde amtlicherseits 2,5 sm/h = 1,27 m/sek angegeben.

3.5 Wasserstände und ihre Häufigkeit

Die mittleren und extremen Wasserstände der Jahre 1854 bis 1954 an der I. Einfahrt in Wilhelmshaven gehen aus Abb. 10 hervor. Während die extremen Werte stark schwanken, ändern sich die

Mittelwerte kaum. Hier ist lediglich ein leichtes Ansteigen in den letzten 50 Jahren zu beobachten. Abb. 11 zeigt die Häufigkeit der Wasserstände an der I. Einfahrt mit vergleichsweiser Angabe des vorgesehenen höchsten und niedrigsten Arbeitswasserstandes für die Ölbrücke.

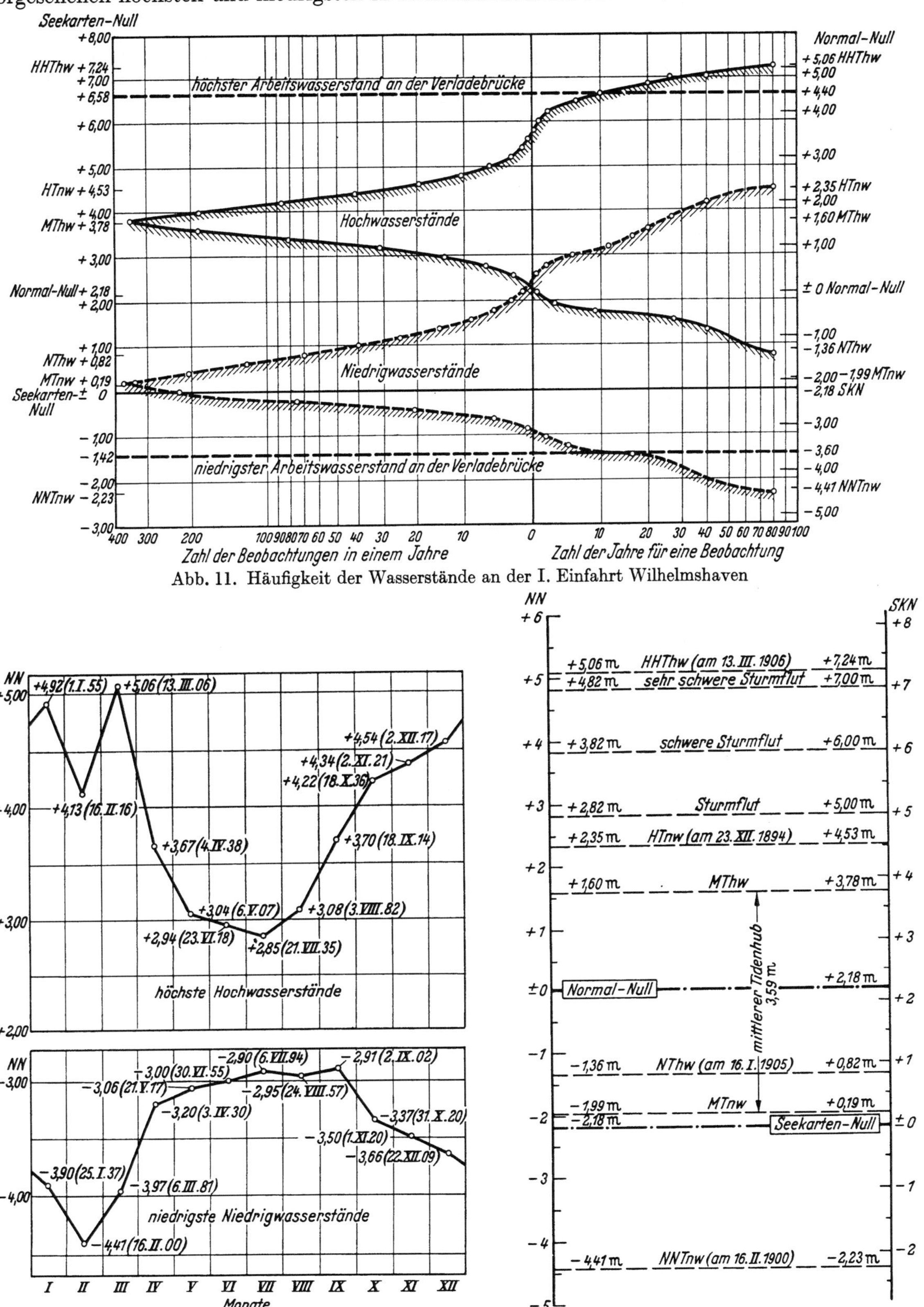

Abb. 11. Häufigkeit der Wasserstände an der I. Einfahrt Wilhelmshaven

Abb. 12. Äußerste Monatswerte der Wasserstände an der I. Einfahrt Wilhelmshaven im Zeitraum 1854 bis 1939

Abb. 13. Kennzeichnende Wasserstände an der I. Einfahrt Wilhelmshaven

Abb. 12 bringt die äußersten Monatswerte der Wasserstände an der I. Einfahrt im Zeitraum 1854 bis 1939, Abb. 13 eine Übersicht über die kennzeichnenden Wasserstände.

Die Meßergebnisse vom Pegel der I. Einfahrt geben ausreichende Anhaltspunkte auch für die Verhältnisse an der Ölbrücke. Bei der Festlegung der Rechnungswerte für die Ölbrücke wurden die vorhandenen geringfügigen Abweichungen berücksichtigt.

3.6 Tide

Die mittlere Tidekurve für den Pegel der I. Einfahrt mit ihren Steig- und Fallgeschwindigkeiten ist in Abb. 14 dargestellt. Hiervon können bei Springfluten, Sturm, Windstau und der Überlagerung dieser Einflüsse zeitweise beachtliche Abweichungen auftreten.

3.7 Frost und Eis

Die Beobachtungen von 1893 bis 1922 ergeben:

mittleres Datum des letzten Frostes	= 7. April	letzter Frost	frühestes Datum	=	8. März 1921
mittleres Datum des ersten Frostes	= 11. November		spätestes Datum	=	23. April 1899
mittlere Dauer der frostfreien Zeit	= 217 Tage/Jahr	erster Frost	frühestes Datum	=	7. Oktober 1912
			spätestes Datum	=	7. Dezember 1906

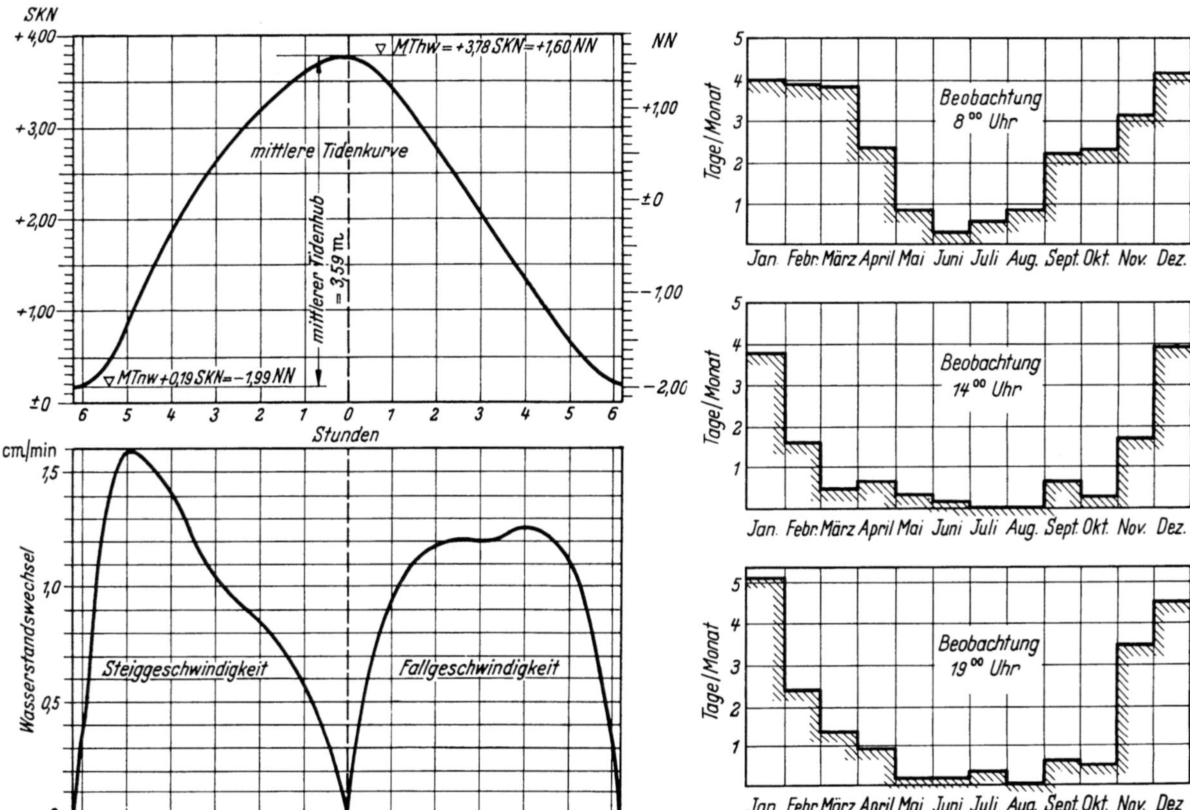

Abb. 14. Mittlere Tidekurve für Wilhelmshaven mit Steig- und Fallgeschwindigkeiten

Abb. 15. Nebelverhältnisse in Wilhelmshaven. Monatsmittel der Sicht unter 1000 m für den Zeitraum 1931 bis 1937

Mittlere Zahl der Frosttage im Jahr = Tage, deren niedrigste Temperatur unter dem Gefrierpunkt liegt = 74,5 Tage/Jahr, davon im Januar i. M. 17,8 Tage.

Mittlere Zahl der Eistage im Jahre = Tage, deren höchste Temperatur nicht über dem Gefrierpunkt liegt = 20,1 Tage/Jahr, davon im Januar i. M. 7,8 Tage.

Packeis und Treibeis hängen in der Jade vor dem Heppenser Groden sowohl von der Schwere des Winters als auch von den Windverhältnissen ab. Der Eistrieb vor dem Heppenser Groden ist im allgemeinen gering.

3.8 Wetter und Sicht

Hier liegen etwa die gleichen Verhältnisse wie sonst an der deutschen Nordseeküste vor. An rd. 10 Tagen im Monat ist die Regenhöhe = 1,0 mm und an rd. 15 Tagen = 0,1 mm.

Einen Überblick über die Nebel- und Sichtverhältnisse gibt Abb. 15. Hiernach beträgt um 8.00 Uhr morgens die Sicht in den Monaten Dezember bis einschließlich März an jeweils 4 Tagen weniger als 1000 m. Um 14.00 Uhr trifft das gleiche nur für Dezember und Januar zu. Um 19.00 Uhr ist die Sicht im November an 3,5 Tagen, im Dezember an 4,5 Tagen und im Januar an 5 Tagen unter 1000 m. In den Sommermonaten ist die Sicht durchweg gut. Abgesehen vom frühen Vormittag können die Sichtverhältnisse für die Baudurchführung als insgesamt günstig angesprochen werden. Bei der Gestaltung der Anlage mußte die teilweise Sichtbehinderung jedoch berücksichtigt werden.

3.9 Bodenaufschlüsse — Bodenwerte

Zur Erkundung des Untergrundes wurden 20 Seebohrungen und eine Landbohrung ausgeführt (s. Abb. 16). Außerdem standen die Landbohrungen für das Tanklager zur Verfügung.

Die Bohrungen B_1, B_2, B_3 waren bereits im Zuge der Voruntersuchungen ausgeführt worden. Die weiteren Bohrungen wurden der endgültigen Brückenform und den angetroffenen Untergrundverhältnissen angepaßt.

Die Bohrergebnisse sind in den Abb. 17, 18 und 19 dargestellt. Danach folgt auf eine diluviale Deckschicht aus gröberem Material und zum Teil verkittetem Feinsand in der Hafensohle der erwähnte, im allgemeinen mehr oder weniger schluffige Mittel- und Feinsand bis in große Tiefe.

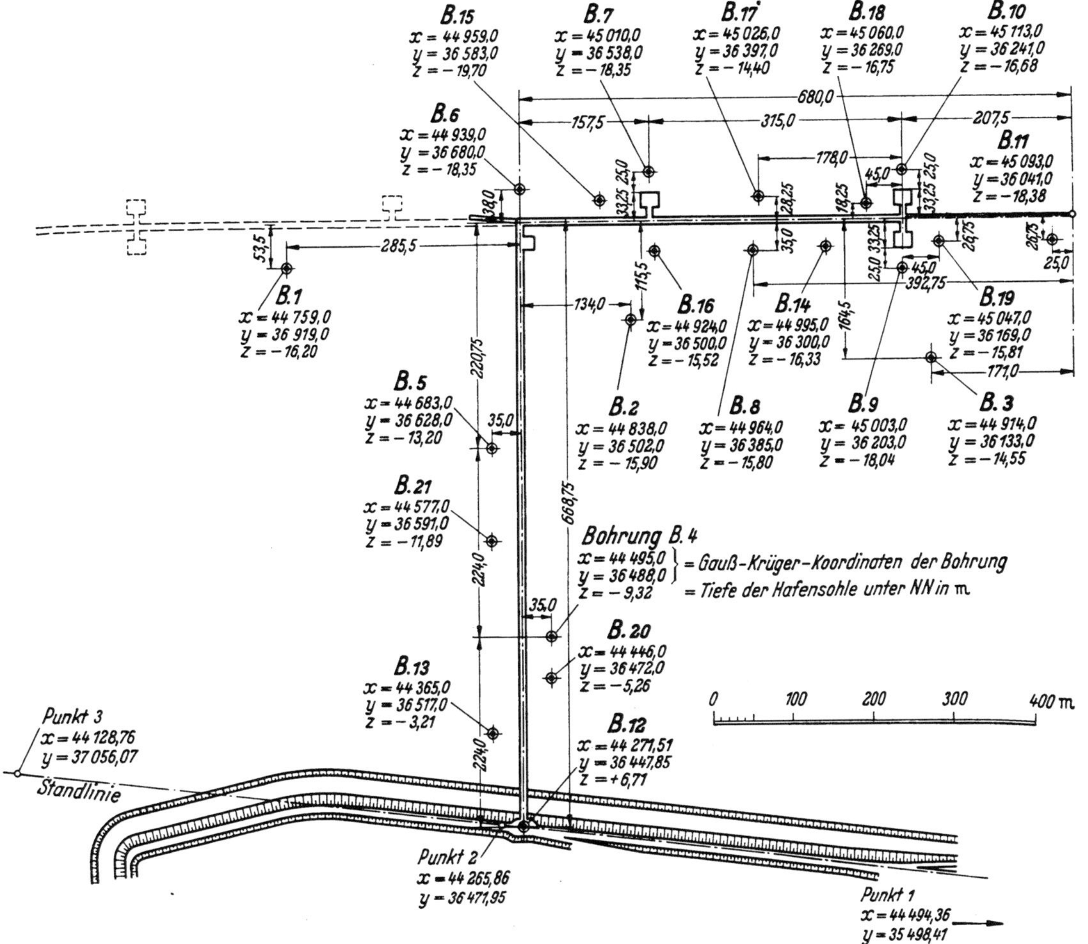

Abb. 16. Lageplan der Seebohrungen vor dem Heppenser Groden

Abweichend von den ersten drei Erkundungsbohrungen wurde zwischen Kreuzkopf und Löschkopf 2 (s. Abb. 23) eine 6—8 m unter Hafensohle beginnende, bis zu 2,50 m dicke Lignitschicht erbohrt. Sie war vor allem für die Pollergründungen von Bedeutung, deren Pfähle wegen der aufzunehmenden hohen Zuglasten durch die Lignitschicht hindurch tief eingerammt werden mußten.

Umfangreiche bodenphysikalische Untersuchungen waren nicht erforderlich, da ausreichende Erfahrungswerte von den benachbarten früheren Marinebauten zur Verfügung standen. Die Untersuchungen konnten auf schluffige Einlagerungen begrenzt bleiben. An Hand ungestörter Bodenproben wurden vom Franziusinstitut für solche dünnen Einlagerungen im tieferen Untergrund natürliche Wassergehalte zwischen 16 und 19,4% und im Bereich der Gebrauchslasten Steifeziffern zwischen rd. 100 und 400 kg cm² ermittelt. Die Scherfestigkeiten liegen im entsprechenden Rahmen.

3.10 Sohlenoberfläche im Bereich der Brücke

Zur Feststellung der Wassertiefe und eventueller Veränderungen der Sohlenoberfläche wurden Feinpeilungen mit dem Echolot ausgeführt, die während der Bauzeit mit dem Handlot ergänzt

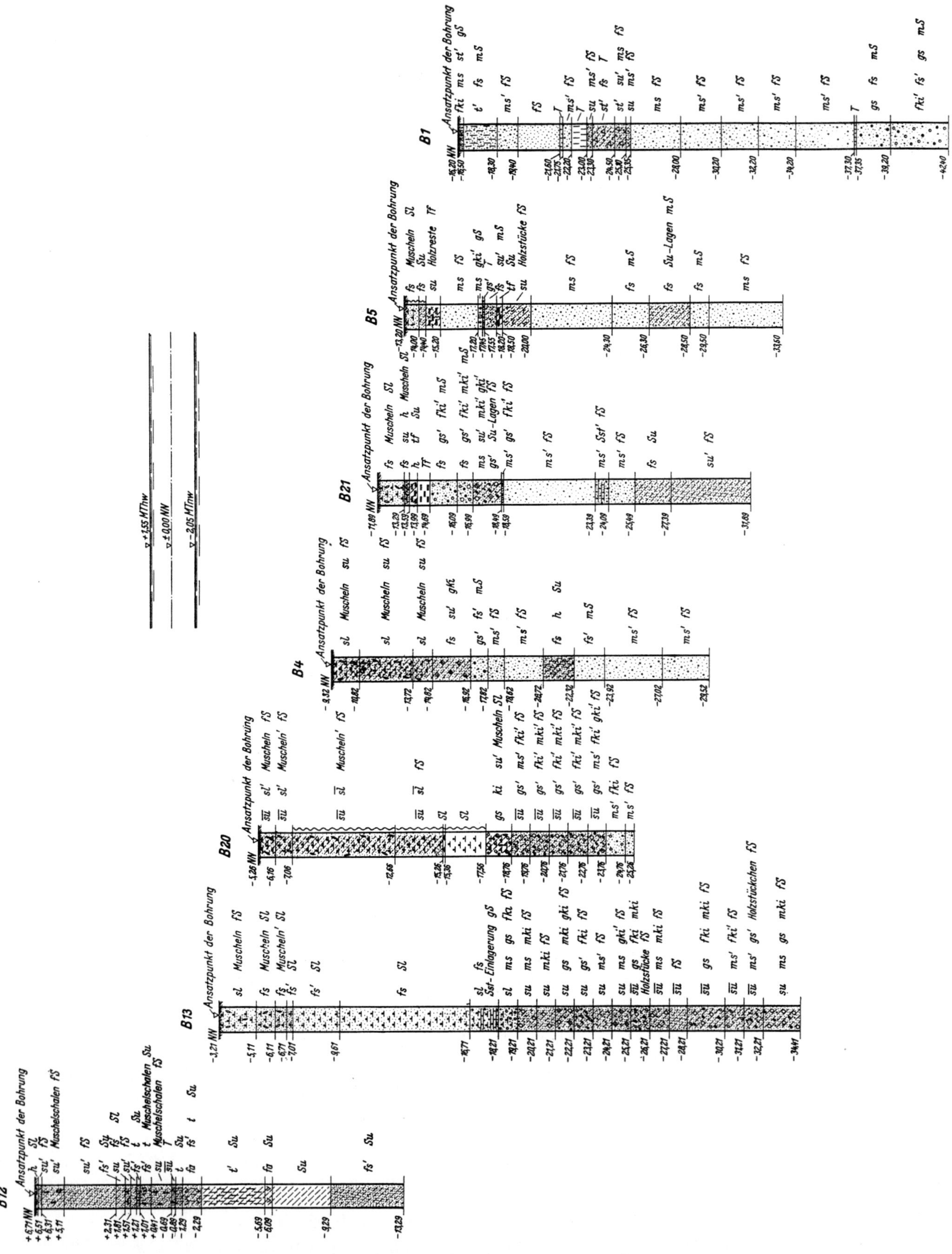

Abb. 17. Bohrungen B 12, 13, 20, 4, 21, 5 und 1

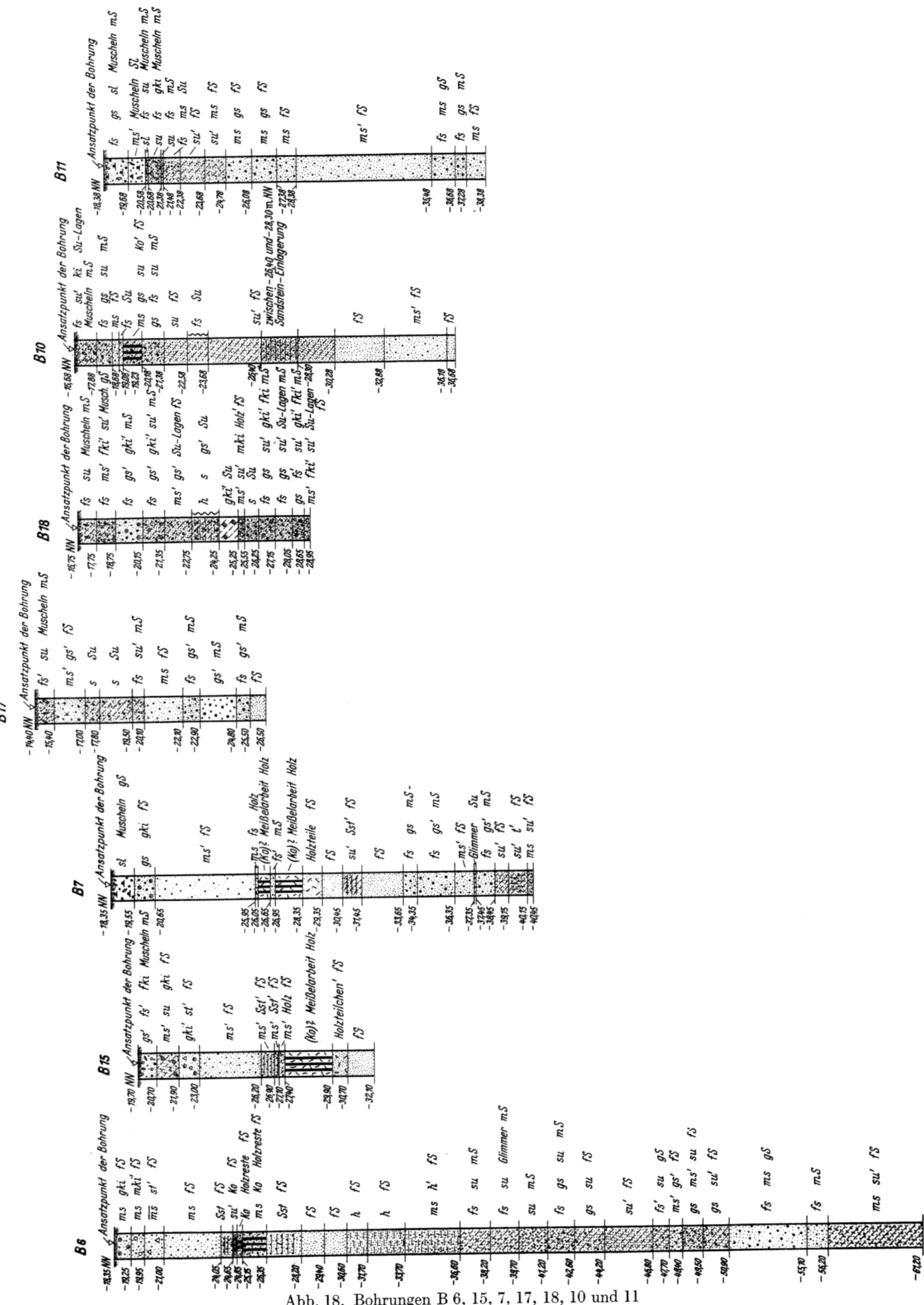

Abb. 18. Bohrungen B 6, 15, 7, 17, 18, 10 und 11

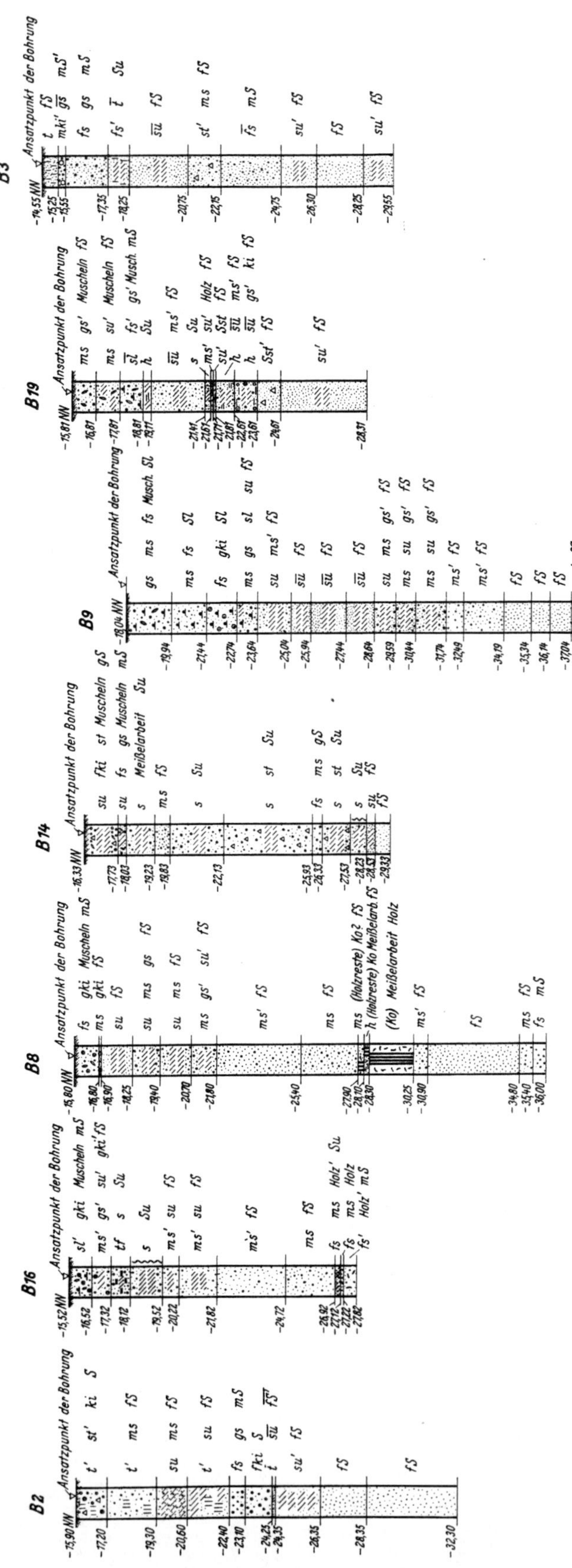

Abb. 19. Bohrungen B 2, 16, 8, 14, 9, 19 und 3

wurden. Abb. 20 zeigt den mit Handlot gemessenen Verlauf der Sohlenoberfläche in Achse Zufahrts- und Löschbrücke.

Die festgestellten stationären Unebenheiten sind kennzeichnend für die Sohlenform in der Jade vor dem Heppenser Groden. Sie sind zum Teil auf Verkittung des Bodens in einzelnen Sohlenbereichen zurückzuführen.

4. Schiffsgrößen und -lagen

Die Forderung, an der Brücke kleinste Tanker von 12500 dwt bis größte Tanker von 100000 dwt praktisch bei allen Wasserständen leer und voll abfertigen zu können, war entscheidend für die Gesamtgestaltung und mitbestimmend für die Höhenlage der Brückenplattform. Als niedrigster Arbeitswasserstand wurde $-3{,}60$ NN und als höchster $+4{,}40$ NN festgelegt. Diese Wasserstände werden nach Abb. 11 in 10 Jahren nur einmal über- bzw. unterschritten, und gewährleisten so eine große Betriebssicherheit.

Abb. 21 zeigt die Deck- und Bodenlagen verschiedener Tanker bei den extremen Arbeitswasserständen im vollen bzw. leeren Zustand. Die Angaben für den 100000-dwt-Tanker fehlen, da sie bisher noch nicht genau genug festliegen. Durch eine geeignete Abstimmung von Anlegezeitpunkt und Pumpleistung kann aber auch bei größten Schiffen selbst bei Wasserständen unter dem niedrigsten Arbeitswasserstand eine Bodenberührung mit Sicherheit vermieden werden.

Abb. 22 zeigt die extremen Schlauchanschlußlagen des 12500- und des 84730-dwt-Tankers. Der größte Höhenunterschied der Schlauchanschlüsse beträgt hier 21,45 m.

5. Grundmaße der Brückenkonstruktion

Da gefordert wurde, die großen Rohre freispannend über die Jochbalken zu verlegen, war der Jochabstand begrenzt. Um Schwingungen zu vermeiden, wurde die Stützweite der Rohre und damit der Jochabstand der Normalfelder mit 15 m festgelegt. Für die kleineren Rohre unter der Brückenfahrbahn wurde eine Stützweite von 7,50 m zugelassen.

Bei HHThw +5,06 NN und 1,30 m größter Wellenhöhe wurde die Unterkante der Rohre auf +5,60 NN gelegt. Sie können daher im ungünstigsten Falle nur noch von den Wellenkämmen berührt werden, was bei der gewählten offenen Bauweise ohne Bedeutung ist.

Unter Berücksichtigung der Bauhöhe der Lager und ihres Mörtelbettes ergab sich Oberkante Bankettbalken = +5,35 NN und Unterkante Lagerplatte = +5,40 NN.

Um Rohrführungen oberhalb der Brückenfahrbahn zu vermeiden, mußten die Brückenlängsträger so hoch gewählt werden, daß alle Rohrkreuzungen unter der Brückenfahrbahn ausgeführt werden konnten. Hinzu kam die Forderung nach einem Revisionsgang unter der Brücke.

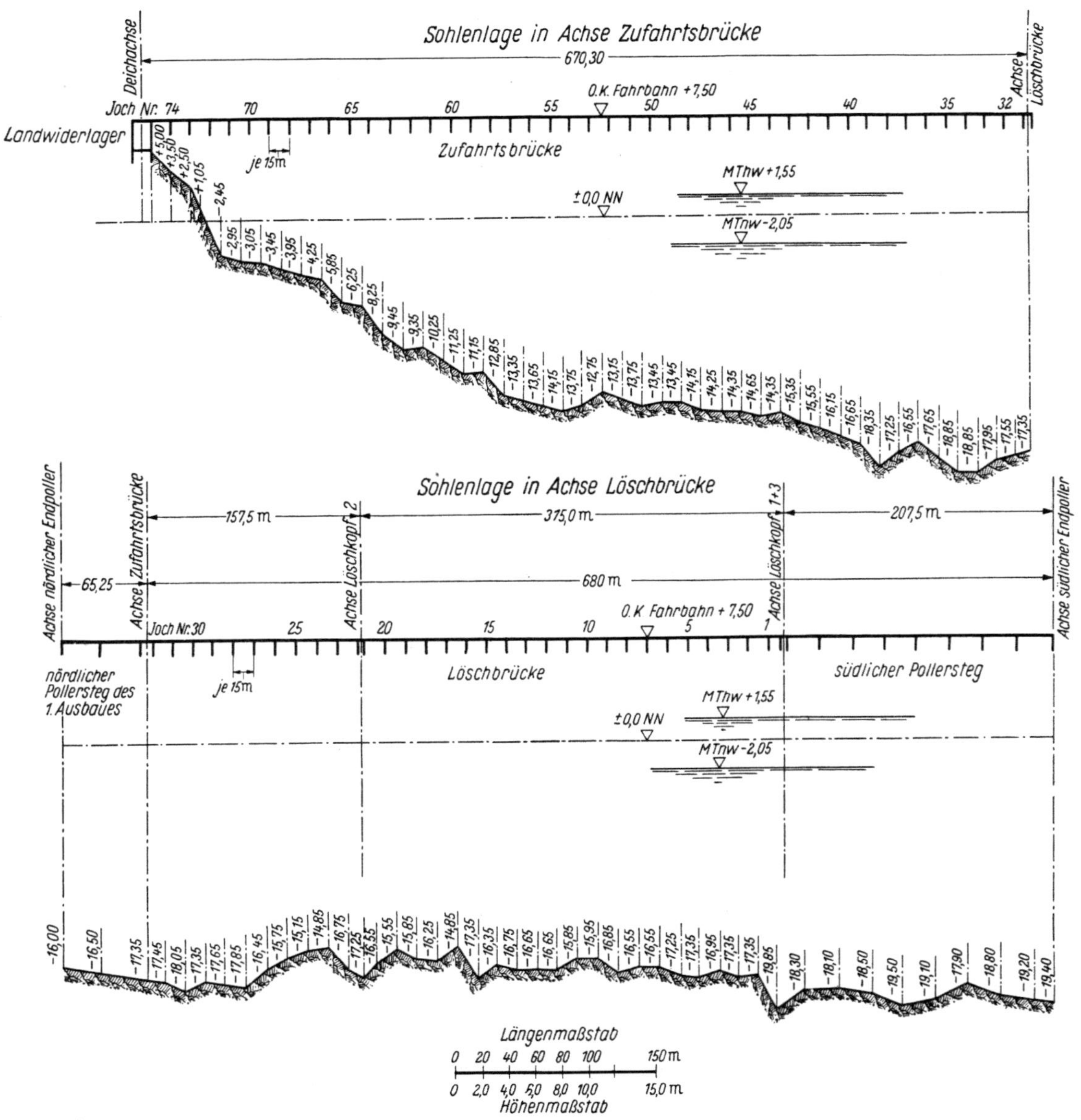

Abb. 20. Oberfläche der Meeressohle unter der Ölbrücke

Damit die unter der Brücke liegenden Rohre und der Revisionsgang ungehindert durchlaufen können, mußte die Brücke ohne Querscheiben ausgeführt werden. Zur Erhöhung der Quersteifigkeit wurde für die Fahrbahnplatte eine Mindestdicke von 0,25 m festgelegt. Oberkante Brückenfahrbahn ergab sich so auf +7,50 NN. Diese Höhenlage fügte sich organisch in die sonstigen betrieblichen Forderungen.

Die Rohre sind auf der gesamten Brücke waagerecht angeordnet, so daß die Höhenkote +7,50 NN in Fahrbahnmitte auf ganzer Brückenlänge beibehalten werden konnte.

Die Fahrbahn wurde bei der großen Brückenlänge und den teilweise schlechten Sichtverhältnissen (s. Abb. 15) 5,50 m breit gewählt, mit beidseitig 0,50 m Schrammborden bis zur Geländer-

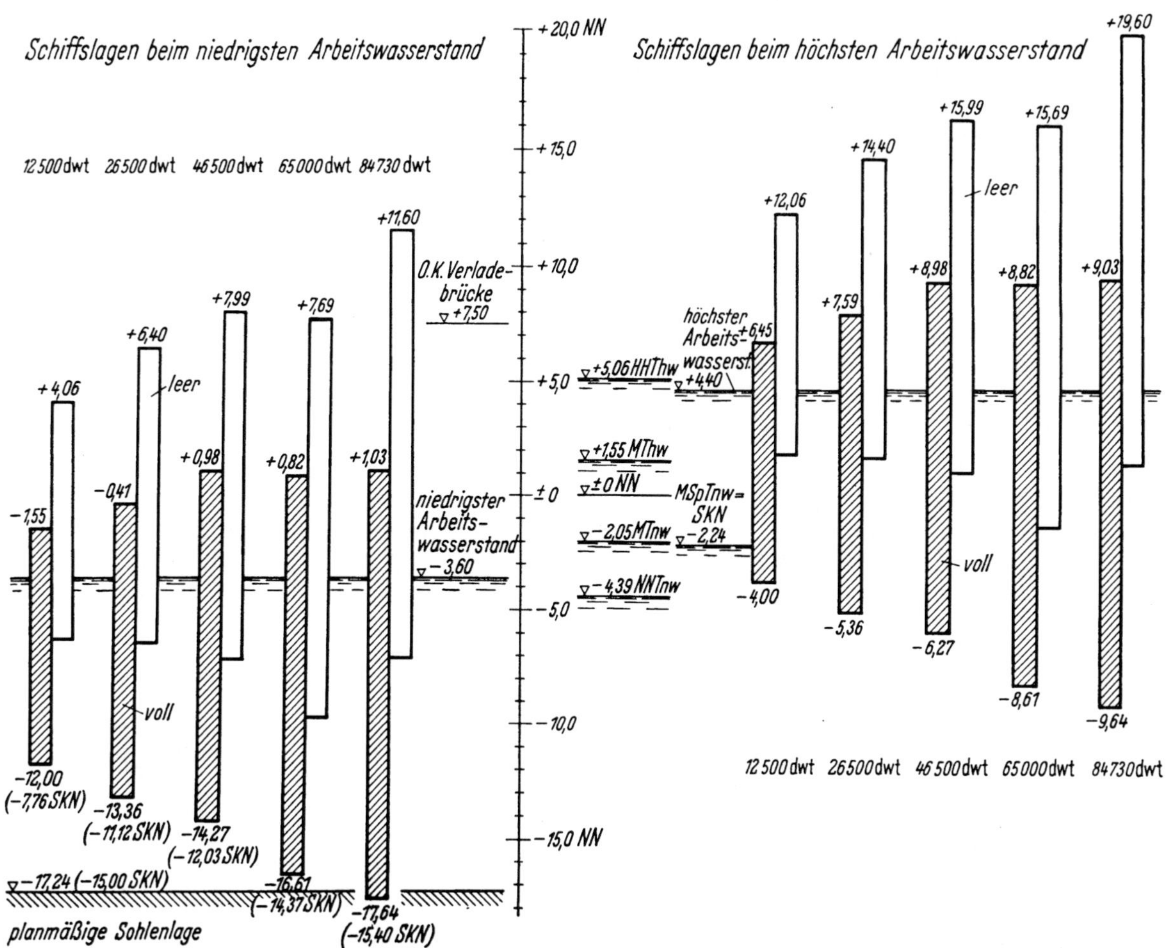

Abb. 21. Extreme Tankschiffslagen beim höchsten und niedrigsten Arbeitswasserstand

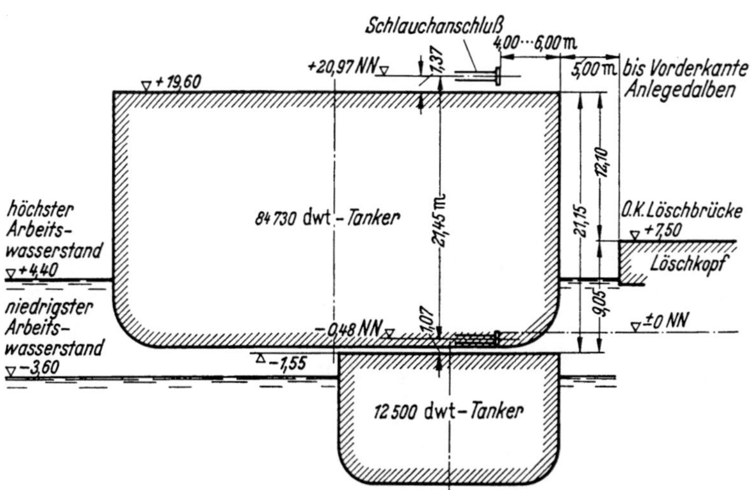

Abb. 22. Extreme Schlauchanschlußlagen

achse. Bei 5,50 m Fahrbahnbreite ergibt sich eine 3,00 m breite Fahrspur und eine 2,50 m breite Standspur. Der laufende Gegenverkehr kleinerer Kraftfahrzeuge, z. B. von Personenkraftwagen, ist ohne Schwierigkeiten möglich.

Die Fahrbahn wurde für das 12-t-Regelfahrzeug bemessen. Dadurch ist es möglich, die Brücke mit einem Straßenkran zu befahren und ihn bei notwendigen Reparaturen und dergleichen an beliebiger Stelle einzusetzen.

Die Länge der Jochbalken ergibt sich aus den neben der Brückenfahrbahn aufzulagernden Rohrleitungen (s. Abb. 25, 26, 29 und 30).

Die Löschköpfe mußten den Schlauchgerüsten und den Rohrführungen angepaßt werden und auch die Unterbringung einer Gangway gestatten.

Im übrigen mußten die Brückenabmessungen und die Gestaltung der Einzelteile bei Wahrung der statisch-konstruktiven Belange so gewählt werden, daß die Fertigstellung des gesamten Bauwerkes in der geforderten Qualität und außerordentlich kurzen Bauzeit mit normalem Kostenaufwand möglich wurde.

6. Wahl der Anlegekonstruktion

Bereits die Voruntersuchungen zeigten, daß für jeden Liegeplatz als Anlegekonstruktion nur ein Berthing Beam oder die Ausrüstung mit 4 elastischen Stahldalben in Frage kamen. In beiden Fällen ist die Anlegekonstruktion völlig getrennt von der Brücke.

Der Berthing Beam besteht aus einem kräftigen Stahlbetonkopfbalken auf schräg eingerammten Stahlpfählen. Er wird unter den gegebenen Verhältnissen etwa 75 m lang ausgebildet. Die Enden sind abgeschrägt, so daß ein Schiffsstoß dort üblicherweise nicht angreifen kann. Die kinetische Energie des anlegenden Schiffes wird durch die Hebung des Betonkopfes und die Federspannung der durchgebogenen Pfähle aufgenommen. Die durchlaufende Anlegestrecke erleichtert das Anlegen.

Beim elastischen Stahldalben muß die gesamte Energie durch Federspannung der elastischen Dalbenpfähle aufgenommen werden. Eine durchlaufende Anlegefläche ist nicht vorhanden. Vielmehr muß jeder Dalben für sich arbeiten und in der Lage sein, die Anlegebeanspruchungen allein aufzunehmen.

Nach sorgfältiger Gegenüberstellung der beiden Ausführungsmöglichkeiten ergab sich bei den Wilhelmshavener Verhältnissen eine eindeutige wirtschaftliche und technische Überlegenheit der Dalbenlösung gegenüber dem Berthing Beam. Dies ist vor allem auf die großen Wasserstandsschwankungen zurückzuführen mit 3,59 m normalem Tidenhub und einem Höhenunterschied von 8,0 m zwischen höchstem und niedrigstem Arbeitswasserstand.

Da beim Berthing Beam der Auftrieb das wirksame Gewicht des Kopfbalkens stark beeinflussen würde, muß der Kopfbalken über HHThw angeordnet werden. In dieser Lage hätte sich in Wilhelmshaven aber eine sehr teure Fenderung ergeben, zumal beim niedrigsten Arbeitswasserstand und kleinsten voll beladenen Schiff ein tiefster Stoß auf —2,00 NN berücksichtigt werden muß.

Die genaue Untersuchung des Berthing Beams hat weiter ergeben, daß das Gewicht des Kopfbalkens bei einem Stoß nahe dem Balkenende keine nennenswerte Arbeit leistet, weil der Hebung im Stoßbereich eine Senkung auf der anderen Balkenseite gegenübersteht. Da ein Berthing Beam für den Stoß im Randbereich bemessen werden muß, ist bei einem Stoß im Mittelbereich das rechnungsmäßige Arbeitsvermögen sehr hoch. Es kann aber nicht genutzt werden, weil sonst die Beanspruchung des Schiffes zu groß würde. Außerdem müßte der Kopfbalken im mittleren Bereich wesentlich stärker ausgeführt werden als bisher üblich, damit er bei einem schweren Stoß im Mittelbereich nicht bricht.

In einem Havariefall ist ein Berthing Beam der bisherigen Ausführungsart nur mit hohem Zeit- und Kostenaufwand wieder herzustellen. Der Liegeplatz fällt während dieser Zeit aus. Zur Vermeidung dieser Nachteile müßte der Berthing Beam noch weiterentwickelt werden. Er müßte den auftretenden Belastungs- und Betriebsfällen angepaßt, gegliedert ausgeführt werden, so daß auch Wiederherstellungsarbeiten schnell ausgeführt werden können. Diese Verbesserungen müßten mit erhöhten Kosten erkauft werden.

Die Entscheidung fiel daher zugunsten der elastischen Stahldalben. Auch diese müssen zur Schonung von Schiff und Dalben mit einer hohen Fenderung ausgerüstet werden. Diese Fenderung konnte aber zu einer Fenderschürze zusammengefaßt werden, die als Ganzes an einen Dalben gehängt und wieder abgenommen werden kann.

Zur gleichmäßigen Beanspruchung auch bei ausmittigen Stößen erhalten die Dalben einen Torsionsverband. Da sorgfältige Vergleichsrechnungen ergeben hatten, daß die Dalben für die Ölbrücke am wirtschaftlichsten in hochwertiger Stahlrohrkonstruktion hergestellt werden konnten, wurde diese Ausführungsart als verbindlich festgelegt. Sie erleichterte im übrigen durch die mögliche Variation in den Schußlängen und Wanddicken die Anpassung an die örtlichen Verhältnisse wie Sohlentiefe, Bodenschichtung und Korrosion. Bei einem schiefgefahrenen Dalben können die Pfähle nach Abheben der Fenderschürze und der Verbände gegebenenfalls nacheinander in die richtige Lage zurückgeholt und notfalls auch rasch ersetzt werden. Bei Vorhaltung einiger Reservepfähle, einzelner Verbandscheiben und einer Fenderschürze bleiben so auch bei starken Dalbenbeschädigungen die Ausfälle erträglich.

Bei der geforderten Anfahrt mit Schlepperhilfe und der geschützten Lage der Brücke mußte nach sonstigen Erfahrungen mit folgenden Anfahrtsgeschwindigkeiten quer zum Liegeplatz gerechnet werden:

beim 25 000 dwt-Tanker	0,30 m/sek
beim 100 000 dwt-Tanker	0,15 m/sek.

Diesen Verhältnissen entspricht bei einem Abminderungsfaktor 0,4 ein Arbeitsvermögen von 60 tm. Vorsorglich wurde jedoch beschlossen, die Anlegedalben am Löschkopf 2 für 100 tm zu bemessen und die übrigen Dalben so zu gestalten, daß sie später im Bedarfsfalle ohne Schwierigkeiten auf 100 tm verstärkt werden können.

Damit die Dalben nicht durch Zugkräfte entgegengesetzt belastet und durch Wechselbeanspruchung in ihrer Gründung verschlechtert werden können, wurden weder Poller noch sonstige Festmacheeinrichtungen auf den Dalben angeordnet.

7. Wahl der Festmachekonstruktion

Um zu einer weitestmöglichen Vereinheitlichung der Brückenkonstruktion zu gelangen, war es erforderlich, die örtlich großen Festmachekräfte von der Brücke fernzuhalten. Es wurde daher beschlossen, die Festmacheeinrichtungen auf besonderen Pollerdalben völlig unabhängig von der Brücke zu gründen. Diese Pollerdalben mußten der Vertäuung der zu erwartenden Tanker angepaßt werden. Unter Berücksichtigung der allgemeinen Erfahrungen und der besonderen örtlichen Verhältnisse wurden die normalen Pollerdalben für eine Zugkraft von 125 t und die Pollerdalben am Anfang und Ende der Liegeplätze für 250 t Zugkraft bemessen. Auch bei den Pollerdalben mußte wieder eine weitgehende Typisierung der Konstruktion angestrebt werden.

8. Besondere technische Bedingungen

Für den Ausschreibungsentwurf und eventuelle Sondervorschläge wurden besondere technische Bedingungen festgelegt. Diese werden hier in Ergänzung zu den bisherigen Ausführungen zum Teil im Wortlaut und zum Teil gekürzt wiedergegeben. Sie gestatten einen Einblick in die bei Ölbrücken maßgeblichen allgemeinen technischen Belange. Die für das vorliegende Projekt gestellten Bedingungen können natürlich nicht ohne weiteres auf andere Fälle übertragen werden.

8.1 Allgemeines

An der Brücke vor dem Heppenser Groden müssen Tanker von 12500 dwt bis zu 100000 dwt mit Schlepperhilfe sicher an- und ablegen und liegen können. Für die 100000 dwt-Tanker ist eine Wassertiefe von mindestens 15 m unter SKN erforderlich. Im Hinblick auf den Aufbau des Untergrundes müssen Baggerarbeiten größeren Umfanges vermieden werden. Die Brücke ist daher entsprechend weit in die Jade hinauszuführen. Der Abstand, von Vorderkante Dalben bis zur Standlinie auf der Deichkrone in der Achse der Zufahrtsbrücke gemessen, muß rd. 705 m betragen. Die genaue geographische Lage der einzelnen Brückenteile wird in einem besonderen Plan, in Gauß-Krüger-Koordinaten, festgelegt.

Im 1. Ausbau sind 3 Liegeplätze vorgesehen, von denen zwei wasserseitig mit einem Achsabstand von 315 m und einer landseitig angeordnet werden (s. Abb. 4 und 23).

Die Anlage besteht aus dem Landwiderlager, der Zufahrtsbrücke, dem Kreuzkopf, der Löschbrücke, den Löschköpfen, den Pollerstegen, Pollerdalben und den Anlagedalben (s. Abb. 23).

Die Löschköpfe liegen mit ihrer Vorderkante rd. 33 m vor der Achse der Löschbrücke und sind mit dieser durch Stichbrücken verbunden. Zur Aufnahme der Schlauchgerüste und Gangways und aus betrieblichen Gründen werden die Löschköpfe 22 m lang und 18 m breit ausgeführt (s. Abb. 23).

Die Fahrbahn der Zufahrts- und der Löschbrücke wird 5,50 m breit ausgeführt (s. Abb. 25, 26). Neben der Fahrbahn sind Schrammborde angeordnet mit seitlichen Steckgeländern in 0,50 m Achsabstand vom Fahrbahnrand. Die Fahrbahn liegt mit Achse auf +7,50 NN, die Schrammborde auf +7,65 NN. Die Fahrbahn hat beidseitig ein Quergefälle von 1,5%. Sie wird als unmittelbar befahrene Stahlbeton- oder Spannbetonbahn nach den einschlägigen Bestimmungen ausgeführt. Um eine erhöhte Standsicherheit bei allen in Frage kommenden Beanspruchungen zu erzielen und laufende Unterhaltungsarbeiten zu vermeiden, werden auch die Brückenbalken in Stahlbeton bzw. wahlweise in Spannbeton ausgeführt.

Mit Rücksicht auf betriebliche Belange darf der Brückenüberbau keine Querträger bzw. Querscheiben aufweisen (s. Abb. 25 und 26). Es sind nur unten liegende, bis zu 0,25 m hohe Zugbänder zulässig, die in den Viertelspunkten der Brückenfelder angeordnet werden. So kann die Montage und die Auswechselung der unter der Fahrbahn liegenden Rohre mit Nennweiten von 250 und 300 mm ohne Schwierigkeiten vorgenommen werden. Unter der Fahrbahn wird ein Revisionssteg in Stahlbeton mit seitlichem Steckgeländer angeordnet, der gleichzeitig die Brückenträger gegen Schlepperstöße und dergleichen aussteift.

Unter Berücksichtigung der während des Baues und später im Betriebszustand auftretenden

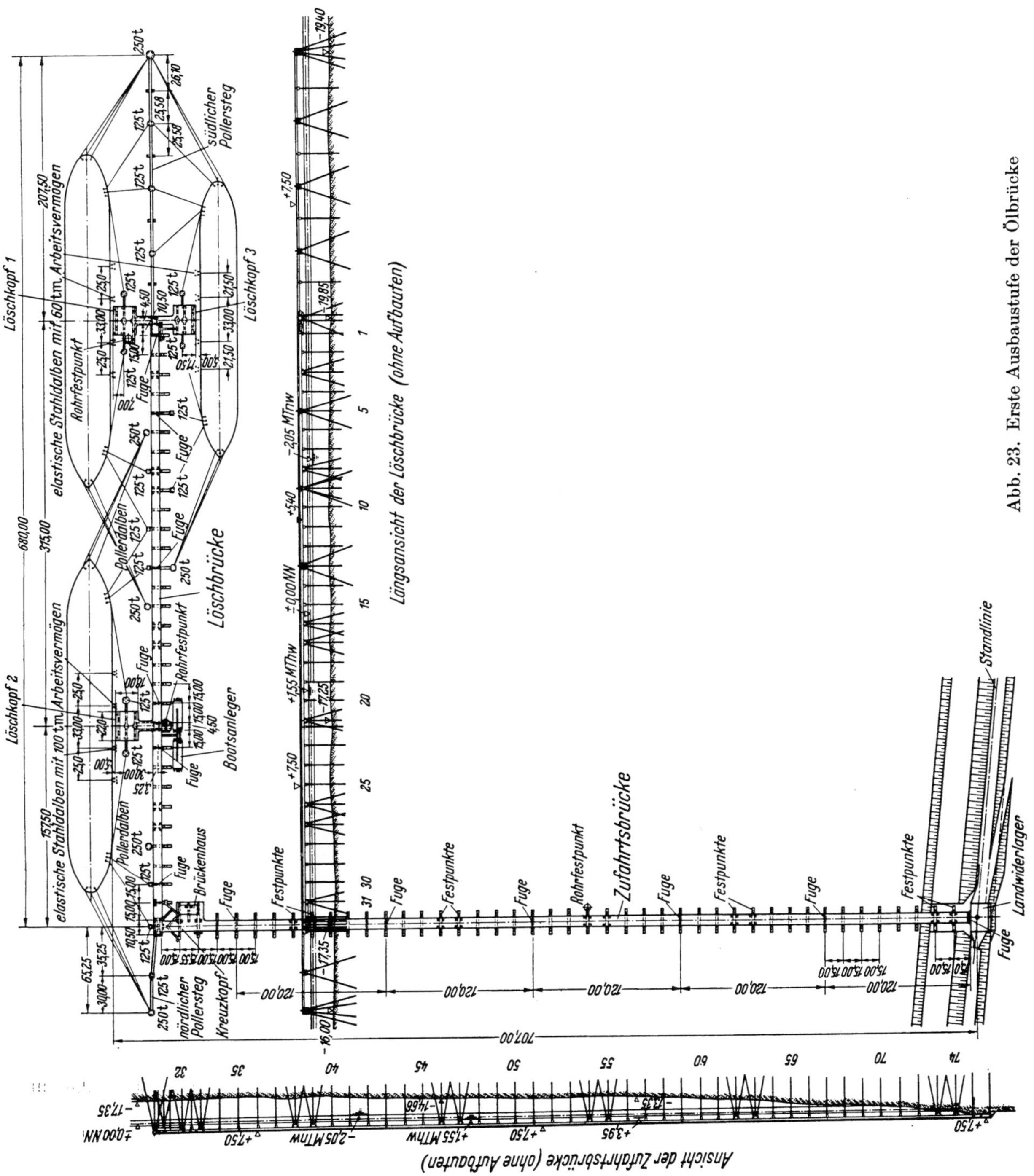

Abb. 23. Erste Ausbaustufe der Ölbrücke

Beanspruchungen aus der Gesamtanlage wird für die Fahrbahn eine Mindestdicke von 25 cm gefordert. Die angegebenen Abmessungen sind auch für vorgespannte Lösungen und für sonstige Sondervorschläge verbindlich.

Die Brückenfelder müssen in Havariefällen leicht ausgewechselt werden können. Wird ein Feld zerstört, müssen die Nachbarfelder standsicher bleiben. Die Brückenpfähle und dergleichen sind oben in den Jochbalken bzw. allgemein im Brückenüberbau einzuspannen.

Die Jochbalken werden in Stahlbeton (bzw. Spannbeton) ausgeführt. Die Frage, ob mit Fertigbetonteilen oder mit Ortbeton gearbeitet wird, richtet sich jeweils nach den technischen, wirtschaftlichen und terminlichen Belangen. Die Abmessungen der Jochbalken müssen ausreichende Toleranzen zum Ausgleich der zu erwartenden Bauungenauigkeiten aufweisen.

Als Pfähle oder pfahlähnliche Tragglieder werden nur Stahlrohrpfähle oder Stahlbeton- bzw. Spannbeton-Rohrpfähle ausreichender Abmessungen zugelassen. Da an der Brücke keine Fenderungen angeordnet werden, müssen die Pfähle in der Lage sein, den Stoß eines Schleppers oder dergleichen von 15 t auf Kote —1,50 NN ohne Gefährdung des Bauwerkes aufzunehmen. In gleicher Weise ist auch der Eisstoß zu berücksichtigen.

Vor allen Liegeplätzen ist einheitlich mit der Wassertiefe —15,00 SKN = —17,24 NN zu rechnen, sofern nicht bereits eine größere Wassertiefe vorhanden ist (s. Abb. 20).

Der tragfähige Baugrund ist auf —15,00 SKN beginnend anzusetzen, sofern die Bodenaufschlüsse (s. Abb. 16 bis 19) und die Sohlenlage (s. Abb. 20) nicht einen noch tieferen Ansatz bedingen.

Größere Horizontalkräfte der Brücke müssen durch Pfahlböcke aufgenommen werden. Kleinere Horizontalkräfte können schweren lotrechten Traggliedern zugeordnet werden, wenn rechnerisch nachgewiesen wird, daß Beanspruchung und Durchbiegung für die Anlage und ihren Betrieb vertretbar sind.

Die Fahrbrücke wird nach Brückenklasse 12 ausgeführt. Rohrlasten, Eisstoß, Schiffsstoß, Strömungsdruck und Windlasten sind nach den beigegebenen Berechnungsgrundlagen zu berücksichtigen.

Die großen Rohre ⌀ 500 bis 750 mm (s. Abb. 25, 26 und 34) werden auf den Jochbalken beweglich gelagert. Der Abstand dieser Lager beträgt 15 m. Kleinere Abstände der Lager und damit der Normaljoche sind im Hinblick auf die Bauausführung und den stärkeren Verbau der Durchflußquerschnitte unerwünscht.

Die Hauptrohrleitungen liegen mit ihrer Unterkante auf +5,60 NN, ihre Lager auf +5,40 NN. Auf der Zufahrtsbrücke liegen die großen Rohre im Endausbau beidseitig, im 1. Ausbau nur auf der Südseite. Auf der Löschbrücke liegen sie zum größeren Schutz nur landseitig.

Auf jedem Löschkopf wird bauseitig ein hohes Schlauchgerüst errichtet. Am Kreuzkopf, der Verbindung von Zufahrts- und Löschbrücke, wird eine 21,80 m lange und 12,00 m breite Plattform angeordnet, auf der ein Brückenhaus errichtet wird.

Am Landanschluß wird die auf +7,50 NN liegende Fahrbahn über den Landesschutzdeich mit Krone auf +7,00 NN hinweggeführt. Die Rohre laufen in einem darunter liegenden besonderen Bauwerk durch den Deich.

Die Schiffe legen an unabhängig von der Brücke stehenden torsionssteifen elastischen Stahlrohrdalben an, die sich völlig frei durchbiegen können (s. Abb. 4, 23 und 35). Sie werden mit einer Basralocus-Holzfenderung ausgerüstet, die entsprechende Festigkeiten aufweist und von der Bohrmuschel bzw. Bohrassel nicht angegriffen wird. Die Dalbenvorderkante liegt im Ruhezustand mindestens 3,0 m vor der Löschkopfvorderkante. Jeder Liegeplatz erhält 4 Dalben. Der Achsabstand der beiden inneren Dalben beträgt einheitlich 33 m und der der beiden äußeren 83 m bei Löschkopf 1 und 2. Bei Löschkopf 3, an dem üblicherweise nur Tanker bis 50000 dwt anlegen sollen, beträgt er nur 76 m. Es ist so genügend Anlegelänge für die jeweils größten Schiffe vorhanden.

Unter normalen Verhältnissen werden die Löschköpfe vom Anlegebetrieb der Tanker nicht berührt. Trotzdem müssen sie besonders solide ausgebildet und mit ausreichenden Schrägpfahlböcken gesichert werden, damit leichtere Havariefälle zu keinen ernstlichen Schäden führen. Sondervorschläge müssen an den Löschköpfen sowie am Kreuzkopf das gleiche Horizontalkraft-Aufnahmevermögen aufweisen wie der Ausschreibungsentwurf.

Die Schiffe werden an Abreißpollern mit 125 t bzw. 250 t Grenzlast festgemacht (s. Abb. 4 und 23). Diese werden völlig unabhängig von der Brücke auf Stahlrohrpfahlböcken gegründet, die am Kopf durch einen kräftigen Stahlbetonblock zusammengehalten werden (s. Abb. 24, 33 und 34).

Die in den Ausschreibungszeichnungen enthaltenen Abmessungen der Pollerplattformen entsprechen den betrieblichen Erfordernissen und sind verbindlich. Das gleiche gilt für die ausgeschriebene Lage der Pollerblöcke. Alle Poller müssen von der Brücke aus über Pollerstege, aber auch vom Wasser her zugänglich sein.

Alle Stahlbauteile erhalten einen Korrosionsschutz nach besonderen Angaben.

Für den Betrieb muß die Ölumschlagsbrücke neben den Anlagen für den Ölumschlag und den Öltransport mit Steigeleitern, Entwässerungen, Ölabscheidern, Leuchten, Geländern, Fugenabdeckungen usw. ausgerüstet werden.

8.2 Berechnungsgrundlagen

8.21 Vorschriften

Für die einzelnen Konstruktionsteile sind die einschlägigen DIN-Vorschriften zu beachten, insbesondere:

für Stahlbeton- und Spannbetonbauteile DIN 1045, 1075, 4225, 4227;
für Stahlbauteile DIN 1050, 1073, 4114;
für Gründungen DIN 1054.

8.22 Belastungsansätze

Eigengewichte

Nach DIN 1055.

Regellasten

Für die Fahrbrücke Brückenklasse 12 nach den Vorschriften der DIN 1072.

Bei den Pollerstegen vor Kopf der Löschbrücke ist eine Einzellast von 1000 kg in ungünstigster Stellung in Verbindung mit einer Gleichlast von 100 kg/m² und voller Windlast zu berücksichtigen bzw. eine Gleichlast von 400 kg/m² bei ermäßigter Windlast = 50 kg/m², ohne Einzelkraft.

Rohrlasten

Nennweite — Lotrechter Auflagerdruck:

750 mm	11,6 t	bei 15 m Stützweite
600 mm	8,7 t	
500 mm	6,3 t	
300 mm	1,23 t	bei 7,5 m Stützweite
250 mm	0,825 t	

Winddruck

Ansatz nach DIN 1072.

Als Windangriffsfläche ist die freie Pfahllänge, der Überbau und ein Verkehrsband von 2,0 m, beim Pollersteg von 1,80 m Höhe, anzusetzen.

Strömungsdruck

Größte Wassergeschwindigkeit = 2,5 sm/h = 1,27 m/sek.

Geschwindigkeitshöhe $h = \frac{v^2}{2g} = 8{,}2$ cm.

Formfaktor für Druck und Sog c = 1,5.

Strömungsdruck $p = 0{,}082 \cdot 1{,}5 \approx 0{,}125\ t/m^2$.

Reibungskräfte

In den beweglichen Rohrlagern ist ein Reibungsfaktor $\mu = 0{,}1$ zu berücksichtigen.

Bei den vorliegenden Verhältnissen muß auch bei den Rollenlagern der Brücke ein Reibungsfaktor $\mu = 0{,}1$ angesetzt werden, bei Brückengleitlagern $\mu = 0{,}4$.

Bremskräfte

Nach DIN 1072.

Belastung durch Eis

Für die Bemessung der Pfahljoche und Brückenteile ist je Joch in Längs- oder Querrichtung oder unter 45° eine Vergleichslast von 1 t/m × Jochabstand auf +5,40 NN wirkend anzusetzen. Ferner ist pro Joch das Einspannmoment eines Pfahles infolge 15 t Eisstoß auf −1,5 NN zu berücksichtigen.

Für die Bemessung der Pollerblöcke ist gleichzeitig mit den Pollerkräften eine Vergleichslast von 15 t auf +8,00 NN und wie vor das Einspannmoment eines Pfahles anzusetzen.

Für die Bemessung der Pfähle auf Biegung und für den Stabilitätsnachweis ist eine Stoßkraft von 15 t in Höhe −1,5 NN auf den Pfahl wirkend anzusetzen.

Trossenzüge

Es sind jeweils anzusetzen:

Für Hauptpoller vor Kopf und am Ende eines jeden Liegeplatzes: 250 t/Pollerdalben;
für die übrigen Poller: 125 t/Pollerdalben.

Die in den Übersichtsplänen dargestellte Anordnung der Pollerdalben ist verbindlich.

Für die Bemessung der Pollergründung ist der Pollerzug von 250 t bzw. 125 t je Block in jeder Richtung wirkend waagerecht anzusetzen. Die Pollerköpfe und ihre Anschlüsse müssen für einen Zug von jeweils 250 t bzw. 125 t auch in einer bis zu 30° gegen die Waagerechte nach oben gerichteten Neigung berechnet werden.

Schlauchgerüst

Abstand von Löschkopfvorderkante = 3,0 m, Breite = 6 m, Länge parallel zum Löschkopf = 9 m. Gesamtlast ≈ 250 t.

Dalbenbeanspruchungen

Die Dalben werden nach „Blum, Wirtschaftliche Dalbenformen und deren Berechnung", Bautechnik 1932, Heft 5, berechnet, und zwar auf der Basis „Gesamtdalben". Als Bodenwerte werden angesetzt:

$\varrho = 32{,}5°$
$\gamma = 1{,}1\ t/m^3$ bei statischer Belastung
$\gamma = 1{,}8\ t/m^3$ bei dynamischer Belastung
$\delta = \frac{1}{2}\,\varrho$ bei statischer Belastung
$\delta = 0$ bei dynamischer Belastung

Stahlrohrdalben vor Löschkopf 1 und 3

Die Stoßkraft wird zwischen +2,05 und −2,00 NN wirkend angesetzt. Das Arbeitsvermögen muß beim tiefen Stoß auf −2,00 NN mindestens 60 tm betragen. Der Dalben muß einen auf +2,05 NN wirkenden Winddruck von 90 t aufnehmen können. Die mögliche Stoßkraft beim tiefen Stoß liegt dabei über 90 t. Sie soll aber wegen eventueller späterer Verstärkungen bis zu rd. 100 tm Arbeitsvermögen möglichst weit unter 150 t liegen.

Stahlrohrdalben vor Löschkopf 2

Beim tiefen Stoß auf −2,00 NN muß das Arbeitsvermögen mindestens 100 tm betragen. Die Stoßkraft darf hierbei 150 t nicht übersteigen. Eine auf + 2,05 wirkende Winddruckkraft von 90 t muß ohne Schwierigkeiten aufgenommen werden können.

Die Durchbiegung der Dalben bei 60 tm bzw. 100 tm Arbeitsvermögen soll zwischen 1,00 m und 1,40 m liegen.

8.23 Lastfälle

Es werden folgende Lastfälle untersucht, wobei die anzusetzenden Kräfte in ungünstigster Zusammenstellung berücksichtigt werden:

Lastfall 1: Eigengewicht und Verkehrslasten, Rohrlasten, Strömungsdruck sowie die Hälfte der größten Rohrreibungskräfte in gleicher Richtung wirkend.

Lastfall 2: Eigengewicht und Verkehrslasten, Bremskräfte, Rohrlasten, Strömungsdruck, Windlast sowie größte Rohrreibungskräfte in gleicher Richtung wirkend.

Lastfall 3: Eigengewicht und Verkehrslasten, Bremskräfte, Rohrlasten, Strömungsdruck, Windlast, größte Rohrreibungskräfte, falls ungünstig, auch gegenläufig wirkend, Trossenzüge,Eisstoß.

8.24 Zulässige Spannungen

Unter Berücksichtigung der besonderen Verhältnisse des vorliegenden Bauwerkes und der Lastannahmen, die auch ungünstigste Kombinationen erfassen, werden unter Anlehnung an Empfehlungen des Arbeitsausschusses „Ufereinfassungen" der Hafenbautechnischen Gesellschaft e. V. und der Deutschen Gesellschaft für Erd- und Grundbau e. V. folgende Spannungen zugelassen:

Brückenteile, Joche, Poller und zugehörige Pfähle

Lastfall 1: entsprechend den einschlägigen DIN-Vorschriften.
Lastfall 2: 15%ige Spannungserhöhung gegenüber Lastfall 1.
Lastfall 3: 30%ige Spannungserhöhung gegenüber Lastfall 1.

Elastische Stahldalben

Für die geforderten Dalbenbeanspruchungen kann die Fließgrenze als zulässige Spannung angesetzt werden.

8.25 Zulässige Belastung der Pfahlgründungen

Grenzlastspannungen im tragfähigen, nicht bindigen Boden bei Rammpfählen:

Spitzenwiderstand $qs = 500\ t/m^2$
Mantelreibung $qm = 5\ t/m^2$

Hierbei wird ein so tiefes Einrammen der Pfähle in den tragfähigen Baugrund vorausgesetzt, daß eine ausreichende Verdichtung vor allem in der Umgebung des Pfahlfußes vorhanden ist und bei Stahlpfählen mit Flügeln auch die Pfropfenbildung am Pfahlfuß gewährleistet ist.

Für eingerüttelte Pfähle gelten drei Viertel der obigen Werte, wenn eine ausreichende Verdichtung des Bodens im Einflußbereich des Pfahles und insbesondere des Pfahlfußes durch Pfahlart und Einbringen und, sofern erforderlich, durch nachträgliches Verdichten mit Tiefenrüttlern sichergestellt ist.

Im übrigen gilt DIN 1054.

Erforderliche Sicherheiten gegen Erreichen der Pfahlgrenzlast

Pfähle der Brückenjoche:

Lastfall *1*: Zug $\eta = 2{,}00$
Druck $\eta = 2{,}00$
Lastfall *2*: Zug $\eta = 2{,}00$
Druck $\eta = 1{,}75$
Lastfall *3*: Zug $\eta = 1{,}75$
Druck $\eta = 1{,}50$

Pfähle der Pollergründungen

Bei Anwendung von Abreißpollern oder gleichwertigen Konstruktionen wird sowohl für Zug- als auch für Druck $\eta = 1{,}25$ zugelassen, wenn Stahlrammpfähle verwendet werden, bei denen die Grenzmantelreibung später infolge Verkrustung ansteigt, sonst $\eta = 1{,}50$.

8.26 Baustoffe

Beton

Betonaufbau

Wegen der erhöhten Angriffsgefahr im Seewasser wird ein möglichst dichter Beton gefordert. Die Sieblinie der Zuschlagstoffe gemäß DIN 1045 muß daher im besonders guten Bereich nahe der Linie E liegen. Es wird Hochofenzement 375 verwendet mit 300 kg/m^3 Beton und einem plastifizierenden Zusatz, so daß eine einwandfreie Verarbeitung als gerüttelter Beton gewährleistet ist.

Betongüte

Mindestbetongüte = B 225. Nachträglich auszubetonierende Plomben müssen mindestens in B 300 ausgeführt werden.

Spannbeton gemäß DIN 4227. Spannbeton-Konstruktionen werden aber nur in Bauteilen zugelassen, deren Belastungen einwandfrei erfaßt und berücksichtigt werden können.

Eignungsprüfungen — Würfelproben

Abgesehen von den üblichen Eignungsprüfungen sind je 50 m^3 Beton 3 Probewürfel herzustellen und davon einer nach 7 Tagen und die beiden weiteren nach 28 Tagen in einer staatlich anerkannten Versuchsanstalt abzudrücken.

Betonstahl

Unter den vorliegenden Verhältnissen wird nur Betonstahl I und in geeigneten Fällen Spannstahl zugelassen.

Pfahlmaterial

Je nach Verwendungszweck soll Material mit der Streckgrenze 2400, 3600 kg/cm^2 und bei den elastischen Dalben auch mit 4500 kg/cm^2, jedoch nur unter besonderen Garantien mit 5600 kg/cm^2, angewendet werden.

Stahlbauteile

Material: entsprechend den auftretenden Spannungen.

Holzbauteile

Für die Fenderungen der Dalben und für die Reibehölzer soll Basralocus-Holz verwendet werden, weil dieses besonders günstige Festigkeitswerte mit der für Wilhelmshaven dringend erforderlichen Sicherheit gegen die Bohrmuschel bzw. die Bohrassel verbindet.

8.3 Konstruktive Forderungen

8.31 Brückengründung

Die Brückengründung ist so auszubilden, daß der Wasserdurchfluß möglichst wenig behindert wird. Die einzelnen Gründungselemente sind bei ausreichendem Tragvermögen möglichst schlank zu wählen, um eine stärkere Kolkbildung in der Sohle zu vermeiden. Bei größeren Gründungskörpern sind Kolksicherungen erforderlich, deren Umfang und Ausbildung in einer anerkannten Versuchsanstalt für Wasserbau zu untersuchen sind. Sowohl bei Stahlpfählen als auch bei Stahl- bzw. Spannbetongründungskörpern werden Kreisquerschnitte gefordert. Bei der Wahl der Gründungstiefe sind jeweils die Sohlenlage und die Bohrergebnisse zu berücksichtigen.

8.32 Landwiderlager

Das Landwiderlager liegt im Landesschutzdeich und übernimmt später auch die Aufgaben des Landesschutzdeiches. Da das Landwiderlager während der Wintermonate gebaut wird, sind nur Konstruktionen und Baumaßnahmen zulässig, die jede Gefährdung des Landesschutzdeiches, auch bei Sturmfluten, ausschließen.

8.33 Öl- und Versorgungsleitungen

Die Führung der Öl- und Versorgungsleitungen geht aus den Rohrleitungsplänen hervor und darf nicht geändert werden. Für die Rohre, Ventile, Schieber und sonstigen Rohrarmaturen sind die Auflagerbalken bzw. Platten so anzuordnen, wie sie in den Entwurfszeichnungen für den Kreuzkopf, die Löschköpfe 1, 2 und 3 und das Landwiderlager dargestellt sind.

Alle Rohre müssen jederzeit leicht ausgewechselt werden können. Es ist zu beachten, daß sich die Rohre bei Temperaturänderungen in Längsrichtung und an den Umlenkstellen auch in Querrichtung verschieben.

8.34 Elastische Stahlrohrdalben

Die elastischen Stahlrohrdalben von 60 tm Arbeitsvermögen der Löschköpfe 1 und 3 müssen sowohl in der Pfahlauslegung als auch in den Verbänden so konstruiert werden, daß später eine Verstärkung bis zu rd. 100 tm Arbeitsvermögen entsprechend Löschkopf 2 ohne fühlbare Behinderung des Anlegebetriebes möglich ist.

Alle Dalben werden überhängend in der Neigung 20 : 1 gerammt.

Die vorgesehenen Fenderschürzen müssen auf jeden Dalben passen und leicht ein- und ausgebaut werden können. Sie müssen sowohl das Schiff als auch den Dalben gegen Beschädigungen schützen. Die Fenderung ist so tief herunterzuführen, daß voll beladene 12500 dwt-Tanker auch beim niedrigsten Arbeitswasserstand nicht unterhaken können. Auch die oberen bzw. unteren Verbände müssen auf alle Dalben passen. Die Dalben müssen so ausgebildet werden, daß auch bei größter Ausbiegung und tiefster Schiffslage der Schiffsboden nicht gegen die Pfähle stoßen kann.

8.35 Korrosionsschutz

Beim starken Korrosionsangriff in der Jade sind alle Stahlbauteile durch Anstriche zu schützen. Außerdem ist alles Nötige für einen späteren kathodischen Korrosionsschutz mit Fremdstromanlage vorzusehen.

Im einzelnen sind folgende Korrosionsschutzmaßnahmen zu treffen:

Brücken-, Poller- und Dalbenpfähle

Sofern statisch nicht mehr erforderlich, wird eine Wanddicke von mindestens 13,5 mm verlangt mit folgenden Korrosionszuschlägen:

Von Oberkante Pfahl bis etwa — 7,00 NN Zuschlag $\geqq$ 2 mm, Gesamtwanddicke also $\geqq$ 15,5 mm, darunter bis mindestens 2 m unter Hafensohle Zuschlag $\geqq$ 0,5 mm, Gesamtwanddicke also $\geqq$ 14,0 mm, darunter kein Wanddickenzuschlag.

Die Walzhaut ist durch Sandstrahlen oder dergleichen von der Einbetonierungsstelle bzw. bei Dalbenpfählen von Oberkante Dalben bis zur Pfahlstelle, die im eingebauten Zustand etwa 2,0 m unter der endgültigen Hafensohle liegt, zu beseitigen.

Unmittelbar im Anschluß an das Herstellen der metallisch reinen Oberfläche wird ein einwandfreier vierlagiger, etwa 0,2 mm dicker Steinkohlenteerpech-Kaltanstrich aufgebracht. Er reicht im eingebauten Zustand des Pfahles von Unterkante Beton bzw. Oberkante Dalbenpfahl bis — 6,40 NN. Dann folgt ein nicht angestrichener, etwa 6 m langer Abschnitt und anschließend wieder der Anstrich bis zur Unterkante der Sandstrahlung.

Dalbenverbände

Beseitigen der Walzhaut durch Sandstrahlen oder dergleichen und Aufbringen eines einwandfreien, vierlagigen, etwa 0,2 mm dicken Steinkohlenteerpech-Kaltanstriches.

Stahlbauteile

Die Pollerverbände, Stahl-Pollerstege, Fenderteile, Steigeleitern, Fugenabdeckbleche, Pollerköpfe, Haltekreuze, Geländer des Revisionsganges unter der Brückenfahrbahn usw. sind zu entrosten und erhalten anschließend einen vierlagigen, etwa 0,2 mm dicken Steinkohlenteerpech-Kaltanstrich.

Stahlbauteile über Wasser mit besonderer Farbtönung

Entrosten, Bleimennige-Grundanstrich und deckender Ölfarbanstrich.

Geländer auf der Brücke

Nach dem Herstellen einer metallisch reinen Oberfläche zweilagiger Anstrich mit Zinkpaste.

Wichtige Stahlbauteile kleiner Abmessungen, die schlecht zugänglich sind

Z. B. die Stahllager der Beton-Pollerstege usw. sind nach dem Herstellen einer metallisch reinen Oberfläche durch Aufspritzen einer Schicht von 0,5 mm nichtrostendem Stahl zu schützen.

Stahlbeton- bzw. Spannbetonbauteile, die häufig überflutet werden

Hier ist dichter Beton auszuführen und nachzuweisen. Der Betonaufbau ist in physikalischer und in chemischer Hinsicht genau festzulegen. Das gleiche gilt für in Aussicht genommene Schutzüberzüge.

Späterer kathodischer Schutz mit Fremdstromanlage

Hierfür werden die erforderlichen leitenden Verbindungen in der Brückenkonstruktion hergestellt. Außerdem ist die Verladebrücke, soweit erforderlich, zu erden.

8.4 Ausführung der Rammarbeiten

Für das Einrammen der Pfähle in den erforderlichen planmäßig festgelegten Neigungen, Stellungen und Tiefen sollen Geräte verwendet werden, die bei allen praktisch in Frage kommenden Wasserständen arbeiten können.

Die Rammtoleranzen richten sich nach der Pfahlart und den aufgesetzten Konstruktionen. Sie müssen so klein gehalten werden, daß beim Ausrichten keine Schädigung der Pfähle eintritt.

Spülhilfe beim Rammen wird nur gestattet, wenn die Pfähle ohne diese Hilfe nicht mit erträglichem Kosten- und Zeitaufwand in die planmäßige Tiefe gerammt werden können. Der letzte Meter muß jedoch stets ohne Spülen gerammt werden. Es ist so zu spülen, daß bereits eingerammte Pfähle nicht geschädigt werden.

Pfähle dürfen nur mit bauseitiger Zustimmung gekappt werden.

Zieht ein Pfahl bei lockerer Lagerung des nicht bindigen Gründungsbodens auch knapp über der Solltiefe noch verhältnismäßig stark, ist mit leichteren Schlägen weiterzurammen, so daß eine möglichst gute Verdichtung des Bodens im Einflußbereich des Pfahles und insbesondere des Pfahlfußes erzielt wird. Sofern erforderlich, muß der Pfahl tiefer gerammt werden, bis eine ausreichende Tragfähigkeit gewährleistet ist.

Muß ein gerammter Pfahl aufgestockt werden, ist der Stoß technisch einwandfrei auszuführen. Die Stoßstelle muß die gleiche Tragfähigkeit aufweisen wie der anschließende Pfahlschaft.

Läßt der Rammverlauf eines Pfahles auf mangelhafte Tragfähigkeit in Solltiefe schließen, ist die Ursache zu erkunden und auch bei den benachbarten Pfählen zu berücksichtigen.

Da die Tragfähigkeit der vorgesehenen Stahlpfähle aus früheren Probebelastungen an benachbarten Großbauten gut bekannt ist, werden Probebelastungen nur vorgenommen, wenn sie auf Grund ungewöhnlichen Verhaltens der Pfähle erforderlich erscheinen.

Werden bei einem Sondervorschlag Gründungselemente angewendet, die von den Pfählen des Ausschreibungsentwurfes stark abweichen und so gestaltet sind, daß über ihre Tragfähigkeit keine eindeutigen Aussagen gemacht werden können, muß der Auftragnehmer die erforderliche Tragfähigkeit auf Zug bzw. Druck durch mindestens 2 Probebelastungen nachweisen.

Da bei der gewählten Ausbildung jeder einzelne Pfahl benötigt wird, müssen alle Pfähle die volle geforderte Tragfähigkeit aufweisen. Jeder Pfahl muß daher bis zur Solltiefe und im Bedarfsfalle darüber hinaus so lange gerammt werden, bis er fest ist. Für jeden Pfahl muß ein einwandfreies Rammprotokoll geführt werden.

Werden Pfähle eingerüttelt, gelten die obigen Ausführungen sinngemäß.

9. Ausschreibungsentwurf

Er ist gekennzeichnet durch die Abb. 23 bis 36 und wird hier eingehend beschrieben, da er mit nur geringfügigen Änderungen ausgeführt worden ist. Obige Abbildungen sind hier in Bezug auf Sliphaken, Pollersteglagerung, Eisaussteifung und dergleichen bereits auf den Ausführungsstand ergänzt.

Der Ausschreibungsentwurf wurde unter Berücksichtigung der allgemeinen und besonderen technischen Bedingungen als Stahlbetonbrücke auf Stahlpfählen in allen Einzelheiten ausgearbeitet. Die Gesamtanlage gliedert sich in das Landwiderlager, die Zufahrtsbrücke, den Kreuzkopf, die Löschbrücke, die Löschköpfe 1, 2 und 3, die 125 t- und 250 t-Pollerdalben mit den zugehörigen Pollerstegen und die jeweils vier Anlagedalben vor jedem Liegeplatz (s. Abb. 23).

Als Gründungspfähle wurden, abgesehen vom Landwiderlager, vor allem mit Rücksicht auf den Korrosionsschutz, nahtlose Stahlrohrpfähle ⌀ 546 mm aus Feinkornstahl gewählt (s. Abb. 25 und 26). Aus liefertechnischen Gründen wurden später im einzelnen folgende Stahlsorten gewählt: Güte FB 50, Lieferwerk Mannesmann Hüttenwerke AG, Duisburg, bei den Brückenpfählen und Güte E 44, Lieferwerk Phoenix Rheinrohr AG, Düsseldorf, bei den Pollerpfählen.

Die Wandung des obersten Pfahlrohrschusses, der der Korrosion am meisten ausgesetzt ist, wurde mit einem Zuschlag von 2 mm bei den Brückenpfählen 15,5 mm und bei den Pollerpfählen

16,0 mm dick gewählt (s. Abb. 27). Der anschließende Schuß ist um 1,5 mm dünner. Beim untersten, ganz im Boden befindlichen Schuß wurde die Wanddicke um weitere 0,5 mm vermindert, und damit die statisch erforderlichen Dicken 13,5 bzw, 14 mm eingehalten.

Zur Verminderung der Korrosion mußten alle Außenflächen der Pfähle bis 2,0 m unter Hafensohle durch Sandstrahlung von der Walzhaut und an der Oberfläche befindlichen Lunkern befreit werden. Außerdem wurde gefordert, von Unterkante Betonüberbau bis etwa — 6,40 NN, sowie von 5,00 m über bis 2,00 m unter planmäßiger Hafensohle einen vierlagigen Steinkohlenteerpech-Kaltanstrich aufzubringen (s. Abb. 27). Weiter wurden alle Vorkehrungen für einen späteren kathodischen Schutz mit Fremdstromanlage getroffen.

Die Pfähle wurden durch Veränderung der Einbindelänge in den tragfähigen Boden und durch eine besondere Fußausrüstung mit angeschweißten Stahlflügeln aus coupierten Peiner Spund-

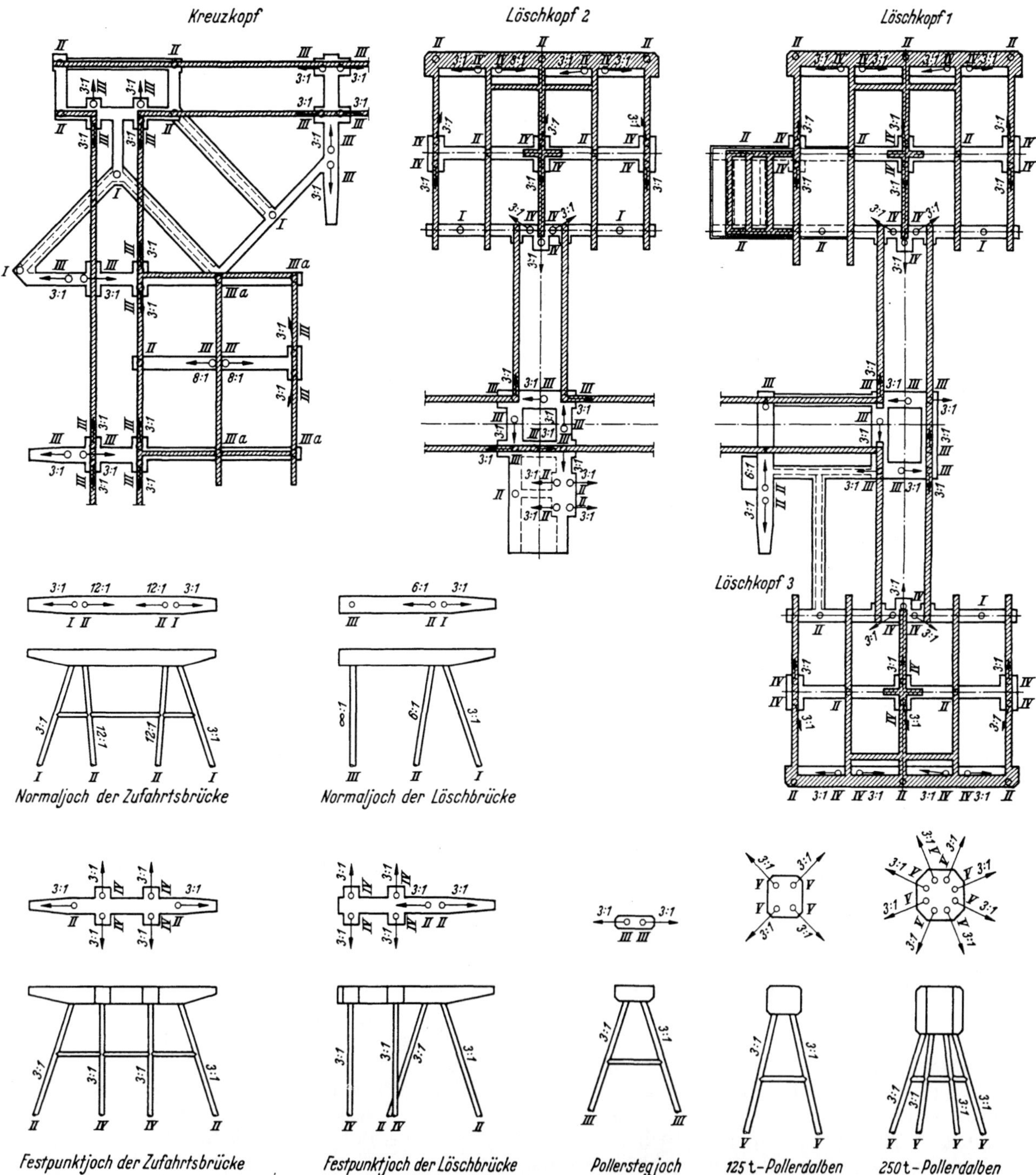

Abb. 24. Schematische Darstellung der Brückengründungen mit Angabe der Pfahltypen

wandprofilen sowie eine entsprechende Kopfausrüstung den angreifenden Lasten und dem Untergrund angepaßt. Es ergaben sich hierbei die Pfahltypen I bis V (s. Abb. 24 bis 28, 33 u. 34). Die Brückenpfähle erhalten Drucklasten von 100 bis 180 t, die Pollerpfähle maximal 280 t Druck und 230 t Zug. Die Brückenpfähle wurden 28,0 bis 35,0 m lang mit und ohne Fußflügel gemäß Typ I bis IV, die Pollerpfähle bis 43,5 m lang mit 6,50 m langen Flügeln aus PSp 60 L in St 37 gemäß Typ V gewählt (s. Abb. 25 bis 28, 33 u. 34).

Die Fußflügel mußten so ausgebildet und angeschlossen werden, daß bei einwandfrei gewährleisteter Pfropfenbildung die Pfahlfüße den Rammvorgang ohne Zerstörungen sicher überstehen konnten. Hierzu mußte in das untere Rohrende in Flügelachse ein Blech als Zuganker eingeschweißt werden. Der gewählte Anschluß der Fußflügel entspricht erprobten Ausführungsformen.

Um die jeweils auftretenden größten Pfahlkräfte sicher in die anschließenden Stahlbetonteile überleiten zu können, wurden die Pfahlköpfe, nach Pfahltypen variiert, mit durchgesteckten und verschweißten Eisenbahnschienen und angeschweißten Laschen ausgerüstet (s. Abb. 27 u. 28). Hierzu konnten altbrauchbare Schienen S 49 und für die Laschen abgebrannte Flansche der Fuß-

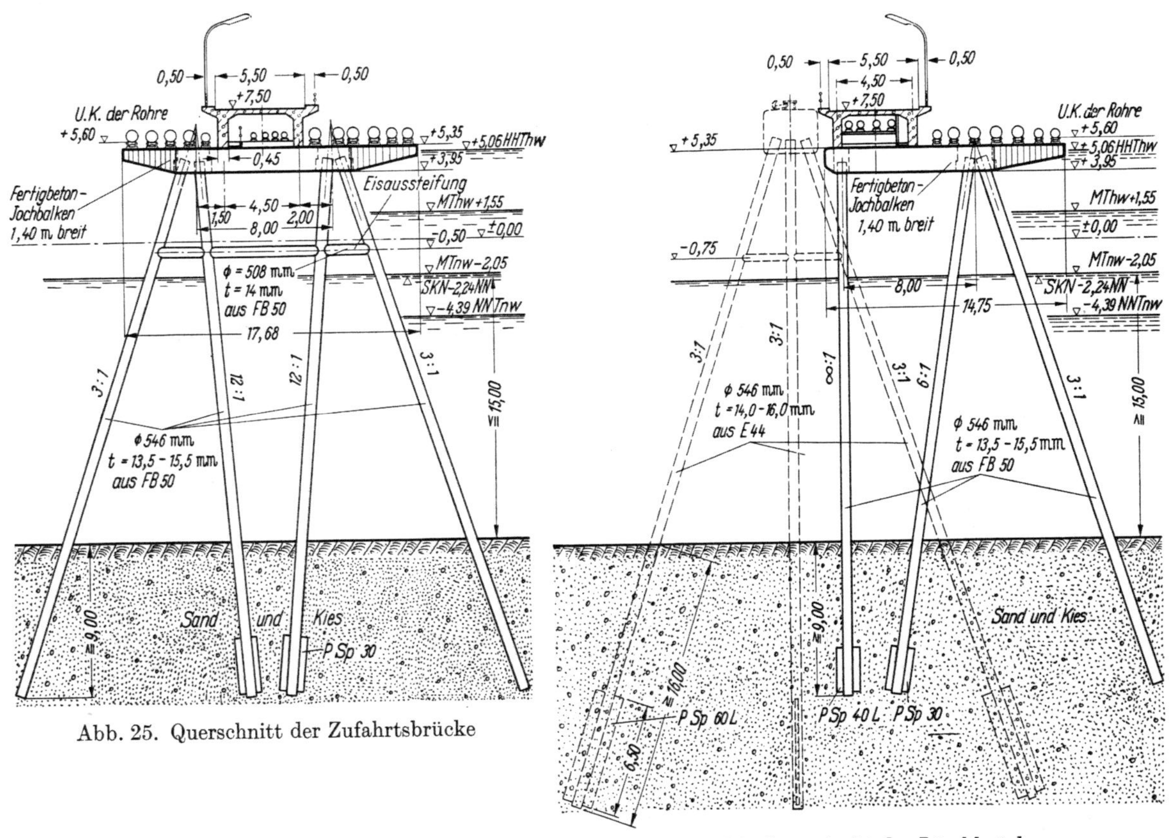

Abb. 25. Querschnitt der Zufahrtsbrücke

Abb. 26. Querschnitt der Löschbrücke

flügel verwendet werden. Zur Kraftüberleitung über dem vollen Querschnitt mußten die Pfahlköpfe bis 20 cm unter Betonkonstruktion ausbetoniert werden.

Die Anordnung der einzelnen Pfahltypen im Gesamtbauwerk zeigt Abb. 24.

Sowohl bei der Zufahrts- als auch bei der Löschbrücke wurde ein Pfahljochabstand von 15 m gewählt. Die vier bzw. drei Pfähle der Joche wurden durch aufgesetzte Stahlbetonbalken zusammengefaßt. Diese Jochbalken tragen die Straßenbrücke und die schweren Rohre, die frei von Joch zu Joch spannen.

Obwohl die Pfähle sowohl im Jochbalken als auch im Erdboden voll eingespannt sind, wirken die normalen Joche infolge Biegsamkeit der Pfähle wie Pendelstützen.

Alle quer zum Brückenbauwerk angreifenden Horizontalkräfte werden laufend durch die Schrägpfahlböcke der Joche aufgenommen (s. Abb. 23 bis 26). In der Straßenbrücke wurden Bewegungsfugen mit Rollenlagern in 120 m Abstand angeordnet. Die Bewegungsfugen in der Fahrbahn wurden durch eine bewährte Schleppblechkonstruktion abgedeckt (s. Abb. 30). Alle auf diese Brückenabschnitte entfallenden Längskräfte werden an den sogenannten Festpunktjochen durch je 4 Pfahlböcke unter 3 : 1 aufgenommen (s. Abb. 23 u. 24).

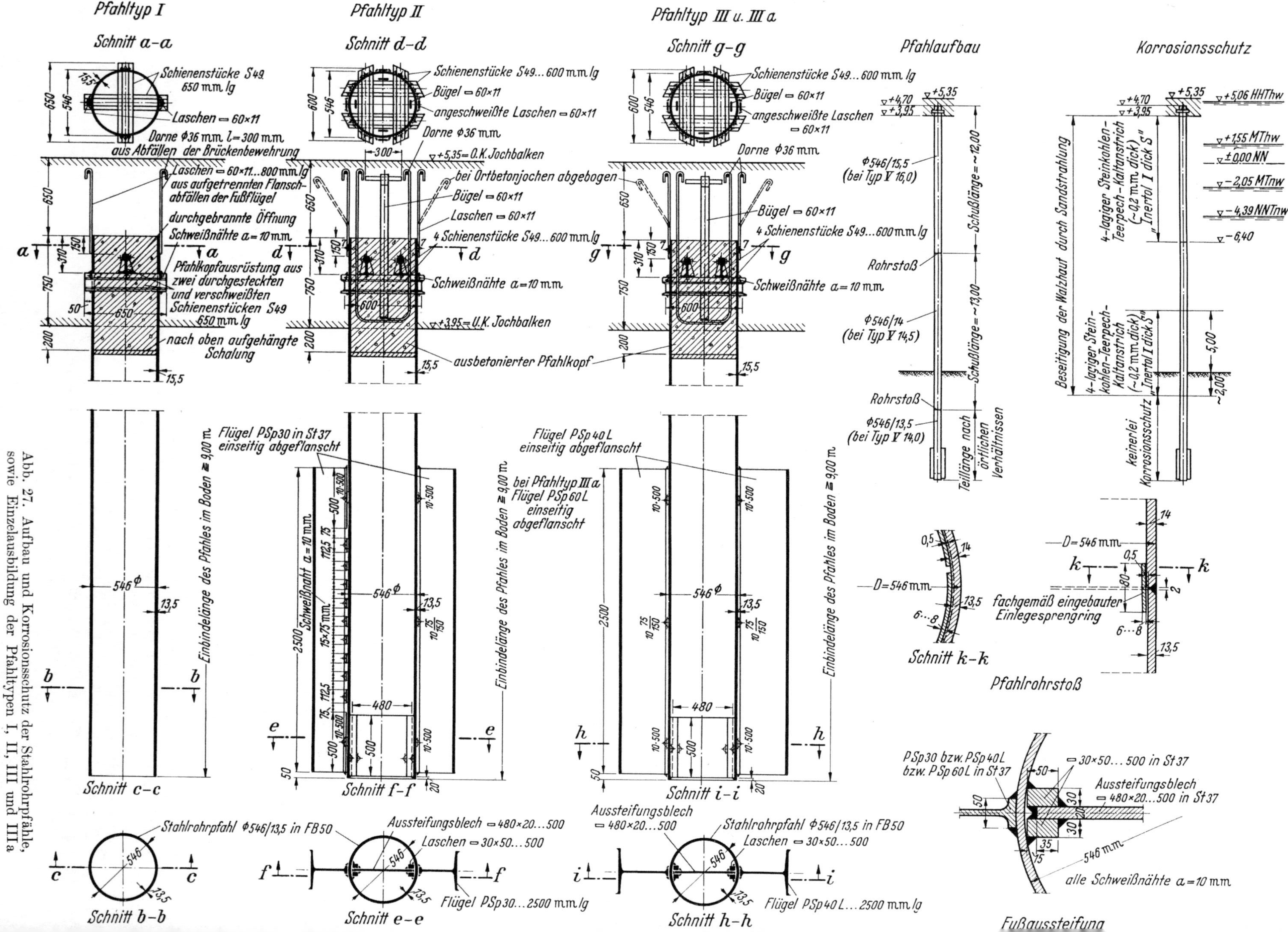

Abb. 27. Aufbau und Korrosionsschutz der Stahlrohrpfähle, sowie Einzelausbildung der Pfahltypen I, II, III und IIIa

Um die Momente aus den Längskräften im Brückenüberbau klein zu halten, wurde der Schnittpunkt der Festpunktpfähle in die Schwerachse des Überbaues gelegt.

Die normalen Jochbalken wurden als Fertigbetonteile aus B 225 geplant (s. Abb. 24, 25, 26, 29 u. 30). Die Jochbalken der Zufahrtsbrücke wiegen 75 t/Stück, die der Löschbrücke 65 t. Es war vorgesehen, sie mittels eines Schwimmkranes auf die ausgerichteten Pfahljoche zu setzen und durch

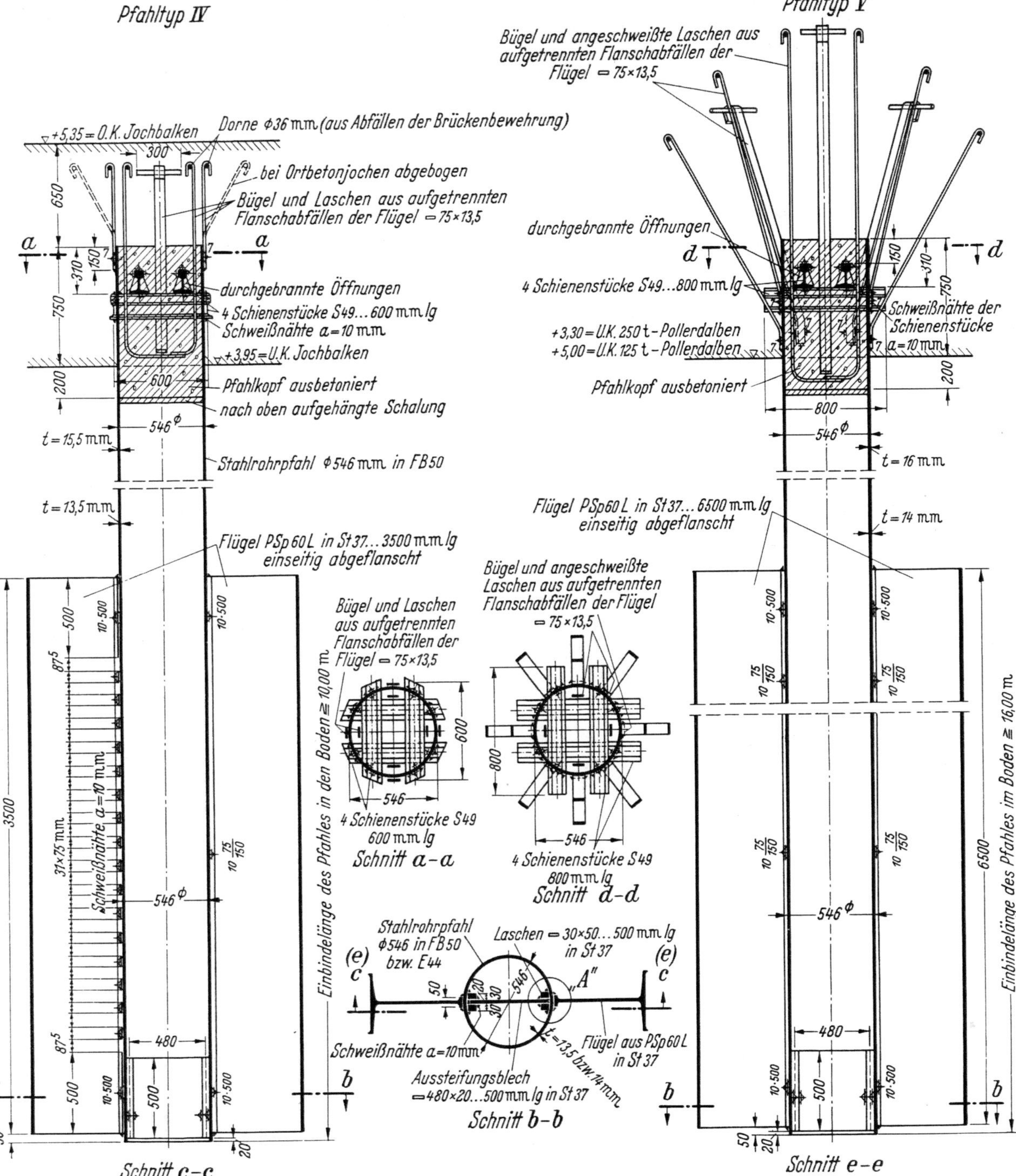

Abb. 28. Einzelausbildung der Stahlrohrpfähle Typ IV und V

Plomben aus B 300 einwandfrei mit den Pfählen zu verbinden (s. Abb. 29). Lediglich die Festpunktjochbalken, einige Jochbalken im flachen Wasser des Landanschlusses und die unterschiedlichen Jochbalken der Löschköpfe und des Kreuzkopfes waren aus Gründen der Fertigung, Einbringung und Wirtschaftlichkeit in Ortbeton vorgesehen (s. Abb. 24).

Alle Jochbalken erhielten, nach oben vorstehend, die erforderliche Anschlußbewehrung, um

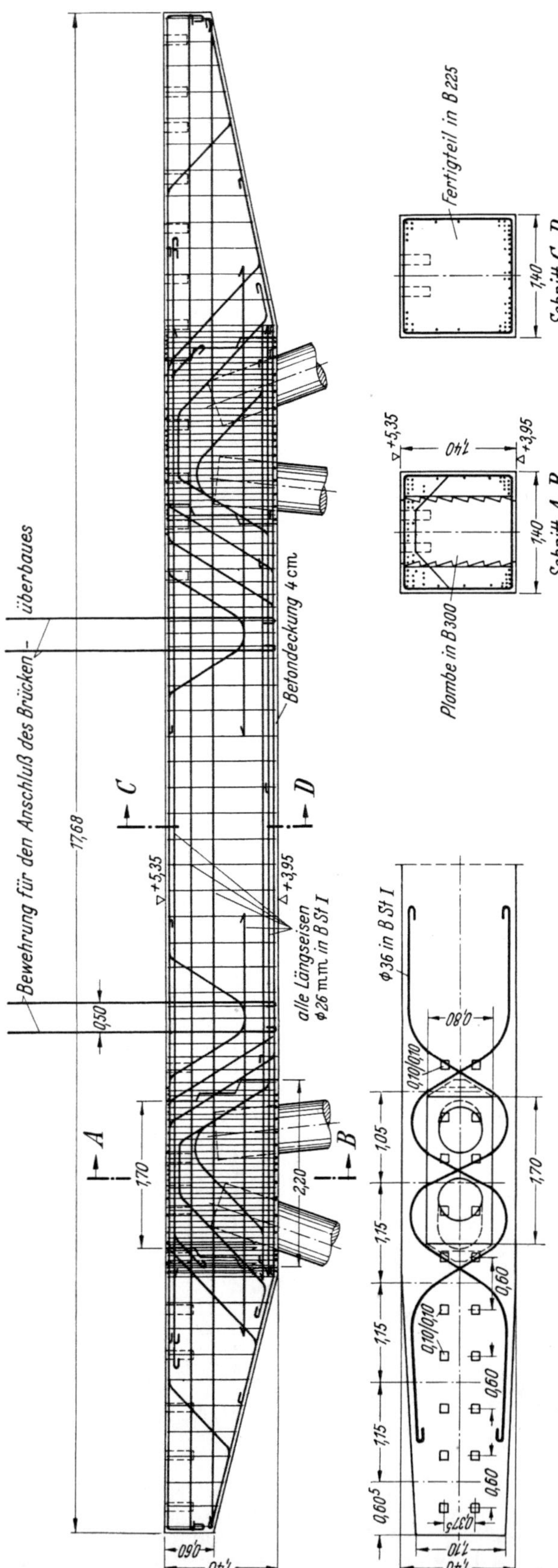

Abb. 29. Bewehrung eines Fertigbeton-Jochbalkens der Zufahrtsbrücke

später eine in Längs- und Querrichtung biegesteife Verbindung mit dem Brückenüberbau herzustellen.

Der Einbindebereich der Pfähle wurde so bewehrt, daß auch die auftretenden Pfahleinspannmomente infolge eines Stoßes von P = 15,0 t auf — 1,50 NN in jeder beliebigen Richtung einwandfrei in die Jochbalken eingeleitet werden konnten. Diese Bewehrung wurde bei den Fertigbetonjochen schlaufenförmig (s. Abb. 29), bei den Festpunktjochen zum Teil ringförmig ausgebildet.

Die Rohre wurden auf Speziallagern gelagert (s. Abb. 30).

Bei der Vielzahl übersehbarer Wechselbeanspruchungen und nur schwer überblickbarer Zusatzbeanspruchungen wurde sowohl bei den Jochbalken als auch bei den Brückenüberbauten schlaffe Bewehrung in BSt I vorgesehen. Es war den Bietern aber überlassen, auch vorgespannte Lösungen zu bringen.

Der Brückenüberbau wurde als unten offener Trogquerschnitt ohne Querscheiben ausgebildet (s. Abb. 25, 26, 30 u. 31). Lediglich in den äußeren Viertelspunkten der Brückenfelder, also in 7,50 m Abstand, wurden Stahlbetonbalken 0,25/0,40 m unten als Zugbänder zur Aussteifung des Überbaues und als Traversen für die Auflagerung kleinerer Rohre angeordnet (s. Abb. 30 u. 31). Auch der unter der Brücke befindliche Revisionssteg aus Stahlbeton dient gleichzeitig der Aussteifung. Längs des Revisionssteges wurden in 0,50 m Abstand lotrechte Reihenschinen zur Befestigung von Kabeln und dergleichen vorgesehen.

Die Fahrbahn erhielt das erforderliche Quergefälle und wurde für unmittelbares Befahren ausgebildet. Die Fahrbahnplatte wurde zur Erhöhung der Seitensteifigkeit 0,25 m dick vorgesehen.

Es wurde geplant, die Brückenüberbauten als rd. 14,20 m lange Fertigteile aus B 225 herzustellen und mittels eines Schwimmkranes auf die fertig eingebauten Jochbalken aufzusetzen. Hierzu mußten auf 0,80 m Plombenlänge alle Längsbewehrungsstähle des Brückenüberbaues über den Jochbalken durch Überdeckung gestoßen werden (s. Abb. 31). Durch Ausbetonieren der Plomben mit B 300 sollten dann durchlaufende Brückenabschnitte von 120 m Länge geschaffen werden.

Die Brückenfertigteile wogen im allgemeinen rd. 137 t. Die Plomben der 0,45 m dicken Hauptträger wurden zur Erhöhung der Seitensteifigkeit um 0,15 m nach außen verstärkt, insgesamt also 0,60 m dick und

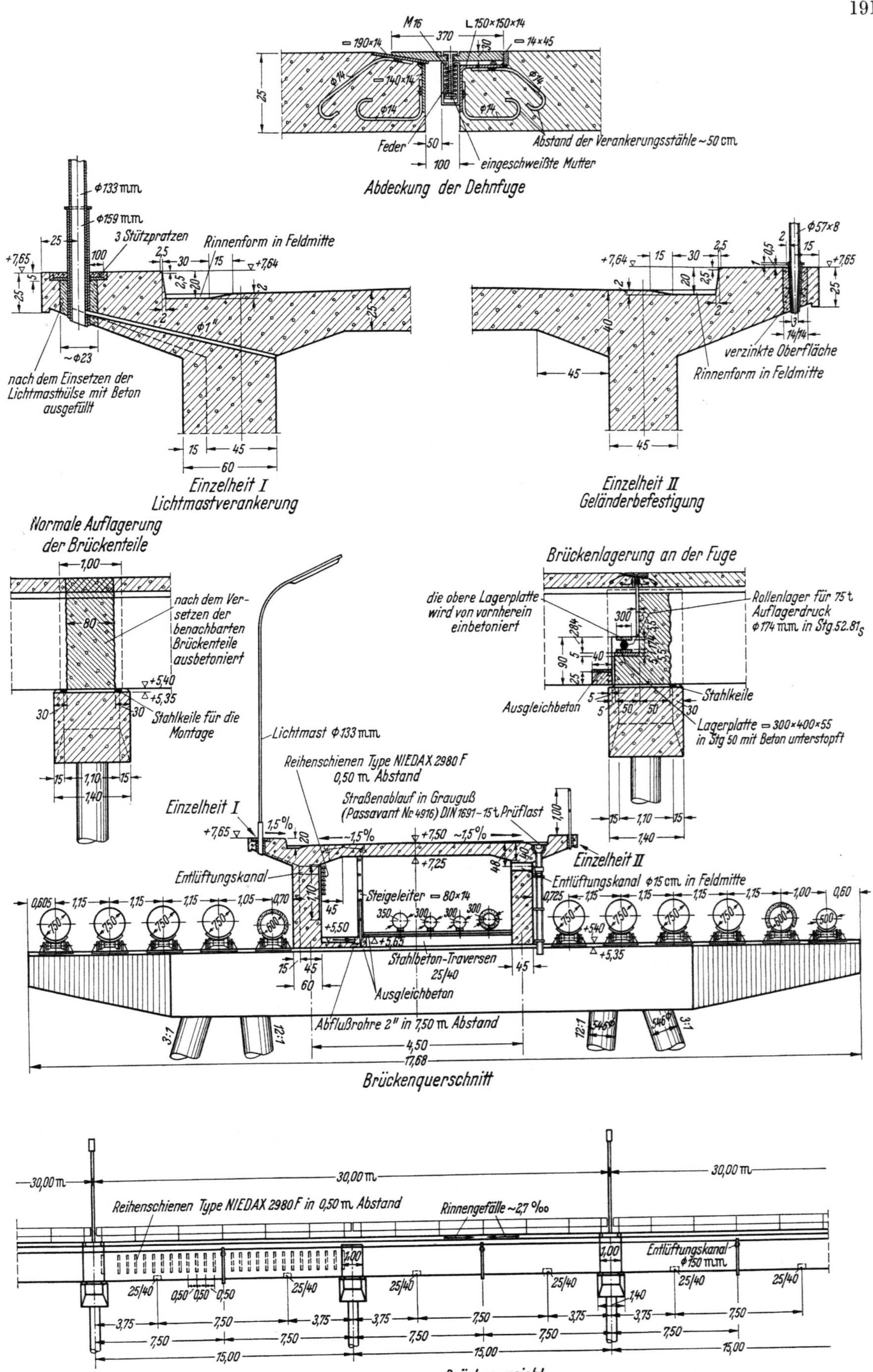

Abb. 30. Brückenüberbau mit Einzelheiten

mit beidseitig 10 cm Überlappung, 1,0 m lang ausgeführt. Die Straßenbrücke wurde im übrigen so bemessen, daß sie die Gesamtbrücke in Längs- und Querrichtung aussteift und die beachtlichen Längskräfte zu den Festpunktjochen überträgt.

Die Brücke wurde beidseitig mit Steckgeländern ausgerüstet. Sie können bei Rohrarbeiten ohne Schwierigkeiten abgenommen werden. Die konisch geformten, feuerverzinkten Geländerfüße stecken in nachträglich einbetonierten, gußeisernen Hülsen (s. Abb. 30).

Auch bei den Lichtmastverankerungen war ein nachträgliches Einbetonieren in Aussparungen vorgesehen (s. Abb. 30).

Der Überbau erhielt die erforderliche Ausrüstung mit Straßeneinläufen, Abfallrohren und befahrbar abgedeckten Einsteigeöffnungen zum Revisionssteg usw.

Die Ausbildung des Landwiderlagers, das auch die Aufgaben des Landesschutzdeiches übernehmen mußte, erforderte in Planung, Ausbildung und Baudurchführung besondere Überlegungen. Hier mußte die ausgeschriebene Lösung bindend gefordert werden (s. Abb. 32).

Das Landwiderlager und die anschließenden Brückenfelder und Joche wurden in Ortbeton geplant.

Die in Ortbeton vorgesehenen Jochbalken und Brückenträger des Kreuzkopfes und der Lösch-

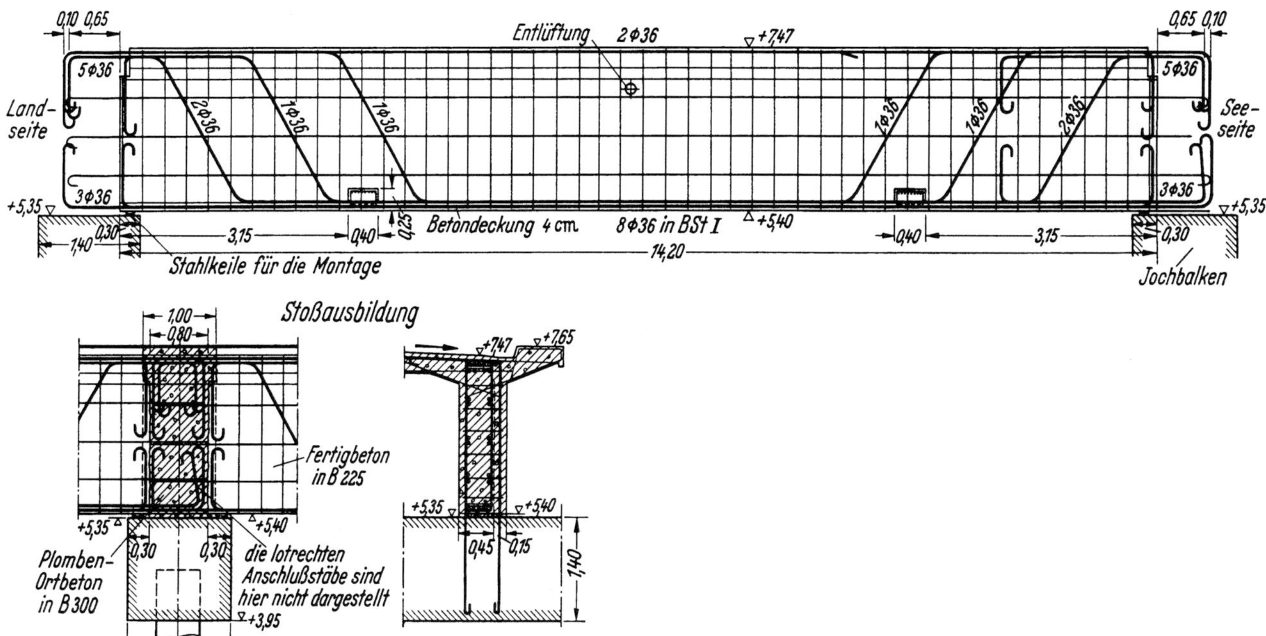

Abb. 31. Bewehrung der Hauptträger der Brückenüberbau-Fertigteile

köpfe 1 bis 3 sind in Abb. 24 dargestellt. Die Ausbildung in Fertigbeton kam wahlweise, aber nur bei fühlbar größerer Wirtschaftlichkeit in Frage.

Die Pollerdalben wurden unabhängig von der Brücke gegründet (s. Abb. 23, 24 u. 26). Die 125 t-Pollerdalben erforderten 4, die 250 t-Pollerdalben 8 hochbelastbare Gründungspfähle (s. Abb. 24, 33 u. 34). Zur Verminderung der Knicklänge und zur Eisaussteifung erhielten sämtliche Pollerdalben einen alle Pfähle verbindenden Aussteifungsrahmen aus Stahlrohren ∅ 419 mm, 14 mm dick aus St 35.29 S mit Achse auf —0,75 NN. Um Schwierigkeiten bei der Überleitung der großen Pollerpfahlkräfte zu vermeiden, wurden alle Pollerdalbenköpfe in Ortbeton B 225 geplant.

Alle Pollerdalben wurden vom Wasser aus durch eine Steigeleiter zugänglich gemacht. Sie wurde mit einer Fenderkonstruktion aus Basralocusholz auf Stahlprofilen verbunden, die das Anlegen von Kleinschiffen ermöglicht (s. Abb. 23, 33 u. 34).

Alle Pollerdalben auf der Seeseite der Löschbrücke können unmittelbar von der Brücke aus betreten werden. Ein Schleppblech deckt die 15 cm breite Trennfuge ab. Die auf der Landseite befindlichen Pollerdalben sind durch einen leicht abnehmbaren Stahlsteg mit Gitterrostabdeckung, der über die Rohre hinwegführt, mit der Brücke verbunden. Diese Pollerstege erhielten eine nutzbare Breite von 1,50 m und beidseitig feste Geländer.

Die Verbindungsbrücken zu den Pollerdalben des südlichen und nördlichen Pollersteges (s. Abb. 4, 23, 33, 34 u. 41) wurden, um laufende Unterhaltungsarbeiten zu vermeiden, in Stahlbeton

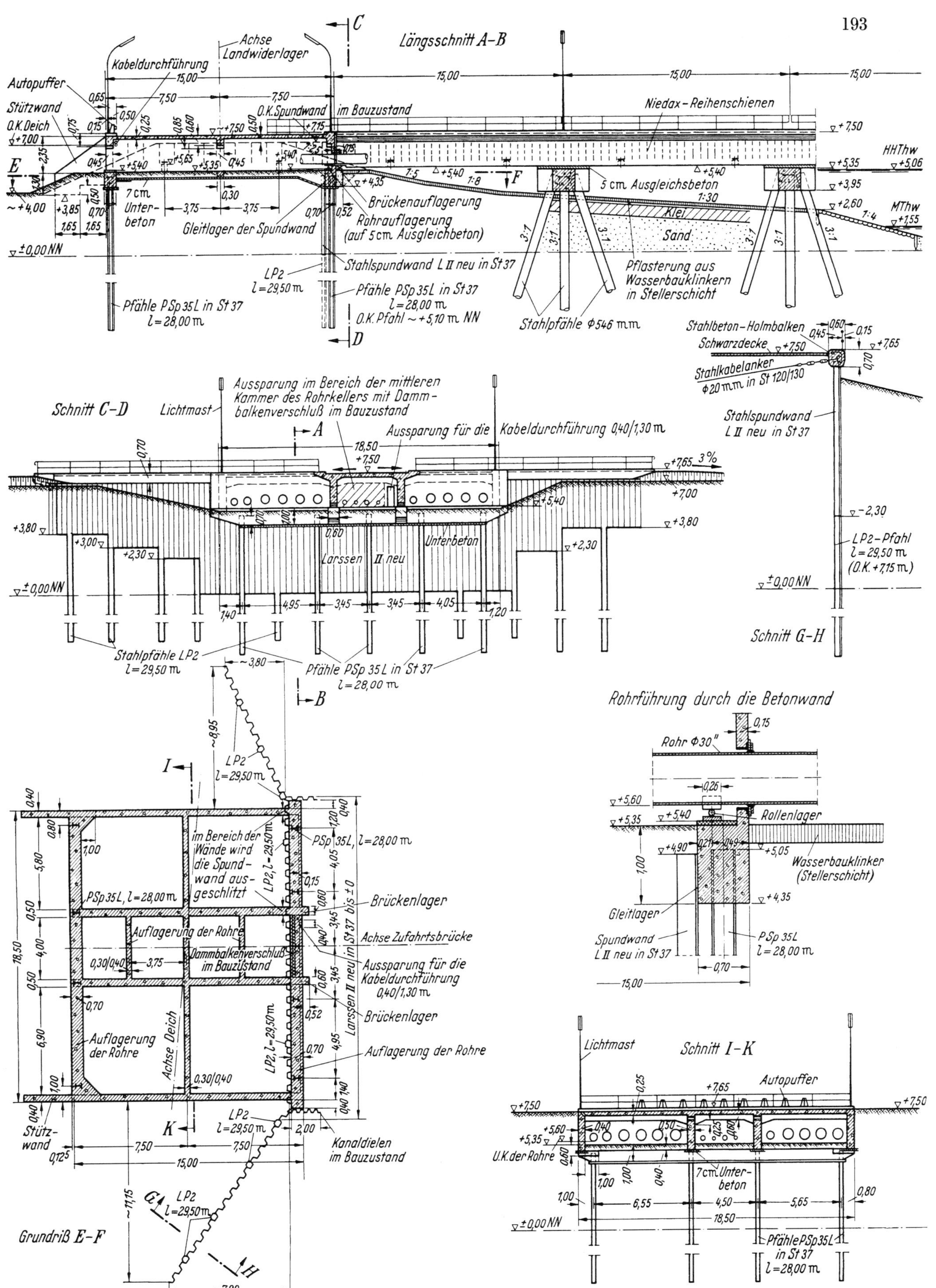

Abb. 32. Landwiderlager

geplant. Sie liegen auf den Pollerdalbenköpfen und auf jeweils einem Zwischenjoch aus 2 Pfählen mit Ortbetonkopf auf (s. Abb. 24). Das Zwischenjoch wirkt als Pendelstütze. Die nutzbare Breite der Stege beträgt 1,70 m.

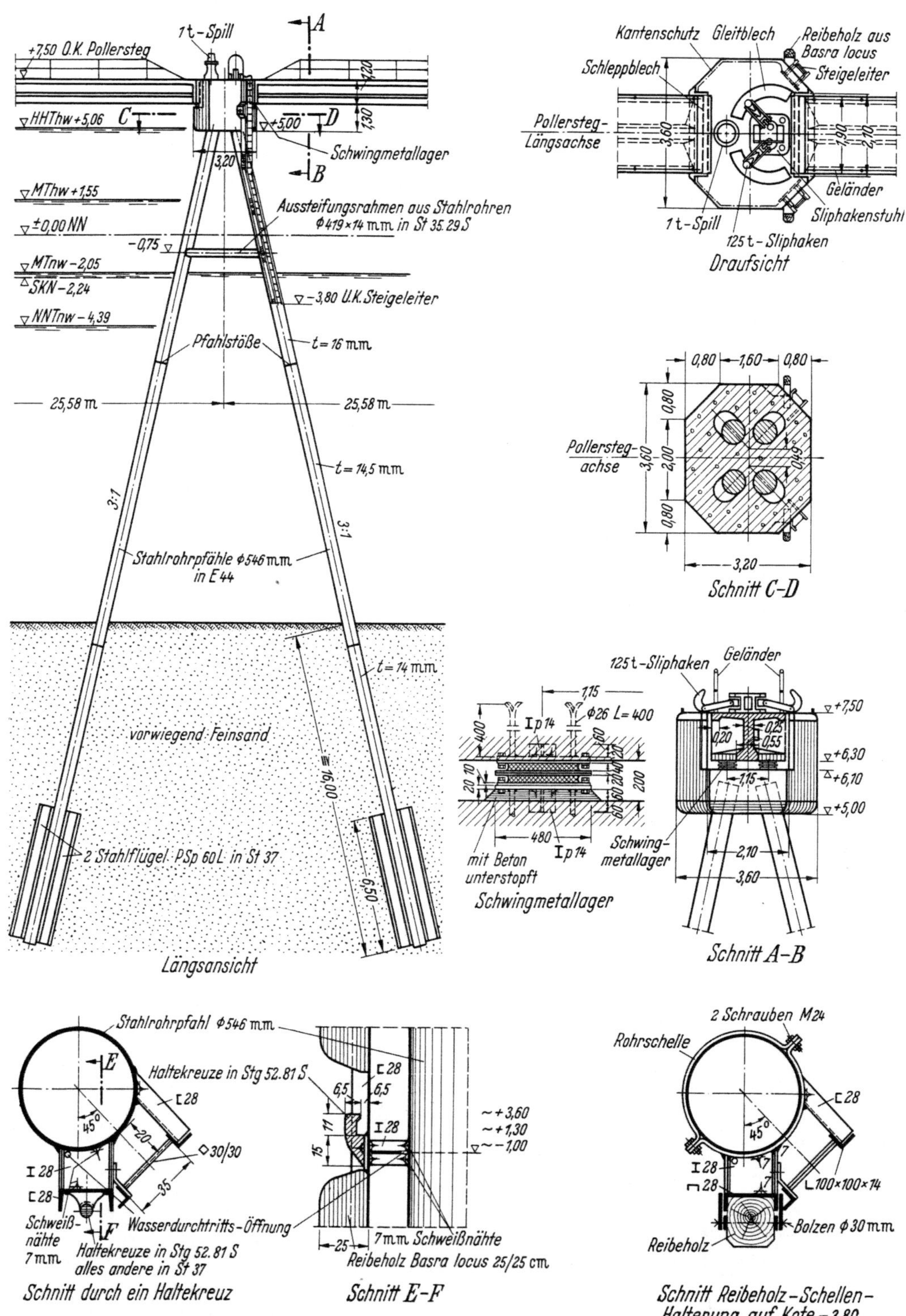

Ab. 33. 125t-Pollerdalben des südlichen Pollersteges

Die Pollerdalben wurden mit jeweils zwei 125 t- bzw. 250 t-Pollern aus Stahlguß geplant und mit einem 1 t-Elektrospill zum Hochhohlen der Trossen ausgerüstet. Die Abmessungen der Betonköpfe wurden so gewählt, daß ausreichend Arbeitsraum für die Festmacher vorhanden ist und die

Köpfe der Gründungspfähle einwandfrei zusammengefaßt werden. Alle Pollerdalben wurden mit einem Stahlkantenschutz versehen, der ein Abgleiten verhindert.

Anordnung und Ausbildung der elastischen Anlegedalben aus Stahl wurden gemäß Abb. 23, 35 u. 36 gewählt. Bei Berücksichtigung aller Anforderungen, die an die Dalben zu stellen waren, erwiesen sich hier Dalben aus hochwertigen Stahlrohren als technisch und wirtschaftlich günstigste Lösung (s. Abb. 35). Diese Stahlrohrdalben wurden oben durch 2 Verbände zusammengefaßt, deren unterer als Torsionsverband ausgebildet wurde.

Vor jeden Dalben wurde eine Fenderschürze aus Basralocusholz auf Stahlgerüst gehängt (s. Abb. 35 u. 36). Die Fenderschürze wiegt insgesamt rd. 28 t. Sie kann mit einem Schwimmkran leicht eingehängt und abgenommen werden. Sie stützt sich mit einem Pfannenlager auf den unteren

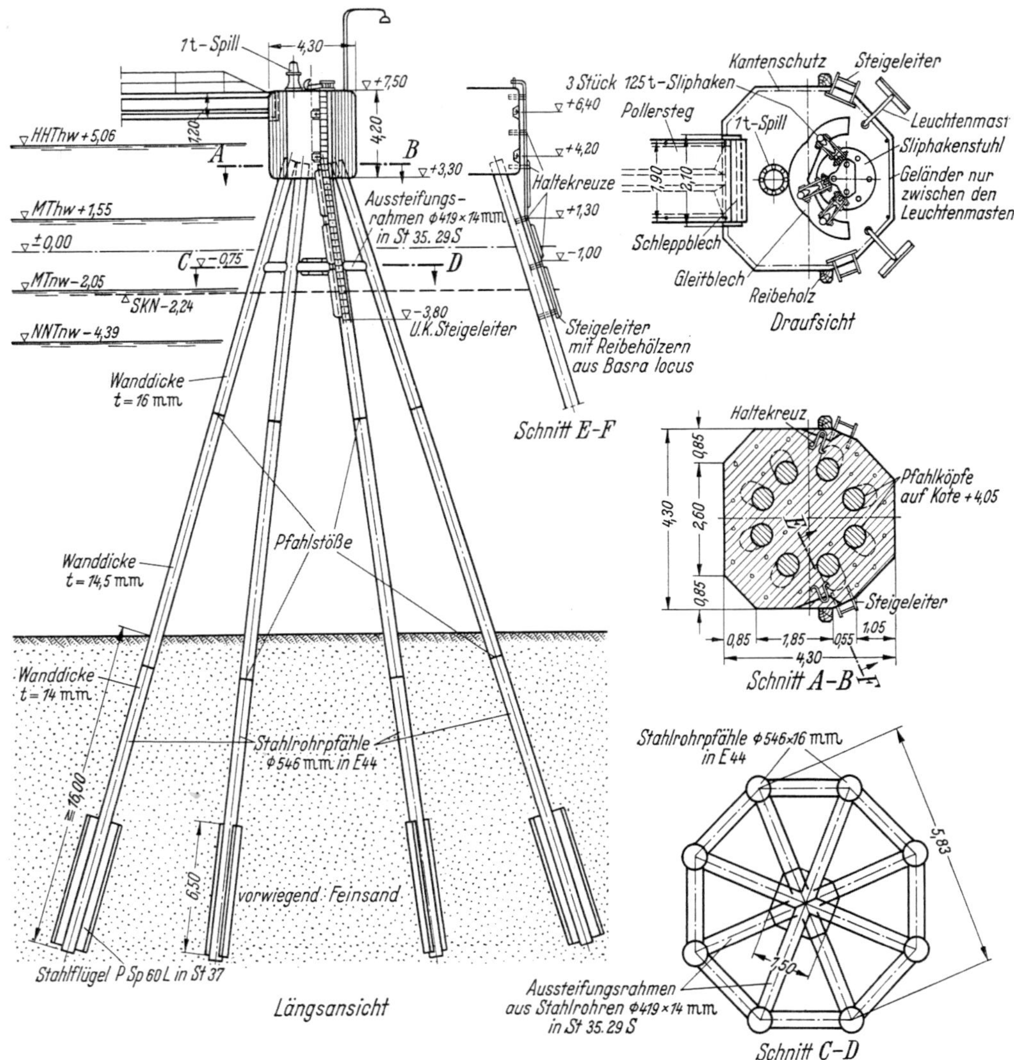

Abb. 34. 250 t-Endpollerdalben des südlichen Pollersteges

Verband ab und wird am oberen Verband durch eine Lasche gehalten, so daß sie nicht abkippen kann. Die weitere Stützung und Führung erhält der Stahlrahmen der Fenderschürze an den Verbandscheiben.

Die oberen bzw. unteren Verbände und die Fenderschürzen aller Dalben wurden jeweils völlig gleich geplant, so daß sie später beliebig ausgewechselt werden können (s. Abb. 36).

Alle doppelwandig vorgeschlagenen Verbandscheiben erhielten 5 Öffnungen ⌀ 790 mm, durch die die Dalbenpfähle ⌀ 750 mm bei Verwendung der Verbände als Rammführung gerammt werden konnten.

Da die 60 tm-Dalben später auf rd. 100 tm verstärkbar sein mußten, wurden sie vorerst nur mit 4 Dalbenpfählen ausgerüstet. Durch die zunächst freibleibende mittlere Öffnung auf der Hinterseite der Verbandscheiben kann später jederzeit ein Dalbenpfahl nachgerammt werden. Bei weiteren Verstärkungen müssen die Dalbenverbände vorher durch Anschweißungen auf der Hinterseite vergrößert werden.

Als Dalbenpfähle wurden nach sorgfältigen Vergleichsrechnungen auch für spätere Verstärkungsfälle Rohre ⌀ 750 mm aus hochwertigem Feinkornstahl FB 50 und FB 70 gewählt. Ihre Wanddicken wechseln schußweise von 15,5 mm am oberen Ende bis 33,5 mm in der Zone größter Beanspruchungen. Die Dalben aus Rohrmaterial mit variablen Stahlgüten, Schußlängen und Wanddicken zeigten sich so anpassungsfähig, daß die gestellten harten technischen Bedingungen trotz örtlich verschiedenen Untergrundes und verschiedener Sohlenlage ausreichend genau erfüllt werden konnten.

Bei allen Stößen der Pfahlschüsse wurde für die Beanspruchung an der Streckgrenze das gleiche Tragvermögen gefordert wie für benachbarte Schnitte im ungestörten Rohrquerschnitt.

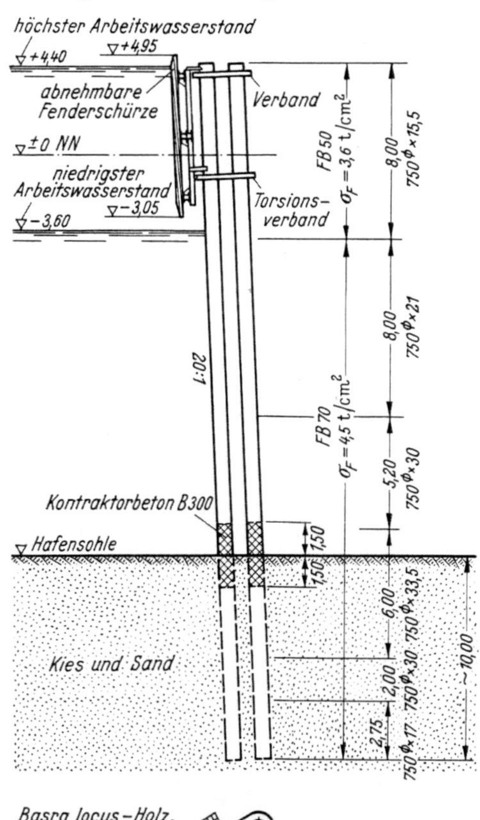

Abb. 35. Elastischer Stahlrohr-Anlegedalben mit 100 tm Arbeitsvermögen

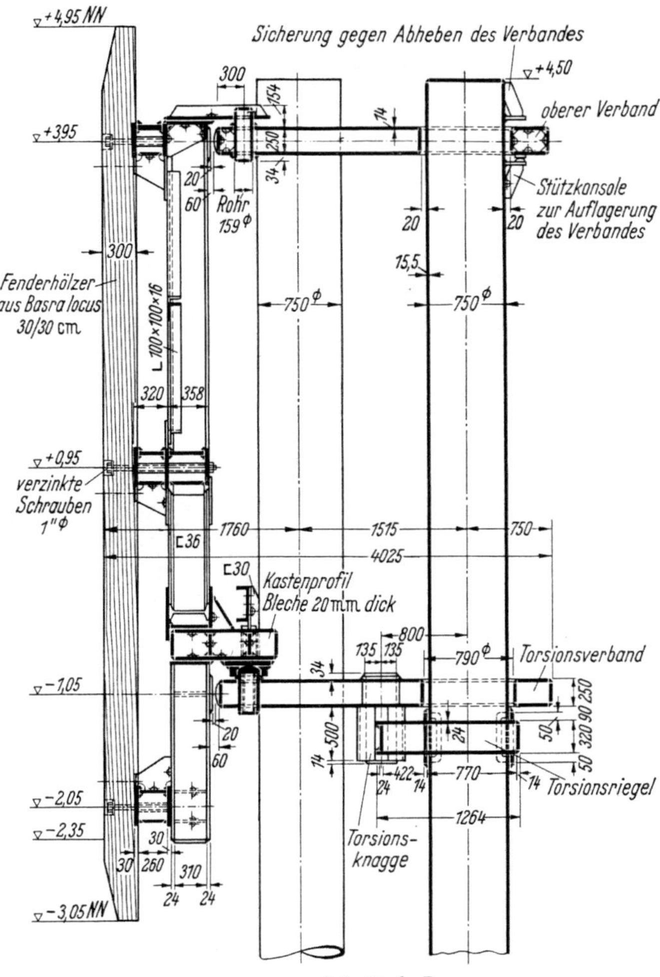

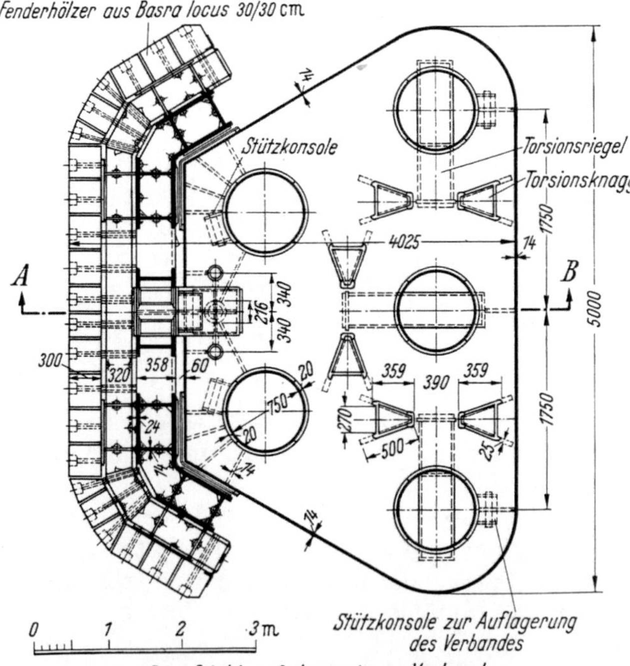

Abb. 36. Verbände und Fenderung der Anlegedalben

Um zusätzliche Beanspruchungen aus waagerechter Biegung am Übergang in den stützenden Baugrund zu vermeiden, wurde gefordert, die Pfähle bis 1,50 m über und unter Hafensohle auszubetonieren.

Die Dalben wurden in der Neigung 20: 1 überhängend geplant. Durch diese Maßnahme in Verbindung mit der vorstehenden Fenderschürze wurde erreicht, daß auch bei größter Dalbendurchbiegung von rd. 1,30 m kein Schiff gegen die Dalbenpfähle stoßen kann.

Der Korrosionsschutz der Dalbenpfähle wurde wie bei den Brücken- und Pollerpfählen vorgesehen.

Der Ausschreibungsentwurf wurde unter Beachtung technischer, wirtschaftlicher, bauausführungsmäßiger und terminlicher Belange in allen Einzelheiten durchgearbeitet. In Übersichts- und Detailzeichnungen, besonderen Vertragsbedingungen und in einem eingehenden Leistungsverzeichnis wurden Art, Umfang und Durchführung der Arbeiten übersichtlich und eindeutig angegeben und festgelegt.

10. Ausschreibung und Vergabe

Anhand des Ausschreibungsentwurfes wurde das Projekt mit einer Laufzeit von 4 Wochen unter sorgfältig ausgewählten deutschen Firmen beschränkt ausgeschrieben. Es wurde gefordert, die Arbeiten am 1. 11. 1957 zu beginnen und bis zum 1. 9. 1958 im wesentlichen abzuschließen.

Bei der Ausschreibung wurden nur Firmen berücksichtigt, deren Führungs- und Fachpersonal die nötige Erfahrung im Seebau besaß und Bauarbeiten unter ähnlichen Bedingungen bereits erfolgreich ausgeführt hatte. Arbeitsgemeinschaften, auch mit ausländischen Firmen, unter Federführung einer deutschen Großfirma wurden zugelassen. So konnten auch mittlere und kleinere Wasserbau-Spezialfirmen mit aufgefordert werden. Von letzteren versprach man sich bei der angespannten Lage auf dem Arbeitsmarkt vor allem die Gestellung erfahrener Wasserbaufacharbeiter.

Die Laufzeit von 4 Wochen war trotz des schwierigen Projektes ausreichend, denn die interessierten Firmen hatten Gelegenheit, sich lange vor der Ausschreibung über den Stand des Projektes und die vorgesehenen technischen Lösungen zu unterrichten. So konnten ihre vorbereitenden Überlegungen und Arbeiten frühzeitig anlaufen.

Nach der technischen und wirtschaftlichen Auswertung der Angebote und Überprüfung des vorgesehenen Geräteeinsatzes sowie der vorgeschlagenen Baudurchführung und eingehenden Verhandlungen mit in engere Wahl kommenden Bietern kamen für die Vergabe schließlich zwei Gruppen in Betracht, und zwar:

a) die Gruppe unter der vorgesehenen Federführung der Firma Philipp Holzmann AG, mit den Partnern Wayss und Freytag AG, Dyckerhoff und Widmann KG, Grün und Bilfinger AG und Aug. Prien, sowie

b) die Gruppe unter der vorgesehenen Federführung der Strabag Bau-AG, mit den Partnern Hochtief AG, De Long Corporation, Hermann Möller und Tiefbau AG „Unterweser".

Die Holzmann-Gruppe wollte mit zwei Vorschubrammen arbeiten und die bereits eingebrachten Brückenpfähle zur Abstützung benutzen. Die Lösung war technisch einwandfrei und versprach einen zügigen Arbeitsfortschritt im Bereich der eigentlichen Brücke. Beim Kreuzkopf, den Löschköpfen 1 bis 3, den Pollerblöcken und den Dalben mußte mit gewissen Erschwernissen gerechnet werden.

Die Strabag-Gruppe brachte einen völlig neuartigen Gerätevorschlag. Eine sogenannte „schwimmende Insel" der De Long Corporation, New York, sollte hierbei als Rammplattform für eine MR 60-Ramme benutzt werden. Die Ramme sollte, auf einem besonderen Schlitten montiert, in Längs- und Querrichtung verschiebbar sein und außerdem nach jeder Richtung gedreht und bis zur Neigung 3: 1 gekippt werden können.

Von der Strabag-Gruppe wurde auch ein Sondervorschlag mit vorgespanntem Brückenüberbau auf vorgespannten Stahlbetonrohrpfählen eingereicht. Als weitere Variante wurde der Ersatz der Betonpfähle durch Stahlgroßrohrpfähle vorgeschlagen. Die Sondervorschläge brachten aber beim vorliegenden Projekt keine technischen oder wirtschaftlichen Vorteile. Die hinsichtlich der Korrosion interessanten Betongroßrohrpfähle befanden sich noch im Entwicklungsstadium. Bei der vorgesehenen Wanddicke von nur 12 cm wären sie sowohl im Bauzustand als auch im fertigen Bauwerk durch Betrieb und Eisgang mehr gefährdet gewesen als die Stahlpfähle des Ausschreibungsentwurfes.

Hingegen versprach sich der Bauherr vom Einsatz der Ramminsel die erforderliche Sicherheit in der Durchführung des Ausschreibungsentwurfes auch unter schwierigen Verhältnissen.

Er entschloß sich daher der Strabag-Gruppe den Auftrag auf Ausführung des Ausschreibungsentwurfes bei baldmöglichem Einsatz der Ramminsel zu erteilen. Während bauseitig technische Schwierigkeiten nicht erwartet wurden, bestanden terminliche Sorgen, da das neue Gerät vorerst nur in Entwurfsskizzen vorlag. Es mußte erst durchkonstruiert und geliefert werden. Es wurde daher gefordert, die Rammung bis zum Einsatz der Insel vom Gerüst aus vorzunehmen.

Am 1. 11. 1957 erhielt die Strabag-Gruppe, erweitert um die Firmen Ed. Züblin AG. und Polensky & Zöllner als „Arbeitsgemeinschaft Ölumschlag" den Zuschlag mit der Auflage, die Bauarbeiten unverzüglich aufzunehmen. Der Arge wurden neben der Ölbrücke auch die Tiefbauarbeiten für das Tanklager auf dem Heppenser Groden übertragen.

11. Die Wilhelmshavener Ramminsel

Die Ramminsel (s. Abb. 37) wurde mit acht 30 m langen Stahlrohren ⌀ 1,80 m ausgerüstet, die bis in den Meeresboden ausgefahren werden konnten. An diesen Stahlrohren konnte die 33,53 m lange, 21,34 m breite und 2,40 m hohe Insel durch doppelteilige Hohlpressen jederzeit pneumatisch gehoben und gesenkt werden. Jedes Stahlrohr konnte von einem Steuerpult aus einzeln betätigt werden. Die vorhandenen Unebenheiten des Meeresbodens konnten daher keine Schwierigkeiten

Abb. 37. Die Ramminsel in Arbeitsstellung

bereiten. Durch die 30 m langen Rohre ließ sich die Insel so hoch heben, daß auch beim höchsten Wasserstand noch Rammarbeiten ausgeführt werden konnten. Die größte Hubgeschwindigkeit betrug 2,50 m/h.

Auf der Insel wurden das Maschinenhaus mit den Anlagen zur Erzeugung der erforderlichen Druckluft und der elektrischen Energie, die Behälter für das Kesselspeisewasser der Ramme, das Trinkwasser, das Wasser für die sanitären Einrichtungen, die Werkstatteinrichtungen für kleinere Reparaturen und die Räume für die Besatzung untergebracht.

In Zusammenarbeit der Arge Ölumschlag mit der Menck und Mambrock GmbH., Hamburg-Altona, wurde eine Schiebebühne entwickelt, an derem Kopf eine im vollen Kreis drehbare MENCK-Ramme MR 60 aufgestellt wurde (s. Abb. 37 u. 38). Sie wurde mit einem halbautomatisch gesteuerten Rammbären von 6750 kg Fallgewicht und 1,25 m Fallhöhe ausgerüstet. Er konnte 50 Schläge pro Minute ausführen. Die Ramme wurde mit Dampf aus einem stehenden Querrohrkessel mit 32 m^2 Heizfläche und 7,5 m^2 Überhitzerfläche angetrieben. Der Kessel hatte eine moderne Ölfeuerung, bei der das Öl durch Druckluft zerstäubt wurde.

Das Rammgerüst konnte maschinell sowohl nach hinten als auch nach vorn bis 2,5: 1 geneigt werden. Der Mäkler konnte seitlich verstellt werden. Die Schiebebühne konnte durch eine Ölhydraulik in Längsrichtung 4,0 m und in Querrichtung 9,0 m verschoben werden.

So konnten alle Pfähle eines Brückenjoches und auch alle 8 Pfähle eines 250 t-Pollerdalbens nacheinander gerammt werden, ohne die Ramminsel versetzen zu müssen.

12. Poller-Sonderpfähle

Um die Einflüsse der Lignitschicht zwischen Kreuzkopf und Löschkopf 2 auf das Rammen der Pollerpfähle zu erkunden, wurde frühzeitig eine Proberammung mit einem IP 30-Profil ausgeführt. Der Pfahl ließ sich ohne Schwierigkeiten durch die Lignitschicht rammen, wobei ein Unterschied gegenüber dem benachbarten Sandboden im Rammprotokoll nicht festgestellt werden konnte. Da aber angenommen werden mußte, daß sich die mit schweren Fußflügeln ausgerüsteten Pollerpfähle (s. Abb. 28 Typ V) nur mit Spülhilfe 16 m tief in den vorwiegend feinsandigen Untergrund rammen ließen, mußte auch versucht werden, die Lignitschicht mit Spüllanzen zu durchdringen. Dies erwies sich jedoch als unmöglich.

Da beim kurzen Bautermin und der mehrere Monate betragenden Lieferzeit der Pfähle kein Risiko in der Bauausführung eingegangen werden konnte, wurde für den Lignitbereich ein Sonderpfahl entwickelt. Dieser mußte bis unter die Hafensohle gleich wie die sonstigen Pollerpfähle ausgebildet werden. Für das Rammen durch die Lignitschicht und weiter in den darunter liegenden Feinsand mußte er aber eine I-Form aufweisen. So ergab sich die Kombination des Rohrschaftes ⌀ 546 mm mit einer Pfahlwurzel aus PSp 40 S (s. Abb. 39). Die Verbindung beider Teile mußte mit

Abb. 38. Ausrüstung der Ramminsel

großer Sorgfalt vorgenommen werden. Zur Verstärkung wurden außen vier 3,50 m lange Flügel aus PSp 40 S aufgeschweißt. Diese erhöhen gleichzeitig die Tragfähigkeit der Pfähle auf Zug und Druck. Um im Bereich dieser Flügel spülen zu können und sie beim Rammen nicht zu gefährden, müssen sie jeweils oberhalb der Lignitschicht enden.

13. Sliphaken

Um bei Gefahr auch Stahltrossen rasch lösen zu können, wurde im Frühjahr 1958 bauseitig in Erwägung gezogen die Poller zusätzlich mit einem im Ausland bereits angewendeten Slipgeschirr auszurüsten. Eine sorgfältige Untersuchung vorhandener Sliphaken ergab jedoch, daß sie entweder nicht unfallsicher oder unter Vollast nicht betriebssicher waren. Man entschloß sich daher, ein besonderes Slipgeschirr zu entwickeln. Ausgehend von den bisherigen Schlepperhaken der AG „Weser", Werk Seebeck, Bremerhaven, wurde ein Sliphaken für eine Grenzlast von 125 t erarbeitet (s. Abb. 40). Vor Beginn der Serienfertigung wurde er in der Versuchsanstalt der AG „Weser", Werk Bremen, zur vollsten Zufriedenheit aller Beteiligten getestet.

Die Sliphaken werden mittels Kreuzgelenk an geschweißten Stühlen allseitig beweglich befestigt. Die Fußplatten der Sliphakenstühle wurden gleich den Füßen der ursprünglich ausgeschriebenen 125t - bzw. 250t -Poller ausgebildet, so daß jederzeit eine Auswechselung stattfinden könnte (s. Abb. 40).

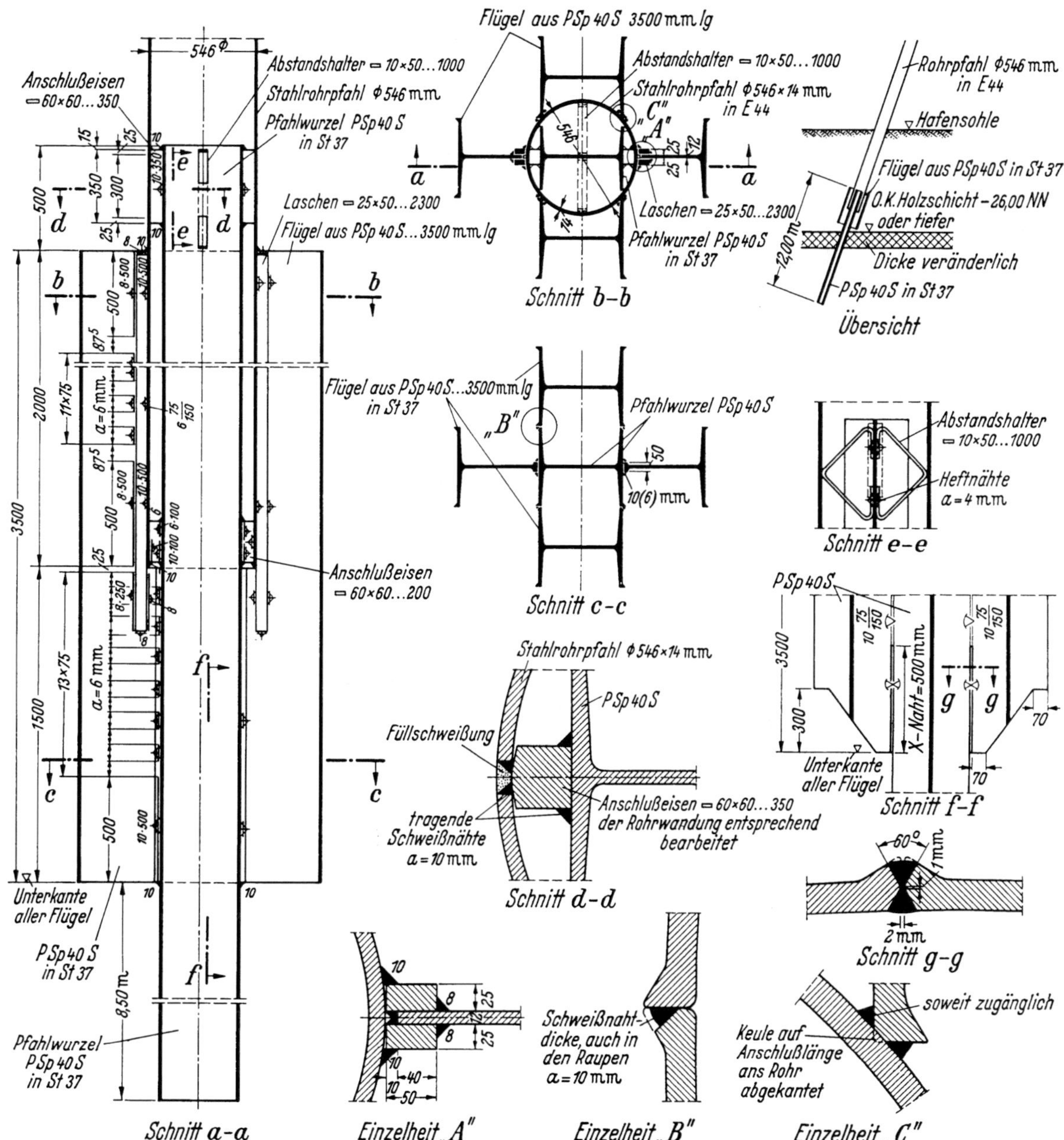

Abb. 39. Sonderausbildung der Pollerpfähle im Bereich der Lignit-Schicht

Je nach Pollerbelastung und Zugrichtung wurden die Pollerblöcke mit 1 bis 3 Sliphaken ausgerüstet (s. Abb. 23, 33, 34, 40 u. 41).

Abb. 41 gibt einen Überblick über die gewählten Schwenkbereiche der Sliphaken entsprechend dem Vertäuplan.

Die Sliphaken haben sich inzwischen auch im Betrieb bewährt und arbeiten sowohl bei kleinen als auch bei größten Trossenzügen einwandfrei. Sie bedeuten einen beachtlichen Fortschritt beim Festmachen von Großschiffen.

14. Lagerung der Pollerstege auf Schwingmetall

Das neue Slipgeschirr erforderte eine Auflageränderung, insbesondere bei den Stahlbeton-Pollerstegen. Beim raschen Lösen der unter Vollast stehenden Trossen federn die Pollerdalben zurück und pendeln sich in gedämpfter Schwingung in ihre Ruhelage ein. Bei fester Lagerung der

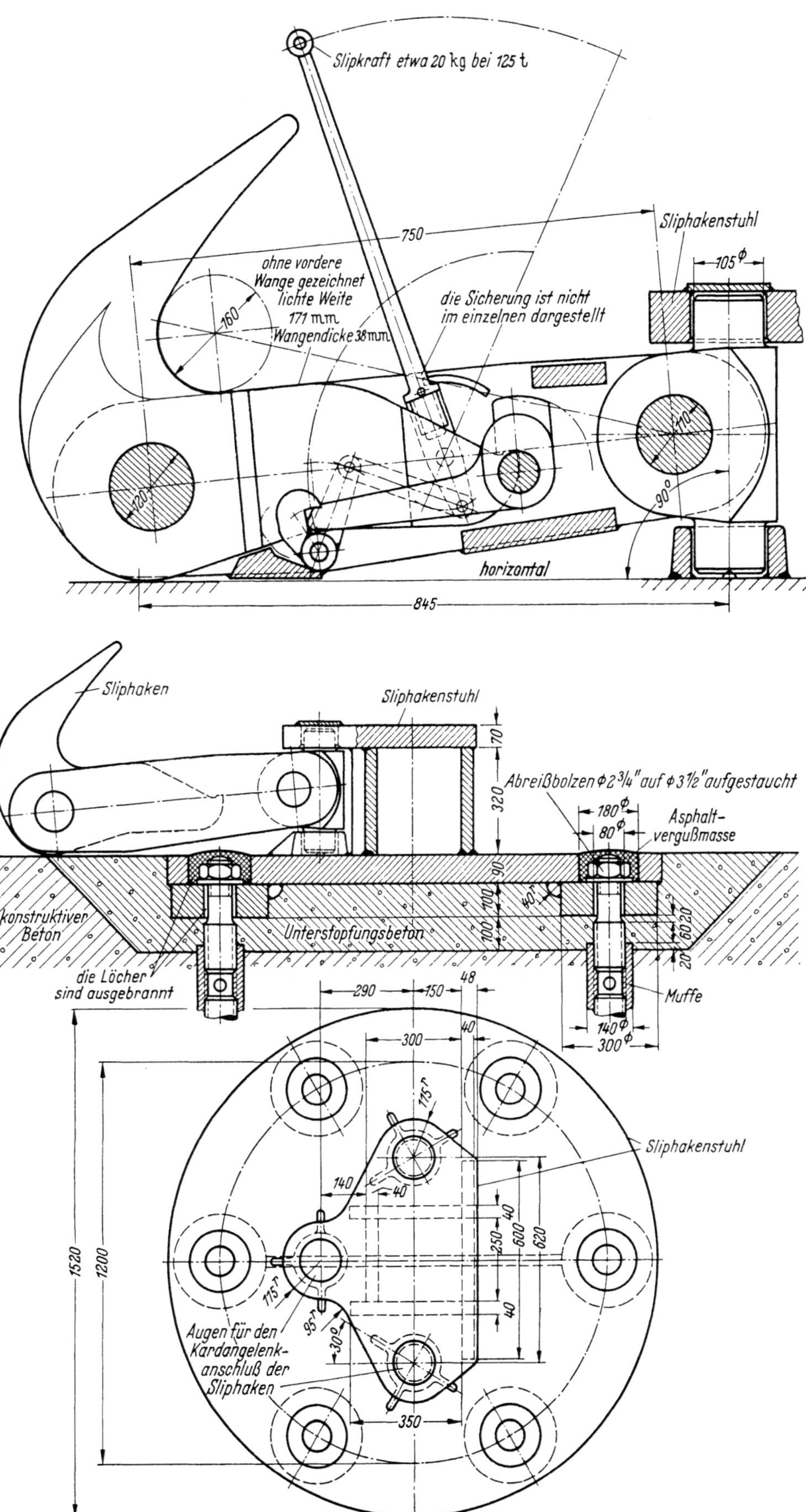

Abb. 40. Sliphaken und Sliphakenstuhl

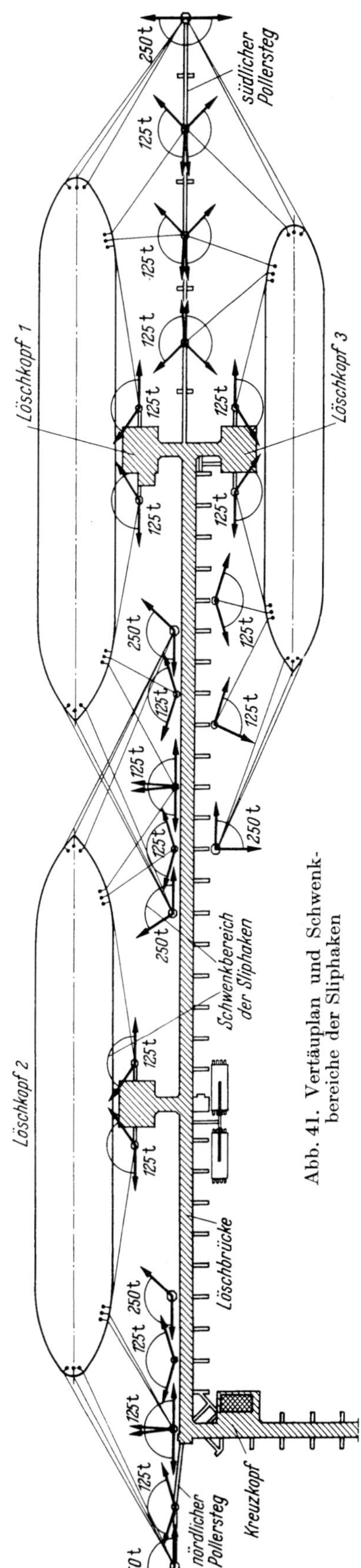

Abb. 41. Vertäuplan und Schwenkbereiche der Sliphaken

Pollerstege würden dabei große Massenkräfte übertragen und in kurzer Zeit Zerstörungen eintreten. Um dies zu vermeiden, wurden alle Pollerstege wie Maschinen auf Schwingmetall gelagert (s. Abb. 33). Hierfür wurde besonders geeignetes Material aus alterungsbeständigem hochwertigem Naturkautschuk verwendet. Nach dem Einbau wurde noch ein mit den Lagern gelieferter Spezial-Schutzanstrich aufgebracht.

Die gewählten Schwingmetall-Lager können waagerecht bis zu rd. 10 cm ausfedern. Sie können im Bedarfsfalle auch ohne Schwierigkeiten ausgewechselt werden.

Die Schwingmetallager wurden von der Fa. Continental Gummiwerke AG, Hannover, in entgegenkommend kurzer Zeit geliefert.

15. Bootsanleger

Um die Verladebrücke auch von Zollbooten, Überwachungsschiffen und Schleppern aus über gut begehbare Treppen erreichen zu können, wurde im Herbst 1958 ein besonderer Bootsanleger entworfen und in Auftrag gegeben (s. Abb. 42). Er besteht aus vorerst zwei Anlegepontons; die an Dalbenrohren geführt werden, und den erforderlichen Treppen, Verbindungsstegen und Ausrüstungen.

Der Bootsanleger mußte verkehrsgünstig und im übrigen so angeordnet werden, daß die Pfähle der Ölbrücke nicht gefährdet werden und die Großschiffe den Betrieb am Bootsanleger nicht behindern. Nach Prüfung verschiedener Möglichkeiten wurde er landseitig gegenüber Löschkopf 2 angeordnet (s. Abb. 4, 23 u. 42).

Er mußte so ausgebildet werden, daß der Verkehr auch bei schlechtem Wetter noch möglich ist. Bei schwerem Eisgang sollen die Anlegepontons jedoch eingezogen werden.

Für die Pontons wurde eine Sonderkonstruktion gewählt, die betrieblich günstig erschien und dem Gesamtcharakter der Brücke entsprach. Jeder Ponton wurde mit vier 27,00 m langen strömungstechnisch günstig ausgebildeten Schwimmrohren ⌀ 1,30 m in St 37 ausgerüstet, auf die sich die 22,10 m lange und 7,37 m breite Ponton-Plattform abstützt. Sie ist in aufgelöster Konstruktion rahmenartig aufgeständert, so daß ankommende Wellen gut auslaufen können. Die landseitige Längswand, an der die Schiffe anlegen, ist mit einer durchgehenden Fenderung aus Bongossi-Holz versehen. Die Oberfläche des Pontons ist mit einem rutschsicheren und verschleißfesten Tivoplan-Belag überzogen. Ohne Nutzlast beträgt die Freibordhöhe der Pontons rd. 1,30 m. Der Ponton kann eine gleichmäßig verteilte Nutzlast von 200 kg/m^2 aufnehmen.

Jeder Ponton wird an zwei Stahlrohren ⌀ 850 mm in FB 50 geführt. Diese Stahlrohre erhielten gestaffelte Wanddicken mit 16 mm am oberen Pfahlende und 33 mm im Bereich des größten Biegemomentes (s. Abb. 42). Sie wirken wie Stahldalben und können einen Stoß von 30 t in Höhe +5,00 NN aufnehmen. Sie können daher den zu erwartenden Eisstößen standhalten. Im Sohlenbereich sind die Führungspfähle wie die Pfähle der Anlegedalben ausbetoniert. Die beiden mittleren Führungspfähle sind durch ein Kopfstück zu einem zweipfähligen Rahmendalben zusammengefaßt, auf den die beiden Verbindungstreppen zu den Pontons und der Verbindungssteg zur Verladebrücke aufgelagert sind. Letzterer ruht auf Schwingmetall-Lagern, um die erforderliche Verschieblichkeit

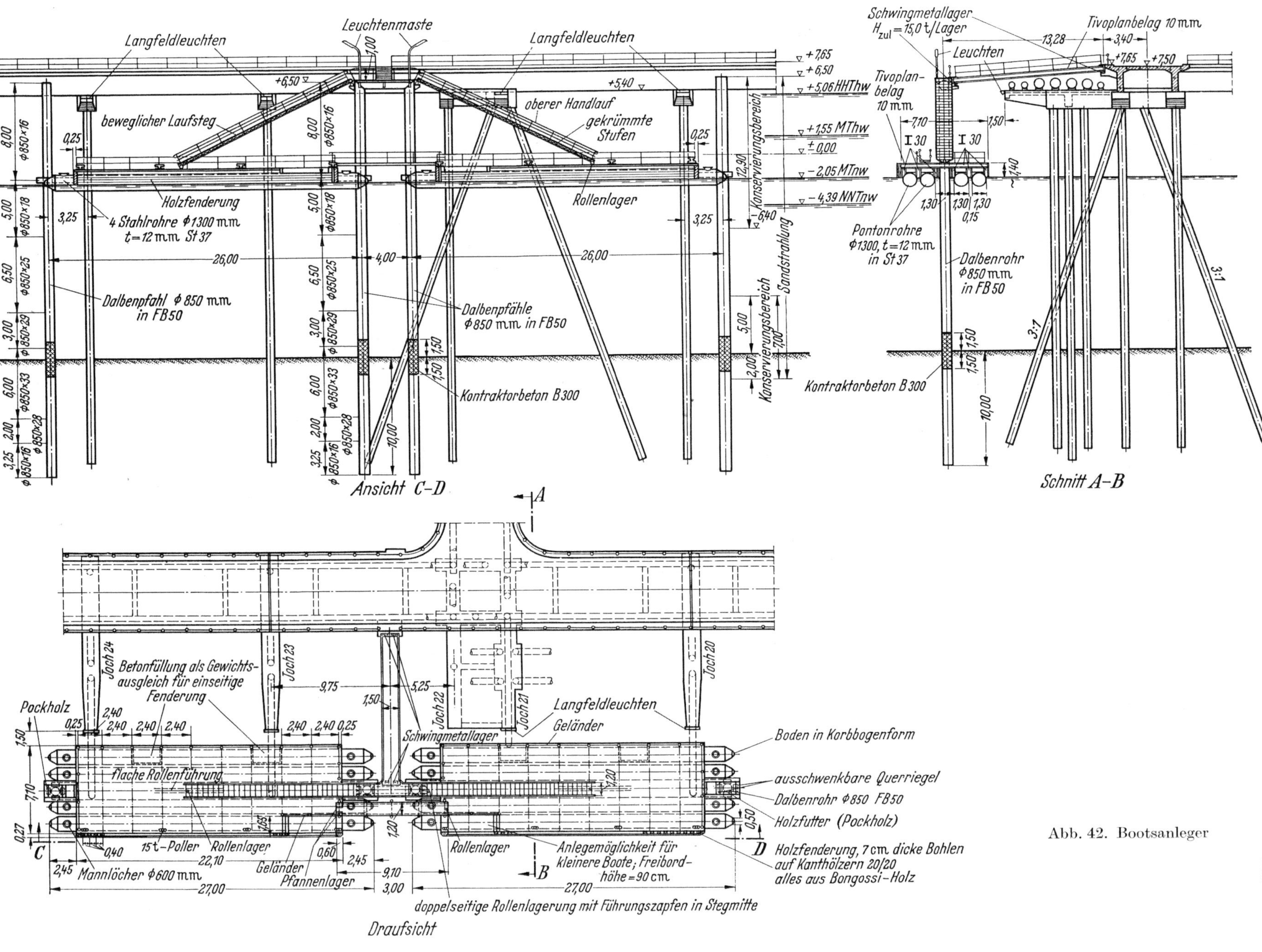

Abb. 42. Bootsanleger

bei gleichzeitiger Kraftübertragung zu gewährleisten. Die Pontons werden an den Pfählen mittels Pockholzfuttern geführt, die am Ponton und am ausschwenkbaren Verschluß-Querriegel befestigt sind.

Die Verbindungstreppen zu den Pontons sind für eine Nutzlast von 500 kg/m² torsionssteif ausgebildet. Sie sind oben auf zwei Rollen und einem mittleren Zapfen und unten auf einer geführten Mittelrolle gelagert. Die Stufen sind gekrümmt ausgebildet, so daß sie in jeder Treppenlage begangen werden können.

Soll ein Ponton ausgeschwommen werden, wird die Treppe vorher auf den Ponton abgelassen.

Die Schutzmaßmahnen gegen Korrosion entsprechen denen der übrigen Brücke.

Weitere Einzelheiten können Abb. 42 entnommen werden.

Die Dalbenpfähle, Gesamtgewicht rd. 61 t, wurden von der Mannesmann Hüttenwerke AG, Duisburg, geliefert und von der Arge Ölumschlag gerammt. Die Pontons, Treppen, Stege und der weitere Zubehör, im Gesamtstahlgewicht von rd. 175 t wurden von der Firma Norddeutscher Eisenbau, Sande, geliefert, eingeschwommen und montiert.

Der Bootsanleger ist inzwischen in Betrieb und hat sich bisher gut bewährt. Er kann später im Bedarfsfalle durch weitere Führungspfähle und Pontons nach beiden Seiten verlängert werden.

16. Baudurchführung der Ölbrücke

Nach Auftragserteilung am 1. 11. 1957 liefen die Bauvorbereitungen auf der Baustelle und auf den Werkplätzen des Heppenser Groden sofort an. Als Fertigbetonbaustelle und als Werkplatz für das Zurichten der Pfähle, Herstellen der Fenderschürzen, die Arbeiten für den Korrosionsschutz sowie als Lagerplatz für obige Bauteile wurde der Kohlenhafen in Wilhelmshaven gewählt (s. Abb. 3). Hier standen ausreichend Platz und einsatzbereite schwere Verladebrücken von 7,5 t Tragfähigkeit und eine Ladeplattform von 40 t zur Verfügung, außerdem Normalspuranschluß und Anlegemöglichkeiten für Schuten und Schwimmkrane.

Am 4. 12. 1957 wurden mit einer MR 27 die ersten Bauwerkspfähle am Landwiderlager geschlagen. Das Gerüst aus Holzpfählen und Stahlträgern zum Rammen der Pfähle des Landanschlusses und der folgenden Brückenjoche durch eine MR 40 wurde mittels einer Schwimmramme laufend vorgestreckt. Am 31. 12. 1957 schlug die MR 40 vom Gerüst aus die ersten Brückenpfähle.

Nach kurzer Zeit waren der wasserseitige Teil des Landwiderlagers und die ersten Brückenjoche und Brückenfelder in Ortbeton ausgeführt. Gleichzeitig lief die Fertigung der Jochbalken und Brückenüberbauten im Kohlenhafen an. Sobald die Wassertiefen es gestatteten, wurde in der Zufahrtsbrücke mit Fertigteilen aus dem Kohlenhafen gearbeitet.

Die Herstellung der Ramminsel konnte kurz nach Auftragserteilung an die Arge bei der Rhein-

Abb. 43. Gerüstrammung des ersten Teiles der Zufahrtsbrücke

stahl Nordseewerke Emden, GmbH, anlaufen, da die Ausführungspläne innerhalb weniger Tage von der De Long Corporation, New York, geliefert wurden.

Am 19. 2. 1958 traf die Ramminsel aus Emden kommend in Wilhelmshaven ein. Nach vollständiger Ausrüstung mit der MR 60 schlug sie am 4. 3. 1958 den ersten Pfahl. Durch dieses Gerät konnten die Rammarbeiten nun wesentlich beschleunigt werden.

Abb. 43 u. 44 zeigen Bauphasen der Zufahrtsbrücke mit Landanschluß und Rammgerüst vor dem Eintreffen der Ramminsel. Die Holzjoche des Rammgerüstes hatten einen Abstand von 7,50 m. Die Spurweite des Rammwagens betrug 13,0 m. Die Fahrbahnträger waren IP 65 und die

Abb. 44. Bauzustand der Zufahrtsbrücke mit Landanschluß

Hauptträger des Rammwagens IP 80, alles in St 37. Oberkante Fahrschiene wurde auf +4,93 NN angeordnet. Insgesamt wurden 26 Holzpfahljoche gerammt, um bis zum Eintreffen der Ramminsel die Brückenpfähle bis Joch 60 (s. Abb. 20) rammen zu können.

Abb. 45. Landwiderlager im Bauzustand, Ansicht vom Tanklager

Abb. 45 zeigt die landseitige Ansicht des Landwiderlagers im Bauzustand noch ohne Rohrleitungen. Der Bau des Landwiderlagers ging planmäßig vor sich, so daß in keinem Stadium eine Gefährdung durch die See eintrat.

Abb. 46 gibt eine Bauphase der Zufahrtsbrücke mit vor Kopf liegender Ramminsel wieder.

Abb. 47 zeigt teilweise ausgesteifte Pfähle der Löschbrücke mit Arbeitsstegen, Abb. 48 die Pfähle des Löschkopfes 2 noch ohne Pollerpfähle und Anlegedalben. Mit Hilfe der Ramminsel konnten auch die nach allen Richtungen weisenden Pfähle der Löschköpfe ohne Schwierigkeiten gerammt werden.

Aus Abb. 49 ist zu erkennen, daß alle 8 Pfähle eines 250t-Pollerdalbens von einer Inselstellung, zum Teil 3 : 1 über Kopf, gerammt werden konnten.

Abb. 46. Baustadien der Zufahrtsbrücke mit vor Kopf arbeitender Ramminsel

Zum Rammen der Anlegedalbenpfähle (s. Abb. 35, 60 u. 61) wurde an die Insel ein Gerüst gebaut und darauf der obere und untere Dalbenverband als Rammführung befestigt (s. Abb. 36). Die Dalbenrohre ∅ 750 mm wurden durch die Öffnungen der Verbände gerammt, was keinerlei Schwierigkeiten bereitete. Um Kollisionen mit benachbarten Schrägpfählen sicher zu vermeiden,

Abb. 47. Gerammte Bauwerkspfähle mit Arbeitsstegen und Behelfsaussteifungen

wurde die Dalbenvorderkante nicht, wie ursprünglich geplant 3,0 m, sondern 5,0 m vor Löschkopfvorderkante angeordnet.

Abb. 50 u. 51 zeigen die zur Überleitung der großen Pfahlkräfte in den Baugrund bzw. in den Beton erforderlichen schweren Fuß- bzw. Kopfausrüstungen der Pollerpfähle.

Um die Jochbalken, deren Plombenaussparungen aus bautechnischen und konstruktiven Gründen nur ein begrenztes Spiel erhalten konnten, gut einsetzen zu können, mußten die Brückenpfähle sorgfältig ausgerichtet werden. Abb. 52 zeigt die Ausrichtekonstruktion, die gleichzeitig als Aussteifung während des Erhärtens der Plomben benutzt wurde.

Die zur einwandfreien Überwindung der Bauzustände erforderlichen Aussteifungen der Joche erwiesen sich kostspieliger als von der Arge kalkuliert. Der Einbau über Wasser erforderte insbesondere in den Wintermonaten härtesten Einsatz der beteiligten Arbeiter.

Um die Hubzeit zu verkürzen, wurde die Ramminsel im allgemeinen bei Stauwasser umgesetzt. Die Pfähle wurden auch bei starkem Strom angesetzt und gerammt. Die ersten Pfähle federten, nachdem sie freigelassen wurden, zum Teil so stark aus, daß die Köpfe mehr als zulässig von der

Abb. 48. Pfahlgründung des Löschkopfes 2 mit Bauzustands-Aussteifungen

Sollage abwichen. Einzelne Pfähle mußten dann über das tolerierte Maß von 10 cm hingezogen werden. Um die Zusatzspannungen auszugleichen, wurden sie durch eingelegte Rundstahlbewehrung verstärkt und ausbetoniert. Erfreulicherweise sammelte die Ramm-Mannschaft bald die nötige Erfahrung und setzte die Pfähle so an, daß die Köpfe nach der Rammung ausreichend richtig standen.

Trotz des ungleichmäßigen und vielfach feinkörnigen Untergrundes lag die an Hand der Bohrungen und Bodenwerte festgelegte Rammtiefe bei 95% der Pfähle richtig. Von den restlichen 5% mußte etwa die Hälfte tiefer gerammt oder aber etwas gekappt werden. Die tiefer gerammten Pfähle wurden durch ein aufgesetztes Rohrstück verlängert, das mittels Stumpfstoß und außen angeschweißten schalenförmigen Laschen voll angeschlossen wurde (Abb. 52).

Abb. 49. Rammen der Pfähle eines 250 t-Pollerdalbens

Abb. 50. Fußausbildung der normalen Pollerpfähle

Wegen der großen Pfahlkräfte mußten alle Pollerpfähle mindestens 16 m tief gerammt werden. Wie zu erwarten, war dies nur mit Spülhilfe und entsprechend großer Rammarbeit möglich.

Durch die Sonderpfähle (s. Abb. 39) im Bereich der Lignitschicht konnten größere Erschwernisse und Zeitverluste vermieden werden. Sie konnten ohne besondere Schwierigkeiten hergestellt und gerammt werden. Die zusätzlichen Kosten für Material und vermehrte Brenn- und Schweißarbeit wurden durch den niedrigen Tonnenpreis der PSp-Bohlen ausgeglichen.

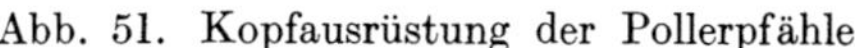

Abb. 51. Kopfausrüstung der Pollerpfähle

Abb. 52. Aussteifung der Pfahljoche im Bauzustand

Das Herstellen der Fertigbeton-Jochbalken und -Brückenteile im Kohlenhafen verlief so planmäßig, daß nie Nachschubschwierigkeiten eintraten. Es wurde mit Holzschalungssätzen gearbeitet, die laufend wieder verwendet werden konnten. Erschwerend für die Serienfertigung waren anfänglich die Zugbänder und der Revisionssteg der Brückenüberbauten, sowie das Einschalen der Plombenaussparungen in den Jochbalken (s. Abb. 29 u. 30).

Abb. 53. Einsetzen eines Fertigbeton-Jochbalkens der Zufahrtsbrücke

Bei der Bewehrung der Fertigteile wurden neben den statischen und konstruktiven vor allem auch die ausführungstechnischen Belange voll berücksichtigt. Dies war bei der schwierigen Bewehrung der Jochbalken im Bereich der Plombenaussparungen besonders wichtig, zumal die durch die Aussparungen führende schwere Querbewehrung sehr genau liegen mußte.

Besonders sorgfältig mußte auch die in die Brückenplomben auskragende Stoßbewehrung der Brückenüberbauten geplant und ausgeführt werden, um Schwierigkeiten beim Einsetzen der Brückenteile zu vermeiden (s. Abb. 31 u. 55).

Die Fertigbetonteile wurden mit einem 150 t tragenden A-Bock, der durch Anbau zweier zusätzlicher Schiffsschrauben am Bug gut manövrierfähig gemacht worden war, eingesetzt (s. Abb. 53 u. 54). Die Jochbalken wurden mit diesem Gerät auch herantransportiert, die Brückenüberbauten mittels Schuten. Der A-Bock wurde mit schweren Traversen ausgerüstet, an die alle Fertigteile einwandfrei angeschlagen werden konnten. Die Jochbalken wurden von unten gefaßt (s. Abb. 53). Die Brückenüberbauten wurden an vier Stellen an den Ösen von acht paarweise einbetonierten Flachstahllaschen angeschlagen, die oben vorragten und später abgebrannt wurden (s. Abb. 55 u. 56). Die Jochbalken wurden beim Einsetzen durch Autoräder geführt, die Brückenüberbauten ohne Führung eingebaut.

Abb. 54. Einsetzen eines Fertigbeton-Brückenteiles

Antransport und Einsetzen der vorfabrizierten Jochbalken und Brückenteile spielten sich rasch ein. Es gab hier keine nennenswerten Aufenthalte, nachdem die auskragenden Bewehrungsstähle der Brückenfertigteile mit Schablone verlegt worden waren.

Abb. 55. Fertigbeton-Brückenteil unmittelbar vor dem Absetzen

Abb. 56. Bauzustand der Löschbrücke

Der Ortbeton wurde zum Teil in der Betonfabrik am Landwiderlager hergestellt und von dort aus gepumpt oder über die bereits fertige Brücke herangefahren. Zum überwiegenden Teil wurde er aber auf einer schwimmenden Betonieranlage hergestellt.

Zwei schwimmende Turmdrehkrane vervollständigten die Einrichtung und ermöglichten die

Versorgung jedes beliebigen Punktes der Löschbrücke, Löschköpfe, Pollerdalben, Pollerstege, Anlegedalben und des größten Teiles der Zufahrtsbrücke auf dem Wasserwege.

Ramminsel und schwimmende Geräte gestatteten einen beweglichen Einsatz und jede beliebige Schwerpunktbildung in der Bauausführung. Dies wirkte sich auf den Baufortschritt besonders günstig aus.

Die Arbeit der schwimmenden Geräte wurde naturgemäß von den Windverhältnissen und den damit zusammenhängenden Wellenbewegungen beeinflußt. Bei Winden aus Ost über Süd bis West traten auch bei Windstärke 5 noch keine Arbeitsbehinderungen ein, und es konnte selbst bei Windstärke 6 noch gearbeitet werden, bei Winden aus Nordwest über Nord bis Nordost jedoch nur bis Windstärke 4.

Abb. 57. Löschkopf 3 mit Schlauchgerüst im Bauzustand, Ansicht von der Löschbrücke

Abb. 58. Löschkopf 3 mit Schlauchgerüst im Bauzustand, Ansicht vom südlichen Pollersteg

Die für die Baustelle zutreffendsten Wettervoraussagen brachte der Seefunk Norddeich.

Abb. 56 gibt einen Überblick über den Bau der Löschbrücke mit verschiedenen Ausführungsstadien.

Abb. 57 und 58 zeigen Bauzustände des Löschkopfes 3 und seines Schlauchgerüstes.

Im April 1958 wurden die umfangreichen Rohrleitungsarbeiten und sonstigen Installationen auf der Brücke in Angriff genommen. Die Rohrleitungen der Zufahrtsbrücke wurden hinter dem Landwiderlager zusammengeschweißt und laufend vorgeschoben. Abb. 30 zeigt die Rohrbelegung nach Vollausbau der Zufahrtsbrücke, Abb. 62 die Rohre auf der bereits fertiggestellten Löschbrücke.

Tiefbauarbeiten und Installationen wurden vom Bauherrn und den zuständigen Bauleitungen und Firmen so einwandfrei aufeinander abgestimmt, daß gegenseitige Behinderungen kaum auftraten. Hierzu mußten vor allem die Löschköpfe terminlich vorangetrieben werden, um die erforderliche Zeit für die Montage und Installation der Schlauchgerüste zu gewinnen. Die Pollerdalben, Pollerstege und Anlegedalben konnten nachgezogen werden.

Die Ausrüstung der Pollerblöcke mit Kantenschutzeisen, Gleitblechen der Sliphaken usw. wurde weitgehend an Land zusammengebaut und als Ganzes eingesetzt. Die schweren Anker der Sliphakenstühle (s. Abb. 40) wurden mit Schablone ausgerichtet und von vornherein einbetoniert. Auf einwandfreies Vergießen der Sliphakenstühle, die auf dem Wasserwege antransportiert wurden, sowie vor allem auf ein völlig sattes Aufliegen der Gleitbleche für die Sliphaken (s. Abb. 33 u. 34) wurde größter Wert gelegt. Einzelne Fehlstellen wurden verpreßt.

Die Steigeleitern und Fenderungen der Pollerdalben wurden örtlich angepaßt.

Liefern und Einbau der Verbände und Fenderschürzen der schweren Anlegedalben gingen planmäßig und ohne Schwierigkeiten vor sich.

Das Sandstrahlen der Pfähle und sonstigen Stahlbauteile und der Steinkohlenteerpech-Kaltanstrich wurden von der Firma H. Geithner, Wilhelmshaven, ordnungsgemäß ausgeführt.

Durch die Wahl des dünnen Kaltanstriches waren die Beschädigungen beim Transport zur Baustelle und beim Rammen verhältnismäßig gering. Wenige Wochen nach dem Rammen hatte sich aber — bevorzugt auf den Anstrichflächen — ein dichter Bewuchs vor allem aus Seepocken gebildet. Dieser Bewuchs mitsamt dem Kaltanstrich wurde dann häufig durch entlang rutschende Trossen der schwimmenden Geräte abgerissen. Die beschädigten Stellen wurden später bis zur Niedrigwasserlinie ausgebessert. Auf Grund dieser Erfahrungen wurde bei einem Teil der Dalbenverbände und Fenderschürzen dann mit Heißanstrich gearbeitet. Hier spielte die sonst beim Rammen ungünstig wirkende größere Dicke des Anstrichs keine Rolle.

Kleine Einbauteile wie Haltekreuze, Steigeleitern, Kantenschutzeisen usw. wurden nach Einbau entrostet und mit Steinkohlenteerpech kalt gestrichen.

Die Bauarbeiten für die Brücke einschließlich Anlegedalben und Pollerdalben waren, abgesehen von kleinen Restarbeiten, am 30. 9. 1958 abgeschlossen, obwohl am 27. 4. 1958 in einer Sturmboe fast das gesamte schwimmende Gerät untergegangen war und erst mühevoll wieder gehoben werden mußte.

In dieser kurzen Bauzeit wurden unter zum Teil schwierigsten Bedingungen folgende Bauleistungen vollbracht:

Rammarbeiten

416 Brückenpfähle, ∅ 546 × 15,5/14,0/13,5 mm aus FB 50, bis 35,00 m lang, mit Flügeln PSp 30 bis PSp 60 L, 3,50 m lang aus St 37, Pfahlgewicht bis 7,5 t.

116 Pollerpfähle ∅ 546 × 16,0/14,5/14,0 mm aus E 44, bis 43,5 m lang mit Flügeln PSp 60 L, 6,50 m lang aus St 37, Pfahlgewicht bis 10,0 t.

52 Dalbenpfähle ∅ 750 mm, maximale Wanddicke 33,5 mm, bis 34,90 m lang, aus FB 50 (σ_s = 3600 kg/cm²) bzw. FB 70 (σ_s = 4600 kg/cm²) Pfahlgewicht bis 14,3 t.

Für die Gründung der Brücke und der Pollerdalben sowie für die Anlegedalben und deren Ausrüstung wurden insgesamt 5385 t Stahl eingebaut.

Betonarbeiten

5505 m³ Fertigbeton für:
29 Stck. Jochbalken der Zufahrtsbrücke
20 Stck. Jochbalken der Löschbrücke
73 Stck. Brückenüberbauten
3919 m³ Ortbeton, davon:
195 m³ Landwiderlagerbeton
1627 m³ Jochbalkenbeton unter +5,35 NN
1248 m³ Brückenüberbaubeton über +5,35 NN
791 m³ Beton der Pollerblöcke
58 m³ Unterwasserbeton der Dalbenpfähle
1550 t Betonstahl I bis ∅ 36 mm für die insgesamt 9366 m³ Stahlbeton

Zur Verwirklichung dieser Bauleistungen wurden von der Arge Ölumschlag auf der Baustelle, den Werkplätzen, Baugeräten und im Kohlenhafen im Mittel 250 und maximal 386 Arbeitskräfte eingesetzt.

17. Eisaussteifung

Um auch bei starkem Eisgang ganz sicher zu sein, wurde im Herbst 1958 beschlossen, in den Jochen der Zufahrtsbrücke und in einzelnen exponierten Jochen der Löschbrücke und Löschköpfe im Anschluß an die sonstigen Bauarbeiten noch eine besondere Eisaussteifung einzubauen. Sie besteht aus eingeschweißten Rohren M 508 mm, t = 14 mm aus FB 50 mit Achse auf —0,50 NN und bringt eine wesentliche Verstärkung gegen Eisangriff (s. Abb. 25).

Die Eisaussteifung der Zufahrtsbrücke mit rd. 108 t eingebautem Stahl wurde der Firma Norddeutscher Eisenbau, Sande, und die Eisaussteifung der Löschbrücke und Löschköpfe mit rd. 88 t der Firma Mittelrheinische Wasserbau- und Bergungsgesellschaft, Koblenz, übertragen.

Durch gutes Einmessen von Lage und Neigung der Pfähle unter Verwendung von Lehren konnten die Rohrstücke an Land so sauber und maßgerecht vorbereitet werden, daß an Ort nur noch montiert und geschweißt zu werden brauchte. Es wurde daher gefordert, die Eisaussteifung im Verlaufe von 8 Wochen fertigzustellen. Diese Frist wurde an der Zufahrtsbrücke eingehalten, an der Löschbrücke wegen häufiger Behinderung durch den Tankschiffsverkehr etwas überschritten.

18. Inbetriebnahme der Brücke

Nach Ausrüstung der Brücke mit Schlauchgerüsten, Rohrleitungen, Feuerschutzanlagen, Nachrichtenmitteln usw. legten am 29. 11. 1958 der Esso-Tanker „Frankfurt" (26942 dwt) an Löschkopf 1 und der BP-Tanker „British Energy" (35000 dwt) an Löschkopf 2 als erste Tanker an (s. Abb. 59 bis 62). Alle Manöver gingen planmäßig vor sich. Die Anlagen und Einrichtungen der Brücke arbeiten einwandfrei. Inzwischen sind bereits zahlreiche Tanker an der Ölbrücke Wilhelmshaven zur vollsten Zufriedenheit aller Beteiligten abgefertigt worden.

Abb. 59. Esso-Tanker „Frankfurt" legt als erster Tanker am Löschkopf 1 an

Abb. 60. Esso-Tanker „Frankfurt liegt als erster Tanker vertäut am Löschkopf 1

Abb. 61. BP-Tanker „British Energy“ liegt als erter Tanker vertäut am Löschkopf 2

Abb. 62. Die ersten beiden Tanker werden gelöscht

19. Schlußbemerkungen

Dieses große Bauwerk konnte unter den schwierigen Arbeitsbedingungen in der Jade in der geforderten Qualität und ungewöhnlich kurzen Bauzeit mit den aufgewandten Mitteln nur errichtet werden, weil

a) das Projekt durch klare Gliederung und durch weitgehende Montagebauweise von vornherein auf die kürzestmögliche Bauzeit abgestellt war,

b) die Arbeiten einer besonders leistungsstarken Firmengruppe übertragen wurden,

c) mit der Ramminsel ein hervorragend geeignetes neuartiges Baugerät eingesetzt wurde,

d) alle Zulieferungen termingerecht vorgenommen wurden,

e) stets ein harmonisches Zusammenarbeiten aller Beteiligten stattfand,

f) der Bauherr die Arbeiten in jeder Weise gefördert hat und

g) neben den Führungskräften vor allem die Arbeiter auf der Baustelle eine Einsatzbereitschaft gezeigt haben, die nicht hoch genug hervorgehoben werden kann.

Das Bauwerk kann in Planung, Gestaltung, Bauausführung und Betrieb als richtungweisend für künftige Umschlagsanlagen in freier See gelten.

Das Internationale Übereinkommen zur Verhütung der Verschmutzung der See durch Öl

Von Baurat Dr.-Ing. **E. Stehr**, Hamburg

Vorwort

Am 26. Juli 1958 ist das Internationale Übereinkommen zur Verhütung der Verschmutzung der See durch Öl in Kraft getreten. Allen, denen es eine Herzensangelegenheit ist, daß unsere Gewässer sauber gehalten werden, wird dies ein denkwürdiger Tag bleiben. Aus diesem Anlaß sei einmal an die Mühe erinnert, die aufzuwenden war und noch in Zukunft aufzuwenden sein wird, um das große Ziel zu erreichen. Ganz besonders sei aber auch all derer gedacht, die durch ihr unermüdliches Wirken dazu beigetragen haben, daß zum Wohle der Allgemeinheit ein entscheidender Schritt vorangetan werden konnte.

Einer der eifrigsten Förderer einer internationalen Bekämpfung der „Ölpest" war Baudirektor Dr.-Ing. Bernhard Kreßner. Als Mitglied der deutschen Delegation bei der Londoner Konferenz im Jahre 1954 und Vorsitzender des vom BMV ins Leben gerufenen Ausschusses für Ölauffanganlagen in den deutschen Seehäfen, hat er sich mit seiner ganzen Persönlichkeit in den Dienst der Sache gestellt. Keiner wäre berufener gewesen als er, der Nachwelt in einem umfassenden Bericht die Geschichte dieser internationalen Konvention zu überliefern. Leider hat er nur noch einige wenige Gedanken flüchtig skizzieren können, dann hat ihm der Tod die Feder jählings aus der Hand gewunden. So ist der von ihm geplante Aufsatz für das Jahrbuch der Hafenbautechnischen Gesellschaft ungeschrieben geblieben. Als seinem Schüler und engem Mitarbeiter ist mir die schwere Aufgabe geworden, das zu vollenden, wozu er berufen war. Möge es mir in seinem Geiste gelingen.

I. Das Inkrafttreten des Internationalen Übereinkommens

Im Jahre 1954 lud die Regierung des Vereinigten Königreiches von Großbritannien und Nordirland zu einer internationalen Konferenz nach London ein. Es sollten Maßnahmen gegen die weitere Verschmutzung der Meere durch Öl erörtert und beschlossen werden. Von allen an den Meeresküsten wohnenden Nationen wurde dieser Schritt lebhaft begrüßt.

Das Ergebnis dieser Konferenz war das Internationale Übereinkommen zur Verhütung der Verschmutzung der See durch Öl vom 12. Mai 1954. Nach seinem Artikel XV tritt dieses Übereinkommen zwölf Monate nach dem Zeitpunkt in Kraft, an dem mindestens zehn Staaten ihren Beitritt erklärt haben. Fünf von ihnen müssen allerdings eine Tankertonnage von mindestens 500000 BRT besitzen.

Mit dem „Gesetz über das Internationale Übereinkommen zur Verhütung der Verschmutzung der See durch Öl, 1954" vom 21. 3. 1956 (Bundesgesetzblatt II, 1956, S. 379) hat der Deutsche Bundestag die Londoner Vereinbarungen ratifiziert. Am 11. 6. 1956 wurde die Annahmeurkunde bei der Regierung des Vereinigten Königreichs hinterlegt. Damit war die vierte Ratifikationsurkunde in London eingegangen.

Als im darauffolgenden Jahr sechs weitere Beitrittserklärungen eintrafen, waren die Voraussetzungen für das Inkrafttreten der Londoner Konvention erfüllt. Als zehnter und zugleich fünfter Staat mit mehr als 500000 BRT Tankertonnage hat Frankreich am 26. Juli 1957 seine Annahmeurkunde im Foreign Office in London überreicht. Damit erlangte das Internationale Übereinkommen am 26. Juli 1958 in folgenden Ländern Gesetzeskraft:

Belgien, Bundesrepublik Deutschland, Dänemark*, Frankreich*, Irland, Kanada, Mexiko, Norwegen*, Schweden*, Vereinigtes Königreich von Großbritannien und Nordirland*.

Von ihnen besitzen die mit * gekennzeichneten Staaten eine Tankertonnage von mindestens 500000 BRT.[1]

Die Bundesregierung hat daraufhin in einer Bekanntmachung vom 18. November 1957 (Bundesgesetzblatt II, 1957, S. 1696) erklärt, daß das Übereinkommen am 26. Juli 1958 für Westdeutschland in Kraft tritt. Darüber hinaus hat das Bundesverkehrsministerium in einem Rundschreiben ebenfalls auf diese Tatsache hingewiesen und dabei im wesentlichen folgendes ausgeführt:

„Die schon vorsorglich an die Schiffahrt gerichteten Aufrufe, in Küstennähe keine Ölrückstände von Bord zu geben, sind weitgehend verständnisvoll beachtet worden. Mit dem Inkrafttreten des Übereinkommens wird es den Tankern nunmehr auch rechtsverbindlich verboten sein, innerhalb bestimmter Verbotszonen Öl oder ölhaltige Gemische abzulassen. Da die Ost- und Nordsee fast völlig in diese Verbotszonen einbezogen sind, werden die deutschen Küsten damit bereits weitgehend geschützt sein. Zwölf Monate nach dem Inkrafttreten des Übereinkommens, also am 26. Juli 1959, müssen alle Schiffe der Vertragsstaaten entweder mit Ölwasserseparatoren oder mit Einrichtungen versehen sein, die das Eindringen von Öl in die Schiffsbilgen verhindern. Am 26. Juli 1961 schließlich werden die erwähnten Verbotszonen nicht nur für Tanker, sondern für alle Schiffe verbindlich. Bis zu diesem Zeitpunkt müssen dann auch die Haupthäfen mit Auffanganlagen ausgerüstet sein, die es gestatten, Ölrückstände aus dem Ballast- und Tankwaschwasser der Schiffe schnell aufzunehmen."

Nachdem das Übereinkommen zur Verhütung der Verschmutzung der See durch Öl somit für den Bereich der Bundesrepublik bindendes Gesetz geworden ist, werden sich die in der Hafenbautechnischen Gesellschaft zusammengeschlossenen Hafenverwaltungen und Hafenbenutzer nun eingehend mit der neuen Rechtslage vertraut machen müssen. Ihnen dabei zu helfen, ist das Ziel der folgenden Ausführungen. Darüber hinaus mögen sie dem planenden Ingenieur eine Hilfe sein, wenn er seine Entschlüsse zu fassen hat über das, was nun in seinem Hafen geschehen muß. Aus diesem Grunde sollen auch die seit Jahren im Hamburger Hafen gesammelten Erfahrungen bekanntgegeben und zur Diskussion gestellt werden.

II. Die Internationale Konferenz für die Verhütung der Verschmutzung der See durch Öl in London 1954

1. Gründe für die Einberufung der Konferenz

Erscheinungen und Folgen der „Ölpest"

Die Verschmutzung der Meere durch Öl hat in den vergangenen Jahren ein beängstigendes Ausmaß angenommen und die Menschheit in zunehmendem Maße beunruhigt. Der Grund dafür ist in dem ständig wachsenden Mineralölverkehr zwischen den Kontinenten und in der ebenfalls ständig steigenden Verwendung von Öl als Brennstoff in der Seeschiffahrt zu suchen. Das unter der Bezeichnung „Ölpest" in der Öffentlichkeit bekannte Übel ist allerdings nicht nur auf den Meeren und an ihren Küsten, sondern leider auch schon auf den Gewässern des Binnenlandes weit verbreitet. Es wirkt sich dabei nicht nur schädigend auf die Lebensbereiche der Menschen aus; die gesamte belebte Natur hat darunter zu leiden.

[1] Inzwischen sind auch die Niederlande und Finnland dem Abkommen beigetreten.

Wie schon so mancher Fortschritt der Technik, der Wirtschaft oder des Verkehrs zunächst nicht voraussehbare Schäden verursacht hat, so ist auch die „Ölpest“ die Folge einer Entwicklung, deren Wert für die zivilisierte Welt allerdings nicht zu bezweifeln ist. Ohne Mineralöl wäre der Energiebedarf der modernen Wirtschaft einfach nicht zu decken. Das Problem ist also nicht dadurch zu lösen, daß man das Öl verdammt, sondern nur dadurch, daß jeder, der mit ihm zu tun hat, mithilft, Schäden zu verhüten.

Es ist die Pflicht aller, die von dem Fortschritt, den das Mineralöl gebracht hat, ihren Vorteil haben, bei dem Kampf gegen die schädlichen Folgen mitzuwirken, selbst wenn dadurch ihr Gewinn geschmälert wird. Daß in letzter Zeit das Verständnis für diese sittliche Pflicht in weiten Kreisen der Beteiligten gewachsen ist, soll allerdings vorbehaltlos anerkannt werden. Ein Beweis dafür ist schließlich auch die Tatsache, daß sich inzwischen zehn Nationen bereit erklärt haben, die aus den Londoner Vereinbarungen resultierenden Verpflichtungen auf sich zu nehmen. Ohne Zweifel werden ihre Häfen und die dort beheimateten Reedereien dadurch in Zukunft erhebliche Mehrkosten tragen müssen. Das muß sich schließlich bei ihrem Konkurrenzkampf mit den Nationen auswirken, die es ihren Schiffen nach wie vor gestatten, Ölrückstände während der Seereise über Bord zu pumpen. Es ist daher dringend zu wünschen, daß das beispielhafte Verhalten der ersten zehn Länder die übrigen seefahrenden Nationen bald zu entsprechendem Handeln veranlassen wird.

Solange der Mineralöltransport über die Meere und der Heizölverbrauch für den Antrieb der Schiffe noch einen geringen Umfang hatten, war es erklärlich, daß den Ölrückständen keine besondere Aufmerksamkeit gewidmet wurde. Man konnte wirklich der Meinung sein, daß die unübersehbaren Wassermassen der Meere mit den verhältnismäßig kleinen Mengen Öl, die auf hoher See abgelassen wurden, leicht fertig werden würden. Aber abgesehen davon, daß die Ölrückstände ständig zunahmen, beruhte der Glaube an die Selbstreinigungskraft des Seewassers auch auf einem Irrtum. Da Mineralöl, wie der Name schon richtig sagt, eine bereits mineralisierte Substanz ist, ist ein organischer Abbau praktisch nicht mehr möglich, wenn man von seltenen Bakterien und einigen wenigen Pilzstämmen absieht. Da es außerdem spezifisch leichter als Wasser ist, bleiben mindestens seine hochsiedenden Komponenten solange treibend auf der Wasseroberfläche erhalten, bis sie sich an einem Küstenstreifen festsetzen oder durch Wellenschlag zu nicht mehr wahrnehmbaren Tröpfchen zerschlagen werden. Aber auch in dieser Form stellen sie noch eine Gefahrenquelle dar. Nunmehr emulgiert, geraten sie in die Kiemen und Verdauungsorgane der Meerestiere und können schließlich den Fischsegen der Meere ungenießbar werden lassen.

Die schweren Heizöle ballen sich durch die Bewegung im Wasser meistens allerdings zu mehr oder weniger großen Klumpen zusammen. Schmieröle können dagegen unter günstigen Umständen bis zu monomolekularen Ölfilmen auseinanderlaufen. Die leider häufig zu beobachtenden Farbenspiele auf der Wasseroberfläche sind dann besonders intensiv, wenn die Schichtstärke des Öles etwa 0,0003 mm beträgt. Es genügen also schon 300 l Öl, um einen Quadratkilometer Wasseroberfläche mit einem irisierenden Ölfilm zu bedecken. Selbst eine so dünne Haut setzt aber den Zutritt des Luftsauerstoffes zum Wasser schon merklich herab und hemmt damit die natürlichen Lebensvorgänge.

Ein großer geschlossener Ölfilm so geringer Stärke kann sich auf der offenen See selbstverständlich kaum lange halten. Die fast ständige Bewegung des Wassers läßt das nicht zu. Dagegen konnten sehr wohl geschlossene Ölfelder von mehreren Kilometern Ausdehnung tagelang auf hoher See beobachtet werden, wenn die Schichtstärke nur größer und das Öl zähflüssig genug war. Gerade diese Ölsorten sind es aber, die die verheerenden Folgen auslösen, wenn sie in die Nähe der Küsten geraten.

Als erste werden im allgemeinen die Wasservögel betroffen. Es ist keine Seltenheit, daß dann viele Tausende von ihnen zugrunde gehen. So wurden z. B. im Jahre 1953 im Bereiche der Hohwachter Bucht mindestens 10000 tote oder sterbende frischverölte Enten, Taucher und Möwen beobachtet, nachdem ein Schiff schätzungsweise 500 t Ölrückstände gelenzt hatte. Zwei Jahre später gerieten rund 5000 Eiderenten in ein ausgedehntes Ölfeld bei Fehmarn und kamen sämtlich um. Das bei der bekannten Havarie des Tankers „Gerd Maersk“ zur Rettung des Schiffes abgelassene Crude-Öl dürfte nach Schätzungen von Fachleuten der Tod für mindestens eine viertel- bis eine halbe Million Seevögel gewesen sein. Allein im Bereich der Nordfriesischen Inseln und an den Küsten Jütlands wurden 4272 von ihnen sterbend oder tot angetroffen. Diese wenigen Beispiele sind nur ein verschwindend kleiner Ausschnitt aus der großen Tragödie, die sich Jahr für Jahr auf den Meeren abspielt. Schon an den deutschen Küsten gehen jährlich wenigstens 10- bis 12000 Seevögel durch die Ölpest zugrunde.

Werden die Ölfelder auf den Strand getrieben, dann bekommt auch der Mensch ihre Wirkung zu spüren. Es ist müßig, sie näher zu schildern. Welcher Gast unserer Seebäder könnte davon nicht ein

Lied singen. Überall am Strand finden sich erbsen- bis handtellergroße Klumpen teerartigen Öls, das die Brandung — meistens schön säuberlich mit weißem Sand umhüllt — angespült hat. Durch die Körperwärme weich geworden, klebt es dann plötzlich an der Haut oder verursacht häßliche Flecke an Badeanzügen und Handtüchern. Als „Kundendienst" finden sich heute schon nicht selten auf den Strandpromenaden und in den Badekabinen Blechbüchsen mit Benzin, damit sich die Kurgäste die teerartigen Ölflecke abwaschen können. Auf einer Nordseeinsel, auf der alle Jahre viele Tausend Menschen Erholung suchen, wurde allein in einer Saison durch die Ölverschmutzung ein Schaden von 360000 DM verursacht.

Aber auch noch andere nachteilige Folgen entstehen, wenn das von den Schiffen abgelassene Öl die Küsten erreicht. In den Wattgebieten kann der Untergrund derartig verölt werden, daß sie sich nicht mehr für eine Landgewinnung eignen. Wo Uferschutzwerke aus Beton oder Bitumen vorhanden sind, können Auflösungserscheinungen auftreten. An Verkehrsanlagen entsteht durch das schmierige Öl eine erhöhte Unfallgefahr und die Farbanstriche besonders der Sportfahrzeuge werden verschmutzt oder gar zerstört. Dabei ist es fast immer unmöglich, die Ölspuren mit vernünftigem Aufwand zu entfernen. Nach der Havarie des „Gerd Maersk" hat man in Dänemark sogar Flammenwerfer eingesetzt, um das angetriebene Öl zu verbrennen. Es war nicht möglich. Das breitflächig lagernde, stark wasserhaltige Öl ist nicht mehr brennfähig. Auf der Insel Sylt wurde vergeblich versucht, das Öl-Sandgemisch durch bituminöse Zusätze in Straßenbaumaterial zu verwandeln. Es mußte schließlich 1 m tief untergepflügt werden. Damit ist es aber auch nur so lange verschwunden, bis eine eventuelle Stranderosion es wieder zutagefördert.

Entwicklung der Motorschiffahrt und des Mineralöltransports auf den Meeren

Zwei Gründe sind es, die die Ölverschmutzung der Meere in den letzten Jahren zu einem echten Problem werden ließen. Das ist einmal der gewaltig gestiegene Verbrauch an Mineralöl in Ländern, in denen kein oder nur wenig Rohöl gefördert wird, und zum anderen die Tatsache, daß sich die Schiffahrt in wachsendem Maße von Kohlenfeuerung auf Ölantrieb umstellt. Dabei wird die Welttonnage an Schiffsraum auch noch ständig größer. Folgende Zahlen aus Lloyds Register of Shipping spiegeln das anschaulich wieder:

Kurz vor Ausbruch des ersten Weltkrieges betrug die gesamte Schiffstonnage 45,4 Mio BRT, davon wurden nur 1,5% mit Öl betrieben. Als der zweite Weltkrieg begann, hatte das Öl die Kohle als Brennstoff bei Handelsschiffen bereits überholt. 1948 hatte sich die Welttonnage mit 80,3 Mio BRT gegenüber 1914 fast verdoppelt, der Anteil der Ölfeuerung betrug jetzt aber schon 77,5%. Heute tragen die Weltmeere bereits 33000 Handelsschiffe mit mehr als 100 Mio BRT Schiffsraum. Über 90% davon werden mit Öl betrieben. Die Kohle hat das Feld fast vollständig räumen müssen.

Die Entwicklung des Mineralölverbrauches war dagegen im gleichen Zeitraum noch viel stürmischer. Während die jährliche Wachstumsrate der Kohlenförderung seit 1910 fast ständig 1% betrug, wuchs die Mineralölerzeugung seit dieser Zeit fast stetig um durchschnittlich 6¾% im Jahr. Wurden 1914 noch 56 Mio t Erdöl gefördert, so waren daraus 1957 bereits 881 Mio t geworden. Die Gründe für dieses wesentlich schnellere Anwachsen des Mineralölverbrauchs sind mannigfacher Art. Sie zu untersuchen ist zwar außerordentlich interessant, es würde aber den Rahmen dieses Aufsatzes sprengen. Eines ist jedoch wichtig festzustellen. Die Industriestaaten mit ihrem gewaltigen Energiebedarf hatten sich bereits „auf der Kohle" entwickelt, als das Erdöl in seiner vollen Bedeutung für die moderne Wirtschaft erkannt wurde. Die großen Lagerstätten dieser „flüssigen Kohle" befinden sich aber leider in den sogenannten unterentwickelten Ländern. Das bedeutet für Europa, daß fast alles Öl über See herangefahren werden muß. Für die ganze Welt gesehen, geht etwa die Hälfte des verbrauchten Mineralöls seinen Weg über das Schiff. Als Träger dieses weltweiten Verkehrs hat sich eine mächtige Tankerflotte entwickelt. Mit 31 Mio BRT im Herbst 1957 stellt sie fast ein Drittel der Welttonnage. Sie kann 47 Mio t Erdöl gleichzeitig wegschaffen. Das ist mehr als die Bundesrepublik in den Jahren 1952 bis 1956 verbraucht hat. Ja, in diesem Tankraum ließe sich fast der Wasserabfluß der Elbe oberhalb Hamburgs von einem ganzen Tag abfahren. Dabei wächst die Tankerflotte noch ständig weiter. 1957 hatten alle Schiffswerften zusammen z. B. einen Auftragsbestand von 594 Tankern mit 17 Mio tdw und nach neueren Schätzungen wird damit gerechnet, daß sich die Tankerflotte bis Mitte 1965 um 82% gegenüber dem Stand vom 1. Januar 1957 vergrößert.

Im Zusammenhang mit der Ölverschmutzung der Meere ist noch eine andere Entwicklung bedeutungsvoll. Das ist der Wandel in der Struktur der nach Europa beförderten Produkte. Westeuropa war bekanntlich von jeher weitgehend auf den Import von Mineralöl angewiesen. Während es aber früher 77% als Fertigprodukt vom amerikanischen Kontinent bezog (Abb. 1), kommen heute 81% des europäischen Bedarfs als Rohöl aus den Ländern des Mittleren Ostens (Abb. 2). Destillierte Ware enthält natürlich keine Schmutzrückstände mehr, die auf hoher See beseitigt werden müßten, und da die Tankschiffe stets mit Ladung nach Europa kamen, fiel auch mindestens dort kein veröltes Ballastwasser an. Heute wird das Rohöl direkt nach Europa gefahren, wo in den vergangenen zehn Jahren mächtige Ölraffinerien aus dem Boden geschossen sind. Sie hatten 1956 eine Kapazität von 131 Mio t, dabei wurden in Westeuropa im gleichen Jahr nur 11 Mio t Rohöl selbst gefördert. Die fehlende Menge mußte aus Übersee herangeschafft werden.

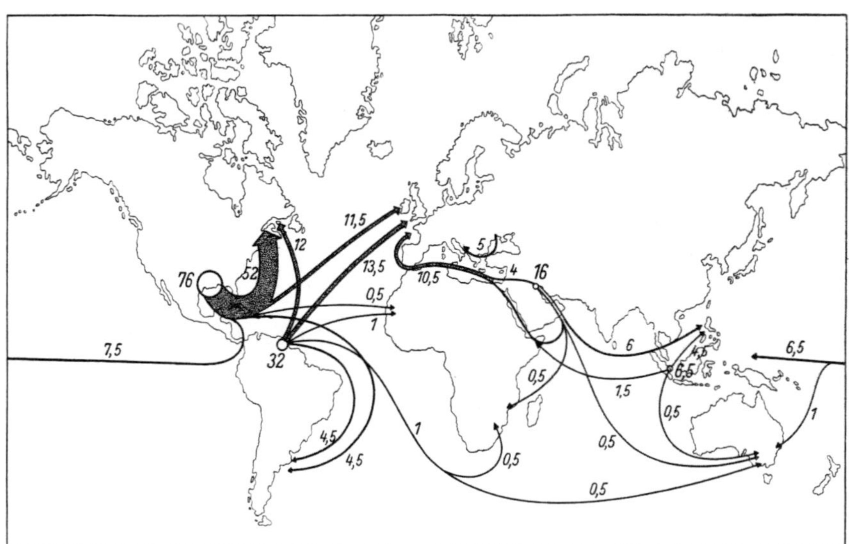

Abb. 1. Der Mineralölverkehr auf den Weltmeeren im Jahre 1938

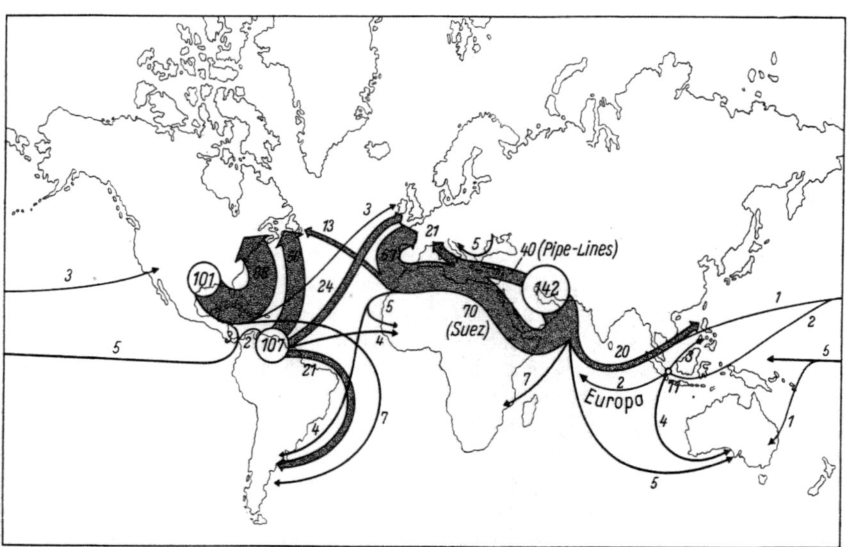

Abb. 2. Der Mineralölverkehr auf den Weltmeeren im Jahre 1955

Da sich aus dem Rohöl während der Reise erhebliche Mengen Schmutzstoffe in den Tanks absetzen, wird eine häufigere Reinigung der Laderäume erforderlich, um die Totfracht nicht zu groß werden zu lassen. Der weitaus größte Teil des europäischen Bedarfs wird zudem noch aus dem Mittleren Osten herangefahren. Die Tanker bleiben daher vorwiegend in Küstennähe, so daß die evtl. gelenzten Rückstände schnell das Festland erreichen. Und da häufig Lösch- und Reparaturhafen nicht der gleiche ist, wird während der Umfahrt Wasser als Ballast in die verölten Tanks übernommen, das dann kurz bevor der Werfthafen erreicht ist, mit dem Restöl über Bord gepumpt wird.

Die Tankreinigung erfolgte bis vor einigen Jahren noch allgemein auf See mit bordeigenen Mitteln. Ein 1952 von der britischen Regierung ins Leben gerufener Ausschuß, der die Möglichkeiten zur Bekämpfung der Ölverschmutzung der Meere prüfen sollte, hat u. a. auch eingehende Erhebungen darüber angestellt, in welchem Umfang und auf welche Art die Tankräume auf den

Seeschiffen gereinigt werden. In seinem Bericht an das britische Transportministerium ist angeführt, daß 1951 etwa in 1400 Fällen Tankschiffe, die von oder nach britischen Häfen fuhren, ihre Tanks reinigen mußten. 1260 von ihnen pumpten ihre ölhaltigen Waschwässer irgendwo auf See über Bord und nur 140 Schiffe gaben sie in Auffanganlagen der Häfen ab. Dabei sind die Ölmengen, die bei einer einzigen Reinigung anfallen, recht erheblich. Der bisherige Regeltanker von 16000 tdw hat bei der Mittelostfahrt durchschnittlich zwischen 20 und 30 t Ölschlamm in seinen Ladungstanks. Restöl und Schlamm zusammen können sogar 100 t und mehr erreichen. Wenn jährlich einige Tausend Tankschiffe eine derartige Menge Öl unweit der europäischen Küsten ins Meer pumpen, bedarf es keiner näheren Erklärung mehr, warum heute kaum noch ein Strand ölfrei ist.

Um einen Tank zu reinigen, wird er üblicherweise mit Dampf und heißem Wasser behandelt. Dabei wird das heiße Seewasser aus rotierenden Düsen mit hohem Druck gegen die Innenwände gespritzt, um das anhaftende Restöl zu erweichen und abzuspülen. Der ganze Vorgang dauert etwa 1½ bis 2 Stunden, und die gesamte Menge des ölhaltigen Waschwassers und des Schlammrückstandes beträgt bei einem 16000 tdw-Tanker mit 26 Ladetanks 4500 bis 7500 t. Sie wurden bisher und werden zum Teil auch noch heute rücksichtslos nach außenbords gepumpt. Es zählte schon als dankenswerte Tat, wenn die Schiffsleitung dabei wenigstens die 50 sm-Zone verschonte. Bei heute 47 Mio t Tragfähigkeit der Welttankertonnage und jährlich sechs Reisen jedes Schiffes, fallen allein in einem Jahr mehr als 500000 t Ölrückstände an, wenn man ganz vorsichtig annimmt, daß 0,2% der Ladung als Schlamm in den Tanks zurückbleiben. Eine derartige Menge reicht aus, einen 5000 km langen Küstenstreifen mit einer 10 m breiten und 1 cm dicken Ölschicht zu bedecken.

Neben der Möglichkeit einer Ölverschmutzung der Meere und Küsten durch die Tankschiffahrt gibt es aber noch andere Quellen, die auch dazu beitragen können. Zunächst ist da das Wasser aus den Bilgen der Schiffe zu nennen. Es fällt unvermeidlich auf allen Schiffen an und muß hin und wieder ausgepumpt werden. Wenn keine besonderen Vorkehrungen getroffen werden, gehen dabei insgesamt beträchtliche Mengen von Heizöl oder Dieselöl mit über Bord.

Auch aus den Brennstoffbunkern der mit Öl angetriebenen Schiffe können ölige Rückstände ins Meer geraten. Wenn sie während der Reise leer gefahren sind, müssen sie unter Umständen wegen der besseren Stabilität des Schiffes mit Wasser aufgefüllt werden, das dann kurz vor dem Zielhafen wieder gelenzt wird. Es kann auch vorkommen, daß die Brennstofftanks schon während der Reise gereinigt und gasfrei gemacht werden, weil das Schiff eine Werft zur Reparatur aufsuchen will. In der Regel wird das allerdings erst im Hafen durchgeführt.

Geringere Mengen Öl können auch mit dem Kühlwasser, aus Ölseparatoren, von den Brennstoffpumpen und allen möglichen anderen derartigen Quellen in die See geraten. Dazu gehören auch Unvorsichtigkeiten beim Umpumpen, sowie beim Laden und Löschen des Bunkeröls. Nur allzuoft erlebt man gerade in den Häfen, daß die Gewässer durch übergelaufenes Heizöl verschmutzt werden.

Die örtlich größten Ölverschmutzungen entstehen jedoch dann, wenn Seeunfälle eintreten. Bei Kollisionen oder Strandungen können naturgemäß momentan gewaltige Mengen Öl in konzentriertester Form ins Wasser geraten. Das kann in der näheren Umgebung des Unfallortes verheerende Wirkungen auslösen, selbst Brandkatastrophen sind dann nicht ausgeschlossen. Solche Fälle sind aber bisher erfreulich selten gewesen und lassen sich selbstverständlich auch nicht durch noch so große Vorsicht restlos ausschließen. In diesem Zusammenhang sei auch an die zahllosen Schiffe erinnert, die während des Krieges versenkt wurden. Es ist nicht unmöglich, daß im Laufe der Zeit auch von ihnen noch das eine oder andere zum „Ölverschmutzer" wird.

2. Die Vorgeschichte der Konferenz

Die internationalen Bemühungen bis zum Jahre 1954

Die vielfältigen Möglichkeiten, die zu einer Verschmutzung der Meere durch Öl beitragen können und die eklatanten Folgen, die sie für den Menschen und seine Umwelt hervorruft, haben schon frühzeitig mahnende Stimmen laut werden lassen. Eine wirklich befriedigende Lösung des Problems zu finden, ist jedoch außerordentlich schwierig. Da die Weltmeere nach allgemeinem Völkerrecht außerhalb jeglicher hoheitlicher Machtbefugnis liegen, können alle Vereinbarungen nur auf freiwilliger Basis erfolgen. Bedarf es da besonderer Begründungen, warum die „Ölpest" bisher mehr als 30 Jahre lang vergeblich bekämpft wurde?

Die „Times" faßte die Gründe anläßlich der Veröffentlichung des bereits oben einmal zitierten Berichtes der Untersuchungskommission des britischen Transportministeriums in einem Leitartikel treffend in dem Satz zusammen: „Das Übel rührt von der falschen, aber weit verbreiteten Meinung her, daß ein Teil der menschlichen Gesellschaft berechtigt zu sein glaubt, aus Bequemlichkeit oder wirtschaftlichem Vorteil heraus, die Welt um sich herum zu verwüsten und die Anmut ihrer nachbarlichen Umgebung zu zerstören". Das sind Worte, die jedem Naturfreund aus der Seele gesprochen sind. Leider treffen sie nicht nur auf die Ölverschmutzung der Meere zu; jeder Gewässerkundler könnte noch leicht ein halbes Dutzend ähnlicher Fälle allein aus seinem Arbeitsgebiet heraus aufzählen.

Der erste Versuch zu einem internationalen Übereinkommen wurde schon im Jahre 1926 in Washington unternommen. Der Entschluß zu dieser überstaatlichen Konferenz ging vom Kongreß der Vereinigten Staaten von Nordamerika aus. Bereits am 1. Juli 1922 hat der damalige Präsident W. G. Harding diese Entschließung, die schon deutlich die Gefahren aufzeigte, die in den auf See abgelassenen Ölrückständen lauern, gebilligt. Es ist symptomatisch für die Schwierigkeiten, die bei derartigen Gelegenheiten zu überwinden sind, daß vier Jahre ins Land gehen mußten, bevor überhaupt die internationale Konferenz beginnen konnte. Die Eröffnungsworte des Vorsitzenden klingen noch heute wie aktuelle Tagesfragen.

Es bestand damals an sich die Absicht zu vereinbaren, es sollten sich alle Seefahrt treibenden Nationen verpflichten, auf den in ihren Ländern registrierten Schiffen den Einbau von Ölseparatoren verbindlich vorzuschreiben. Ferner war vorgesehen, das Ablassen von Öl oder ölhaltigen Tankwaschwässern nach einer gewissen Übergangszeit grundsätzlich zu verbieten. Der Widerstand einiger der 13 vertretenen Nationen machte ein generelles Verbot, Öl auf den Meeren abzulassen, unmöglich. Immerhin beschloß die Konferenz, ein System von Verbotszonen von 50 sm Breite vor den Küsten und in anerkannten Fischereigebieten zu empfehlen. Dort sollte es verboten sein, Rohöl, Heiz- und Dieselöl in höherer Konzentration als 0,05% oder derart abzulassen, daß sich ein mit unbewaffnetem Auge erkennbarer Ölfilm auf der Wasseroberfläche bildete. Leider sind diese Empfehlungen niemals ratifiziert worden und sind daher immer nur Empfehlungen geblieben. Einige Länder haben sich zwar daran gehalten, allgemein durchgesetzt haben sie sich aber nie.

Acht Jahre später unternahm der Völkerbund auf eine Note der britischen Regierung hin noch einmal einen Vorstoß. Die Note betonte u. a., daß inzwischen erheblich umfangreicheres Untersuchungsmaterial vorläge, das die von gewissen Nationen in Washington geäußerten Bedenken zerstreuen würde, und hob hervor, daß das Problem durch Verbotszonen nicht zu lösen sei. Abgesehen von der Schwierigkeit einer Kontrolle, sei inzwischen auch erwiesen, daß Öl bei bestimmten Wind- und Strömungsverhältnissen weit über 150 sm verdriftet werden könne. Ein Sachverständigenausschuß sollte daraufhin eine internationale Vereinbarung vorbereiten. Er legte als Ergebnis seiner Arbeit den Entwurf einer Konvention vor. Darin war vorgesehen, daß alle Schiffsneubauten mit Ölseparatoren ausgerüstet und in den Häfen Ölaufnahmeanlagen errichtet werden sollten. Schließlich wurde empfohlen, gewisse Sperrzonen auf 150 sm auszudehnen. Sonst hielt sich der Entwurf weitgehend an das Washingtoner Vorbild. Der Rat des Völkerbundes beschloß zwar noch, den Entwurf einer internationalen Konferenz vorzulegen, wegen der damaligen politischen Konstellation kam sie jedoch nicht zustande.

Während des zweiten Weltkrieges war die Situation schließlich darart bedrohlich geworden, daß sich die Vereinten Nationen (UN) des Problems annahmen. 1949 gab der Generalsekretär eine Note heraus, in der die bisherigen Bemühungen zur Bekämpfung der Ölverschmutzung der Meere geschildert werden und die derzeitige Lage untersucht wird. Die Note enthält sowohl Zahlen über das Wachstum der Welthandelsflotte als auch Angaben über die relative Zunahme der Tanker und Motorschiffe, sowie der mit Ölfeuerung betriebenen Dampfschiffe. Abschließend wird festgestellt, „daß die Lage im ganzen gesehen besorgniserregend sei".

Auf der 11. Sitzung des Wirtschafts- und Sozialrates der UN wurde der Generalsekretär beauftragt, die Regierungen der Mitgliedsstaaten nach ihrer Ansicht über die nächsten erforderlichen Schritte zu fragen. Die Antworten auf diese Umfrage zeigten, daß eine erhebliche Anzahl der befragten Regierungen dem Problem eine große Bedeutung zumaß. Hinsichtlich der Dringlichkeit von praktischen Maßnahmen gingen die Ansichten jedoch auseinander. Die Mehrzahl der Länder sprach sich allerdings für Sofortmaßnahmen aus. Während der 13. Sitzung des Wirtschafts- und Sozialrates wurde daraufhin beschlossen, die Mitgliedstaaten aufzufordern, noch weitere Untersuchungen über die Ölverschmutzung der Meere anzustellen. Das eingehende Material sollte dann der noch zu gründenden Zwischenstaatlichen Beratenden Maritimen Organisation (IMCO) vorgelegt werden.

Das Ergebnis der von den verschiedenen Regierungen durchgeführten Untersuchungen wurde in dem Dokument E/CN 2/134 der UN zusammengestellt. In großen Zügen ergibt sich aus ihm, daß die Anzahl der mit Separatoren ausgestatteten Seeschiffe seit den Erhebungen des Völkerbundes im Jahre 1935 zwar wesentlich zugenommen hatte, daß aber kaum Fortschritte in der Behandlung der Rückstände erzielt worden waren. Die Regierungen versprachen sich daher im allgemeinen mehr von einer Erweiterung der Ölauffanganlagen in den Häfen als von einer für alle verbindlichen Einführung von bordeigenen Ölbehandlungsanlagen. Die Mehrzahl der Völker war immerhin davon überzeugt, daß das Ablassen von Öl auf hoher See international beschränkt werden müßte.

Der Wirtschafts- und Sozialrat entschloß sich daraufhin, die interessierten Regierungen zu bitten, Sachverständige zu entsenden, die das Dokument prüfen und die nötigen Entschließungen ausarbeiten sollten. Bei diesem Stand der Entwicklung ergriff die britische Regierung, in Anbetracht des Ernstes der inzwischen eingetretenen Lage, von sich aus die Initiative. Der ihr zugegangene Bericht ihres „Ausschusses zur Untersuchung der Möglichkeiten für die Bekämpfung der Ölverschmutzung der Meere“ (Faulkner-Bericht) hatte sie erkennen lassen, daß keine Zeit mehr zu verlieren war. Es sollten unverzüglich die Regierungen aller Schiffahrtsländer nach London eingeladen werden, um Abwehrmaßnahmen zu beschließen. Das Generalsekretariat der Vereinten Nationen wurde von diesem Entschluß unterrichtet und gebeten, Beobachter zu entsenden. Der Generalsekretär stimmte dem zu.

Die Initiative des Vereinigten Königreiches von Großbritannien und Nordirland

England ist gewissermaßen das „klassische Land der Ölpest“. Seine Insellage in der Westwinddrift, die langen Küsten, an denen so viele Schiffahrtsrouten zu den europäischen Kontinenthäfen entlangführen und sein eigener großer Mineralölumschlag haben es schon frühzeitig mit der „Oilpollution“ bekanntgemacht. Schon 1920 richtete die Königliche Gesellschaft für Vogelschutz in London einen dringenden Appell an die Schiffahrt, Ölabscheider und Aufnahmetanks für Ölrückstände auf jedem mit Öl angetriebenen Schiff einzurichten. Briefverschlußmarken mit der in verschiedenen Weltsprachen aufgedruckten Werbung „Rettet unsere Seevögel vor der Ölpest. Laßt keine Ölrückstände ins Meer. Kein Schiff ohne Ölabscheider“ wurden verschickt. Einige führende Schiffahrtsgesellschaften in England, Deutschland und Japan gingen schon damals mit gutem Beispiel voran. Die meisten Länder aber waren aus Eigennutz nicht bereit, etwas zu tun.

Da alle früheren Bemühungen vergeblich gewesen waren, die Schäden an den Küsten aber von Jahr zu Jahr größer und größer wurden, berief das britische Transportministerium am 24. September 1952 einen Ausschuß von Sachverständigen ein und stellte ihm die Aufgabe „zu überlegen, welche praktischen Maßnahmen unternommen werden können, um Ölverschmutzungen des Wassers um die Küsten des Vereinigten Königreiches herum zu verhindern und über das Ergebnis zu berichten“. 21 Fachleute aus Schiffahrts- und Hafenkreisen, von Ölgesellschaften und Transportunternehmen sowie aus allen einschlägigen Verwaltungen haben daraufhin unter dem Vorsitz von Mr. P. Faulkner in neun Monaten umfassendes Material zusammengetragen und damit vorbildliche Arbeit geleistet. Im Juli 1953 konnte der Ausschuß seinen umfangreichen Bericht vorlegen.

Dieser Bericht gibt einen Überblick über die Folgen der Ölverschmutzung und über die bis dahin unternommenen nationalen und internationalen Lösungsversuche. Ein gründliches Zahlenmaterial beweist die außerordentliche Zunahme des Öltransports über See in jüngster Vergangenheit. Auch wird auf die steigende Verwendung von Öl als Brennstoff für die Schiffe in den letzten vierzig Jahren aufmerksam gemacht. Der Ausschuß hat sich ferner sehr darum bemüht, die Frage zu lösen, welche Ölsorten in erster Linie für die Verschmutzungen verantwortlich sind. Die Analyse der gesammelten Proben hat ergeben, daß bis auf wenige Ausnahmen nur Rohöl und Heizöl beteiligt sind. Durch die Auswertung von Berichten über ältere und neuere Ölverschmutzungen konnte der Ausschuß nachweisen, daß sogar nahezu bis zur Unsichtbarkeit verdünnte Ölrückstände an den Küsten noch Verschmutzungen hervorzurufen vermögen.

Aus diesem Grunde wird in dem Bericht unterschieden zwischen „beständigen“ und „nicht beständigen“ Ölsorten. Als beständige Öle werden solche definiert, bei denen weniger als 50% ihres Volumens unter 340° C siedet. Zu dieser Gruppe zählen Rohöl, Heizöl, Schmieröl, aber auch Teeröl, Kreosot und ähnliche Öle. Nichtbeständige Öle sind demnach Benzine und Gasöle. Zu ihnen zählen auch alle tierischen und pflanzlichen Öle und Fette, da sie durch biologische Vorgänge abgebaut werden können. Schließlich werden im ersten Teil des Berichtes noch die Quellen angegeben, die alle zur Ölverschmutzung der Meere beitragen.

Der zweite Teil des Berichtes der britischen Kommission befaßt sich mit den Möglichkeiten zur Abwehr der Ölverschmutzung. Die verschiedenen Ursachen der Verschmutzung werden hier gründlich untersucht und es wird jeweils erklärt, was dagegen unternommen werden kann. Diese Ausführungen sind zwar sehr interessant, eine auch nur kurzgefaßte Wiedergabe der umfangreichen technischen Einzelheiten läßt allerdings der hier verfügbare Platz nicht zu. Da die Empfehlungen des Ausschusses für eine „Politik auf lange Sicht“ jedoch besonders eindrucksvoll sind, soll wenigstens über sie berichtet werden. Nachdem einleitend festgestellt wird, daß das Problem durch eine nationale Gesetzgebung nicht gelöst werden kann, heißt es wörtlich:

„Ein System von Verbotszonen stellt an sich noch kein befriedigendes Abwehrmittel gegen die Küstenverschmutzung dar. Im übrigen würde dadurch die Verschmutzung der Seevögel und deren qualvolle Vernichtung auch nicht verhindert werden können. Wir sind daher zu dem Schluß gekommen, daß das Ziel sein müßte, das Ablassen von beständigem Öl auf See überhaupt zu verbieten.“

Der Regierung wird schließlich nahegelegt, sobald wie möglich ein internationales Abkommen mit den übrigen Schiffahrtsnationen abzuschließen. Kurz zusammengefaßt besagen die Empfehlungen sonst, daß es am entscheidensten ist, geeignete Auffanganlagen in den Häfen zu schaffen und die Schiffe mit Ölabscheidern und Sammeltanks für Abfall auszurüsten. Darüber hinaus wird aber noch eine Fülle von Empfehlungen und Anregungen gegeben, die an die zuständigen Ministerien, Hafenverwaltungen, Schiffahrts- und Ölgesellschaften, sowie an die Reparaturwerften gerichtet sind. Sie beziehen sich auch nicht nur auf rein technische Dinge, wie Tankreinigungsanlagen in den Häfen, Behandlung von Ölrückständen an Bord, Entfernung von ausgelaufenem Öl von der Wasseroberfläche in den Häfen und Strommündungen und Mitarbeit privater Firmen, sondern zeigen auch administrative und gesetzgeberische Aufgaben auf, wie z. B. die obligatorische Führung von Öltagebüchern auf den Schiffen, Aufnahme des Themas Ölverschmutzung als Prüfungsfach für Nautiker und Schiffsingenieure, Verschärfung der Strafbestimmungen usw. Der gesamte Fragenkomplex der Ölverschmutzung der Meere ist jedenfalls in diesem Bericht bis in alle Einzelheiten so gründlich durchleuchtet, daß er noch für lange Zeit die Grundlage für alle noch zu ergreifenden Maßnahmen abgeben kann.

3. Der Verlauf der Konferenz

Die Arbeitsweise der Konferenz

Der Faulkner-Bericht hatte keinen Zweifel darüber gelassen, daß eine unübersehbare Gefahr mit Riesenschritten auf alle Küstenländer der Erde zukam. Die britische Regierung entschloß sich daher, unverzüglich alle betroffenen Länder zu einer internationalen Konferenz nach London einzuladen und nicht mehr auf weitere Maßnahmen der Vereinten Nationen zu warten. Diese Konferenz fand dann auch tatsächlich in der Zeit vom 26. April bis 12. Mai 1954 statt. Die Tatsache, daß sich 32 Nationen daran beteiligten, ist der beste Beweis dafür, welches Echo der Faulkner-Bericht in der ganzen Welt gefunden hatte und wie brennend das Problem inzwischen geworden war.

Delegationen waren entsandt worden von Australien, Belgien, Brasilien, Bundesrepublik Deutschland, Kanada, Ceylon, Chile, Dänemark, Finnland, Frankreich, Griechenland, Indien, Irland, Israel, Italien, Japan, Jugoslawien, Liberia, Mexiko, Neuseeland, Nikaragua, Niederlande, Norwegen, Panama, Polen, Portugal, Schweden, Spanien, UdSSR., Vereinigtes Königreich von Großbritannien und Nordirland, Vereinigte Staaten von Amerika und Venezuela. Diese Länder besitzen zusammen mehr als 90% der Welttankertonnage. Darüber hinaus waren noch durch Beobachter vertreten die Länder Ägypten, Argentinien, Burma, Costarica, Kuba, Pakistan, Schweiz, Südafrikanische Union, Türkei und Uruguay und als internationale Organisationen die UN und die FAO.

Sir Gilmour Jenkins, Staatssekretär im britischen Transportministerium, wurde von der Vollversammlung zum Präsidenten gewählt. Als Vizepräsident wirkte der schwedische Delegationsführer Böös. Die deutschen Delegierten waren:

Ministerialdirektor Dr. K. Schubert, Bundesverkehrsministerium Hamburg, als Delegationsführer; Ministerialrat H. Kallus, Bundesverkehrsministerium Hamburg; Regierungsdirektor Dr. J. Scholvin, Bundesverkehrsministerium Hamburg; Oberregierungsrat H. Harries, Bundesverkehrsministerium Hamburg; Baudirektor Dr. B. Kressner, Behörde für Wirtschaft und Verkehr, Strom- und Hafenbau, Hamburg; Prof. Dr. H. Kruse, Institut für Wasser-, Boden- und Lufthygiene, Berlin-Dahlem; Oberregierungsrat H. Schulz, Bundesanstalt für Gewässerkunde, Koblenz; Dr. G. Zink, Vogelwarte Radolfzell am Bodensee; Kapitän F. Frauenheim, Deutsche Vacuum Öl A.G., Hamburg.

Die Hauptversammlung der 101 Delegierten mit den 35 Beratern und 12 Beobachtern trat allerdings nur dreimal zusammen. Um zu wirklich fruchtbarer Arbeit zu kommen, hatte sie geschickterweise die Beratung der verschiedenen Fragen auf einen koordinierenden Hauptausschuß und sieben Unterausschüsse verteilt. Dadurch wurde erreicht, daß streng fachliche Arbeit geleistet werden konnte und die Beratungen nicht in politische Fragen abglitten.

Der Hauptausschuß unter dem Vorsitz von Mr. P. Faulkner erarbeitete die Richtlinien für die Konferenz, berief die Unterausschüsse, stimmte deren Entschließungen aufeinander ab und entwarf die Konvention und das Schlußprotokoll. Zur Verhandlung einzelner sachlicher Themen standen folgende Unterausschüsse zur Verfügung:

1. Tankerausschuß,
2. Ausschuß für Ölseparatoren,
3. Ausschuß für Fragen der Beständigkeit von Öl,
4. Rohöl-Ausschuß,
5. Ausschuß für Einrichtungen in den Häfen,
6. Ausschuß für Verbotszonen,
7. Redaktionsausschuß.

Alle diese Ausschüsse hielten je nach Bedarf Sitzungen ab und berichteten dann an den Hauptausschuß.

Die Empfehlungen der Unterausschüsse

Der Tankerausschuß stellte seine Beratungen auf ein vollständiges Verbot des Abpumpens von ölhaltigem Wasch- und Ballastwasser ein. Wenn dieses letzte Ziel auf der Londoner Konferenz auch nicht erreicht werden konnte, so war diese Arbeitsweise trotzdem richtig und darum wertvoll, weil bewiesen werden konnte, daß es technisch erreichbar wäre. Wie es die britische Untersuchungskommission schon vorgeschlagen hatte, wäre dazu lediglich nötig, Wasch- und Ballastwasser zunächst in einem Schmutztank an Bord zu sammeln. Nach genügend langer Absetzzeit wird das Wasser dabei soweit ölfrei, daß es bis auf die oben schwimmende Ölschicht in die See abgelassen werden darf.Danach kann der Schmutztank dann wieder mit dem Waschwasser aus den nächsten Tankreinigungen gefüllt werden. So sammeln sich nach und nach alle Ölreste in einem einzigen Tank, der dann im Lade- oder Reparaturhafen kurzfristig ohne wesentlichen Zeitverlust entleert und gereinigt werden kann. Die eigentlichen Tankreinigungsarbeiten können also noch nach wie vor während der Seereise durchgeführt werden, auch wenn einmal ein totales Verbot durchgesetzt würde.

Der Ausschuß für Ölseparatoren war sich einig darüber, daß Separatoren auf Schiffen in jedem Falle geeignet sind, zur Bekämpfung der Ölverschmutzung der Meere beizutragen. Die Meinungen der Delegierten darüber, ob Separatoren, die nach dem Prinzip der Schwerkraft arbeiten, fähig sind, Öl-Wasser-Gemische in jedem Falle so weit zu trennen, daß das Wasser wirklich schadlos auf See abgelassen werden kann, gingen allerdings auseinander. Es wurde teilweise bezweifelt, daß sich Heizöle, deren spezifisches Gewicht annähernd gleich dem des Wassers ist, noch genügend abscheiden ließen. Der Ausschuß glaubte aber, das Problem wäre auch dadurch zu lösen, daß heizölverschmutztes Ballastwasser aus den leeren Brennstofftanks entweder in Häfen abgegeben oder chemisch behandelt würde. Er empfahl daher, trotz der Bedenken, auf allen Schiffen Ölseparatoren einzubauen.

Der Ausschuß für Einrichtungen in den Häfen richtete seine Arbeit nach den Empfehlungen der beiden ersten Ausschüsse aus. Da die Ermittlungen ergeben hatten, daß bis dahin nur wenige Häfen über brauchbare Ölauffanganlagen verfügten, hielt es der Ausschuß für erforderlich, möglichst bald weitere Anlagen auch in den übrigen Häfen zu schaffen. Dabei sollte tunlichst in den Ölhäfen mit der Mineralölindustrie und in den Reparaturhäfen mit den Werften zusammengearbeitet werden. Häfen mit erheblichem Frachtverkehr müßten speziell Aufnahmeanlagen für Rückstände aus Heizöltanks schaffen. Dabei müßten die Anlagen in allen Fällen so eingerichtet werden, daß die Schiffe durch die Abgabe ihrer Ölrückstände möglichst wenig Zeit verlieren. Darüber hinaus empfahl der Ausschuß eine enge Zusammenarbeit zwischen Hafenverwaltung, Ölgesellschaften, Werften und Firmen, die sich mit der Sammlung und Aufarbeitung von Altölen befassen, und hielt es für erforderlich, eine Organisation für einen internationalen Erfahrungsaustausch zu schaffen.

Der Ausschuß für Fragen der Beständigkeit von Öl stellte an Hand von Berichten über Beobachtungen und durchgeführte Versuche fest, daß sich schwere Öle zwar nicht unbegrenzte Zeit auf der Wasseroberfläche nachweisen lassen, daß sie aber durch Wind und Meeresströmung auf sehr große Entfernungen verdriftet werden können und daß sie sich weitgehend an den Küsten ablagern.

Die vom Ausschuß für Verbotszonen empfohlenen Sperrgebiete für das Ablassen von Ölrückständen oder ölhaltigem Wasser wurden später fast unverändert vom Hauptausschuß über nommen (Abb. 3). Sie sind in Anhang A des Internationalen Übereinkommens zur Verhütung der Verschmutzung der See durch Öl, 1954, näher bezeichnet und sollen im Zusammenhang damit besprochen werden.

Die Beschlüsse der Konferenz

Die Empfehlungen der einzelnen Unterausschüsse wurden vom Hauptausschuß in Zusammenarbeit mit dem Redaktionsausschuß schließlich in dem Entwurf einer Konvention zusammengefaßt, der der Vollversammlung dann auf ihrer Schlußsitzung am 12. Mai 1954 vorgelegt wurde. Die dabei beschlossene endgültige Fassung der Konvention berücksichtigt leider nicht alle Empfehlungen der Unterausschüsse, ist aber, wenn sie allgemein beachtet wird, schon ein wesentlicher Fortschritt. Dieses, wie es heißt, „Internationale Übereinkommen zur Verhütung der Verschmutzung der See durch Öl, 1954" ist in 21 Artikeln zusammengefaßt. Dazu gehört ein Anhang A, in dem die Verbotszonen abgegrenzt sind und ein Anhang B, der ein Muster des vereinbarten Öltagebuches wiedergibt.

Über die eigentliche Konvention hinaus wurden von den Delegierten noch acht Entschließungen gefaßt und dem Schlußprotokoll hinzugefügt. Sie behandeln folgende Fragen:

1. Baldige und gänzliche Einstellung des Ablassens beständiger Öle in die See.
2. Anwendung der Konvention auf Schiffe, für die das Übereinkommen nicht gilt.
3. Entwicklung leistungsfähiger Separatoren für den Schiffsbetrieb und der erforderlichen technischen Vorschriften.
4. Einrichtung von Ölauffanganlagen in Reparatur und Ölhäfen.
5. Ausarbeitung von Leitfäden zur Verhinderung von Ölverschmutzungen.
6. Übergangsmaßnahmen bis zum Inkrafttreten des Übereinkommens.
7. Bildung nationaler Ausschüsse gegen die Ölverschmutzung.
8. Sammlung und Verbreitung von technischem Informationsmaterial über die Ölverschmutzung durch die UN.

Die Delegationen und Beobachter der 42 Nationen sind schließlich auseinandergegangen mit der Absicht, nach drei Jahren auf einer erneuten Konferenz die inzwischen mit den getroffenen Vereinbarungen gesammelten Erfahrungen zu erörtern.

III. Das Internationale Übereinkommen

1. Der wesentliche Inhalt der Vereinbarungen

Es würde zu weit gehen, wollte man hier den vollständigen Wortlaut der Londoner Konvention wiedergeben. Das ist auch unnötig, da der Originaltext in deutscher, englischer und französischer Sprache im Bundesgesetzblatt 1956, Teil II, auf Seite 381 bis 401 abgedruckt ist. Es genügt daher, in diesem Zusammenhang nur die wesentlichsten Bestimmungen herauszustellen, und zwar vor allem solche, die nun, da die Vereinbarungen für die Bundesrepublik Gesetzeskraft erlangt haben, einschneidende Folgen für die Hafenverwaltungen und die Reedereien auslösen werden.

Die drei entscheidensten Bestimmungen des Abkommens sind zunächst allgemein ausgedrückt:

1. Es ist untersagt, in bestimmten Seegebieten Rohöl, Heizöl, schweres Dieselöl, Schmieröl und deren Rückstände abzulassen.

2. Jeder große Seehafen muß Ölauffanganlagen vorhalten.

3. Bis auf geringe Ausnahmen sind alle mit Öl angetriebenen Seeschiffe mit Ölseparatoren auszustatten.

Im einzelnen bestimmt das Übereinkommen im

Artikel III:

Innerhalb einer erweiterten Verbotszone (Abb. 3) dürfen Tanker weder Öl noch ölhaltiges Wasser ablassen, außer, wenn der Ölgehalt geringer als 100 mg/l ist. Drei Jahre nach dem Inkrafttreten der Konvention, d. h. ab 26. Juli 1961, gelten diese Bestimmungen auch für alle anderen Handelsschiffe, es sei denn, daß sie einen Hafen ansteuern, der keine Auffanganlage besitzt. Das Sperrgebiet für diese Schiffe ist allerdings nicht so ausgedehnt wie für die Tanker. Allgemein beträgt es 50 sm um alle Küsten. Für besonders gefährdete Seegebiete ist die Schutzzone verbreitert, z. B. umfaßt sie entlang der Küsten Belgiens, der Niederlande, der Deutschen Bucht, Dänemarks und der britischen Inseln 100 sm, so daß die Nordsee bis auf einen kleinen Mittelteil fast ganz Sperrgebiet ist. Auch die Ostsee ist fast ausnahmslos geschützt (Abb. 3). Nach Artikel II sind von dem Verbot allerdings Kriegs-Hilfsschiffe, Walfangschiffe und Fahrzeuge mit weniger als 500 BRT ausgenommen. Jedes beigetretene Land ist verpflichtet, Verstöße seiner Schiffe nach den geltenden Gesetzen zu bestrafen. Während der dreijährigen Übergangszeit darf ölhaltiges Wasser nur in möglichst großer Entfernung von der Küste abgelassen werden.

Artikel IV und V:

Hier werden Fälle aufgeführt, für die Artikel II nicht gilt oder für die erleichterte Bestimmungen vereinbart wurden. So ist etwa das Ablassen von Öl nicht verboten, wenn es zur Rettung von Menschenleben oder aus Gründen der Schiffssicherheit nötig ist. Auch Schadensfälle sind ausgenommen, wenn nur alles getan wurde, sie zu verhindern oder sobald wie möglich zu beheben. Sogar dürfen nicht pumpbare Rückstände aus den Ladetanks der Tanker und Heiz- oder Schmierölrückstände straflos abgelassen werden, wenn es so weit wie möglich von der Küste entfernt erfolgt. Im ersten Jahr nach Inkrafttreten des Abkommens dürfen auch noch sämtliche Bilgenwässer über Bord gepumpt werden. Danach allerdings nur noch, wenn sie lediglich Schmieröl enthalten.

Artikel VII:

Ab 26. Juli 1959 müssen alle Schiffe entweder Einrichtungen haben, die es verhindern, daß Heizöl oder schweres Dieselöl in die Bilgen gerät oder sie müssen mit einem Ölseparator ausgestattet sein.

Artikel VIII:

Ab 26. Juli 1961 müssen alle „Haupthäfen“ der dem Vertrag beigetretenen Regierungen mit Auffanganlagen für Ölrückstände der den Hafen anlaufenden Schiffe — ausgenommen Tanker — ausgestattet sein. Hier müssen die Schiffe ohne unangemessenen Zeitverlust ihre Ölrückstände abgeben können, die sich beim Separieren ihres Ballast- oder Tankwaschwassers während ihrer Reise angesammelt haben.

Artikel IX:

Dieser Teil des Abkommens bestimmt, daß jedes Schiff ein Öltagebuch nach vorgeschriebenem Muster zu führen hat, das für Tanker und Nichttanker verschieden aussieht. Diese Öltagebücher

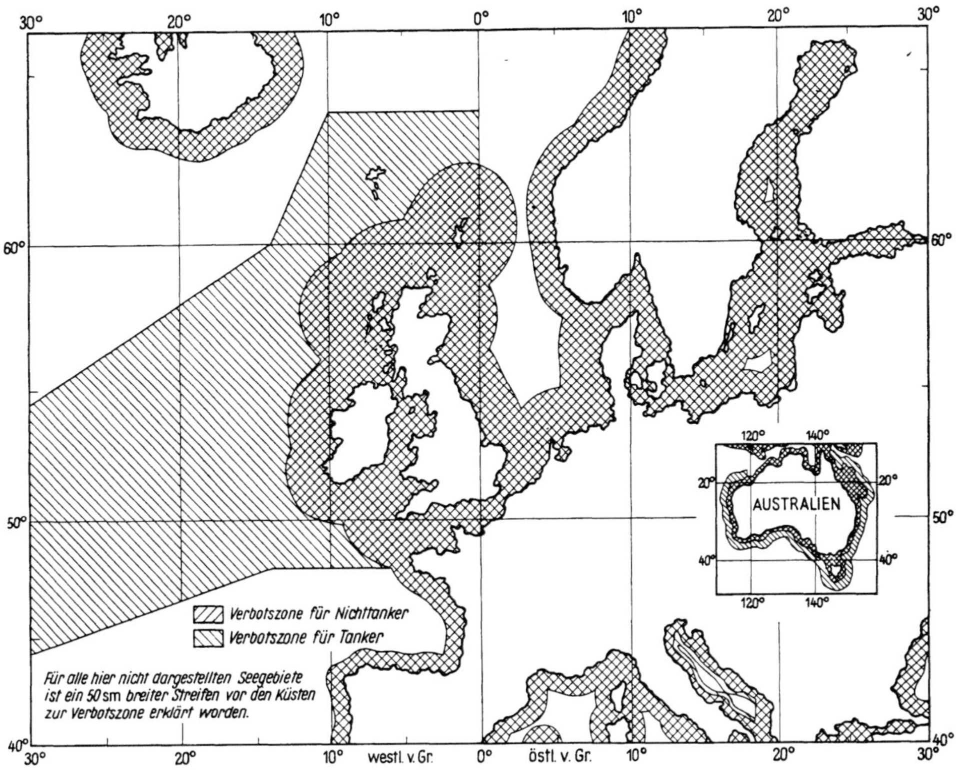

Abb. 3. Die auf der Londoner Konferenz vereinbarten Verbotszonen für das Ablassen von beständigen Mineralölrückständen

ergeben durch ihre genau spezifizierten Daten ein einwandfreies Bild über Entstehung und Verbleib der Ölrückstände und müssen sowohl vom Kapitän als auch vom verantwortlichen Offizier unterschrieben werden. Die zuständigen Behörden der dem Vertrag beigetretenen Regierungen können die Öltagebücher aller Schiffe, für die das Übereinkommen gilt, einsehen und Abschriften daraus anfertigen.

Artikel X:

Hier wird den beigetretenen Regierungen untereinander das Recht eingeräumt, sich gegenseitig über Verstöße ihrer Schiffe zu unterrichten. Sofern der Tatverdacht ausreicht, um nach geltenden Rechtsvorschriften eine Verfolgung des verantwortlichen Reeders oder Kapitäns einzuleiten, hat das unverzüglich zu geschehen. Die mitteilende Regierung ist über das Ergebnis des Verfahrens zu unterrichten. Nach Artikel VI muß eine evtl. verwirkte Strafe so bemessen werden, als ob die Tat in den eigenen Hoheitsgewässern begangen wäre.

Die übrigen Artikel regeln administrative Angelegenheiten, sowie Inkrafttreten, Kündigung und Dauer der Vereinbarungen.

Diese kurze Aufzählung der wesentlichsten Bestimmungen des Londoner Abkommens von 1954 zeigt schon auf den ersten Blick, daß das Werk noch lange nicht vollkommen ist. Es soll nicht bezweifelt werden, daß die Schäden dadurch gemildert werden können, letztlich bleibt aber nach wie vor noch alles an der Einsicht und dem guten Willen des einzelnen Menschen hängen. Wie es damit aber häufig bestellt ist, wenn die gute Tat Geld kostet, weiß jeder. Wer soll auf dem weiten Ozean nachprüfen, ob die Rückstände wirklich außerhalb der Sperrzonen gelenzt wurden, wie es im Öltagebuch verzeichnet stehen wird? Und kann sich die Schiffsführung dauerhaft gegen Vorwürfe ihres Reeders behaupten, wenn sie in wirtschaftlichen Krisenzeiten die Rechnungen für die Abgabe von Ölrückständen in den Häfen vorlegt? Das Übel kann nur mit der Wurzel ausgerottet werden, wenn grundsätzlich kein Öl mehr auf See abgelassen werden darf und die Auffang- und Tankreinigungsanlagen in den Häfen so wirtschaftlich eingerichtet werden, daß die Abgabegebühren nicht zu Buch schlagen und sich eine Reinigung mit Bordmitteln nicht mehr lohnt.

2. Die bisherigen Maßnahmen zur Erfüllung der Vereinbarungen

Weil die Ölverschmutzung ihrer Küsten vielen Nationen auf den Nägeln brannte oder weil das, was kommen mußte, schon in der Luft lag, sind tatsächlich manche Maßnahmen, die erst die Londoner Vereinbarungen zur Pflicht machen, auf nationaler Ebene vorweggenommen worden. So hat die Bundesregierung schon während der Sommermonate des Jahres 1953 laufend über die Küstenfunkstellen Norddeich und Kiel an alle Schiffe Telegramme gerichtet, in denen sie an das Verständnis der Schiffsführungen appellierte. In dem Aufruf hieß es:

„Das Ablassen von Ölrückständen aus Bilgen und Bunkern der Seeschiffe, insbesondere der Tankschiffe, hat zu schweren Verunreinigungen der Küsten und Küstengewässer geführt. Dadurch sind erhebliche wirtschaftliche Schäden auch der Seebäder und schwerste Verluste in der Wassertierwelt entstanden. Alle Seeschiffe werden dringend gebeten, ihre Ölrückstände in Aufnahmeanlagen der Seehäfen oder so weit von den Küsten abzugeben, daß ein Vertreiben in die Küstengewässer vermieden wird."

Die Hafenverwaltung Hamburgs ergriff ebenfalls die Initiative. Sie richtete im Jahre 1952 eine Auffanganlage für Ölrückstände der Schiffahrt ein und bestimmte in einer Polizeiverordnung vom 22. September 1953, daß zukünftig alle Ölrückstände dort abzuliefern wären. Auch die neugefaßte Seeschiffahrtsstraßenordnung vom 6. Mai 1952 verbietet, Ölrückstände auf den Wasserstraßen zwischen hoher See und dem Hafen abzulassen. Die Dachorganisation der britischen Reeder ersuchte bereits am 13. August 1953 alle ihre Mitglieder, nicht erst auf gesetzliche Vorschriften zu warten, sondern die inzwischen veröffentlichten Empfehlungen des Faulkner-Berichtes umgehend zu beachten.

Die Londoner Konferenz gab den Bemühungen der einzelnen Verwaltungen und Organisationen dann einen erheblichen Aufschwung. Die Zeit bis zum Inkrafttreten des Internationalen Übereinkommens von 1954 blieb daher nicht ungenutzt.

Schon im Oktober 1954 wurde in den „Nachrichten für Seefahrer", dem amtlichen Organ für Bekanntmachungen an die Schiffahrt, eine Karte der Verbotszonen für das Ablassen von Ölrückständen veröffentlicht. Gleichzeitig damit wurde ein Appell an die Schiffahrt gerichtet, sich ab sofort an die Bestimmungen des Übereinkommens zu halten. In einem Schreiben des Bundesministers für Verkehr an alle Verbände, die Schiffahrtsinteressen vertreten, an die Verwaltungen der westdeutschen Seehäfen, an die Wasser- und Schiffahrtsdirektionen im Küstengebiet, an die Seefahrtsschulen, an die nautischen Vereine und andere mehr heißt es u. a. wörtlich:

„Obwohl die Verbotszonen erst 12 Monate nach dem Tage in Kraft treten, an dem 10 Staaten die Annahmeerklärung des Vertrages hinterlegt haben, bitte ich zu veranlassen, daß die Schiffsführungen Ihres Aufgabenbereiches schon jetzt auf die Beachtung der Verbotszonen hingewiesen werden. Durch die Einhaltung der Verbotszonen können weitere Verluste in der Tierwelt der Küstengewässer und weitere Schäden in den Seebädern vermieden werden. Obwohl die Bestimmung des Londoner Übereinkommens nicht für Fahrzeuge von weniger als 500 BRT gelten werden, sollten auch diese Fahrzeuge nach Möglichkeit das Ablassen von Öl und Ölrückständen innerhalb der Verbotszonen vermeiden.

Die Schiffsführungen sollten sich klar machen, daß es vom Ausmaß der zukünftigen Verschmutzungen abhängen wird, ob die internationalen Maßnahmen gegen die Ölverschmutzung der See noch weiter verschärft werden müssen."

Auch das Ausland griff zu Aufklärungsaktionen. Für die nordischen Länder entwarf und verteilte das Nordiske Oljeskadekommitten in Stockholm Plakate und Merkblätter. Die Niederlande brachten die Aufklärungsschrift „Handleiding ter Voorkoming van de Verontreiniging van de Zee door Olie" heraus und das britische Transportministerium veröffentlichte kürzlich die Denkschrift „Manual on the Avoidance of Pollution of the Sea by Oil".

Eine sehr eindrucksvolle Werbeschrift brachte das Bundesverkehrsministerium, Abt. Seeverkehr, im Frühjahr 1957 mit dem Titel „Öl — Öl — Ölpest" heraus. In ihr werden in sehr kurzer, einprägsamer Form die Folgen der Ölpest, die wesentlichen Bestimmungen des Internationalen Übereinkommens und die bisher vorhandenen Abgabemöglichkeiten für Ölrückstände aufgezeigt. Die Schrift wurde in deutscher und englischer Fassung hergestellt und an einen großen Kreis von Interessenten des In- und Auslandes verteilt. Jeder Kapitän eines ausländischen Schiffes, das einen deutschen Hafen anläuft oder den Nordostseekanal passiert, bekommt ein Exemplar ausgehändigt.

Außer dieser intensiven Aufklärungsarbeit wurde in den vier Jahren seit der Unterzeichnung der Londoner Konvention auch versucht, durch gesetzgeberische Maßnahmen auf den Tag des Inkrafttretens genügend vorbereitet zu sein. Der Deutsche Bundestag hat gleich das Ratifikationsgesetz (Bu.Ges.Bl. II 1956, S. 379) dazu benutzt, Einzelheiten für die Durchführung des Internationalen Übereinkommens festzulegen. So hat er z. B. bestimmt, daß sich auch die Schiffe des Öffentlichen Dienstes des Bundes, der Länder und der öffentlich-rechtlichen Körperschaften und Anstalten an die Vereinbarungen zu halten haben. Nur Kriegsschiffe sind ausgenommen. Darüber hinaus hat der Bundestag den Bundesminister für Verkehr ermächtigt, u. a. Rechtsverordnungen darüber zu erlassen, welchen Ölgehalt Öl/Wasser-Gemische haben dürfen, die nach den internationalen Abmachungen noch nach wie vor über Bord gegeben werden können, welchen Wirkungsgrad Ölseparatoren mindestens haben müssen und welche Maßnahmen gegen das Eindringen von Heizöl und schwerem Dieselöl in die Bilgen zu ergreifen sind. Verstöße gegen Artikel III Abs. 1 und 2 des Übereinkommens und gegen die zu erlassenden Rechtsverordnungen bedroht das Gesetz mit Geldstrafe. Schiffsführer, die vorsätzlich oder fahrlässig die Führung der Öltagebücher versäumen oder falsche Eintragungen machen, müssen mit einer Strafe bis zu 1000,— DM rechnen.

Am 8. September 1956 ist auch ein entsprechendes Gesetz für die britische Schiffahrt in Kraft getreten; die „Oil in Navigable Waters Act 1955". Es untersagt allen in Großbritannien registrierten Schiffen in der Nordsee, im Ärmelkanal und bis zum 40. Grad westlicher Länge, d. h. bis 1600 km westlich von Irland, Öl ins Meer abzulassen. Die Bestimmungen gehen also noch über die Vereinbarungen hinaus. Alle Nordseeanliegerstaaten sollten das dankbar zur Kenntnis nehmen. Beachtlich sind auch die strengen Strafbestimmungen. In einem Schnellverfahren können schuldigen Kapitänen Geldstrafen bis zu 1000 Pfund Sterling, das sind rund 11700 DM, auferlegt werden. Im ordentlichen Gerichtsverfahren haben sie noch wesentlich höhere Strafen zu gewärtigen. Fälschungen in den Öltagebüchern sind mit Gefängnis bis zu sechs Monaten bedroht. Die westdeutschen Strafbestimmungen sind dagegen also sehr milde.

Aus dem entsprechenden kanadischen Gesetz, das am 1. Juli 1957 wirksam wurde, ist bekanntgeworden, daß Verstöße von Schiffen jeder Nationalität gegen die Bestimmungen der Londoner Vereinbarungen innerhalb der kanadischen Hoheitsgewässer mit 500 Dollar oder Gefängnis bis zu sechs Monaten oder beidem gemeinsam bestraft werden.

Um in der Bundesrepublik auch die Vorbereitungen für das Inkrafttreten des Internationalen Übereinkommens in technischer Hinsicht voranzutreiben, sind mehrere Arbeitsausschüsse unter Leitung des deutschen Delegationsführers bei der Londoner Konferenz, Ministerialdirektors Dr. K. Schubert, Bundesverkehrsministerium, Hamburg, tätig gewesen. Die wichtigsten Aufgaben fielen dabei den Ausschüssen für Schiffahrts- und für Hafenfragen zu. Ersterer befaßte sich mit den Maßnahmen, die durch das Londoner Abkommen auf den Schiffen zu treffen waren — z. B. den Bau und den Betrieb von Ölseparatoren —, letzterer sollte Richtlinien für die in den Häfen zu erbauenden Ölauffanganlagen erarbeiten. Da in jedem Hafen andere Verhältnisse herrschen, wird es allerdings kaum jemals möglich sein, eine Musteranlage für alle zu entwerfen.

Von den westdeutschen Häfen hat bisher wohl nur Hamburg wirklich leistungsfähige Auffanganlagen. Da hier bereits Erfahrungen aus sechs Betriebsjahren vorliegen, soll auf diese Anlagen in einem besonderen Kapitel etwas näher eingegangen werden. Wenn auch nicht alles, was sich in Hamburg als gut erwiesen hat, ohne weiteres für andere Häfen brauchbar sein muß, so mag doch dort, wo neue Anlagen zu errichten sind, dadurch mancher Irrweg vermieden werden.

In Bremerhaven ist bei einer Werft schon jetzt ein sogenannter „Wheeler-Prahm" vorhanden, der zur Tankreinigung und zur Aufnahme von Öl und Tankwaschwasser eingesetzt wird. Auch gibt es dort eine kleine, einfache Aufbereitungsanlage an Land für stark verschmutzte Ölrückstände. Darüber hinaus befaßt man sich mit Plänen für eine zentrale Ölauffanganlage an der Weser. Ihr sollen die Ölrückstände aller Weserhäfen mit Transportschiffen zugeführt werden. Sie soll aber auch passierenden Schiffen ermöglichen, dort direkt anzulegen.

Im Hafen von Emden ist seit Mai dieses Jahres das Auffangschiff „Hydra" zur Aufnahme von ölhaltigen Ballast- und Bilgenwässern aus Trockenfrachtern eingesetzt. Dieses Spezialschiff besitzt drei Tanks mit zusammen 180 m³ Fassungsvermögen und ist mit einem Ölseparator ausgestattet. Das abgebende Schiff muß seine Rückstände allerdings selbst überpumpen. Der Separator hat eine Kapazität von 30 m³/h und soll das Wasser bis auf ungefähr 40 bis 50 mg Öl je Liter ölfrei machen. Es wird angestrebt, das zurückgewonnene Öl soweit zu reinigen, daß es unter Schiffskesseln verbrannt werden kann.

In Kiel befaßt sich seit einiger Zeit eine Firma damit, die besonders bei den Werften anfallenden Ölrückstände und Waschwässer aufzubereiten. Die Ölabfälle werden in einer Tankschute zu den Aufbereitungsanlagen im Scheerhafen transportiert und durch eine 350 m lange Druckleitung in zwei unterirdische Klärbunker gepumpt. Hier wird das rückständige Öl vom Wasser getrennt. Damit ist immerhin schon der Anfang für die Erstellung einer Aufbereitungsanlage gemacht.

In den übrigen westeuropäischen Häfen sind besonders in Rotterdam, Falmouth und Cardiff teilweise sehr beachtliche Auffanganlagen für Ölrückstände und landfeste Tankerreinigungsanlagen entstanden. Insgesamt sind in Westeuropa inzwischen schon über 40 Häfen mit mehr oder weniger leistungsfähigen Auffanganlagen ausgerüstet, 30 davon liegen allein in Großbritannien, wo sich die Ölgesellschaften und Werften sehr intensiv um diese Frage bemühen.

3. Hamburgs Erfahrungen aus der Durchführung der Vereinbarungen

Schon bevor die Londoner Konferenz im Jahre 1954 das Internationale Übereinkommen zur Verhütung der Verschmutzung der See durch Öl beschloß und damit alle Unterzeichnerstaaten verpflichtete, in ihren größeren Seehäfen der Schiffahrt Abgabemöglichkeiten für Ölrückstände vorzuhalten, hatte Hamburg bereits unter dem Druck der Verhältnisse eine erste provisorische Auffanganlage in Betrieb genommen. Damals waren weder Erfahrungen über ausländische An-

Abb. 4. Die erste provisorische Ölauffanganlage Hamburgs von 1952. Die 8 Erdbecken mit ihren 24000 m³ Inhalt sind inzwischen geräumt

lagen bekannt, noch konnte vorhergesehen werden, welche Mengen und welche Arten von ölhaltigen Abwässern in Hamburg anfallen würden. So wurde 1952 zunächst eine bewußt einfache Anlage hergestellt, die sowohl mineralölhaltige wie auch vegetabilische Fettrückstände und Waschwässer aufnehmen sollte. Da das zunächst nicht mehr als ein Großversuch sein konnte, wurde der verhältnismäßig billige Bau von Erdbecken gewählt. Vier Becken von 2,0 m Tiefe mit je 3000 m³ Fassungsvermögen sollten eine gewisse Sortierung der Rückstände ermöglichen. Während in manchen anderen Häfen die Fettrückstände tierisch-pflanzlicher Herkunft keine besondere Beachtung finden, mußte man in Hamburg auch diese von den schon stark mit anderen Schmutzstoffen belasteten Gewässern fernhalten, da sie hier in verhältnismäßig großer Menge anfallen.

Bereits nach weniger als einjähriger Betriebszeit waren alle vier Erdbecken gefüllt (Abb. 4). Zwar waren dadurch fast 500 t Mineralöle und Fette zurückgehalten, es hatte sich aber auch gezeigt, daß es zunächst weder eine Möglichkeit für eine Verwertung der Rückstände noch für ihre Vernichtung gab. Die durch die laugenartigen Reinigungsmittel und andere Ursachen entstandenen Wasser/Öl-Emulsionen waren wider Erwarten stabil. Die Hoffnung, man könne nach einer längeren Absetzzeit die wässerige Phase schadlos ablassen, ging nicht in Erfüllung. Die Anlage mußte daher sehr bald auf das doppelte Fassungsvermögen, also 24000 m³, erweitert werden, damit Zeit für eine andere und endgültige Lösung gewonnen wurde.

Glücklicherweise fand sich für Mineralölrückstände schon bald eine endgültige Lösung. Eine Hamburger Mineralölfirma, die bereits während des Krieges für die Marine eine Aufbereitungsanlage für mineralölhaltige Waschwässer betrieben hatte, nahm diese Tätigkeit Anfang 1954 auf privater Basis wieder auf. Die von der Gewässeraufsichtsbehörde mit dieser Firma geführten Verhandlungen ließen bald erkennen, daß die ursprünglich nur für Rohöl-Waschwässer aus Seetankern gedachte Anlage unter gewissen Bedingungen auch für andere Mineralölrückstände eingerichtet werden konnte. Das war in erster Linie dadurch möglich, weil die Firma einen Schwesterbetrieb hat, in dem sowohl Teer- als auch Erdölrückstände aller Art nutzbringend aufgearbeitet werden können. Eine solche Möglichkeit zu haben, ist aber in jedem Falle das entscheidende Moment des ganzen Problems. Die Wasser/Öl-Emulsion läßt sich schließlich immer brechen, auch wenn es vielleicht unwirtschaftlich ist. Solange aber kein Weg zur Aufbereitung des zurückgewonnenen Öls vorhanden ist, muß die Auffanganlage zwangsläufig daran „ersticken".

Nachdem die üblichen technischen und verwaltungsmäßigen Schwierigkeiten überwunden waren, konnte der Vertrag über die Abnahme aller mineralölhaltigen Schiffsabwässer des Hafens am 1. 10. 1955 in Kraft treten. In ihm ist vereinbart, daß die Firma gewisse Subventionen zur Verbilligung der Abnahmekosten erhält und sich dafür verpflichtet, sämtliche pumpfähigen Mineralölrückstände der Schiffahrt zu jeder Tages- und Nachtzeit abzunehmen, sofern sie nicht einem anderen zugelassenen Verwendungszweck zugeführt werden. Die Gewässeraufsichtsbehörde hat sich außerdem gewissen Einfluß auf die Gestaltung der Abgabegebühren vorbehalten. Das ist

Abb. 5. Hamburgs Ölauffanganlage für Großtanker. Hier wurden 1957 über 130000 t Tankwaschwässer gereinigt und daraus 4000 t Heizöl gewonnen

erforderlich, weil zu hohe Abgabekosten den Erfolg für die Reinhaltung der Gewässer gefährden würden. Eine restlose Übernahme der Kosten durch die öffentliche Hand muß allerdings auch abgelehnt werden. Es würde sonst jeder Anreiz verloren gehen, die Menge der Rückstände — z. B. bei der Tankreinigung — so gering wie möglich zu halten, wenn die Kosten ihrer Beseitigung von der Allgemeinheit übernommen würden.

Die „Auffanganlage des Hamburger Hafens für Mineralölrückstände der Schiffahrt", wie diese Anlage vertragsgemäß heißt, verfügt zur Zeit über fünf große Spezialtanks mit, Heizschlangen, Umwälz- und Abschöpfeinrichtungen (Abb. 5). Das Fassungsvermögen beträgt zusammen 5000 m³ und kann vorübergehend durch zusätzliche Tanks erweitert werden. Das Abwasser, dem das Öl in den Tanks entzogen wird, durchläuft vorsichtshalber noch eine nachgeschaltete Kläranlage, bevor es in das Hafenbecken abgelassen wird. Zwei Löschbrücken, die es den Anlieferern ermöglichen, ihre Mineralölrückstände wahlweise mit schiffseigenen oder landfesten Pumpen abzugeben und Dampf zum Aufheizen dickflüssiger Partien zu beziehen, gewährleisten eine schnelle Abfertigung. Dabei ist es den Seeschiffen freigestellt, ob sie ihre mineralölhaltigen Abwässer unmittelbar an der Anlage abgeben, oder ob sie sie durch besonders zugelassene Öltransportschuten, die verschiedene Ewerführereien vorhalten, nach dort abfahren lassen wollen. Im Jahre 1957 wurden hier 130000 t Öl/Wasser-Gemische aufgearbeitet und dabei 3961 t

Mineralöl, vorwiegend als Heizöl, zurückgewonnen. 12227 t dieser Waschwässer sind in den Genuß einer staatlichen Subvention gekommen, die speziell zur Kostensenkung für die Kleinschiffahrt gewährt wird.

Am Rande sei erwähnt, daß inzwischen auch ein Verfahren zur Aufbereitung von tierisch-pflanzlichen Ölrückständen — auch wenn sie mit Mineralöl versetzt sind —, entwickelt werden konnte. Dadurch ist jetzt auch das Verarbeitungsproblem an der ersten provisorischen Auffanganlage gelöst. Sie dient nämlich heute in erster Linie dazu, nicht ausschließlich mineralölhaltige Tankwaschwässer aufzunehmen. In modern eingerichteten Fabrikationsgebäuden können dort Öl/Wasser-Gemische aller Art separiert werden. Die Rückstände, die sich in den Jahren seit Bestehen der Anlage angesammelt hatten, wurden in den letzten Monaten nach dem neuen Verfahren aufgearbeitet. Die acht Erdbecken sind nun wieder eingeebnet und durch vier Tankbehälter mit zusammen 2000 m³ Fassungsvermögen ersetzt (Abb. 6). In ihrer jetzigen Form und Größe könnte

Abb. 6. Hamburgs neueste Ölauffanganlage für Trockenfrachter. Hier werden alle denkbaren Öl/Wasser-Gemische nach modernsten Methoden verarbeitet, speziell auch tierisch-pflanzliche Öl- und Fettrückstände

die Anlage evtl. ein Muster für eine Ölauffanganlage eines vorwiegend von Trockenfrachtern angesteuerten Hafens abgeben. Die Aufarbeitung tierisch-pflanzlicher Ölrückstände ist allerdings ungleich schwieriger als die von Mineralölrückständen, da tierisch-pflanzliche Fette wesentlich stabilere Emulsionen bilden. Auch diese Anlage ist selbstverständlich ein ausgesprochener Zuschußbetrieb.

Der Hamburger Hafen hat sich aber nicht damit begnügt, lediglich die im Internationalen Übereinkommen geforderten Ölauffanganlagen einzurichten. Gemäß den Empfehlungen der Konferenz hat die Hafenverwaltung sich auch mit ihren Wasserfahrzeugen an der Erprobung von Ölseparatoren beteiligt und in den ihr zugänglichen Kreisen mit Rundschreiben, Zeitschriftenartikeln und Vorträgen aufklärend und werbend gewirkt. Durch finanzielle Beihilfen sucht sie auf der einen Seite die Abgabekosten für Ölrückstände so niedrig wie möglich zu halten, andererseits werden aber die geltenden Bußgeldbestimmungen gegen Ölsünder mit aller Schärfe angewandt. So zahlt Hamburg, abgesehen von Sachbeihilfen, jährlich allein 40000 DM Subventionen für das an den Auffanganlagen abgelieferte Öl, es wurden aber auch im Jahre 1957 gegen 57 Schiffe Bußgeldbescheide erlassen, die eine Höhe bis zu 10000 DM annehmen können. Auch Kreditanträge für Maßnahmen, die von privater Seite geplant wurden und geeignet erschienen, der Ölverschmutzung des Wassers zu begegnen, wurden stets nach Kräften gefördert.

In dankenswerter Weise haben sich neben der Verwaltung aber auch Firmen in den Dienst an der Sache eingereiht. Da wären zunächst die Firmen zu nennen, die die Ölauffanganlagen betreiben. Sie haben oft mit größten Schwierigkeiten zu kämpfen, wenn die übernommenen Ölrückstände sich entweder nicht von Wasser trennen lassen wollen oder wenn sie durch Schmutz oder chemische Reinigungsmittel der Aufbereitung besondere Schwierigkeiten bereiten. In diesem Zusammenhang sei darauf hingewiesen, daß es sich in Hamburg als einzig richtig erwiesen hat, den Betrieb der Auffanganlagen stets durch Privatfirmen durchführen zu lassen.

Neben den Auffanganlagen arbeiten inzwischen auch schon fünf Vacuumtankreinigungsschiffe, sogenannte Wheelerboote, im Hamburger Hafen, die ebenfalls von drei verschiedenen

Firmen betrieben werden. Sie haben sich gut bewährt und werden nach anfänglichen Schwierigkeiten jetzt mehr und mehr für die Reinigung von Brennstofftanks der Trockenfrachter herangezogen. Um Großtanker zu waschen, sind sie allerdings nicht leistungsfähig genug.

Leider fehlt in Hamburg bisher noch eine landfeste Reinigungsanlage für Großtanker. Sie wäre nicht nur die natürliche Ergänzung zu den vorhandenen Großwerften, sondern könnte auch wesentlich zur Erfüllung der Londoner Vereinbarungen und damit zur Reinhaltung der Meere beitragen. Unverständlicherweise sind bisher alle Bemühungen gescheitert, die Werftleitungen für diese Frage zu interessieren. Was in den großen englischen Häfen eine Selbstverständlichkeit ist, stößt in Hamburg auf kalte Ablehnung. Neuerdings haben sich allerdings andere Unternehmer zu einer Gesellschaft zusammengeschlossen, um eine landfeste Tankerreinigungsanlage nach dem Muster von Rotterdam zu bauen. Es ist zu hoffen, daß die Pläne in naher Zukunft verwirklicht werden können, damit Hamburg auch in dieser Beziehung ein schneller und sauberer Hafen wird.

Von einigen Seiten wird auch empfohlen, schwimmende Separatoranlagen für Ölrückstände einzurichten. Man verspricht sich davon einen Zeitgewinn für die Seeschiffe und eine Ersparnis an Transportkosten für die Rückstände. Die schwimmende Seperatoranlage soll die Rückstände direkt am Lösch- oder Ladeplatz des Schiffes abnehmen und gleich verarbeiten, so daß das entölte Wasser an Ort und Stelle wieder abgelassen werden kann und nur noch das reine Öl transportiert werden muß. Der Gedanke ist zunächst bestrickend, nur lehrt die Erfahrung, daß das Aufarbeiten von Tankwaschwasser leider wesentlich komplizierter ist, als man zunächst geneigt ist anzunehmen. Mit einfachem Absetzen ist es nicht getan. Der Ölgehalt, der dabei im Wasser zurückbleibt, mag für den weiten Ozean noch tragbar sein, er ist es aber nicht für ein begrenztes Hafengewässer. Alle Tankwaschwässer sind zunächst schon durch den Waschvorgang stark emulgiert, durch die Förderpumpen wird das noch verstärkt. Ein derartiges Gemisch von Wasser und Öl kann, ohne daß es auf etwa 90° C erwärmt und evtl. noch mit Chemikalien behandelt wird, auch durch einen noch so gut arbeitenden Schwerkraftabscheider nicht getrennt werden. Derartige Manipulationen sind aber auf einer schwimmenden Anlage undenkbar. Das Separatorschiff büßt damit seine Vorteile ein und würde nur dazu beitragen, daß die Ölpest von den Meeren in die Häfen verlagert wird.

Abschließend sei noch erwähnt, daß in jüngster Zeit durch die Zusammenarbeit der Hafenverwaltung mit einem privaten Erfinder ein sehr gut funktionierendes Ölabschöpfgerät entwickelt werden konnte. Es kann von der Pumpe aus gesteuert und auf die Stärke der abzuschöpfenden Ölschicht eingestellt werden. Auch eine mit Preßluft betriebene neuartige Ölsperre konnte kürzlich in eingehenden Versuchen erprobt werden.

Schlußwort

Auf den vorausgehenden Seiten wurde versucht, ein umfassendes Bild zu entwerfen von dem langen und dornigen Weg, der bis zum Abschluß eines internationalen Übereinkommens zum Kampf gegen die Ölverschmutzung der Meere und Küsten zurückzulegen war. Es wurde von den Folgen der „Ölpest" gesprochen und nach den Gründen gesucht, warum sie bisher immer erschreckendere Ausmaße angenommen hat. Auch von den nun schon mehr als dreißigjährigen Bemühungen um eine internationale Vereinbarung wurde berichtet. Ein wesentlicher Teil der Ausführungen wurde dabei dem Faulkner-Bericht und den Empfehlungen der Arbeitsausschüsse der Londoner Konferenz gewidmet. Schließlich wurde geschildert, welche Schritte bisher unternommen wurden, um beim Inkrafttreten der Internationalen Konvention von 1954 genügend vorbereitet zu sein. Speziell durch einen Blick auf die wesentlichsten Erfahrungen, die bisher im Hamburger Hafen gesammelt werden konnten, sollte auf evtl. gangbare Wege, aber auch auf mögliche Fehler hingewiesen werden.

Als das „Internationale Übereinkommen zur Verhütung der Verschmutzung der See durch Öl, 1954" nun am 26. Juli 1958 in Kraft trat, konnte man ihm im Interesse der Menschheit nur ein langes und erfolgreiches Leben wünschen. Vorläufig sind es zwar erst zwölf Nationen, die sich ohne Rücksicht auf wirtschaftliche Interessen zu diesem gemeinschaftlichen Schritt zusammengefunden haben. Sie vertreten aber immerhin fast die Hälfte der Welttankertonnage, und da ihre Flaggen an der Tankerfahrt in der Nord- und Ostsee noch weit stärker beteiligt sind, werden die deutschen Küsten schon eine wesentliche Erleichterung dadurch verzeichnen können. Nachdem die westdeutschen Tankerreedereien bereits seit längerer Zeit freiwillig die Verpflichtungen des Abkommens auf sich genommen haben, werden sie die nun auf sie zukommenden Vorschriften auch nicht mehr als drückende Last empfinden.

Leider sind aber bisher noch mehrere Nationen mit großen Tankerflotten der gemeinschaftlichen Aktion ferngeblieben. Wenn Panama und Liberia, die beiden Länder der billigen Flaggen, bisher das Abkommen noch nicht ratifiziert haben, so mag das den Eingeweihten nicht verwundern. Bei Ländern wie den USA und Italien ist es jedoch unverständlich, sind sie doch in erster Linie von der Ölpest mitbetroffen. Jedenfalls ist zu hoffen, daß sich auch diese Länder möglichst bald in die Front für den Kampf gegen die Ölpest einreihen werden. Dann wird die Hoffnung zu Recht bestehen, daß das jahrzehntelange Ringen um die Reinhaltung der Meere endlich zum Erfolg führt.

In den vergangenen Jahren, seit die britische Regierung die Initiative ergriff, ist viel erreicht worden. Noch mehr bleibt für die Zukunft zu tun. Der bisherige Erfolg sollte alle Nationen ermuntern, auf diesem Wege weiterzugehen, damit der uns folgenden Generation unverseuchte Ozeane und ein sauberer Strand übergeben werden können.

Schrifttum

Report of the Committee on the Prevention of Pollution of the Sea by Oil; Ministry of Transport and Civil Aviation, London. Her Majesty's stationery Office, 1935.

Oil Pollution of the Sea. The Dock and Harbour Authority, Nov. 1953, S. 213.

Ecke, H.: „Weltproblem Ölpest." Fünfzig Jahre Seevogelschutz, S. 73-84, Hamburg, Verein Jordsand, 1957.

Kressner, B.: „Internationale Konferenz über die Verschmutzung der See durch Öl." Hansa, 1954, Nr. 37/39, S. 1709.

Kruse, H.: „Schutzzonen auf See — Bericht über die Internationale Konferenz für die Verhütung der Verschmutzung der See durch Öl in London vom 26. April bis 12. Mai 1954." GWF, 1955, H. 4, S. 110.

Laucht, H.: „Die Ölpest von Hamburg aus gesehen." Hansa, 1953, H. 42, 43/44, 45.

Laucht, H.: „Ölverschmutzung der Meere und Flüsse, Ursachen und Bekämpfung." VDI-Z., Bd. 97 (1955), Nr. 22, S. 777.

Laucht, H.: „Ölpest — eine Gefahr für die Bewohner der Küsten- und Binnengewässer" Kosmos, Nov 1955, S. 496.

Laucht, H.: „Fortschritte im Kampf gegen die Ölpest." Kosmos, Januar 1958, S. 7.

Masson, B.: „Verhütung der Verschmutzung der See durch Öl." Hansa, 1958, Nr. 1/3, S. 163.

Scholvin, J.: „Die Internationale Konferenz zur Beseitigung der Verschmutzung der See durch Öl." Schiff und Hafen, 1954, H. 9, S. 557.

Stehr, E.: „Maßnahmen, um der Verschmutzung der Hafengewässer durch die Schiffahrt vorzubeugen oder sie zu verringern." Deutsche Berichte zum XIX. Internationalen Schiffahrtskongreß London 1957, S. 213. Herausgegeben vom Bundesverkehrsministerium Bonn 1957.,

Register

I. Verfasser- und Namenverzeichnis

II. Orts- und Gewässerverzeichnis

III. Sachverzeichnis

Zeitfracht Medien GmbH
Ferdinand-Jühlke-Straße 7
99095 Erfurt, Deutschland
produktsicherheit@kolibri360.de